高等学校交通运输专业规划教材

运 筹 学

寇玮华　**编著**
李宗平　**主审**

西南交通大学出版社
·成　都·

图书在版编目（ＣＩＰ）数据

运筹学 / 寇玮华编著. —成都：西南交通大学出版社，2013.2（2018.1 重印）
高等学校交通运输专业规划教材
ISBN 978-7-5643-2172-7

Ⅰ. ①运⋯ Ⅱ. ①寇⋯ Ⅲ. ①运筹学－高等学校－教材 Ⅳ. ①O22

中国版本图书馆 CIP 数据核字（2013）第 020548 号

高等学校交通运输专业规划教材

运 筹 学

寇玮华　编著

责 任 编 辑	张宝华
封 面 设 计	本格设计
出 版 发 行	西南交通大学出版社 （四川省成都市二环路北一段 111 号 西南交通大学创新大厦 21 楼）
发 行 部 电 话	028-87600564　028-87600533
邮 政 编 码	610031
网　　　址	http://www.xnjdcbs.com
印　　　刷	四川森林印务有限责任公司
成 品 尺 寸	175 mm × 230 mm
印　　　张	27.25
字　　　数	483 千字
版　　　次	2013 年 2 月第 1 版
印　　　次	2018 年 1 月第 3 次
书　　　号	ISBN 978-7-5643-2172-7
定　　　价	39.80 元

前　言

运筹学是近几十年才发展起来的一门主要学科,是研究有关规划、管理、预测、决策等方面的学科,其应用已经深入到许多领域。

根据多年的教学经验,在参阅大量运筹学教材的基础上,完成了本书的编写。在编写过程中,时刻把握学以致用的目标和触类旁通的思路,同时以注重培养学生运用运筹学方法来分析并解决实际问题的能力为主,着重介绍运筹学的基本原理和应用方法,不过多偏重于数学方法的论证。

本书主要面向高等院校的本科生和研究生编写,特点是逻辑结构鲜明、知识要点明确,在语言表述上力求深入浅出、通俗易懂,目的是使学生能够系统、准确、轻松地掌握运筹学的主要内容。

本书分为上篇和下篇,共 12 章,其中上篇分为 8 章,下篇分为 4 章。上篇主要是线性规划问题,包括线性规划基础、单纯形法、对偶问题及对偶单纯形法、线性规划问题的灵敏度分析、运输问题、指派问题、整数规划、动态规划;下篇包括图与网络、统筹方法、排队论、存储论。

为了教师便于讲解和学生易于理解,对许多过于抽象的算法、方法以及要点等内容作了独特的编写。在每一章节里,针对易混淆的知识点以及需要扩展思路的问题,编写了"特别提示"。针对需要解决的实际问题,在相应的章节里对理论知识编写了扩展应用问题。另外,在每篇结束时,针对本篇的主要知识点编写了练习题,以便学生巩固所学的基础知识。

针对本书编写初期的资料收集、整理以及编写过程中的编辑、校对等工作,以下研究生们付出了大量的劳动:崔皓莹、丁振、张正东、张丽娟、袁文超、潘琛、王国成。感谢他们的辛苦付出!

本书由西南交通大学交通运输与物流学院李宗平教授主审,在主审中提出宝贵意见的同时,也对本书内容的完善和补充给予了一定的支持,在此表示诚挚的谢意!

编写过程中,参阅了部分运筹学教材以及其他的相关文献,在此向有关作者表示致谢!

由于水平有限,书中难免存在不妥之处,恳请有关专家、同行和读者批评指正,以便后期修正。

寇玮华

2012 年 8 月

目　录

下　篇

绪 论

1．运筹学简史

运筹学问题和朴素的运筹思想可以追溯到古代，它与人类的政治活动、经济活动、军事活动紧密联系，与各种决策并存。可以说人类具有策划、决策特征的实践活动就是现代所谓的"运筹"。从历史发展来看，运筹学有三个来源，即军事、管理和经济研究。

（1）军事是运筹学的第一个来源。

军事领域是运筹学产生、发展的一个舞台。运筹学作为科学名称出现于20世纪30年代末。当时英、美为对付德国的空袭，在英国东海岸泰晤士河口以南大约10英里的博德赛（Bawdsey）成立了研究机构，对技术上可行而应用效果不佳的雷达等设备的运用问题进行研究，当时研究机构的负责人A. P. Powe 称之为"运用研究"或"作战研究"（Operational Research，OR）。

1981年，美国军事运筹学会出版了一本书，书中第一句话就是"孙武子是世界上第一个军事运筹学的实践家"。这是非常恰当的，因为在著名"孙子兵法"质的论断中，渗透着深刻的量的分析。在"计篇"中，指出了算计和谋划对于决定战争胜负的重要性，认为应当从政治、天时、地利、帅和法制五个方面，对敌我双方的优劣条件进行全面的估计和分析，以估量战争的胜负。在"谋攻"篇中，指出知己知彼、百战百胜；知彼不知己或知己不知彼，胜负各半；既不知己也不知彼，仗仗皆输，其中，军事运筹学家孙武子的论断中就包含数量分析。中国军事运筹问题和运筹学思想的例子还有很多，如田忌赛马、围魏救赵、行军运粮等。

同样，在国外，运筹思想也可追溯到很早很早以前，如阿基米德、伦纳多·达·芬奇、伽利略等都研究过作战问题。第一次世界大战时，英、美军队均有应用运筹学的例子，如在1916年，英国的兰彻斯特（Lanchester）发表了一个小册子，指出了数量、优势、火力和胜负之间的动态关系，后来人们称之为兰彻斯特方程；美国的爱迪生为美国海军咨询委员会研究了潜艇攻击和潜艇回避攻击的问题，这些工作对第二次世界大战中运筹学的产生有很大影响。

1939年，英国的博德赛（Bawdsey）研究站研究了新研制的对空雷达警戒系统是如何与老的作战指挥系统相配合的问题，并从整个控制系统分析了通信系统的有效性。这些研究人员就是第二次世界大战中最早从事运筹学研究的科学工作者，他们的研究蕴含着整体性概念和系统分析的思想。

值得一提的是，最早投入运筹学研究的是诺贝尔物理学奖获得者、美国物理学家勃拉凯特（Blackett）领导的第一个以运筹学命名的研究小组。这是一个由各方面专家组成的交叉学科小组，他们活跃在第二次世界大战时期的英、美军队的决策中心，虽被当时的人们戏称为勃拉凯特马戏团，但却取得了丰硕的研究成果。第二次世界大战时期研究的军事运筹问题有很多，如搜索潜艇问题、护航问题、布雷问题、轰炸问题、运输问题等。

（2）管理是运筹学的第二个来源。

管理的范畴很广，而企业管理是管理领域中最活跃、最先进的部分。企业管理经历了三个时期，即手工式管理时期、机械化管理时期、系统化管理时期。当前，企业管理正处于系统管理时期。

管理是一门技艺，也是一门科学，管理科学是把各种科学方法运用于管理。在管理科学领域，有三个最有影响的学派：古典学派、行为学派、系统学派。

第一次世界大战前就已诞生并成熟的古典管理学派，对运筹学产生和发展的影响是非常大的，古典学派的代表人物是泰勒（Taylor）、甘特（Gantt）、古尔布雷思（Gilbrcth）等。古典管理学派的中心思想是寻求一些方法，使人们自愿地联合与协作，以保持个人的首创精神和创造能力，达到增加效率之目的。以此思想为指导，可以详细分析劳动过程中的每一个动作及其相应的时间，去掉多余的动作，改进不合理的操作，找出最有效的工作方法，这就是通常所说的泰勒制的部分内容，这里面蕴含着系统分析的思想。泰勒本人对车工非常熟悉，他曾试图找出切削效率和车速、进刀量等因素之间的数学关系，现在来看，这是一个优选问题。古典管理学派的理论非常丰富，他们提出了管理的基本原则，研究了机构设置、权限、工厂布局、计划等一系列问题，也提出了举世闻名的刺激性工资制度。甘特所创造的横道图用于生产活动分析和计划安排，并发展成统筹方法，这种方法至今还在实践中应用。管理实践和管理科学的许多问题，至今仍是运筹学者大量研究的课题。

（3）经济是运筹学的第三个来源。

经济学理论对运筹学的影响是和数理经济学这一学派紧密联系的。数理经济学对运筹学，特别是运筹学中线性规划的影响，可以从 QUSNAY 于 1758 年发表的书籍《经济表》算起。当时许多经济学家对数理经济都作出了巨大贡献，最有名的是沃尔拉思（Walras）。他当时研究经济平衡问题，其数学形式成为后来数理经济学家不断研究和深入发展的基础。

20世纪30年代，奥地利和德国的经济学者推广了沃尔拉思的工作；1932年，VON NEUMANN提出了一个广义经济平衡模型；1939年，苏联学者康托洛维奇发表了《生产组织和计划中的数学方法》一书。这些工作都可看做是运筹工作的先驱。需要指出的是，马克思是第一个成功地把数学运用于经济研究的无产阶级经济学家，在他毕生致力研究的《资本论》中，处处渗透着量的分析。正如恩格斯所说，马克思是当时唯一一个能用哲学（正确的方法论）来研究数学的人。事实上，在经济学家沃尔拉思钻研他的数理经济问题的同时，马克思也在研究他所碰到的数理经济问题，二人都在相应的数学理论之前，解决了各自的数理经济问题，可以说，马克思是最早把数学运用于经济研究的经济学家之一。

第二次世界大战结束以后，是经济数学和运筹学相互影响、相互促进、共同发展的繁荣时期，期间也取得了一批新的成果。

从以上简史可以看出，为运筹学的建立和发展作出贡献的有物理学家、经济学家、数学家、其他专业的学者以及各行业的实际工作者。

2. 运筹学的发展

从第二次世界大战开始、结束，直到20世纪50年代中期，运筹学主要是解决军事应用问题。20世纪50年代末迄今，除了军事应用方面的研究外，运筹学还在工业、农业、经济和社会问题等各个领域内有了广泛的应用。

从运筹学理论和应用观点看，发展最好的可以说是线性规划。虽然苏联学者康托洛维奇在1939年就提出了类似线性规划问题的模型和"解乘数法"的求解方法，但从整个线性规划理论和应用的发展来看，贡献最大的当属 G. B. Dantzig，可以说，他是线性规划的奠基人。

线性规划发展的重大事件有：

20世纪初，丹麦哥本哈根的爱尔朗（Erlang）研究了电话呼唤的拥挤现象，在1909年，他发表了《电话呼唤和概率论》的著作，从此开拓了排队论这一研究领域，随后，这一科学领域的研究逐步扩大和深入发展。

1928年，Von. Neumann证明了对策论的基本定理。

1944年，Von. Neumann和经济学家Morgonstern合作，发表了《竞赛论与经济行为》一书，奠定了对策论这一运筹学分支的基础。1950—1959年，此运筹学分支的基础理论得到了广泛研究。与此同时，对策论和统计决策也产生了广泛的联系，并进一步发展为决策分析。事实上，决策分析中最基本的概念——偏好（Preference）和效用（Uility），在Von. Neumann的书中已有论述。另外，对策论在军事、经济理论中均有广泛的应用。

1947 年，Dantzig 在解决美国空军军事规划问题时提出了单纯形解法。

1950—1956 年，Von. Neumann 及 Dantzig 主要研究线性规划的对偶性理论。

1958 年，Gomory 发表了整数规划的割平面法。

1960 年，Dantzig 和 Wolfe 成功地研究了分解算法，并为大规模线性规划理论和算法奠定了基础。

哈奇扬（Khachiyan）和 Karmarka 分别在 1979 年和 1984 年都成功地研究了线性规划多项式算法，并轰动了整个运筹学术界。线性规划的提出很快得到经济学者的重视，如第二次世界大战中从事运输模型研究的美国经济学家库普曼斯（T. C. Koopmans），很快看到了线性规划在经济中的应用，并呼吁年轻的经济学家要关注线性规划，其中阿罗、萨谬尔森、西蒙、多夫曼和胡尔威茨等都因此获得了诺贝尔奖，并在运筹学的某些领域发挥了重要作用。

正是这些先驱者的贡献及后继者的努力，才使运筹学有了飞速发展，并形成了许多分支，如数学规划（线性规划、非线性规划、整数规划、目标规划、动态规划、随机规划、模糊规划等）、图论与网络、排队论（随机服务系统理论）、存贮论、对策论、决策论、维修更新理论、搜索论、可靠性和质量管理理论等。

作为重要的方法论，运筹学从一诞生就引起了许多国家学术界的高度重视。最早建立运筹学会的国家是英国（1948 年），其次是美国（1952 年）、法国（1956 年）、日本和印度（1957 年）等。在我国，运筹学会成立于 1980年。1959 年，英、美、法三国的运筹学会发起并成立了国际运筹学联合会（IFORS），以后各国纷纷加入，我国于 1982 年加入该会。此外，一些地区性的运筹学会，如欧洲运筹协会（EURO）成立于 1976 年，亚太运筹协会成立于 1985 年。

运筹学往哪个方向发展，从 20 世纪 70 年代起就在西方运筹学界引起了争论，至今还没有一个统一的结论。这里提供的运筹学界的观点，仅供大家进一步学习和研究时参考。

美国前运筹学会主席邦德（S. Bonder）认为，运筹学应在三个领域发展：运筹学应用、运筹科学和运筹数学，并强调在协调发展的同时重点发展前两者。这是由于运筹数学在 20 世纪 70 年代已形成一个强有力的分支，对问题的数学描述已相当完善，然而却忘掉了运筹学的原有特色，忽视了对多学科的横向交叉联系和解决实际问题的研究。现在，运筹学工作者面临的大量问题是经济、技术、社会、生态和政治因素交叉在一体，并成为一个复杂系统。所以从 20 世纪 70 年代末 80 年代初，不少运筹学家就提出了"要注意研究大系统""要从运筹学到系统分析"等问题。由于研究大系统的时间可能很长，因此有必要与未来学紧密联系起来。现在面临的问题大多涉及技术、经济、社会、心理等综合因素，在运筹学中除了常用的数学方法，还引入了一些非数学的方法和理论。如美国运筹学家沙旦（T. L. Saaty）于 20 世纪 70 年代末期提出的层次分析法（AHP），就可以看做是解决非结构问题的一个尝试。另外，切克兰特（P. B. Checkland）从方法论上对此进行了划分，他把传统的运筹学方法称为硬系统思考，认为它适合解决结构明确的系统的战术及技术问题，而对于结构不明确的、有人参与活动的系统就要采用软系统思考的方法。另外，借助电子计算机，研究软系统的概念和运用方法应是今后运筹学发展的一个方向。

3. 运筹学的性质与特点

运筹学是一门应用学科，至今还没有一个统一确切的定义，但若干个定义都包含这样的观点："运筹学是一门应用科学，它广泛应用现有的科学技术知识和数学方法，解决实际中提出的专门问题，为决策者选择最优决策提供定量依据"。这表明运筹学具有多学科交叉的特点，如综合应用经济学、心理学、物理学、化学中的一些方法。

运筹学是强调最优决策，但"最"是有点儿理想了，在实际应用中往往用次优、满意等概念代替，因此，"运筹学是一种给出问题不坏的答案的艺术，否则的话问题的结果会更坏"。

任何一门科学都要研究其他科学不研究的一种或几种自然（或社会）现象，它才能独立于科学之林。在运筹学的研究对象中，哪些现象是它独自深入研究的，大多数人认为有三类现象：一是机器、工具、设备等如何充分运用的问题，即如何实现理想（较高）的运用效率；二是竞争现象，战争、投资、商品竞争等；三是拥挤现象，即公共汽车排队、打电话、购物、飞机着陆、船舶进港等。这三类现象，其他科学分支研究得比较少，它是运筹学的研究对象，也成为和其他科学分支相区别的标志。但无论怎样看，运筹和管理都是紧密相连的，可以认为运筹学的主要研究内容有三个组成部分，即运用分析理论、竞争理论、随机服务理论或者排队论。

运筹学是一门应用数学理论和方法，针对人类实践活动中的管理决策问题，重点研究如何进行定量化分析的科学。也可以说，运筹学是数学的一门应用性科学，它通过大量的数学分析和运算，对研究对象的相关要素进行科学规划和合理安排，达到最为理想的对人力、物力、财力等的运用，实现最理想的目标。由此可见，运筹学是管理与工程专业类的重要方法论。

4. 运筹学在我国的发展

现代运筹学引入中国是在 20 世纪 50 年代后期，当时，钱学森、许国志等教授将西方的运筹学引入我国，并结合我国的特点在国内进行推广应用。特别是以华罗庚教授为首的一大批数学家加入到运筹学的研究队伍中，使我国的运筹学研究在很多分支很快赶上了当时的国际水平。

我国在 1956 年曾用过运用学的名词，到 1957 年才正式命名为运筹学。这是从汉高祖刘邦称赞张良的话"运筹于帷幄之中，决胜于千里之外"而来的。

我国运筹学的应用是在 1957 年始于建筑业和纺织业，1958 年又开始在交通运输、工业、农业、水利建设、邮电等方面得到了应用，尤其是运输方面，提出了"图上作业法"，并从理论上证明了其科学性。在解决邮递员合理投递路线问题时，管梅谷教授提出了国外称之为"中国邮路问题"的解法。从 20 世纪 60 年代起，运筹学在我国的钢铁和石油部门也得到了全面和深入的应用。从 1965 年开始，统筹法的应用在建筑业、大型设备维修计划等方面就取得了可喜进展；进入 70 年代，全国大部分省市推广了优选法，70 年代中期最优化方法在工程设计界得到了广泛重视，而且在光学设计、船舶设计、飞机设计、变压器设计、电子线路设计、建筑结构设计和化工过程设计等方面都有成果。20 世纪 70 年代中期，排队论开始应用于港口、矿山、电信和计算机设计等方面的研究；图论曾被用于线路布置和计算机设计、化学物品的存放等；存贮论在我国的应用较晚，20 世纪 70 年代末在汽车工业和物资部门也取得了成功。近年来，运筹学的应用已趋于研究规模大且复杂的问题，如部门计划、区域经济规划等，并与系统工程难于分解。

上　篇

本篇内容主要是线性规划问题,学习线性规划需要具有线性代数基础知识。

本篇学习内容包括:

(1)针对实际问题,如何建立线性规划模型。

(2)针对线性规划模型,如何求解以及求解的方法有哪些。

(3)针对线性规划模型的稳定性、适应性、可靠性等进行灵敏度分析。

(4)线性规划模型特殊形式中的运输问题、指派问题、整数规划问题、0-1 规划问题。

(5)动态的线性规划问题,即动态规划问题。

下图给出了本书线性规划部分主要知识点之间的基本关联关系。

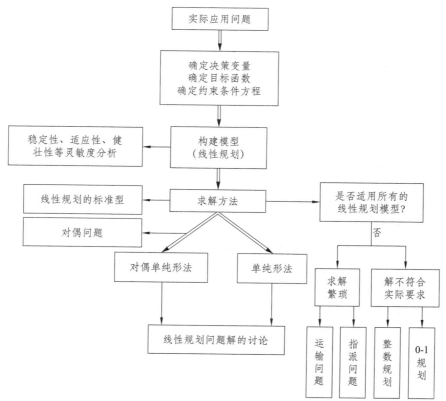

线性规划主要知识点关联关系图

第 1 章 线性规划基础

人们在生产实践活动中，往往会面临利用有限的资源去追求尽可能高的目标，或面临追求一定的目标而花费的代价尽可能低的问题。面对这两个问题，人们构建了运筹学的重要组成部分——数学规划理论，而线性规划是发展较早、相对成熟、应用最为广泛的数学规划理论中的一个分支。

早在 1939 年，苏联学者康托洛维奇在解决工业生产组织和计划问题时，提出了类似线性规划问题的模型，同时给出了"解乘数法"的求解方法，但当时并未引起人们的足够重视。1947 年，美国数学家丹捷格（G. B. Dantzig）针对所解决的美国空军军事规划问题，提出了一般线性规划问题的求解方法，从而使线性规划的理论趋向成熟。至 1960 年，康托洛维奇再次发表《最佳资源利用的经济计算》一书后，线性规划问题又受到学者们的一致重视，康托洛维奇也由此获得了诺贝尔奖。此后，线性规划的适用领域逐渐广泛。如第二次世界大战中从事运输模型研究的美国经济学家库普曼斯（T. C. Koopmans）很快看到了线性规划在经济中的应用，并呼吁年轻的经济学家要关注线性规划，其中阿罗、萨谬尔森、西蒙、多夫曼和胡尔威茨等对线性规划问题进行了深入研究，最终形成了数学领域的一个重要分支——线性规划，线性规划也成为运筹学的重要组成部分。

线性规划的研究目的主要有两个：

（1）利用有限的资源如何获取尽可能高的价值。

（2）追求一定的目标如何使付出的代价尽可能的少。

为了明确线性规划的这两个研究目的，本章主要学习什么是线性规划问题、如何构建线性规划问题的模型、线性规划模型有哪些特点以及线性规划模型的三种描述形式。

1.1 线性规划问题的提出及建立模型的步骤

基于线性规划的两个研究目的，下面引入两个例子，以便对线性规划问题以及如何建立线性规划模型有初步的了解和认识。

1. 线性规划问题的提出

下面是利用有限的资源如何获取价值最高的线性规划问题示例。

例 1.1 某企业生产甲和乙两种产品，甲、乙两种产品需要在车间 A 和车间 B 加工，相关资料如表 1.1 所示。那么该企业如何组织生产，才能使甲、乙两种产品获得的总利润最大？

为了解决上面的问题，首先需要利用给出的资料对问题进行分析，并在深入分析的基础上，用数学语言的形式将问题刻画和描述出来（**把实际问题用数学语言的形式描述出来就是建立数学模型的过程**）。

表 1.1

产品	车间 A 加工时数	车间 B 加工时数	单位产品利润(元)	市场限制
甲	2	1	6	无限制
乙	1	1	4	≤7
车间可用工时	10	8		

问题分析 把上面的问题用逻辑图的形式进行分析，如图 1.1 所示。

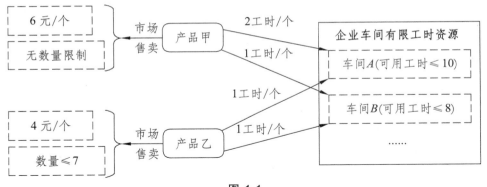

图 1.1

建立数学模型

通过分析发现，甲、乙两种产品获得总利润最大取决于是否合理配置甲、乙两种产品的生产数量。在此，用未知数 x_1 表示生产甲产品的数量，用未知数 x_2 表示生产乙产品的数量，把设定的未知数 x_1、x_2 称为**决策变量**。

甲、乙两种产品获得的总利润表示为 $6x_1+4x_2$，可以用数学表达式表示为

$$z=6x_1+4x_2$$

为了表示获得的总利润最大，用 maximize 的缩写 max 来标识，即把上面的代数式写为

$$\max z=6x_1+4x_2$$

的形式。由高等数学函数的定义可知，此式显然是一种函数式，x_1、x_2 是自变量，z 是因变量，即此式是追求目标 z 值最大的关于 x_1、x_2 的函数。我们把这个函数称为**目标函数**。

现在从企业内部资源，即车间可用工时的角度考虑：

针对车间 A，因为生产单位甲产品需要占用车间 A 的工时为 2 小时，那么生产 x_1 个甲产品占用车间 A 的工时就为 $2x_1$ 小时；生产单位乙产品需要占用车间 A 的工时为 1 小时，那么生产 x_2 个乙产品占用车间 A 的工时就为 x_2 小时。车间 A 的可用工时为 10 小时，所以生产 x_1 个甲产品、x_2 个乙产品占用车间 A 的总工时就不能超过 10 小时，即有

$$2x_1 + x_2 \leqslant 10$$

针对车间 B 进行同样的分析，可有代数式

$$x_1 + x_2 \leqslant 8$$

现在从企业外部，即市场限制的角度考虑：

市场对甲产品无数量限制，而市场对乙产品的数量限制是不能多于 7 个，即有代数式

$$x_2 \leqslant 7$$

另外，产品的产量不能为负数，也不能为小数，因此 x_1、x_2 必须是大于等于 0 的整数，即有 $x_1, x_2 \geqslant 0$ 且为整数。

以上由问题的约束条件产生的方程，称为**约束条件方程**。将约束条件方程合在一起称为**约束条件方程组**，用 subject to 的缩写 s.t. 来表示此方程组。

将上面所有的代数式合在一起，就是该问题的数学模型：

$$\max z = 6x_1 + 4x_2$$

$$\text{s.t.} \begin{cases} 2x_1 + x_2 \leqslant 10 \\ x_1 + x_2 \leqslant 8 \\ x_2 \leqslant 7 \\ x_1, x_2 \geqslant 0, \text{且} x_1, x_2 \text{为整数} \end{cases}$$

上例基于车间的有限工时资源以及市场对甲、乙产品数量的限制，对甲、乙两种产品的生产数量进行了合理确定，以获取最大利润。

下面是追求一定的目标如何使付出代价最少的线性规划问题示例。

例 1.2　某公司要生产 2 000 千克由两种原材料 A、B 构成的混合物，已

知原材料的购买价格分别是：原材料 A 为 6 元/千克、原材料 B 为 5 元/千克，要求生产出的混合物必须满足以下规定：

（1）混合物中包含原材料 A 至少 25%。

（2）混合物中包含原材料 A 不能多于 65%。

（3）混合物中包含原材料 B 至少 30%。

现在需要设计使成本最低的混合物配制方案。

问题分析　把上面的问题用逻辑图的形式进行分析，如图 1.2 所示。

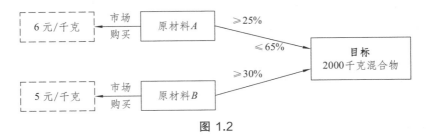

图 1.2

建立数学模型

显然，配置 2 000 千克的混合物而又使成本最低的方案，取决于原材料 A 和原材料 B 的合理购买数量，所以设定决策变量 x_1、x_2，其中 x_1 表示购买原材料 A 的数量，x_2 表示购买原材料 B 的数量。由此可知，购买原材料 A、原材料 B 的总成本为 $6x_1+5x_2$，用代数式表示为

$$z=6x_1+5x_2$$

为了表示总成本最低，用 minimum 的缩写 min 来标识，即目标函数写为

$$\min z=6x_1+5x_2$$

从配置混合物 2 000 千克的角度考虑：

有约束条件方程：$x_1+x_2=2\,000$。

从原材料 A 在混合物中所占比例的角度考虑：

原材料 A 的含量不少于 25%，有约束条件方程：$x_1/2\,000 \geqslant 25\%$；

原材料 A 的含量不大于 65%，有约束条件方程：$x_1/2\,000 \leqslant 65\%$

从原材料 B 在混合物中所占比例的角度考虑：

原材料 B 的含量至少为 30%，有约束条件方程：$x_2/2\,000 \geqslant 30\%$。

另外，原材料 A、B 的数量不能为负数，因此 x_1、x_2 必须是大于等于 0 的数。

将上面所有代数式合在一起，就是该问题的数学模型：

$$\min z = 6x_1 + 5x_2$$

$$\text{s.t.} \begin{cases} x_1 + x_2 = 2\,000 \\ x_1 / 2\,000 \geqslant 25\% \\ x_1 / 2\,000 \leqslant 65\% \\ x_2 / 2\,000 \geqslant 30\% \\ x_1, x_2 \geqslant 0 \end{cases}$$

上例是追求配置 2 000 千克混合物的目标，通过购买原材料 A、原材料 B 的合理数量，使付出的成本最少。

2. 建立线性规划模型的步骤

通过前面两个简单的例题，对线性规划问题有了初步的认识，同时也对线性规划问题模型的建立步骤有了基本的了解。

在构建线性规划问题的模型之前，首先要利用给出的资料以及相关的信息，对问题进行分析。详细、系统、深入的分析过程是构建合理、可靠、正确模型的前提，当然对问题的分析是一个较为复杂的过程，需要问题的相关背景知识和理论知识。通过对问题深入的系统分析，再利用数学方法以及一定的技能、技巧等，即可构建出能反映实际问题而且繁简适当、合理可靠的数学模型。这一过程说起来简单，真正做到并不是轻而易举的事情，所以有人说，建立数学模型与其说是科学不如说是艺术，这是有一定道理的。当然，建立模型的好与坏、优与劣也是个人建模能力的体现。

前面提到，把实际问题用数学语言的形式描述出来就是建立数学模型的过程，前面两个例题就是用数学函数、等式或不等式的形式把实际问题抽象成数学的描述。

通过例题的建模过程，基本可以看出建立线性规划问题数学模型的一般步骤。其一般步骤如下：

第一步：确定决策变量。

用设定的未知数来表示线性规划问题中未知的量，把这个设定的未知数称为**决策变量**。确定合理的决策变量是成功建立数学模型的关键。

第二步：确定目标函数。

线性规划问题都有特定的追求目标，把所要追求的目标用函数的形式描述出来，这个函数称为**目标函数**。由高等数学函数的定义可知，这个函数是以决策变量为自变量的函数。

第三步：确定约束条件方程组。

给出的问题有若干个约束条件，把这些约束条件列成代数方程式，相应的代数方程式称为**约束条件方程**。这些约束条件方程组成的方程组称为**约束条件方程组**。另外，还要注意决策变量自身取值的约束。

1.2　线性规划模型的特点及三种描述形式

1. 线性规划模型的特点

通过第 1.1 节的两个例题，基本可以看出线性规划问题的特点：

（1）每个问题都有一定的追求目标，追求的目标可以表示为变量（决策变量）的线性函数（所谓线性函数就是一次多项式形式的函数）。

（2）问题有若干个约束条件，这些约束条件可以用线性的等式或线性的不等式描述。

（3）在满足约束条件方程组的情况下，如果决策变量连续取值，问题就有无穷多组解。求解的过程就是求出若干个可行的组解，在若干个可行的组解中，选出使目标函数值达到最大或最小的一组或多组解的方案称为最优方案。所以从选择方案的角度看，就是规划问题，但从使目标函数值达到最大或最小的角度看，又是优化问题。

具有上述三个特征的问题称为**线性规划问题**。

基于线性规划问题的三个特征，线性规划模型中所谓"**线性**"的主要含义是：

（1）目标函数是线性的函数形式，有可能是求最大值，如追求利润最大，也有可能是求最小值，如追求成本最低。

（2）约束条件方程组由线性的等式或线性的不等式组成，即有 $\leq$、$=$、$\geq$ 三种形式。

特别提示

（1）若问题追求的目标只有一个，即线性规划模型的目标函数只有一个，则称为**单目标线性规划问题**，如第 1.1 节的两个例题。若问题追求的目标不止一个，即线性规划模型的目标函数至少有两个，则称为**多目标线性规划问题**，多目标线性规划问题不作为本书的内容。

（2）在线性规划模型中，目标函数和约束条件方程组中决策变量的系数都是确定的常数，同时约束条件方程右端也是确定的常数，把这类线性规划模型称为**确定型线性规划问题**，如第 1.1 节的两个例题。但针对复杂的现实问题，构建的线性规划模型的目标函数或约束条件方程组中决策变量的系数可能是不确定的，或者约束条件方程右端不是确定的常数，这类线性规划模型就不是确定型线性规划问题，此类线性规划问题不作为本书的内容。

（3）在建立同一个问题的线性规划模型时，由于决策变量的设置方法存在多样性，所以同一个问题的线性规划模型的形式不唯一。

2. 线性规划模型的三种描述形式

从线性规划问题抽象出的数学模型有三种描述形式，这三种描述形式各有不同的用途：

（1）**一般形式**。

对具体的线性规划问题，将模型写成以下的一般形式：

$$\max(\min) \quad z = c_1 x_1 + c_2 x_2 + \cdots + c_n x_n$$

$$\text{s.t.} \begin{cases} a_{11} x_1 + a_{12} x_2 + \cdots + a_{1n} x_n \leqslant (=, \geqslant) b_1 \\ a_{21} x_1 + a_{22} x_2 + \cdots + a_{2n} x_n \leqslant (=, \geqslant) b_2 \\ \cdots\cdots\cdots\cdots \\ a_{m1} x_1 + a_{m2} x_2 + \cdots + a_{mn} x_n \leqslant (=, \geqslant) b_m \\ x_j \geqslant 0, \ j = 1, 2, \cdots, n \end{cases}$$

（2）**简化形式**。

为了方便讨论，有时将模型写成以下的简化形式：

$$\max(\min) \quad z = \sum_{j=1}^{n} c_j x_j$$

$$\text{s.t.} \begin{cases} \sum_{j=1}^{n} a_{ij} x_j \leqslant (=, \geqslant) b_i, \quad i = 1, 2, \cdots, m \\ x_j \geqslant 0, \ j = 1, 2, \cdots, n \end{cases}$$

（3）**矩阵向量形式**。

为了便于理论证明或数学上讨论方便，有时将模型写成下面的矩阵形式：

$$\max(\min) \quad z = \boldsymbol{CX}$$

$$\text{s.t.} \begin{cases} \boldsymbol{AX} \leqslant (=, \geqslant) \boldsymbol{b} \\ \boldsymbol{X} \geqslant \boldsymbol{0} \end{cases}$$

其中，$\boldsymbol{C} = (c_1, c_2, \cdots, c_n)$；$\boldsymbol{A} = (a_{ij})$ $(i = 1, 2, \cdots, m; \ j = 1, 2, \cdots, n)$；$\boldsymbol{X} = (x_1, x_2, \cdots, x_n)^{\mathrm{T}}$；$\boldsymbol{b} = (b_1, b_2, \cdots, b_m)^{\mathrm{T}}$。

1.3   线性规划模型的构建方法示例

针对复杂的实际问题，构建数学模型时，要先利用理论知识、专业背景知识等对问题进行系统深入的分析，再对实际问题进行抽象、简化、假设等处理，最后明确决策变量、目标函数和约束条件方程，从而形成初步的线性规划问题。然后在此基础上，论证模型是否反映实际问题的应用、结果是否符合要求，否则要对问题重新进行分析和验证，对模型进行修改完善，这样不断反复，直到建立的模型符合实际要求为止。

在第 1.1 节中，例 1.1 和例 1.2 的线性规划问题相对比较简单，其原因之一就是决策变量是单变量单下标形式，即决策变量是 x_i 形式。但有的线性规划问题的决策变量，需要设定成其他形式才能构建出合理的线性规划模型。也就是说，决策变量的设定形式多种多样，即决策变量可能用到单变量多下标，如 x_{ij} 形式；决策变量可能用到多变量单下标形式，如 x_i 和 y_j 形式；决策变量可能用到多变量多下标形式，如 x_i 和 y_{ij} 形式；等等。

教材中不可能对实际工作中的大型问题进行讨论，因此下面通过几个不同类型的被简化的例题，来体会确定合适的决策变量在建立线性规划数学模型时的重要性。另外，也可以对建立线性规划模型的基本思路和技巧有进一步的了解。

下面两个例题是决策变量为单变量双下标的形式。

例 1.3 某水泥厂生产 R、P、L 三种不同强度等级的水泥，这三种水泥是由 A、B、C 三种原料按照不同比例混合而成。

混合比例如下：

水泥 R：A 不少于 10%且不多于 30%；

水泥 P：A 不少于 40%，B 不少于 20%且不多于 30%，C 不多于 10%；

水泥 L：B 不少于 20%。

三种不同强度等级的水泥 R、P、L 售价分别为 d 元/千克、e 元/千克、f 元/千克，另外，水泥 L 每月最多能销售 50 千克。

A、B、C 三种原料的单位成本及每月的最大购入量如表 1.2 所示。

表 1.2

原料	单位成本（元/千克）	每月最大购入量（千克）
A	a	110
B	b	120
C	c	40

要求建立线性规划模型，确定获取最大利润的每种水泥的生产数量。

解 建立数学模型的第一步是确定决策变量。如果按照通常设 x_1、x_2、x_3 分别为三种水泥的生产数量，那么就必须确切地知道相应的成本和售价，从而确定目标函数的系数 c_j。现在题目中已经给出了售价，但由于各种水泥的确切配方不知道，这样就不能算出各种水泥的单位成本，因此用上面定义的决策变量就不能建立该问题的线性规划模型。

针对此问题，必须作出两个决策，即每种水泥各用多少 A、B、C 三种原料以及每种水泥各生产多少，遇到这种情况，决策变量可采用单变量双下标的形式，这样就能顺利地构建模型。

设 x_{ij} 表示第 j 种水泥中所用原料 i 的数量，其中 $i=A, B, C$；$j=R, P, L$。这样第 j 种水泥的生产量为

$$T_j = \sum_{i=A}^{C} x_{ij}, \ (j = R, P, L)$$

例如，水泥 R 的生产量为 $T_R = x_{AR} + x_{BR} + x_{CR}$。

同理，原料 i 的需求量是：

$$D_i = \sum_{j=R}^{L} x_{ij}, \ (i = A, B, C)$$

例如，原料 A 的需求量为 $D_A = x_{AR} + x_{AP} + x_{AL}$。

目标函数就是销售总收入减去总成本的余额后，其值达到最大，即有

$$\max z = d T_R + e T_P + f T_L - a D_A - b D_B - c D_C$$

将水泥生产量和原料需求量的公式代入目标函数，得

$$\max z = d(x_{AR} + x_{BR} + x_{CR}) + e(x_{AP} + x_{BP} + x_{CP}) + f(x_{AL} + x_{BL} + x_{CL}) -$$
$$a(x_{AR} + x_{AP} + x_{AL}) - b(x_{BR} + x_{BP} + x_{BL}) - c(x_{CR} + x_{CP} + x_{CL})$$

根据各种原料每月的最大购入量，可以列出如下约束条件方程：

$$x_{AR} + x_{AP} + x_{AL} \leq 110$$
$$x_{BR} + x_{BP} + x_{BL} \leq 120$$
$$x_{CR} + x_{CP} + x_{CL} \leq 40$$

根据水泥 L 销售量的限制，可以列出如下约束条件方程：

$$x_{AL} + x_{BL} + x_{CL} \leq 50$$

根据水泥混合比例的限制，可以列出如下约束条件方程：

$$10\% \leqslant \frac{\text{水泥 } R \text{ 中原料 } A \text{ 的重量}}{\text{水泥 } R \text{ 的重量}} \leqslant 30\%$$

即有

$$0.1 \leqslant \frac{x_{AR}}{x_{AR} + x_{BR} + x_{CR}} \leqslant 0.3$$

整理为

$$-0.9 x_{AR} + 0.1 x_{BR} + 0.1 x_{CR} \leqslant 0$$

$$0.7x_{AR} - 0.3x_{BR} - 0.3x_{CR} \leqslant 0$$

针对水泥 P、L，同理可依次整理出以下方程：

$$-0.6x_{AP} + 0.4x_{BP} + 0.4x_{CP} \leqslant 0$$
$$0.2x_{AP} - 0.8x_{BP} + 0.2x_{CP} \leqslant 0$$
$$-0.3x_{AP} + 0.7x_{BP} - 0.3x_{CP} \leqslant 0$$
$$-0.1x_{AP} - 0.1x_{BP} + 0.9x_{CP} \leqslant 0$$
$$0.2x_{AL} - 0.8x_{BL} + 0.2x_{CL} \leqslant 0$$

针对决策变量有非负约束，即

$$x_{ij} \geqslant 0, i = A, B, C; j = R, P, L$$

该问题的线性规划模型为

$$\max z = d(x_{AR} + x_{BR} + x_{CR}) + e(x_{AP} + x_{BP} + x_{CP}) + f(x_{AL} + x_{BL} + x_{CL}) -$$
$$a(x_{AR} + x_{AP} + x_{AL}) - b(x_{BR} + x_{BP} + x_{BL}) - c(x_{CR} + x_{CP} + x_{CL})$$

$$\text{s.t.} \begin{cases} x_{AR} + x_{AP} + x_{AL} \leqslant 110 \\ x_{BR} + x_{BP} + x_{BL} \leqslant 120 \\ x_{CR} + x_{CP} + x_{CL} \leqslant 40 \\ x_{AL} + x_{BL} + x_{CL} \leqslant 50 \\ -0.9x_{AR} + 0.1x_{BR} + 0.1x_{CR} \leqslant 0 \\ 0.7x_{AR} - 0.3x_{BR} - 0.3x_{CR} \leqslant 0 \\ -0.6x_{AP} + 0.4x_{BP} + 0.4x_{CP} \leqslant 0 \\ 0.2x_{AP} - 0.8x_{BP} + 0.2x_{CP} \leqslant 0 \\ -0.3x_{AP} + 0.7x_{BP} - 0.3x_{CP} \leqslant 0 \\ -0.1x_{AP} - 0.1x_{BP} + 0.9x_{CP} \leqslant 0 \\ 0.2x_{AL} - 0.8x_{BL} + 0.2x_{CL} \leqslant 0 \\ x_{ij} \geqslant 0, \ i = A, B, C; \ j = R, P, L \end{cases}$$

例 1.4 某投资公司考虑在今后五年内投资项目。已知项目 A 在五年内每年均可投资，若在年初投资，两年后可收回本利 120%；项目 B 只在第三年年初投资，到第五年年末能收回本利 130%；项目 C 只在第二年年初投资，到第五年年末能收回本利 140%；项目 D 在五年内每年年初可购买公债，在当年年末可收回本利 106%。该部门现有资金 1 000 万元，请建立线性规划模型来确定如何投资，使第五年年末的资金总额达到最大？

解 这是一个与时间有关的多阶段投资问题，在这里用线性规划方法静态地处理此问题，分析过程如下：

（1）**确定决策变量。**

设 x_{ij} 表示第 i 年年初分配给项目 j 的投资额，其中 $i=1,2,3,4,5$；$j=A,B,C,D$。根据给定的条件可知，这些变量之间存在着一定的关系，为了利于模型的建立，将这些变量之间的关系归纳到表 1.3 中。

表 1.3

年份(年初)	1	2	3	4	5	6
投资项目及收益	x_{1A}	……	$1.2x_{1A}$			
	x_{1D}	$1.06x_{1D}$				
		x_{2A}	……	$1.2x_{2A}$		
		x_{2C}	……	……	……	$1.4x_{2C}$
		x_{2D}	$1.06x_{2D}$			
			x_{3A}	……	$1.2x_{3A}$	
			x_{3B}	……	……	$1.3x_{3B}$
			x_{3D}	$1.06x_{3D}$		
				x_{4A}	……	$1.2x_{4A}$
				x_{4D}	$1.06x_{4D}$	
					x_{5D}	$1.06x_{5D}$

（2）**目标函数。**

目标是要使第五年年末，即第六年年初拥有的资金总额达到最大，所以目标函数如下：

$$\max z = 1.4x_{2C} + 1.3x_{3B} + 1.2x_{4A} + 1.06x_{5D}$$

（3）**确定约束条件方程。**

每年年初的投资额应等于当年年初手中拥有的资金额。另外，项目 D 每年都可投资，而且当年年末即可收回本利，最终该部门每年都应把资金全部投资出去，所以根据每年年初的资金平衡，可得如下约束条件方程：

第一年年初：$x_{1A} + x_{1D} = 10\ 000\ 000$

第二年年初：$x_{2A} + x_{2C} + x_{2D} = 1.06x_{1D}$

第三年年初：$x_{3A} + x_{3B} + x_{3D} = 1.2x_{1A} + 1.06\ x_{2D}$

第四年年初：$x_{4A} + x_{4D} = 1.2x_{2A} + 1.06x_{3D}$

第五年年初：$x_{5D} = 1.2x_{3A} + 1.06x_{4D}$

基于以上的分析，此问题的线性规划模型如下：

$$\max z = 1.4x_{2A} + 1.3x_{3B} + 1.2x_{4A} + 1.06x_{5D}$$

$$\text{s.t.} \begin{cases} x_{1A} + x_{1D} = 10\,000\,000 \\ x_{2A} + x_{2C} + x_{2D} - 1.06x_{1D} = 0 \\ x_{3A} + x_{3B} + x_{3D} - 1.2x_{1A} - 1.06x_{2D} = 0 \\ x_{4A} + x_{4D} - 1.2x_{2A} - 1.06x_{3D} = 0 \\ x_{5D} - 1.2x_{3A} - 1.06x_{4D} = 0 \\ x_{ij} \geq 0, i = 1, 2, 3, 4, 5; j = A, B, C, D \end{cases}$$

下面的例题是决策变量为双变量单下标的形式。

例 1.5 某公司将在今后一个月四周内出售某种新产品，合同销售量、各周生产能力、生产成本及商品存储费见表 1.4。

表 1.4

时间	合同销售量	生产能力	生产成本	商品存储费
第一周	60	90	70	2
第二周	70	100	72	1
第三周	90	80	67	1
第四周	70	60	65	3

商品若在本周出售，不产生存储费，若转到下周，就要支出存储费。要求产品单位售价在今后一个月内不变，销售合同必须遵守，建立使这月利润最大的线性规划模型。

解 设 x_i 表示第 i 周产品的生产量，其中 $i=1,2,3,4$；y_j 表示第 j 周周末产品的存储量，其中 $j=1,2,3,4$。

问题的目标是月利润最大，但是单位售价不变，所以需要转换为求成本最小，那么目标函数即为

$$\min z = 70x_1 + 72x_2 + 67x_3 + 65x_4 + 2y_1 + y_2 + y_3 + 3y_4$$

生产能力限制的约束条件方程分别为

$$x_1 \leq 90; \quad x_2 \leq 100; \quad x_3 \leq 80; \quad x_4 \leq 60$$

满足需求的约束条件方程分别为

$$x_1 - y_1 = 60; \quad x_2 + y_1 - y_2 = 70; \quad x_3 + y_2 - y_3 = 90; \quad x_4 + y_3 - y_4 = 70$$

非负约束条件为

$$x_i, y_j \geq 0, \quad i=1,2,3,4; \quad j=1,2,3,4$$

基于以上分析，此问题的线性规划模型如下：

$$\min z = 70x_1 + 72x_2 + 67x_3 + 65x_4 + 2y_1 + y_2 + y_3 + 3y_4$$

$$\text{s.t.}\begin{cases} x_1 \leqslant 90 \\ x_2 \leqslant 100 \\ x_3 \leqslant 80 \\ x_4 \leqslant 60 \\ x_1 - y_1 = 60 \\ x_2 + y_1 - y_2 = 70 \\ x_3 + y_2 - y_3 = 90 \\ x_4 + y_3 - y_4 = 70 \\ x_i, y_j \geqslant 0, i, j = 1,2,3,4 \end{cases}$$

下面的例题是决策变量为双变量双下标的形式。

例 1.6　有 A、B、C 三个零件产地，其零件要在工厂加工成成品，然后再到销售地出售。A、B 两地也是销售地，其有关数据见表 1.5。已知 3 个零件制成 1 个成品，A 和 B 之间距离为 150 km，B 和 C 之间距离为 200 km，C 和 A 之间距离为 100 km。每万个零件的运费为 300 元/km，每万个成品的运费为 250 元/km。如果在 B 地设厂，每年生产成品不能超过 10 万个；如果在 A、B 两地设厂，生产规模不受限制。试建立线性规划模型，在总费用最小的目标下，使决策人能够决定在哪几个地点设厂，生产能力又为多大？

表 1.5

地点	零件产量(万个/年)	成品销售量(万个/年)	成品加工费(千元/个)
A	35	17	6.5
B	30	13	5
C	25	—	3

解　从表 1.5 可知，每年零件产量 90 万个，恰好是每年成品销售量 30 万个的 3 倍，用两个双下标决策变量会使模型的建立容易一些，所以设：

x_{ij} 表示每年由产地 i 运往建厂地 j 的零件数量(万个)，其中 $i=A$、B、C；$j=A$、B、C。

y_{jk} 表示每年由建厂地 j 运到销售地 k 的成品数量(万个)，其中 $j=A$、B、C；$k= A$、B。

目标为总费用最小，则有目标函数：

$$\min z = 6.5(y_{AA} + y_{AB}) + 5(y_{BA} + y_{BB}) + 3(y_{CA} + y_{CB}) + 0.3[150(x_{AB} + x_{BA}) +$$
$$100(x_{AC} + x_{CA}) + 200(x_{BC} + x_{CB})] + 0.25[150(x_{AB} + y_{BA}) + 100y_{CA} + 200y_{CB}]$$

针对约束条件方程组有如下分析：

各地的零件数量应该为本地生产加上外地运来的零件，再减去运往外地的零件数量，其应该等于成品数量的 3 倍，则有约束条件方程：

$$35 + x_{BA} + x_{CA} - x_{AB} - x_{AC} = 3(y_{AA} + y_{AB})$$

式中出现了 x_{BA}，又出现了 x_{AB}，看起来是矛盾的，但在决策时预先不知道哪一个方向是有利的方向，因此要把这两种可能都考虑进去。由于目标函数是求生产成本最小，因此不可能产生对流运输的现象。

同理还有如下约束条件方程：

$$30 + x_{AB} + x_{CB} - x_{BA} - x_{BC} = 3(y_{BA} + y_{BB})$$
$$25 + x_{AC} + x_{BC} - x_{CA} - x_{CB} = 3(y_{CA} + y_{CB})$$

各工厂运到销售地 A、B 的成品数量应满足销售地 A、B 的销售量，则有约束条件方程：

$$y_{AA} + y_{BA} + y_{CA} = 17$$
$$y_{AB} + y_{BB} + y_{CB} = 13$$

如果在 B 地设厂，每年的生产规模受限制，则有约束条件方程：

$$y_{BA} + y_{BB} \leqslant 10$$

最后有非负约束：

$$x_{ij} \geqslant 0, \ i = A, B, C; \ j = A, B, C; \ i \neq j$$
$$y_{jk} \geqslant 0, j = A, B, C; \ k = A, B$$

则此问题的线性规划模型为

$$\min z = 6.5(y_{AA} + y_{AB}) + 5(y_{BA} + y_{BB}) + 3(y_{CA} + y_{CB}) + 0.3[150(x_{AB} + x_{BA}) +$$
$$100(x_{AC} + x_{CA}) + 200(x_{BC} + x_{CB})] + 0.25[150(x_{AB} + y_{BA}) + 100y_{CA} + 200y_{CB}]$$

$$\text{s.t.} \begin{cases} 35 + x_{BA} + x_{CA} - x_{AB} - x_{AC} = 3(y_{AA} + y_{AB}) \\ 30 + x_{AB} + x_{CB} - x_{BA} - x_{BC} = 3(y_{BA} + y_{BB}) \\ 25 + x_{AC} + x_{BC} - x_{CA} - x_{CB} = 3(y_{CA} + y_{CB}) \\ y_{AA} + y_{BA} + y_{CA} = 17 \\ y_{AB} + y_{BB} + y_{CB} = 13 \\ y_{BA} + y_{BB} \leqslant 10 \\ x_{ij} \geqslant 0, \ i = A, B, C; \ j = A, B, C; \ i \neq j \\ y_{jk} \geqslant 0, j = A, B, C; \ k = A, B \end{cases}$$

本章小结

本章首先基于线性规划的两个研究目的引入了两个例子，从而对线性规划问题有了初步的直观认识，也了解了构建线性规划问题模型的主要步骤。在此基础上，阐述了线性规划模型的特点以及线性规划问题抽象数学模型的三种描述形式。另外，为了对构建复杂线性规划模型的基本思路和技巧有一定的了解，引入了几个复杂线性规划问题模型的构建示例。

要深入思考线性规划模型中约束条件方程组和目标函数之间的关系，这种关系是理解下一章线性规划模型解的基础点；也要深入理解线性规划模型矩阵向量的描述形式，这种描述形式是下一章学习线性规划模型求解方法（单纯形法）的切入点。

本章要点

线性规划模型的特点；线性规划模型的三种描述形式。

本章重点

建立线性规划模型的步骤。

本章难点

构建复杂问题的线性规划模型。

本章术语

决策变量；目标函数；约束条件方程（组）；单目标线性规划问题；多目标线性规划问题；确定型线性规划问题。

习　　题

1. 一个建材厂用大理石和水泥生产 A、B、C 三种建材，生产 1 个单位产品所需要的原料见表 1.6。三种产品的单位利润分别为 5、1、4，每月可购进的原料限额分别为大理石 5 000 单位、水泥 12 000 单位，请建立建材厂获得最大利润的线性规划模型。

表 1.6

原料消耗 建材产品	大理石	水泥
A	2	5
B	2	1
C	4	5

2. 某农户年初承包了 40 亩土地，并备有生产专用资金 30 000 元；该农户安排劳动力的情况为：春夏季 4 500 工时、秋冬季 3 500 工时。如果有空闲时间，就为别的农户帮工，其收入分别为：春夏季 5 元/工时、秋冬季 4 元/工时。该农户承包的地块只适宜种植大豆、玉米、小麦，已备齐各种生产资料，因此不必动用现金。另外，该农户还饲养奶牛和鸡，每头奶牛每年需投资 5 000 元，需要用 1.5 亩地种植饲草，同时占用劳动力分别为：春夏季 50 工时、秋冬季 100 工时，牛棚最多能容纳 8 头奶牛，每年净收入 4 000 元；每只鸡需投资 30 元，每只鸡占用劳动力分别为：春夏季 0.3 工时、秋冬季 0.5 工时，每年净收入 100 元，该农户现有鸡舍最多能容纳 300 只鸡。三种农作物一年需要的劳动力及收入情况见表 1.7，试建立该问题的线性规划模型，确定该农户当年净收入最大的经营方案。

表 1.7

需用工时 / 作物种类	春夏季需工时/亩	秋冬季需工时/亩	净收入(元/亩)
A	20	50	500
B	35	75	800
C	10	40	400

3. 某车间有两台机床甲和乙，可用来加工三种工件，假定这两台机床的可用台时数分别为 700 和 800，三种工件的数量分别为 300、500 和 400，用不同机床加工单位数量的不同工件所需的台时数和加工费用如表 1.8 所示。试建立既能满足加工工件要求，又使总加工费用最低的机床加工任务的线性规划模型。

表 1.8

机床类型	单位工件所需加工台时			单位工件的加工费用			可用台时数
	工件 1	工件 2	工件 3	工件 1	工件 2	工件 3	
甲	0.4	1.1	1.0	13	9	10	700
乙	0.5	1.2	1.3	11	12	8	800

4. 某公司要从甲、乙两个子公司调出物资，分别供应 A、B、C、D 四个厂商，已知各地的供应量、最小需求量及每吨运费如表 1.9 所示。假定运费与运量成正比，试确定总运费最小的调拨方案的线性规划模型。

表 1.9

子公司 ＼ 厂商	A	B	C	D	供应量
甲	2	5	7	4	2 000
乙	5	3	6	8	1 100
需求量	1 700	1 100	200	100	

第 2 章　线性规划问题的求解方法——单纯形法

　　线性规划问题的求解方法很多，早在 1939 年，苏联学者康托洛维奇在解决工业生产问题时就给出了"解乘数法"的求解方法，1947 年，美国数学家 G. B. Dantzig 又提出了单纯形法。尽管后来许多学者也研究出大量的线性规划问题求解方法，但单纯形法一直是解决线性规划问题的有效算法，至今仍然是应用最为普遍的方法，所以本章重点介绍单纯形法。

　　为了深入地了解线性规划模型的求解问题以及系统地掌握单纯形法，本章首先引入相关的基础知识，其中包括线性规划问题的另一种求解方法——图解法、线性规划问题解的状态分析、线性规划问题的标准形式、线性规划问题的几何意义、线性规划问题的典式。在此基础上，系统地介绍用单纯形法求解线性规划问题的详细过程，同时，针对线性规划模型的多样性，介绍单纯形法的进一步使用问题，另外，也介绍了如何利用单纯形法来判定线性规划问题解的状态。

2.1　线性规划问题求解的相关知识

2.1.1　线性规划问题另一种求解方法——图解法

　　所谓图解法，就是针对不超过三个变量的线性规划问题，可以在二维或三维坐标系中，把线性规划问题画成平面图或立体图，从而对线性规划问题进行求解。这种方法简单直观，但没有过多的实用价值。这里介绍图解法的目的主要是帮助理解线性规划问题求解的基本原理。

　　下面通过一个例题的求解来讲述图解法的基本过程。

　　例 2.1　用图解法求解下列线性规划模型：

$$\max \ z = 2x_1 + 3x_2$$

$$\text{s.t.} \begin{cases} 2x_1 + x_2 \leqslant 12 \\ x_1 + x_2 \leqslant 9 \\ \quad\quad x_2 \leqslant 8 \\ x_1, x_2 \geqslant 0 \end{cases}$$

　　解　如图 2.1 所示，建立以 x_1 和 x_2 为坐标轴的坐标系，并在坐标系中画出所有约束条件方程所对应的等式方程的直线。在坐标系中，这些直线和区域 x_1、$x_2 \geqslant 0$ 围成了一个公共区域，在这个公共区域中的每一个点（包括边界上的点）都满足所有的约束条件方程，即每一个点对应的坐标值都是约束条件方程组的一个公共解。这个公共区域是使约束条件方程组可以行得通的域，简称为**可行域**。也可以这样描述，满足线性规划问题所有约束条件的一切点的集合称为可行域。

那么现在的问题就是，可行域中哪个或哪些点能使目标函数 z 的值达到最大？

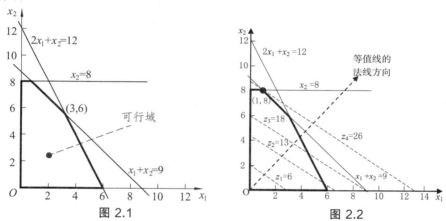

图 2.1   图 2.2

可以将目标函数 $z=2x_1+3x_2$ 的 z 看成一个参数，当 z 取不同的值时，就形成一组不同的平行直线，如图 2.2 所示，其中任意一条直线上所有点具有相同的目标函数值，因而称它为目标函数 z 的**等值线**。将这些等值线向图的右上方移动时（沿着法线方向，法线是与等值线垂直的射线），z 的值也随之增大，这样移动的目的是一方面要使目标函数 z 的值达到最大，又要使目标函数 z 的等值线上至少要有一个点位于可行域的内部或边界上。从图 2.2 可以看出，等值线至少有一个点既要在可行域内，又要使目标函数 z 值达到最大，此时等值线会停留在可行域的顶点上，这一点是 $(1,8)$，即直线 $x_2=8$ 和直线 $x_1+x_2=9$ 的相交点坐标，那么 $x_1=1$，$x_2=8$ 就是这个线性规划模型最优的解。

特别提示

使目标函数达到最优的等值线恰恰停留在可行域的顶点上，这个现象正是后面对线性规划模型求解的思路。在后面的章节中，将证明使线性规划模型达到最优的解可以在可行域的顶点上找到，这样，就没有必要研究等值线，只需找出可行域的顶点并计算出每一个顶点对应的目标函数值，就可以找出使目标函数达到最优的解。

2.1.2　线性规划问题解的状态分析

为了了解线性规划问题解的状态，下面先给出关于线性规划模型解的两个最基本概念：

（1）满足线性规划模型约束条件方程组的解称为**可行解**。可行解会使线性规划模型中的全部约束条件都成立。把所有可行解组成的集合称为**可行域**。

（2）在线性规划模型的所有可行解中，使目标函数值达到最优的解，称为线性规划模型的**最优解**。

通过第 1 章已经知道，线性规划问题的模型由目标函数和约束条件方程组构成，再基于可行解和最优解这两个定义，下面对线性规划问题解的状态进行分析，同时也给出线性规划模型关于其他解的定义。

（1）约束条件方程组没有公共解，图解法的解释就是，约束条件方程组没有围成公共区域，即约束条件方程组出现了**不可行性**，那么目标函数也不可能达到最优。这种情况将造成线性规划模型无解，把这种状态界定为线性规划模型**无可行解**。

（2）约束条件方程组只有一个公共解，即只有一个可行解，那么目标函数肯定能达到最优，因此线性规划模型有最优解，而且是唯一的最优解，简称**唯一解**。

（3）约束条件方程组有无限个可行解（未知数取值是连续的，可行解是连续解），那么目标函数就会出现以下几种情况：

①　没有任何一个可行解能使目标函数达到最优，即目标函数没有上界（目标函数求最大）或下界（目标函数求最小），这种情况也造成线性规划模型无解，把这种状态界定为线性规划模型是**无界解**。

②　只有一个可行解使目标函数达到最优，则线性规划模型有唯一解。

③　至少有两个可行解会使目标函数达到最优，这种情况会使线性规划模型出现无穷个最优解，把这种状态界定为线性规划模型有**多重解**，即在图解法中，不但可行域的顶点有最优解，在可行域内部也可能存在最优解。

另外的问题是，如果线性规划模型有两个或两个以上的最优解，那么该线性规划模型就会存在无穷多个最优解。设 $X^{(1)}$、$X^{(2)}$ 为两个已经求出的最优解，那么其他的最优解可以由线性组合 $X=\alpha X^{(1)}+(1-\alpha)X^{(2)}$ 中 α 的不同取值来确定，其中 $0 \leqslant \alpha \leqslant 1$。

下面利用线性规划模型矩阵向量的形式对此予以证明：

证明　设 $X^{(1)}$、$X^{(2)}$ 分别是线性规划模型的两个最优解，再设 $z*$ 是与最优解对应的最优目标函数值，即有

$$z^* = \boldsymbol{C}^{\mathrm{T}} \boldsymbol{X}^{(1)} = \boldsymbol{C}^{\mathrm{T}} \boldsymbol{X}^{(2)}$$

另外，设 z^n 是把 $\boldsymbol{X} = \alpha \boldsymbol{X}^{(1)} + (1-\alpha) \boldsymbol{X}^{(2)}$ 代入目标函数后的值，那么有

$$z^n = \boldsymbol{CX} = \boldsymbol{C}[\alpha \boldsymbol{X}^{(1)} + (1-\alpha) \boldsymbol{X}^{(2)}] = \alpha \boldsymbol{CX}^{(1)} + \boldsymbol{C}(1-\alpha) \boldsymbol{X}^{(2)}$$
$$= \alpha \boldsymbol{CX}^{(1)} + \boldsymbol{CX}^{(2)} - \alpha \boldsymbol{CX}^{(2)} = \alpha z^* + z^* - \alpha z^* = z^*$$

从证明结果可以看出，由线性组合确定的解 $\boldsymbol{X}$ 对应的目标函数值和最优目标函数值 z^* 是相等的，所以随着 α 的变动，此类线性规划模型就会出现无穷多个最优解。

（4）约束条件方程组至少有两个而且是有限个可行解，那么在有限个可行解中，至少会有一个可行解使目标函数值达到最优。若只有一个可行解使目标函数达到最优，则线性规划模型有唯一解；若至少有两个可行解使目标函数达到最优，则线性规划模型就有多个最优解，但不能称为多重解，因为这种情况下未知数的取值是离散的，即可行解是离散解，尽管有多个最优解，但最优解的个数是有限个，此内容将在第 7 章的整数规划中涉及。

下面通过表 2.1，把线性规划问题解的状态分析总结在一起。

表 2.1

约束条件方程组 解的状态	目标函数状态	线性规划模型 解的状态
无可行性	目标函数值不能达到最优	无解（无可行解）
仅有一个可行解	目标函数值能达到最优	有解（唯一解）
无限个可行解	目标函数值不能达到最优	无解（无界解）
	仅有一个可行解使目标函数值达到最优	有解（唯一解）
	至少有两个可行解使目标函数值达到最优	有解（多重解）
有限个可行解 （至少有两个）	仅有一个可行解使目标函数值达到最优	有解（唯一解）
	至少有两个可行解使目标函数值达到最优	有解（多个最优解）

通过线性规划模型解的状态分析（不考虑离散解情况）可知，线性规划模型无解会出现无可行解和无界解两种情况，有解会出现唯一解、多重解两种情况，即线性规划模型的解有唯一解、无可行解、多重解和无界解四种情况。

特别提示

（1）通过可行解和最优解的定义可知，最优解一定是可行解，但可行解不一定是最优解，因为最优解来自可行解，而可行解不一定都使目标函数达到最优。

（2）需要把线性规划模型的无解、无可行解以及无最优解的情况进行区

别，即线性规划模型无解可能是无可行解，也可能是无界解。另外，也需要清楚唯一解是来自可行解的哪种情况。

2.1.3 线性规划问题的标准形式

由第 1.2 节可知，线性规划模型的形式是多种多样的，其多样性具体体现为：

（1）目标函数有的求最大值即 max 型（如追求利润最大），也有的求最小值即 min 型（如追求成本最低）。

（2）约束条件方程可以是"≤"形式的不等式，也可以是"≥"形式的不等式，还可以是"="形式的等式。

（3）决策变量的一般约束为非负，但有时可以任意取值，即无约束。

正是线性规划模型的多样性，给线性规划问题的讨论、数学理论的证明以及对求解方法的学习等带来了诸多不便，所以有必要把线性规划模型中一种特殊的形式规定为线性规划模型的标准型。

1. 线性规划模型的标准型

线性规划模型标准型的一般形式为

$$\max \quad z = c_1 x_1 + c_2 x_2 + \cdots + c_n x_n$$

$$\text{s.t.} \begin{cases} a_{11} x_1 + a_{12} x_2 + \cdots + a_{1n} x_n = b_1 \\ a_{21} x_1 + a_{22} x_2 + \cdots + a_{2n} x_n = b_2 \\ \cdots\cdots\cdots\cdots \\ a_{m1} x_1 + a_{m2} x_2 + \cdots + a_{mn} x_n = b_m \\ x_1, x_2, \cdots, x_n \geq 0 \end{cases}$$

线性规划模型标准型的简化形式：

$$\max \quad z = \sum_{j=1}^{n} c_j x_j$$

$$\text{s.t.} \begin{cases} \sum_{j=1}^{n} a_{ij} x_j = b_i, i = 1, 2, \cdots, m \\ x_j \geq 0, j = 1, 2, \cdots, n \end{cases}$$

线性规划模型标准型的矩阵向量形式：

$$\max \quad z = \boldsymbol{CX}$$

$$\text{s.t.} \begin{cases} \boldsymbol{AX} = \boldsymbol{b} \\ \boldsymbol{X} \geq \boldsymbol{0} \end{cases}$$

可以看出，线性规划模型的标准型有如下特点：

（1）目标函数是求最大值，即目标函数是 max 型。

（2）所有的约束条件方程都是等式。

（3）所有的未知数变量要求是非负的。

（4）所有约束条件方程右端的常数都是非负的，即 $b_i \geqslant 0$。若构建的线性规划模型中有 $b_i < 0$，可通过等式两端乘以 -1 的方式来处理。

至于为何规定 $b_i \geqslant 0$，将在第 2.2.1 节中予以说明和解释。

2. 线性规划模型的标准型转换

在实际问题中构建的线性规划模型有可能不是标准型，有时需要转化为标准型。将非标准的线性规划模型转换为标准型的主要方法有：

（1）若目标函数是 $\min \ z = \sum\limits_{j=1}^{n} c_j x_j$，可令 $z = -z'$，这样就将目标函数转化为

$$\max \ z' = -\sum\limits_{j=1}^{n} c_j x_j$$

显然这两个目标函数是等价的，使 z' 取得最大值的解也就是使 z 取得最小值的解。

（2）若约束条件方程有"$\leqslant$"的形式，可在方程左端加上一个非负变量，并把这个变量称为**松弛变量**，从而将这种不等式方程转化为等式方程。如 $2x_1 + x_2 \leqslant 10$，可以转化为 $2x_1 + x_2 + x_3 = 10$，其中 $x_3 \geqslant 0$。

（3）若约束条件方程有"$\geqslant$"的形式，可在方程左端减去一个非负变量，并把这个变量称为**多余变量**，从而将这种不等式方程转化为等式方程。如 $2x_1 + x_2 \geqslant 10$，可以转化为 $2x_1 + x_2 - x_3 = 10$，其中 $x_3 \geqslant 0$。

（4）若决策变量 x_k 没有非负约束，可把这个决策变量也称为**自由变量**。为了满足标准型对变量非负的要求，可令 $x_k = x_l - x_m$，其中 x_l、$x_m \geqslant 0$，由于 x_l 可能大于 x_m，也可能小于 x_m，所以 x_k 可以取正，也可以取负。

（5）若决策变量 $x_k < 0$，为了满足标准型对变量非负的要求，可令 $x_k = -x_l$，其中 $x_l \geqslant 0$。

例 2.2　将下列线性规划模型化为标准型：

$$\min \ z = x_1 + 2x_2$$

$$\text{s.t.} \begin{cases} 2x_1 + 3x_2 \leqslant 6 \\ x_1 + x_2 \geqslant 4 \\ x_1 - x_2 = 3 \\ x_1 \geqslant 0 \end{cases}$$

解 （1）x_2没有非负约束，为自由变量，令$x_2=x_3-x_4$，其中$x_3 \geqslant 0$，$x_4 \geqslant 0$。

（2）把$x_2=x_3-x_4$代入线性规划模型，变为

$$\min \ z = x_1 + 2x_3 - 2x_4$$

$$\text{s.t.} \begin{cases} 2x_1 + 3x_3 - 3x_4 \leqslant 6 \\ x_1 + x_3 - x_4 \geqslant 4 \\ x_1 - x_3 + x_4 = 3 \\ x_j \geqslant 0, \ j = 1,3,4 \end{cases}$$

（3）在第一个约束条件方程左端加上一个非负的松弛变量x_5。

（4）在第二个约束条件方程左端减去一个非负的多余变量x_6。

（5）令$z = -z'$，可以得到标准型：

$$\max \ z' = -x_1 - 2x_3 + 2x_4$$

$$\text{s.t.} \begin{cases} 2x_1 + 3x_3 - 3x_4 + x_5 = 6 \\ x_1 + x_3 - x_4 - x_6 = 4 \\ x_1 - x_3 + x_4 = 3 \\ x_j \geqslant 0, j = 1,3,4,5,6 \end{cases}$$

特别提示

一般情况下，松弛变量和多余变量对应的目标函数的系数为 0。

2.1.4 线性规划问题的几何意义

在第 2.1.1 节介绍图解法时，已经直观地说明了两个变量的线性规划模型的可行域和最优解的几何意义，同时也直观地看到，若两个变量的线性规划模型存在最优解，就可以在可行域的顶点上达到。这个结论可以推广到三个或三个以上变量的线性规划模型中，从而为理论上的进一步说明和讨论奠定了基础。

以下内容主要介绍凸集的概念、相关的基本定理以及凸集的极点（顶点）与线性规划模型可行解的对应关系，主要目的是为理解线性规划模型的求解思路奠定基础。

1．基本概念

（1）**凸集**。

设有任意两点 $X^{(1)}$、$X^{(2)}$在某个点集中，其中 $X^{(1)} \neq X^{(2)}$，如果连接这两点的线段上所有的点也在这个点集之中，则称这个点集为**凸集**。

凸集定义的另外一种表示形式是：设 K 是 n 维欧氏空间的一个点集，若

任意两点 $X^{(1)} \in K$、$X^{(2)} \in K$ 的连线上的一切点 $\alpha X^{(1)} + (1-\alpha) X^{(2)} \in K(0 \leqslant \alpha \leqslant 1)$，则称 K 为**凸集**。

不符合上述特征的点集称为**凹集**。

例如，矩形、四面体、实心圆、实心球等为凸集，即图 2.3 中的（a）、（b）、（c）是凸集，（d）、（e）不是凸集。

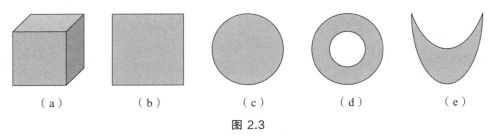

| （a） | （b） | （c） | （d） | （e） |

图 2.3

（2）**极点或顶点**。

设 K 是一个凸集，再令 $X \in K$，如果 X 不能用不同的两点 $X^{(1)} \in K$、$X^{(2)} \in K$ 的线性组合 $X = \alpha X^{(1)} + (1-\alpha) X^{(2)} \in K(0 \leqslant \alpha \leqslant 1)$ 表示，则称点 X 是 K 的一个**极点或顶点**。其直观意义是 X 不是 K 中任何线段的内点。

（3）**线性规划模型的解**。

在理解第 2.1.2 节给出的可行解、最优解的基础上，下面基于线性规划模型的标准型，给出基本解、基本可行解以及其他概念。

$$\max \ z = CX$$
$$\text{s.t.} \begin{cases} AX = b \\ X \geqslant 0 \end{cases} \quad\quad (2.1)$$

可行解。满足线性规划模型（2.1）的约束条件方程组的解 $X = (x_1, x_2, \cdots, x_n)^{\text{T}}$ 称为线性规划问题的可行解，所有可行解的集合叫做**可行域**。

最优解。使线性规划模型（2.1）的目标函数达到最优的可行解叫做最优解。

基本解和基本可行解。设约束条件方程组的系数矩阵 $A = (a_{ij})_{m \times n}$ 的秩是 m，其中，n 为决策变量个数，m 为约束条件方程的个数，$n \geqslant m$。令 $P_j = (a_{1j}, a_{2j}, \cdots, a_{mj})^{\text{T}}$ 为矩阵 A 的第 j 列所对应的列向量，其中 $j = 1, 2, \cdots, n$，则 $AX = b$ 可以写成

$$\sum_{j=1}^{n} P_j x_j = b$$

且向量组 $P_1, P_2, \cdots, P_n$ 的极大线性无关组包含 m 个向量。

不失一般性，设 $P_1, P_2, \cdots, P_m$ 为其极大线性无关组，则上面的方程组有

唯一解 $(x_1^{(0)}, x_2^{(0)}, \cdots, x_m^{(0)})^{\mathrm{T}}$。令其余的变量取值为 0，则得到 $AX=b$ 的一个解 $X^{(0)}$，称此解为线性规划问题的**基本解**。其中矩阵 $B=(P_1, P_2, \cdots, P_m)$ 称为基本解 $X^{(0)}$ 对应的**基本矩阵**，也简称为基矩阵。$x_1, x_2, \cdots, x_m$ 称为**基变量**，其他变量称为**非基变量**，基变量组成的集合称为**基**。若基本解 $X^{(0)}$ 同时也满足 $X^{(0)} \geqslant 0$，则称这个解为**基本可行解**。若基本可行解中非零分量的个数小于约束条件方程的个数 m，则称此问题是**退化**的。如非特别说明，本书中讨论的问题均为非退化的。

2. 基本定理

定理 2.1　约束条件 $AX=b$，$X \geqslant 0$ 的线性规划问题的可行解集合是凸集。

证明　根据凸集定义，只要证明任意两点 X_1、$X_2 \in D$ 都会有

$$X = \alpha X_1 + (1-\alpha)X_2 \in D$$

即可，其中 $0 \leqslant \alpha \leqslant 1$。

因为 X_1、$X_2 \in D$，则 $AX_1=b$，$X_1 \geqslant 0$ 和 $AX_2=b$，$X_2 \geqslant 0$，从而也有

$$A(\alpha X_1 + (1-\alpha)X_2) = \alpha AX_1 + (1-\alpha)AX_2 = \alpha b + (1-\alpha)b = b$$

这说明 $X = \alpha X_1 + (1-\alpha)X_2$ 满足条件 $A(\alpha X_1 + (1-\alpha)X_2) = b$。

又因为 $0 \leqslant \alpha \leqslant 1$，$1-\alpha \geqslant 0$，$X_1 \geqslant 0$，$X_2 \geqslant 0$，从而有

$$X = \alpha X_1 + (1-\alpha)X_2 \geqslant 0$$

即 X 满足条件 $\alpha X_1 + (1-\alpha)X_2 \geqslant 0$。

由此，以上定理得证。

定理 2.2　线性规划问题的可行解 X 是基本可行解的充要条件是 X 的非零分量所对应的系数列向量线性无关。

证明　必要性由基本可行解的定义即可证明。

现在证明充分性。不妨假设可行解 X 的前 k 个分量不为 0，则 $X=(x_1, x_2, \cdots, x_k, 0, \cdots, 0)^{\mathrm{T}}$，$P_1, P_2, \cdots, P_k$ 为 X 的非零分量所对应的系数列向量，因为矩阵 A 的秩为 m，若向量 $P_1, P_2, \cdots, P_k$ 线性无关，则必有 $k \leqslant m$。当 $k=m$ 时，$P_1, P_2, \cdots, P_k$ 恰好构成一个基本矩阵，从而 $X=(x_1, x_2, \cdots, x_k, 0, \cdots, 0)^{\mathrm{T}}$ 就是对应的基本可行解；当 $k < m$ 时，则一定可从其余列向量中取出 $m-k$ 个与 $P_1, P_2, \cdots, P_k$ 一起构成 A 的一个极大线性无关向量组，其对应的解恰为 X，根据定义可知 X 为基本可行解。

定理 2.3　线性规划问题的基本可行解 X 对应于可行域 D 的极点。

定理 2.4　线性规划问题若有可行解必有基本可行解。换句话说，线性规划问题的可行域 D 如为非空凸集，则必有极点。

定理 2.5　线性规划问题若有最优解，则一定可以在可行域 D 的极点上达到。

有了定理 2.5，求线性规划问题的最优解就可以不必在无穷多的可行解中搜索，只需要在有限个基本可行解中搜索即可。因为基本可行解最多有 C_n^m 个，这样只要把有限个基本可行解依次检验有限次后就会得到最优解。

虽然基本可行解至多有 C_n^m 个，但是当 n、m 较大时，C_n^m 仍然是一个很大的数字，计算量也同样很大。如当 $n=5$，$m=2$ 时，基本矩阵的个数可能为 10 个。所谓可能为，就说明还有一些不是，所以要一个一个地判断，因此对比较大的线性规划问题，用全枚举法将所有的基本可行解都搜索出来，再计算目标函数值来选取最优解，其计算量也是很大甚至是行不通的。

著名的单纯形法用迭代法而不用全枚举法很好地解决了这个问题，其基本思路是：把当前的基本可行解调整到使目标函数值更优一点的基本可行解上去，这样仅仅检验能使目标函数值不断改进的基本可行解即可，没必要对不使目标函数值改进的基本可行解进行检验，大大减少了检验的搜索量，从而改进了计算过程。

特别提示

定理 2.5 并不是说只有极点才能使目标函数值达到最优而其他点不能，如多重解就是有可能在可行域内部存在使目标函数值达到最优的可行解。也就是说，如果有不是极点的其他点使目标函数值达到最优，那么一定可以找到使目标函数值达到最优的极点。

2.1.5　线性规划问题的典式

1. 线性规划问题典式的生成过程

下面以线性规划问题的标准型为讨论对象：

$$\max z = CX$$
$$\text{s.t.} \begin{cases} AX = b \\ X \geqslant 0 \end{cases} \tag{2.2}$$

针对线性规划模型的一组基本可行解，不妨设基变量为 $x_1, x_2, \cdots, x_m$，把约束条件方程组的系数矩阵 A 写成分块矩阵的形式，即令 $A=(B, N)$，其中 $B=(P_1, P_2, \cdots, P_m)$ 为基本矩阵，$N=(P_{m+1}, P_{m+2}, \cdots, P_n)$ 为非基变量对应的矩阵；把目标函数系数矩阵 C 和未知数矩阵 X 也写成分块矩阵的形式，即 $C=(C_B, C_N)$，$X=(X_B, X_N)^T$，其中 C_B、X_B 分别为 C 和 X 中与 m 个基变量对应的分量组成的 m 维向量，C_N、X_N 分别为 C 和 X 中与 $n-m$ 个非基变量对应分量组成的

$n-m$ 维向量，则约束条件方程 $AX=b$ 可以写为

$$(B,N)\begin{pmatrix} X_B \\ X_N \end{pmatrix} = b$$

约束条件方程可写为

$$BX_B + NX_N = b$$

利用分块矩阵的乘法，把约束条件方程两边乘以 B^{-1}，得到

$$X_B + B^{-1}NX_N = B^{-1}b$$

移项可得到 $\qquad\qquad X_B = B^{-1}b - B^{-1}NX_N$

同时，目标函数 $z=CX$ 可写为

$$z = (C_B, C_N)\begin{pmatrix} X_B \\ X_N \end{pmatrix} = C_B X_B + C_N X_N$$

把 $X_B = B^{-1}b - B^{-1}NX_N$ 代入上式可得

$$z = C_B(B^{-1}b - B^{-1}NX_N) + C_N X_N = C_B B^{-1}b + (C_N - C_B B^{-1}N)X_N$$

根据以上变换，可以把原来的线性规划模型（2.2）转化为如下等价的形式：

$$\max z = C_B B^{-1}b + (C_N - C_B B^{-1}N)X_N$$
$$\text{s.t.}\begin{cases} X_B + B^{-1}NX_N = B^{-1}b \\ X \geqslant 0 \end{cases} \tag{2.3}$$

显然式（2.3）与原问题的式（2.2）是完全等价的，即两个问题的解完全相同，称式（2.3）为与可行基 $x_1, x_2, \cdots, x_m$ 对应的**线性规划问题的典式**。

现在做进一步处理：

针对非基变量 x_j，令 $P'_j = B^{-1}P_j = (a'_{1j}, a'_{2j}, \cdots, a'_{mj})^{\text{T}}$，令 $B^{-1}b = (b'_1, b'_2, \cdots, b'_m)^{\text{T}}$，则有

$$B^{-1}N = B^{-1}(P_{m+1}, P_{m+2}, \cdots, P_n) = (B^{-1}P_{m+1}, B^{-1}P_{m+2}, \cdots, B^{-1}P_n)$$

$$= (P'_{m+1}, P'_{m+2}, \cdots, P'_n) = \begin{bmatrix} a'_{1,m+1} & a'_{1,m+2} & \cdots & a'_{1,n} \\ a'_{2,m+1} & a'_{2,m+2} & \cdots & a'_{2,n} \\ \vdots & \vdots & & \vdots \\ a'_{m,m+1} & a'_{m,m+2} & \cdots & a'_{m,n} \end{bmatrix}$$

再令

$$z_0 = C_B B^{-1} b = \sum_{i=1}^{m} c_i' b_i' \qquad (2.4)$$

$$z_j = C_B B^{-1} P_j = C_B P_j' = \sum_{i=1}^{m} c_i' a_{ij}', \; j = m+1, \cdots, n \qquad (2.5)$$

$$\sigma_j = c_j - z_j, \; j = m+1, \cdots, n \qquad (2.6)$$

则典式（2.3）可以写成

$$\max z = z_0 + (c_{m+1} - z_{m+1})x_{m+1} + \cdots + (c_n - z_n)x_n$$
$$\text{s.t.} \begin{cases} x_i + x_{m+1} P_{m+1}' + \cdots + x_n P_n' = b_i', \; i = 1,2,\cdots,m \\ x_j \geqslant 0, \; j = 1,2,\cdots,n \end{cases}$$

或者是

$$\max z = z_0 + (c_{m+1} - z_{m+1})x_{m+1} + \cdots + (c_n - z_n)x_n$$
$$\text{s.t.} \begin{cases} x_1 \qquad\quad + a_{1,m+1}' x_{m+1} + a_{1,m+2}' x_{m+2} + \cdots + a_{1,n}' x_n = b_1' \\ \quad\; x_2 \qquad + a_{2,m+1}' x_{m+1} + a_{2,m+2}' x_{m+2} + \cdots + a_{2,n}' x_n = b_2' \\ \quad \cdots\cdots\cdots\cdots \\ \qquad\quad x_m + a_{m,m+1}' x_{m+1} + a_{m,m+2}' x_{m+2} + \cdots + a_{m,n}' x_n = b_m' \\ x_j \geqslant 0, \; j = 1,2,\cdots,n \end{cases} \qquad (2.7)$$

由式（2.7）可以看出，典式的基本特征是约束条件方程中基变量对应的系数列向量构成了**单位矩阵**。另外，每个约束条件方程中仅有一个基变量的系数不为 0，称这个变量为这个约束条件方程对应的**基变量**。上面把最初的线性规划模型（2.2）转换为线性规划模型典式（2.7）的过程称为**行运算**或**枢运算**。

如果令非基变量 $x_{m+1}, x_{m+2}, \cdots, x_n$ 为零，那么就很容易从典式（2.7）中直接得到基变量的值以及对应的目标值，从而可以确定一个基本解。

特别提示

式（2.3）与式（2.2）是完全等价的，同时式（2.7）与它们也是完全等价的，所以这三个等价式的解是相同的。

为了计算方便，对由任意一组基变量生成的典式，可以用表格的形式展现出来，这就是**典式的表格形式**。表 2.2 所示为典式（2.7）对应的表格，因为求解线性规划问题的单纯形法就是在这种表格上进行的，所以这个典式的表格也称为**单纯形表**。

表 2.2

C_B	X_B	b	x_1	x_2	$\cdots$	x_m	x_{m+1}	x_{m+2}	$\cdots$	x_n
$c_j \rightarrow$			c_1	c_2	$\cdots$	c_m	c_{m+1}	c_{m+2}	$\cdots$	c_n
c_1	x_1	b'_1	1	0	$\cdots$	0	$a'_{1,m+1}$	$a'_{1,m+2}$	$\cdots$	$a'_{1,n}$
c_2	x_2	b'_2	0	1	$\cdots$	0	$a'_{2,m+1}$	$a'_{2,m+2}$	$\cdots$	$a'_{2,n}$
$\vdots$	$\vdots$	$\vdots$	$\vdots$	$\vdots$		$\vdots$	$\vdots$	$\vdots$		$\vdots$
c_m	x_m	b'_m	0	0	$\cdots$	1	$a'_{m,m+1}$	$a'_{m,m+2}$	$\cdots$	$a'_{m,n}$
z_j			c_1	c_2	$\cdots$	c_m	z_{m+1}	z_{m+2}	$\cdots$	z_n
$c_j - z_j$			0	0	$\cdots$	0	$c_{m+1} - z_{m+1}$	$c_{m+2} - z_{m+2}$	$\cdots$	$c_n - z_n$

单纯形表中第一行为最初的线性规划模型（2.2）中目标函数的系数。

单纯形表中第二行为相应的符号标识。

C_B 所在列(第一列)为基变量在模型（2.2）中目标函数的系数。

X_B 所在列(第二列)为基变量对应的符号。

b 所在列(第三列)为典式（2.7）中约束条件方程右端的值，也为每行基变量的取值。

从表中第四列开始，从第三行至倒数第三行间的每一行都对应线性规划模型典式（2.7）的一个约束条件方程。

表中倒数第二行的 z_j 称为**机会费用**，可以用公式（2.5）直接计算出来。

表中最后一行为典式（2.7）中目标函数的系数，称为**检验数**，可用公式（2.6）计算出来。

在单纯形表中，行运算是直接利用矩阵初等变换进行的，也可以把检验数的行与约束条件方程同等对待，直接进行初等变换。将检验数行中基变量对应的检验数变为 0（新的基本可行解对应典式目标函数中变量的系数），那么 $c_j - z_j$ 行中的数即为各变量对应的检验数。典式中相关系数的经济解释：取非基变量 x_{m+k}，其中 $k \geq 1$，令 $x_{m+k} = 1$，其他非基变量仍为 0，由典式可直接得到

$$\begin{cases} x_1 = b'_1 - a'_{1,m+k} \\ x_2 = b'_2 - a'_{2,m+k} \\ \cdots\cdots\cdots\cdots \\ x_m = b'_m - a'_{m,m+k} \end{cases}$$

而目标函数的取值为 $z = z_0 + (c_{m+k} - z_{m+k})$。

可见，典式中非基变量 x_{m+k} 的系数 $a'_{i,m+k}$ 为增加 1 个单位的 x_{m+k} 以后，使得第 i 行的基变量 x_i 减少的数量，检验数 $c_{m+k} - z_{m+k}$ 则为增加一个单位的

x_{m+k} 以后目标函数的变化量。从经济的角度看，为了从事第 $m+k$ 项活动，一个单位需要消耗一套资源，因此需要减少当前活动的数量以获得这一套资源，而 $a'_{i,m+k}$ 就是为了获得从事第 $m+k$ 项活动的一套资源而减少的第 i 行的基变量所对应的活动数量。第 i 项活动的数量 x_i 减少 $a'_{i,m+k}$ 个单位，意味着 x_i 对目标函数的贡献将损失 $c_i a'_{i,m+k}$。因此，为了获得从事 $m+k$ 项活动一个单位所需的一套资源，目标函数将损失的数量（在经济上称为活动 $m+k$ 的机会费用）为

$$\sum_{i=1}^{m} c_i a'_{i,m+k} = \boldsymbol{C}_B \boldsymbol{P}'_{m+k} = \boldsymbol{C}_B \boldsymbol{B}^{-1} \boldsymbol{P}_{m+k} = z_{m+k}$$

可见，式（2.5）中 z_j 值的经济意义就是第 j 项活动的机会费用。另外，从事第 $m+k$ 项活动一个单位对目标函数的贡献为 c_{m+k}，因此从事第 $m+k$ 项活动一个单位而使得目标函数的变化量为 $c_{m+k} - z_{m+k}$，这就是 x_{m+k} 的检验数。

为了更好地理解上面的过程，下面以解方程组的思路予以解释。

2. 举例解释

例 2.3　设有下列线性规划模型：

$$\max \quad z = 3x_1 + x_2 + 2x_3 + 3x_4 + 2x_5$$

$$\text{s.t.} \begin{cases} 3x_1 + 2x_2 - 2x_3 + 2x_4 - 3x_5 = 15 \\ 2x_1 - 3x_2 + x_3 + x_4 + 2x_5 = 17 \\ x_j \geqslant 0, \ j = 1, 2, 3, 4, 5 \end{cases} \tag{2.8}$$

解释　先不考虑目标函数，只考虑约束条件方程组，则有如下的方程组：

$$\begin{cases} 3x_1 + 2x_2 - 2x_3 + 2x_4 - 3x_5 = 15 \\ 2x_1 - 3x_2 + x_3 + x_4 + 2x_5 = 17 \end{cases} \tag{2.9}$$

为了解等式方程组（2.9），先将第一个方程加上第二个方程乘以 2，再将第二个方程乘以 3 减去第一个方程乘以 2，得到如下的等价方程组：

$$\begin{cases} 7x_1 - 4x_2 \quad + 4x_4 + \ x_5 = 49 \\ \quad\ -13x_2 + 7x_3 - x_4 + 12x_5 = 21 \end{cases} \tag{2.10}$$

在式（2.10）中，第一个方程不含 x_3，第二个方程不含 x_1，继续变换，有如下的等价方程组：

$$\begin{cases} x_1 - \dfrac{4}{7}x_2 \quad + \dfrac{4}{7}x_4 + \dfrac{1}{7}x_5 = 7 \\ \quad -\dfrac{13}{7}x_2 + x_3 - \dfrac{1}{7}x_4 + \dfrac{12}{7}x_5 = 3 \end{cases} \tag{2.11}$$

对式（2.11）继续变换，有如下的等价方程组：

$$\begin{cases} x_1 = 7 + \dfrac{4}{7}x_2 - \dfrac{4}{7}x_4 - \dfrac{1}{7}x_5 \\ x_3 = 3 + \dfrac{13}{7}x_2 + \dfrac{1}{7}x_4 - \dfrac{12}{7}x_5 \end{cases} \qquad (2.12)$$

既然这些方程都是等价的，那么对式（2.12）求出的解就是式（2.9）的解。式（2.12）恰恰是函数关系，而 x_1、x_3 的取值随着 x_2、x_4、x_5 的变化而变化，可以说 x_2、x_4、x_5 是自变量，x_1、x_3 是因变量，如

$$(\boldsymbol{x_1}, x_2, \boldsymbol{x_3}, x_4, x_5)=(6, 7, 5, 7, 7)=(48/7, 1, 23/7, 1, 1)=\cdots\cdots$$

可见，使方程组可行的解有无数个，这些无数可行解的点集构成了可行域。显然不能用遍历的枚举法去寻找使线性规划模型（2.8）的目标函数达到最优的可行解。其实在这些无数可行解的点集中有一个特殊的解，即如果使式（2.12）中 x_2, x_4, x_5 的取值为 0，那么 x_1, x_3 的值就是方程右端的常数，即有

$$(\boldsymbol{x_1}, x_2, \boldsymbol{x_3}, x_4, x_5)=(7, 0, 3, 0, 0)$$

这个解对应的就是可行域的极点（顶点）。另外，由式（2.9）转换到式（2.11）的过程只是对未知数系数进行计算，所以这一过程可以用线性代数矩阵的计算方式进行。把未知数写到矩阵上方，计算过程如图 2.4 所示。

图 2.4

由图 2.4 可看出，x_1、x_3 的系数最后在图 2.4 中变为单位矩阵，这样就可以把单位矩阵对应的变量作为基变量，其余变量作为非基变量。令非基变量取值为 0，则基变量的取值即为方程右端的常数，从而有基本可行解

$$(\boldsymbol{x_1}, x_2, \boldsymbol{x_3}, x_4, x_5)=(7, 0, 3, 0, 0)$$

在以上的过程中，把 x_1、x_3 作为基变量，得到了一个基本可行解，现在需要解决如何寻找另外的基本可行解，即从几何意义上来说，如何从可行域的一个极点（顶点）转到另外一个极点（顶点）上去。

为了理解其思路，需对图 2.4 继续进行运算，过程如图 2.5 所示。图 2.5 说明，通过构造新的单位矩阵，基变量由原来的 x_1、x_3 转换为 x_1、x_5，从而得

到另外一个新的基本可行解

$$(x_1, x_2, x_3, x_4, x_5)=(27/4, 0, 0, 0, 7/4)$$

$$
\begin{array}{ccccc}
x_1 & x_2 & x_3 & x_4 & x_5
\end{array}
$$

$$
\begin{pmatrix} 1 & -4/7 & 0 & 4/7 & 1/7 \\ 0 & -13/7 & 1 & -1/7 & 12/7 \end{pmatrix} = \begin{pmatrix} 7 \\ 3 \end{pmatrix} \xrightarrow[\;②×7/12\;]{①-②/12}
\begin{array}{ccccc}
x_1 & x_2 & x_3 & x_4 & x_5
\end{array}
\begin{pmatrix} 1 & -5/12 & -1/12 & 7/12 & 0 \\ 0 & -13/12 & 7/12 & -1/12 & 1 \end{pmatrix} = \begin{pmatrix} 27/4 \\ 7/4 \end{pmatrix}
$$

图 2.5

下面的问题是，如果把式（2.8）的目标函数也考虑在内，就会面临从当前基本可行解转到哪一个基本可行解上去，才能使目标函数的值比原有的值更优一些的问题，即从几何意义上来说，从可行域的一个极点（顶点）转到另外哪一个极点（顶点）上去的问题。这个问题将在下一节的单纯形法中予以解决。

上面的过程是先从解方程组的思路，过渡到线性代数矩阵运算的思路，然后再过渡到运筹学的知识中，目的是进一步理解线性规划问题典式的生成过程，同时为下一节学习单纯形法奠定基础。

特别提示

在图 2.4 中，基变量为 x_1、x_3，而在图 2.5 中，基变量变为 x_1、x_5，这一变化说明，基变量的组成会随着求解过程的变化而变化。

2.2　单纯形法

在图解法中已经了解到，如果一个线性规划问题存在最优解，那么一定可以在可行域的极点上找到。据此，单纯形法的求解思想就是：根据线性规划的数学模型，从可行域中某一个基本可行解（极点）开始，转换到使目标函数更优的另外一个基本可行解（极点）上去，最终使目标函数达到最优。

2.2.1　单纯形法的求解思路

单纯形法的基本思路：

（1）求出线性规划模型的初始基本可行解 $\boldsymbol{X}^{(0)}$，利用初始基本可行解 $\boldsymbol{X}^{(0)}$ 及线性规划模型提供的信息，编制初始的单纯形表。

（2）判断 $\boldsymbol{X}^{(0)}$ 是否使目标函数达到最优，即 $\boldsymbol{X}^{(0)}$ 是否为最优解。

（3）若 $\boldsymbol{X}^{(0)}$ 是最优解，计算停止；若 $\boldsymbol{X}^{(0)}$ 不是最优解，就将一个非基变量换入，同时将一个基变量换出，也就是说，将一个非基变量变成基变量，同时将一个基变量变成非基变量，从而产生另外一个使目标函数更优的基本可行解 $X^{(1)}$，然后生成另外一张单纯形表，再返回第（2）步。这个过程称为**迭代过程**，如此逐步迭代，如果线性规划模型有最优解，那么经过有限次迭代后就会求出最优解。

针对单纯形法基本思路的三个过程，需要解决以下几个问题：

（1）如何求初始基本可行解 $X^{(0)}$？

（2）判断基本可行解是否为最优解，需要建立一个判断的标准和方法，那么这个判断标准是什么？又用什么样的方法去判定？

（3）若基本可行解不是最优解，那么如何将一个非基变量换入？如何将一个基变量换出？又如何生成另外一张单纯形表？

为了解决以上问题，同时也为了理解和掌握单纯形法的基本思路，下面通过一个例题进行详细的说明和解释。

例 2.4 某工厂在计划期内要安排生产甲、乙两种产品，生产单位产品所需的设备台时、A 和 B 两种原材料的消耗以及可用资源量分别如表 2.3 所示。该工厂每生产一件甲产品获利 2 元，每生产一件乙产品获利 3 元，那么应该如何安排生产才使该工厂获利最多？

表 2.3

产品	设备(台时)	原材料 A（千克）	原材料 B(千克)	单位产品利润（元）
甲	1	4	0	2
乙	2	0	4	3
可用资源	8	16	12	

设 x_1、x_2 分别表示甲、乙两种产品的产量，则建立的线性规划模型如下：

$$\max \quad z = 2x_1 + 3x_2$$

$$\text{s.t.} \begin{cases} x_1 + 2x_2 \leqslant 8 \\ 4x_1 \leqslant 16 \\ 4x_2 \leqslant 12 \\ x_j \geqslant 0, \ j = 1,2 \end{cases} \quad (2.13)$$

下面对该模型用单纯形法求解：

1. 寻找初始基本可行解 $X^{(0)}$

首先把模型（2.13）转化为标准型：

$$\max \quad z = 2x_1 + 3x_2$$

$$\text{s.t.} \begin{cases} x_1 + 2x_2 + x_3 & = 8 \\ 4x_1 & + x_4 & = 16 \\ 4x_2 & + x_5 & = 12 \\ x_j \geqslant 0, \ j = 1, 2, 3, 4, 5 \end{cases} \qquad (2.14)$$

上述模型中有三个约束条件方程，基本可行解应该有三个基变量而且不违反任何约束条件，但不能任意选择三个变量作为初始基变量。假如选择 x_2、x_4、x_5 作为基变量，那么 x_1、x_3 就为非基变量，即有 $x_1=x_3=0$，因此根据方程组解出 $x_2=4$、$x_4=16$、$x_5=-4$，而 $x_5=-4$ 违反了非负的约束，即 $(x_1, \boldsymbol{x_2}, x_3, \boldsymbol{x_4}, \boldsymbol{x_5})=(0, \boldsymbol{4}, 0, \boldsymbol{16}, \boldsymbol{-4})$ 不是可行解。显然，用任意估测的方式不是可行的方法，所以对于一个线性规划模型，不能任意指定 m 个变量作为基变量。

初始基本可行解就是迭代开始时的基本可行解。既然是基本可行解，必然和一个基本矩阵相对应，这个基本矩阵就是系数列向量组成的满秩矩阵。但判断由 m 个系数列向量组成的矩阵是否为满秩不是一件容易的事情，即使满秩，对应的解也不一定是可行解。

以上分析说明，必须寻找一种既简便又合理的方法来求初始基本可行解。

上例在将一般线性规划模型转化为标准型时，对"≤"约束引入了松弛变量，进而将"≤"型的约束条件方程转化为有"="的标准型。可以看到，松弛变量对应的系数列向量是非常特殊的，即松弛变量的系数列向量都是单位列向量。这些松弛变量系数矩阵构成了单位矩阵，而单位矩阵是形式最为简单的满秩矩阵，所以完全可以作为基本矩阵。这样就可以将松弛变量作为基变量，而松弛变量以外的变量均作为非基变量。我们可令松弛变量以外的非基变量都为 0，因为标准型中约束条件方程右端的值 $b_i \geqslant 0$，那么以松弛变量为基变量的值就是方程右端的常数，这样就可以直接求出松弛变量的值，从而找到了一个初始基本可行解。

在上述模型（2.14）中，x_3、x_4、x_5 是松弛变量，对应的系数列向量组成的矩阵为单位矩阵。若令非基变量 x_1、x_2 全为零，就可以解出基变量的值，即 $x_3=8$、$x_4=16$、$x_5=12$。此时，线性规划模型的基本可行解就是

$$(x_1, x_2, \boldsymbol{x_3}, \boldsymbol{x_4}, \boldsymbol{x_5})=(0, 0, \boldsymbol{8}, \boldsymbol{16}, \boldsymbol{12})$$

得到初始基本可行解以后，将模型（2.14）按照表 2.2 的形式列出，如表 2.4 所示。

表 2.4　初始单纯形表

$c_j \rightarrow$			2	3	0	0	0
C_B	X_B	b	x_1	x_2	x_3	x_4	x_5
0	x_3	8	1	2	1	0	0
0	x_4	16	4	0	0	1	0
0	x_5	12	0	4	0	0	1
	z_j		0	0	0	0	0
	$c_j - z_j$		2	3	0	0	0

其中，机会费用 z_j 可由公式（2.5）计算出来，如：

$$z_2 = \sum_{i=1}^{3} c_i' a_{i2}' = c_1' a_{12}' + c_2' a_{22}' + c_3' a_{32}' = 0 \times 2 + 0 \times 0 + 0 \times 4 = 0$$

检验数可以直接进行计算，如 $c_2 - z_2 = 3 - 0 = 3$。

从当前的初始基本可行解 $(x_1, x_2, x_3, x_4, x_5) = (0, 0, 8, 16, 12)$ 可以看出，目标函数值 $z = 2 \times 0 + 3 \times 0 = 0$(元)，即实际情况是：甲、乙产品都没有生产，甲、乙产品的机会费用都为零，所以检验数 $c_j - z_j =$ 利润 – 机会成本 > 0，它的值就是生产第 j 种产品可能得到的纯利润。

至此可以知道，求初始基本可行解 $X^{(0)}$ 的方法就是寻找单位矩阵，如果模型中无法找到单位矩阵，就需要设法人为地构造单位矩阵。至于如何构造单位矩阵，将在第 2.3 节中详细介绍。

特别提示

（1）既然通过构造单位矩阵可以获得初始基本可行解，那么单纯形法在每次计算，即每次迭代后，单纯形表中新的基变量对应的矩阵都必须为单位矩阵。

（2）当约束条件方程为"="和"≥"这两种情况时，对于如何寻找初始基本可行解的问题，将在第 2.3 节的单纯形法的进一步使用中介绍。

（3）在第 2.1.3 节线性规划问题的标准型中，提出了为何规定 $b_i \geq 0$ 的问题，其原因是模型中要求 $x_j \geq 0$，而基变量的取值恰恰是约束条件方程右端常数 b_i 的值，所以 b_i 必须非负，即线性规划问题的标准型需要规定 $b_i \geq 0$。

2. 判断基本可行解是否达到最优

基于第 2.1.5 节线性规划问题典式的分析，不妨设单纯形法在第 k 步迭代得到的基本可行解是 $X^{(k)}$，这个解对应的目标函数值为 $z(X^{(k)})$；再假设第 $k+1$ 步迭代得到的基本可行解是 $X^{(k+1)}$，这个解对应的目标函数值为 $z(X^{(k+1)})$。可以证明，两个解所对应的目标函数值满足下面的关系式：

$$z(\boldsymbol{X}^{(k+1)})=z(\boldsymbol{X}^{(k)}) + \lambda(c_j(k) - z_j(k))$$

因为 $\lambda > 0$，因此若检验数 $c_j(k) - z_j(k) > 0$，则有

$$z(\boldsymbol{X}^{(k+1)}) - z(\boldsymbol{X}^{(k)}) > 0$$

即

$$z(\boldsymbol{X}^{(k+1)}) > z(\boldsymbol{X}^{(k)})$$

这说明新解的目标函数值比原来的解要优，否则说明新解的目标函数值没有原来的解优，算法终止。

依据以上分析，下面给出是否达到最优解的判断方法：

（1）**已经达到最优解**。

若所有非基变量的检验数 $c_j - z_j < 0$，则不管将哪一个非基变量作为换入变量，都会使

$$z(\boldsymbol{X}^{(k+1)}) < z(\boldsymbol{X}^{(k)})$$

也就是已经达到最优解，计算停止。

（2）**没有达到最优解**。

若至少存在一个 $c_j - z_j > 0$，并且对应的第 j 列中至少存在一个 $a_{ij} > 0$，说明此时没有达到最优解，需要对当前的基本可行解进行改进，以便得到另外一个使目标函数更优的基本可行解。改进的思路就是在非基变量中选择一个，使其成为基变量，这个非基变量称为**换入变量**。同时，为了保证基变量的个数不变，需要从当前的基变量中选择一个，使其成为非基变量，这个基变量称为**换出变量**。这样就得到另外一个使目标函数更优的新的基本可行解。原则上选择检验数最大的非基变量作为换入变量，换入变量 x_j 确定后，由下式确定换出变量：

$$x_j^* = \min_{a_{ij}>0} \left\{ \frac{b_i}{a_{ij}}, i = 1, \cdots, m \right\}$$

$$j \rightarrow 换入变量所在的列$$

$$x_j^* \rightarrow 换入变量的取值$$

在上式中，x_j^* 所在的第 i 行所对应的基变量作为换出变量，这样确定出的新解要比原解的目标函数值优。上式确定换出变量的方法称为"最小比值原则"。其直观的经济意义就是：选择消耗资源最多的那个基变量作为换出变量，使其成为非基变量，即使其取值为 0，也可以节省更多的一些资源，以使另外产品的生产数量尽可能地多，从而使追求的利润增加。

（3）**无最优解**。

若存在 $c_j - z_j > 0$，但所有 $c_j - z_j > 0$ 所在列对应的所有 $a_{ij} \leqslant 0$，说明此时能

确定换入变量但无法确定换出变量，这样就造成目标函数无上限，计算停止。

在表 2.4 中，存在两个 $c_j - z_j > 0$，即 $c_1 - z_1 = 2$，$c_2 - z_2 = 3$，并且第 1 列和第 2 列都存在 $a_{ij} > 0$，根据上面的判断规则，此时没有达到最优，需要继续迭代寻找最优解。非基变量 x_2 对应的检验数最大为 3，并且有 $a_{ij} > 0$，所以非基变量 x_2 作为换入变量，其取值为

$$x_2^* = \min_{a_{i2} > 0} \left\{ \frac{b_i}{a_{i2}} \right\} = \min \left\{ \frac{b_1}{a_{12}}, \frac{b_2}{a_{22}}, \frac{b_3}{a_{32}} \right\} = \min \left\{ \frac{8}{2}, \frac{12}{4} \right\} = \min\{4, 3\} = 3$$

其中 $i = 3$，即第 3 行所对应的基变量 x_5 作为换出变量，这样，基变量就由原来的 x_3、x_4、x_5 转换为 x_3、x_4、x_2，而 x_1、x_5 是非基变量，下面就需要确定新的基变量取值。

3. 基本可行解的迭代计算

换入变量和换出变量确定后，需要将单纯形表的换入变量和换出变量进行置换，同时把单纯形表中 C_B 列所在的目标函数系数做相应的变更，然后对 b_i 和 a_{ij} 的值进行初等变换。变换的原则是保证新的基变量对应的矩阵调整为单位矩阵。

把表 2.4 中 X_B 列的 x_5 换为 x_2 后，把 C_B 列的第三行的 0 换为 3，第三行除以 4，再将新的第三行乘以 -2 后加到第一行，得到新的第二行。计算机会费用，如：

$$z_5 = \sum_{i=1}^{3} c_i' a_{i5}' = c_1' a_{15}' + c_2' a_{25}' + c_3' a_{35}' = 0 \times (-1/2) + 0 \times 0 + 3 \times (1/4) = 3/4$$

再计算检验数，如 $c_5 - z_5 = 0 - 3/4 = -3/4$，得到新的单纯形表 2.5。

表 2.5

	$c_j \rightarrow$		2	3	0	0	0
C_B	X_B	b	x_1	x_2	x_3	x_4	x_5
0	x_3	2	1	0	1	0	$-1/2$
0	x_4	16	4	0	0	1	0
3	x_2	3	0	1	0	0	1/4
	z_j		0	3	0	0	3/4
	$c_j - z_j$		2	0	0	0	$-3/4$

这样生成了一组新的基本可行解 $(x_1, x_2, x_3, x_4, x_5) = (0, 3, 2, 16, 0)$，得到的目标函数值为 $z = 2 \times 0 + 3 \times 3 + 0 \times 2 + 0 \times 16 + 0 \times 0 = 9$(元)。表 2.5 中仍然有正的检验

数，即 $c_1 - z_1 = 2$，所以没有达到最优，并且存在 $a_{ij} > 0$，应继续循环迭代，得到单纯形表 2.6。

表 2.6

C_B	X_B	b	2	3	0	0	0
			x_1	x_2	x_3	x_4	x_5
2	x_1	2	1	0	1	0	$-1/2$
0	x_4	8	0	0	-4	1	2
3	x_2	3	0	1	0	0	$1/4$
	z_j		2	3	2	0	$-1/4$
	$c_j - z_j$		0	0	-2	0	$1/4$

表 2.6 中有一组新的基本可行解 $(x_1, x_2, x_3, x_4, x_5) = (2, 3, 0, 8, 0)$，得到的目标函数值为 $z = 2 \times 2 + 3 \times 3 + 0 \times 0 + 0 \times 8 + 0 \times 0 = 13(元)$。

继续进行最优判断。表 2.6 中仍然有正的检验数，即 $c_5 - z_5 = 1/4$，所以没有达到最优，并且存在 $a_{ij} > 0$，可以继续循环迭代，迭代后得到单纯形表 2.7。

表 2.7

C_B	X_B	b	2	3	0	0	0
			x_1	x_2	x_3	x_4	x_5
2	x_1	4	1	0	0	1/4	0
0	x_5	4	0	0	-2	1/2	1
3	x_2	2	0	1	1/2	$-1/8$	0
	z_j		2	3	3/2	1/8	0
	$c_j - z_j$		0	0	$-3/2$	$-1/8$	0

在表 2.7 中，所有的检验数都小于等于 0，所以已经达到了最优，其中最优解为 $(x_1, x_2, x_3, x_4, x_5) = (4, 2, 0, 0, 4)$，即生产 4 个单位甲产品和 2 个单位乙产品，可获得最大利润，为 $z = 2 \times 4 + 3 \times 2 + 0 \times 0 + 0 \times 0 + 0 \times 4 = 14(元)$。

特别提示

下面以 max 型为例。在确定换入变量时，原则上选择最大检验数对应的非基变量作为换入变量。若选择其他正的检验数对应的非基变量作为换入变量，不会出现计算错误，只会造成迭代计算的过程多一些。

另外两种情况也需要仔细考虑换入变量的问题：

（1）最大的正检验数对应列不存在 $a_{ij}>0$。

在单纯形表 2.8 中有两个正的检验数，非基变量 x_1 对应的检验数最大为 70，但所对应列的 a_{ij} 全部为负数，此时不能说无最优解。因为可以选择其他正的检验数的对应非基变量作为换入变量，如选择 x_3 作为换入变量。

表 2.8

			40	**45**	24	0	**0**
C_B	X_B	b	x_1	x_2	x_3	x_4	x_5
45	x_2	100/3	−2/3	**1**	1/3	1/3	**0**
0	x_5	20	−1	**0**	1	−1	**1**
	z_j		−30	**45**	15	15	**0**
	$c_j - z_j$		70	**0**	9	−15	**0**

（2）所有正检验数对应的列都不存在 $a_{ij}>0$。

在单纯形表 2.9 中，有两个正的检验数，但所有正检验数对应的 a_{ij} 全部为负数，无法确定换出变量，所以无最优解。

表 2.9

			40	**45**	24	0	**0**
C_B	X_B	b	x_1	x_2	x_3	x_4	x_5
45	x_2	100/3	−2/3	**1**	−1/3	1/3	**0**
0	x_5	20	−1	**0**	−1	−1	**1**
	z_j		−30	**45**	−15	15	**0**
	$c_j - z_j$		70	**0**	39	−15	**0**

2.2.2　单纯形法的求解步骤

通过以上例题的讲解以及对单纯形法基本思路的了解，下面给出单纯形法求解的具体步骤：

第一步：基于约束条件方程组的系数矩阵，需要通过寻找或构造单位矩阵的方法，确定基变量，从而求出初始基本可行解；再利用初始基本可行解及线性规划模型提供的信息，编制初始单纯形表。

第二步：将检验数 $c_j - z_j$ 作为判断基本可行解是否为最优解的标准。判断方法如下：

（1）若所有非基变量的检验数 $c_j - z_j < 0$，说明已经达到最优解，计算停止。

（2）若存在 $c_j - z_j > 0$，但所有 $c_j - z_j > 0$ 所在列对应的所有 $a_{ij} \leqslant 0$，说明无最优解，计算停止。

（3）若至少存在一个 $c_j - z_j > 0$，并且所对应的所有 j 列中至少有一个 $a_{ij} > 0$，说明没有达到最优解，转到第三步。

第三步：继续迭代，求解下一个使目标函数更优的基本可行解，迭代过程如下：

（1）确定换入变量：原则上选择最大检验数对应的非基变量作为换入变量。

（2）确定换出变量：

$$x_j^* = \min_{a_{ij} > 0} \left\{ \frac{b_i}{a_{ij}}, \quad i = 1, \cdots, m \right\}$$

$$j \rightarrow 换入变量所在的列$$
$$x_j^* \rightarrow 换入变量的取值$$

利用上式求出 x_j^* 所在的第 i 行所对应的基变量作为换出变量。

（3）换入变量和换出变量确定后，生成另外一张单纯形表，即将单纯形表的换入变量和换出变量进行置换以后，把 C_B 列相应的目标函数系数变更，再对 b_i 和 a_{ij} 的值进行初等变换，即进行行运算，从而将新基变量对应的矩阵调整为单位矩阵。

（4）重新计算机会费用 z_j 和检验数 $c_j - z_j$ 的值，返回第二步。

2.3　单纯形法的进一步使用

在第 2.2 节中，基于线性规划问题的标准型讨论和分析了单纯形法的求解思路。另外，在给出的例题中，模型的约束条件方程全部都是"≤"的情况，即前面讨论的线性规划问题都是目标函数值最大、约束条件方程均为"≤"型的问题。

在本节中，主要讨论如何使用单纯形法对其他形式的线性规划模型进行求解，即目标函数值最小、约束条件方程为"≥"、约束条件方程为"="型的线性规划问题。

1. 目标函数值最小的问题（min 型）

关于这类问题，有三种处理方式：

（1）在第 2.1.3 节中介绍过，可将求目标函数值最小的问题转化为求目标函数值最大的问题。如果目标函数是 $\min z = \sum c_j x_j$ 的形式，可令 $z = -z'$，这样就将目标函数转化为 $\max z' = -\sum c_j x_j$，然后用单纯形法求解即可。

（2）保持目标函数的 min 型不变，通过检验数的判断来处理。最优解的判断方法和 max 型的相反，即全部检验数 $c_j - z_j \geq 0$ 时就达到最优，否则继续迭代。另外，换入变量的确定方法是选取检验数最小的非基变量作为换入变量，确定换出变量的方法与 max 型的方法一样。

（3）将单纯形表中检验数的形式改变。即将单纯形表中的检验数 $c_j - z_j$ 改写为 $z_j - c_j$ 的形式，最优解的判断方法、换入变量的确定和换出变量的确定与 max 型的方法相同。

2. 约束条件方程为"≥"型的问题

在第 2.1.3 节中介绍过，可将"≥"型的约束条件方程左边减去多余变量即可转化为"="型的约束条件方程。同时知道，确定初始基本可行解的方法是将单位矩阵所对应的变量作为基变量，但多余变量的系数是 -1，不能构成单位矩阵，即不能将多余变量作为初始基变量。

如果在变化后的约束条件方程组的矩阵中找不到单位矩阵，解决的方法就是通过人为构造变量来生成单位矩阵，把人为构造的变量称为**人工变量**。为了不使人工变量对目标函数值产生影响，在求目标函数最大或最小的问题中，人工变量的 c_j 值分别设为充分小或充分大的数，即 $-M$ 或 M，这样，人工变量进入最优解的可能性就很小。

另外，如果在约束条件方程组中有变量的列向量为单位列向量时，可以不必在有该变量的方程中再构建人工变量。如下例：

$$\min \ z = 3x_1 + x_2 + 2x_3$$
$$\text{s.t.} \begin{cases} 3x_1 + 2x_2 + x_3 \geq 15 \\ 2x_1 - 3x_2 \quad\quad\ \geq 17 \\ x_j \geq 0, \ j = 1,2,3 \end{cases}$$

利用多余变量 x_4、x_5 把约束条件方程转换为等式，变量 x_3 的列向量为单位列向量，就不必在第 1 个方程中再构建人工变量，只需要在第 2 个方程中构建人工变量 x_6 即可。为了使人工变量 x_6 不对目标函数值产生影响，c_6 的值设为充分大的数 M，如下所示：

$$\min \ z = 3x_1 + x_2 + 2x_3 + Mx_6$$
$$\text{s.t.} \begin{cases} 3x_1 + 2x_2 + x_3 - x_4 \quad\quad\quad = 15 \\ 2x_1 - 3x_2 \quad\quad\quad\ - x_5 + x_6 = 17 \\ x_j \geq 0, \ j = 1,2,3,4,5,6 \end{cases}$$

针对包含人工变量的线性规划问题求解，需要使用单纯形法的两种衍生方法：大 M 法、两阶段法。

例 2.5 解如下线性规划模型：

$$\min\ z = 10x_1 + 8x_2 + 7x_3$$

$$\text{s.t.} \begin{cases} 2x_1 + x_2 & \geqslant 6 \\ x_1 + x_2 + x_3 & \geqslant 4 \\ x_j \geqslant 0, j = 1,2,3 \end{cases}$$

（ⅰ）用大 M 法求解。

将模型化为如下形式，其中 x_4、x_5 为多余变量，x_6 为人工变量：

$$\min\ z = 10x_1 + 8x_2 + 7x_3 + Mx_6$$

$$\text{s.t.} \begin{cases} 2x_1 + x_2 & - x_4 & + x_6 = 6 \\ x_1 + x_2 + x_3 & - x_5 & = 4 \\ x_j \geqslant 0, j = 1,2,3,4,5,6 \end{cases}$$

其初始单纯形表如表 2.10 所示。

表 2.10

C_B	X_B	b	$c_j \rightarrow$ 10	8	**7**	0	0	**M**
			x_1	x_2	x_3	x_4	x_5	x_6
M	x_6	6	2	1	**0**	−1	0	**1**
7	x_3	4	1	1	**1**	0	−1	**0**
	z_j		$2M+7$	$M+7$	7	$-M$	−7	**M**
	$c_j - z_j$		$-2M+3$	$-M+1$	**0**	M	7	**0**

因为 M 是很大的数，同时表中的检验数 $c_j - z_j$ 表明还没有达到最优解，又因为 $-2M+3 < -M-1$，所以把 x_1 作为换入变量；因为 $6/2 < 4/1$，所以把 x_6 作为换出变量，得到单纯形表 2.11。

表 2.11

C_B	X_B	b	$c_j \rightarrow$ **10**	8	**7**	0	0	M
			x_1	x_2	x_3	x_4	x_5	x_6
10	x_1	3	**1**	1/2	**0**	−1/2	0	1/2
7	x_3	1	**0**	1/2	**1**	1/2	−1	−1/2
	z_j		**10**	17/2	7	−3/2	−7	3/2
	$c_j - z_j$		**0**	−1/2	**0**	3/2	7	$M-3/2$

表 2.11 还没有达到最优解，继续迭代，得到单纯形表 2.12。

表 2.12

C_B	X_B	b	$c_j \rightarrow$ **10**	**8**	7	0	0	M
			x_1	x_2	x_3	x_4	x_5	x_6
10	x_1	2	**1**	**0**	−1	−1	1	1
8	x_2	2	**0**	**1**	2	1	−2	−1
	z_j		**10**	**8**	6	−2	−6	2
	$c_j - z_j$		**0**	**0**	1	2	6	$M-2$

表 2.12 已经达到最优解，求出的最优解为 $(x_1, x_2, x_3, x_4, x_5, x_6) = (2, 2, 0, 0, 0, 0)$，目标函数值为 36。

特别提示

大 M 法就是将加入了人工变量后的线性规划问题用单纯形法求解，其中有两点需要注意：

（1）由于运算所得的数字中含有大 M，在计算检验数时还要求出差值，所以判别检验数的正负时要谨慎。

（2）如果已经满足了最优检验，但基变量中仍然含有人工变量，也就是说，只有人工变量取值不为零时，才能求出模型的最优解，这说明目标函数永远不能达到具有实际意义的最大或最小，所以该问题无可行解。

（ii）用两阶段法求解。

顾名思义，两阶段法就是分两个阶段求解含有人工变量的线性规划模型。求解过程是：在第一阶段构造一个新的目标函数代替实际的目标函数，然后用单纯形法求解，直到满足最优检验并且基变量中没有人工变量时，再转入第二阶段；在第二阶段恢复原来的目标函数，继续用单纯形法求解。

（1）第一阶段：构造新的目标函数代替实际的目标函数，用单纯形法求解。

若目标函数是 max 型，可设人工变量的目标函数系数 $c_j = -1$，其余变量的目标函数系数 $c_j = 0$；

若目标函数是 min 型，可设人工变量的目标函数系数 $c_j = 1$，其余变量的目标函数系数 $c_j = 0$；

仍然以上面的例 2.5 为例，第一阶段的初始单纯形表如表 2.13 所示。

表 2.13

C_B	X_B	b	x_1	x_2	x_3	x_4	x_5	x_6
	$c_j \rightarrow$		0	0	0	0	0	1
1	x_6	6	2	1	0	−1	0	1
0	x_3	4	1	1	1	0	−1	0
	z_j		2	1	0	−1	0	1
	$c_j - z_j$		−2	−1	0	1	0	0

没有达到最优解，继续迭代，得到单纯形表 2.14：

表 2.14

C_B	X_B	b	x_1	x_2	x_3	x_4	x_5	x_6
	$c_j \rightarrow$		0	0	0	0	0	1
0	x_1	3	1	1/2	0	−1/2	0	1/2
0	x_3	1	0	1/2	1	1/2	−1	−1/2
	z_j		0	0	0	0	0	0
	$c_j - z_j$		0	0	0	0	0	1

上面的单纯形表已达到最优，并且基变量中没有人工变量，所以转入第二阶段。

（2）第二阶段：恢复原来的目标函数，继续用单纯形法求解。

恢复原来目标函数的步骤是：

① 将第一阶段最优单纯形表中人工变量的列去掉；

② 恢复原来的目标函数的系数；

③ 重新计算检验数，并继续用单纯形法求解。

表 2.14 变换为表 2.15。

表 2.15

C_B	X_B	b	x_1	x_2	x_3	x_4	x_5
	$c_j \rightarrow$		10	8	7	0	0
10	x_1	3	1	1/2	0	−1/2	0
7	x_3	1	0	1/2	1	1/2	−1
	z_j		10	17/2	7	−3/2	−7
	$c_j - z_j$		0	−1/2	0	3/2	7

没有达到最优解，继续迭代求解，得到单纯形表 2.16。

表 2.16

C_B	X_B	b	$c_j \rightarrow$				
			10	8	7	0	0
			x_1	x_2	x_3	x_4	x_5
10	x_1	2	1	0	−1	−1	1
8	x_2	2	0	1	2	1	−2
	z_j		10	8	6	−2	−6
	$c_j - z_j$		0	0	1	2	6

在表 2.16 中，除了没有 x_6 列以外，得到的是和大 M 法一样的最优单纯形表。

特别提示

如果第一阶段结束后，基变量中仍然含有人工变量，那么就不能转到第二阶段，此时说明该问题无可行解。

3. 约束条件方程为"="型的问题

关于这类问题，有两种处理方式：

（1）在约束条件方程中加入人工变量，使系数矩阵能构成一个单位矩阵，再用大 M 法或两阶段法求解。

（2）将等式变为两个非等式，如 $x_1+2x_2=10$ 可以用 $x_1+2x_2 \leq 10$ 和 $x_1+2x_2 \geq 10$ 这两个不等式来代替，这样变化后，可以在这两个方程中分别加进松弛变量、减去多余变量或者加入人工变量，再按照前面的方法求解即可。

特别提示

（1）无论对哪一种情况用单纯形法求解，都必须保证模型中 $b_i \geq 0$、$x_i \geq 0$。

（2）构建人工变量的目的就是构造单位矩阵，从而确定初始的基本可行解。

2.4   线性规划模型解的判定

在第 2.1.2 节中，通过对线性规划模型解的状态分析可知，线性规划模型的解有唯一解、无可行解、多重解和无界解四种情况，另外，线性规划问题还会有退化现象出现。用单纯形法求解线性规划模型，最常见的是唯一解，而其他解的情况也能在最优单纯形表中反映出来。本节将介绍如何依据单纯形表来判断线性规划模型解的状态。

1. 无可行解（不可行性）

在前面已经提到，如果线性规划模型的最优单纯形表中，基变量包含一个或多个非 0 的人工变量，那么该线性规划模型就没有可行解。也就是说，只有在采用实际不存在的虚拟活动时（附加人工变量），线性规划模型才仅仅有理论上的数学解，而这种情况使目标函数永远不能达到具有实际意义的最优。从几何意义的角度来说就是，约束条件方程组没有可行域，即约束条件方程组没有公共解。产生这种情况的原因是在建立数学模型时，列出了矛盾的约束条件方程。

在前面讲到，针对包含人工变量的线性规划问题，需要使用大 M 法或两阶段法求解，那么无可行解在大 M 法中体现的就是最优解基变量中含有非 0 的人工变量，而在两阶段法中体现的就是在第一阶段的最优解基变量中含有非 0 的人工变量，无法转入第二阶段。

例 2.6　解如下线性规划模型：

$$\min \ z = 2x_1 + 4x_2$$

$$\text{s.t.} \begin{cases} x_1 + x_2 \leqslant 10 \\ 2x_1 + x_2 \geqslant 40 \\ x_1, x_2 \geqslant 0 \end{cases}$$

解　对第一个约束条件方程引入松弛变量 x_3，对第二个约束条件方程引入多余变量 x_4 和人工变量 x_5，模型变为

$$\min \ z = 2x_1 + 4x_2 + 0 \times x_3 + 0 \times x_4 + Mx_5$$

$$\text{s.t.} \begin{cases} x_1 + x_2 + x_3 & = 10 \\ 2x_1 + x_2 \quad - x_4 + x_5 = 40 \\ x_i \geqslant 0, i = 1, 2, 3, 4, 5 \end{cases}$$

（ⅰ）用大 M 法求解（见表 2.17）。

表 2.17

C_B	X_B	b	$c_j \rightarrow$ 2	4	**0**	0	M
			x_1	x_2	x_3	x_4	x_5
0	x_3	10	1	1	1	0	0
M	x_5	40	2	1	0	−1	1
	z_j		$2M$	M	0	$-M$	M
	$c_j - z_j$		$2-2M$	$4-M$	0	M	0

继续迭代求解，如表 2.18 所示。

表 2.18

	$c_j \rightarrow$		2	4	0	0	M
C_B	X_B	b	x_1	x_2	x_3	x_4	x_5
2	x_1	10	1	1	1	0	0
M	x_5	20	0	−1	−2	−1	1
	z_j		2	$2-M$	$2-2M$	$-M$	M
	$c_j - z_j$		0	$2+M$	$-2+2M$	M	0

由上面的最优单纯形表可以看出，检验数全部大于等于 0，但是基变量中含有非 0 的人工变量 x_5，即无法得到实际问题的基本可行解，因此这个线性规划模型无可行解。

（ⅱ）用两阶段法求解，第一阶段的初始单纯形表如表 2.19 所示。

表 2.19

	$c_j \rightarrow$		0	0	0	0	1
C_B	X_B	b	x_1	x_2	x_3	x_4	x_5
0	x_3	10	1	1	1	0	0
1	x_5	40	2	1	0	−1	1
	z_j		2	1	0	−1	1
	$c_j - z_j$		−2	−1	0	1	0

继续迭代求解，如表 2.20 所示。

表 2.20

	$c_j \rightarrow$		0	0	0	0	1
C_B	X_B	b	x_1	x_2	x_3	x_4	x_5
0	x_1	10	1	1	1	0	0
1	x_5	20	0	−1	−2	−1	1
	z_j		0	−1	−2	−1	1
	$c_j - z_j$		0	1	2	1	0

已经得到第一阶段的最优解，但最优解基变量中含有非 0 的人工变量 x_5，无法转入第二阶段，此模型无可行解。

2. 多重解

在第 2.1.2 节线性规划模型解的状态分析中，已经讨论了多重解问题，下面以一个例题来继续讨论存在多重解时的特征。

例 2.7　解如下线性规划模型：

$$\max \ z = 3x_1 + 4x_2$$

$$\text{s.t.} \begin{cases} x_1 & \leqslant 8 \\ & 2x_2 \leqslant 12 \\ 3x_1 + 4x_2 & \leqslant 36 \\ x_1, x_2 \geqslant 0 \end{cases}$$

解　引入松弛变量 x_3、x_4、x_5，将模型化为标准型：

$$\max z = 3x_1 + 4x_2 + 0 \times x_3 + 0 \times x_4 + 0 \times x_5$$

$$\text{s.t.} \begin{cases} x_1 & + x_3 & = 8 \\ & 2x_2 & + x_4 & = 12 \\ 3x_1 + 4x_2 & & + x_5 = 36 \\ x_1, x_2, x_3, x_4, x_5 \geqslant 0 \end{cases}$$

用单纯形法求解，得到最优单纯形表 2.21。

表 2.21

C_B	X_B	b	$c_j \rightarrow$ 3 x_1	4 x_2	0 x_3	0 x_4	0 x_5
0	x_3	4	0	0	1	2/3	−1/3
4	x_2	6	0	1	0	1/2	0
3	x_1	4	1	0	0	−2/3	1/3
	z_j		3	4	0	0	1
	$c_j - z_j$		0	0	0	0	−1

最优解为 $(x_1, x_2, x_3, x_4, x_5) = (4, 6, 4, 0, 0)$。通过观察发现，非基变量 x_4 的检验数为 0，不妨把 x_4 作为换入变量再进行一次迭代，根据规则，x_3 确定为出换出变量，迭代之后的单纯形表如表 2.22 所示。

表 2.22

	$c_j \rightarrow$		3	4	0	0	0
C_B	X_B	b	x_1	x_2	x_3	x_4	x_5
0	x_4	6	0	0	3/2	1	−1/2
4	x_2	3	0	1	−3/4	0	1/4
3	x_1	8	1	0	1	0	0
	z_j		3	4	0	0	1
	$c_j - z_j$		0	0	0	0	−1

又得到另外一个最优解：$(x_1, x_2, x_3, x_4, x_5)=(8, 3, 0, 6, 0)$。这样，同一个模型就出现了两个最优解，再利用第 2.1.2 节中多重解的讨论，就可以求出无穷个最优解：

$$X=\alpha X^{(1)}+(1-\alpha)X^{(2)}=\alpha(4, 6, 4, 0, 0)+(1-\alpha)(8, 3, 0, 6, 0)$$

基于上面例题的现象，可以得出结论：在最优单纯形表中，如果存在检验数为 0 的非基变量，线性规划模型就有多重解。或者说，在最优单纯形表中，如果出现检验数等于 0 的个数多于基变量的个数，那么线性规划模型就有多重解。

3. 无界解

在第 2.2.1 节单纯形法的求解思路中，判断基本可行解是否达到最优时，已经详细讨论了线性规划模型无界解的情况，即所有能作为换入变量所对应的系数列向量均不存在 $a_{ij} > 0$ 时，线性规划模型会出现无界解。无界解产生的原因可能是建立数学模型时所列的约束条件方程不适当。

例 2.8　解如下线性规划模型：

$$\max \quad z = x_1 + x_2$$

$$\text{s.t.} \begin{cases} -2x_1 + x_2 \leqslant 4 \\ x_1 - x_2 \leqslant 2 \\ -3x_1 + x_2 \leqslant 3 \\ x_1, x_2 \geqslant 0 \end{cases}$$

解　将模型化为标准型：

$$\max \quad z = x_1 + x_2 + 0 \times x_3 + 0 \times x_4 + 0 \times x_5$$

$$\text{s.t.} \begin{cases} -2x_1 + x_2 + x_3 \quad\quad\quad = 4 \\ x_1 - x_2 \quad\quad + x_4 \quad\quad = 2 \\ -3x_1 + x_2 \quad\quad\quad + x_5 = 3 \\ x_i \geqslant 0, \ i = 1, 2, 3, 4, 5 \end{cases}$$

初始单纯形表如表 2.23 所示。

表 2.23

C_B	X_B	b	x_1	x_2	x_3	x_4	x_5
	$c_j \rightarrow$		1	1	0	0	0
0	x_3	4	−2	1	1	0	0
0	x_4	2	1	−1	0	1	0
0	x_5	3	−3	1	0	0	1
	z_j		0	0	0	0	0
	$c_j - z_j$		1	1	0	0	0

迭代求解，得到单纯形表 2.24。

表 2.24

C_B	X_B	b	x_1	x_2	x_3	x_4	x_5
	$c_j \rightarrow$		1	1	0	0	0
0	x_3	8	0	−1	1	2	0
1	x_1	2	1	−1	0	1	0
0	x_5	9	0	−2	0	3	1
	z_j		1	−1	0	1	0
	$c_j - z_j$		0	2	0	−1	0

表 2.24 中非基变量 x_2 的检验数为正数，应该作为换入变量，但所对应的列向量全部小于 0，另外也没有其他非基变量可作为换入变量，所以此线性规划模型为无界解。

4. 退化现象

已经知道，基变量的个数就等于约束条件方程的个数，然而，一般情况下，基变量不等于零，此时基本可行解中非零变量的个数就等于约束条件方程的个数。如果出现基变量等于零，就会造成基本可行解中非零变量的个数小于约束条件方程的个数，这就是退化现象。在用单纯形法求解时，退化现象表现为，若确定的换出变量同时有两个或两个以上，就会造成下一次迭代时有一个或几个基变量的取值为 0。

退化现象是一个需要证明收敛的问题，退化是高等数学中的常用术语，它表示一个一般不为零的量变成了零的现象。如在求解方程时，如果只有零解，那么就说该方程有**退化解**。

为了证明单纯形法在有限次迭代中收敛于一个最优解，必须假定每次迭代都使目标函数值有所改进，但在退化现象中，有时的迭代就没有使目标函数值改进。这样从理论上讲，迭代可能会循环无限次，但实践证明没有发生此现象，即有时的迭代恰恰使目标函数有了改进，也很快收敛于最优解。下面通过例题来了解一下退化问题。

例 2.9 解如下的线性规划模型：

$$\max \quad z = 2x_1 + 3x_2$$

$$\text{s.t.} \begin{cases} x_1 + 2x_2 \leqslant 8 \\ 4x_1 + 2x_2 \leqslant 6 \\ \quad\quad 4x_2 \leqslant 12 \\ x_1, x_2 \geqslant 0 \end{cases}$$

解 将模型化为标准型：

$$\max \quad z = 2x_1 + 3x_2$$

$$\text{s.t.} \begin{cases} x_1 + 2x_2 + x_3 \quad\quad\quad = 8 \\ 4x_1 + 2x_2 \quad + x_4 \quad = 6 \\ \quad\quad 4x_2 \quad\quad + x_5 = 12 \\ x_1, x_2, x_3, x_4, x_5 \geqslant 0 \end{cases}$$

初始单纯形表如表 2.25 所示。

表 2.25

C_B	X_B	b	$c_j \rightarrow$ 2 x_1	3 x_2	**0** x_3	**0** x_4	**0** x_5
0	x_3	8	1	2	**1**	**0**	**0**
0	x_4	6	4	2	**0**	**1**	**0**
0	x_5	12	0	4	**0**	**0**	**1**
	z_j		0	0	**0**	**0**	**0**
	$c_j - z_j$		2	3	**0**	**0**	**0**

表 2.25 中非基变量 x_2 作为换入变量，换出变量由下式确定：

$$x_2^* = \min_{a_{i2} > 0} \left\{ \frac{b_i}{a_{i2}} \right\} = \min \left\{ \frac{b_1}{a_{12}}, \frac{b_2}{a_{22}}, \frac{b_3}{a_{32}} \right\} = \min \left\{ \frac{8}{2}, \frac{6}{2}, \frac{12}{4} \right\} = \min\{4, 3, 3\} = 3$$

而最小值 3 来自第 2 行和第 3 行，换出变量可以是 x_4，也可以是 x_5，在此指定 x_5 作为换出变量，继续迭代计算得到单纯形表 2.26。

表 2.26

C_B	X_B	b	$c_j \to$ 2	3	0	0	0
			x_1	x_2	x_3	x_4	x_5
0	x_3	2	1	0	1	0	$-1/2$
0	x_4	0	4	0	0	1	$-1/2$
3	x_2	3	0	1	0	0	$1/4$
	z_j		0	3	0	0	$3/4$
	$c_j - z_j$		2	0	0	0	$-3/4$

继续迭代计算，得到单纯形表 2.27。

表 2.27

C_B	X_B	b	$c_j \to$ 2	3	0	0	0
			x_1	x_2	x_3	x_4	x_5
0	x_3	2	0	0	1	$-1/4$	$-3/8$
2	x_1	0	1	0	0	$1/4$	$-1/8$
3	x_2	3	0	1	0	0	$1/4$
	z_j		2	3	0	$1/2$	$1/2$
	$c_j - z_j$		0	0	0	$-1/2$	$-1/2$

表 2.27 达到最优，最优解为 $(x_1, x_2, x_3, x_4, x_5)=(0, 3, 2, 0, 0)$，目标函数值 $z=2\times0+3\times3=9$，最优解中基变量 x_1 的值为 0，这就是退化现象。

继续讨论一下，如果在表 2.25 中，不是指定 x_5，而是指定 x_4 作为换出变量，继续迭代计算得到单纯形表 2.28。

表 2.28

C_B	X_B	b	$c_j \to$ 2	3	0	0	0
			x_1	x_2	x_3	x_4	x_5
0	x_3	2	-3	0	1	-1	0
3	x_2	3	2	1	0	$1/2$	0
0	x_5	0	-8	0	0	-2	1
	z_j		6	3	0	$3/2$	0
	$c_j - z_j$		-4	0	0	$-3/2$	0

表 2.28 达到最优，最优解为$(x_1, x_2, x_3, x_4, x_5)=(0, 3, 2, 0, 0)$，目标函数值 $z=2\times0+3\times3=9$，最优解中基变量 x_5 的值为 0。

可以看出，换出变量取不同的 x_4 和 x_5 时，最优解中基变量的组成是不同的，但是最优解及其取值是一样的，所以目标函数值也是一样的。

2.5 单纯形法的扩展应用（增加决策变量）

对线性规划模型求出最优解以后，如果模型新增加了决策变量，就会导致原有的模型变成了一个新的模型。针对新模型，求解的一般思路是从头开始求解，但从原有模型的求解过程可知，初始单纯形表中初始基变量对应的矩阵是单位矩阵，而在最优单纯形表中，这个单位矩阵就变成了另外的矩阵。如果从初等变换的角度考虑，就相当于用某个矩阵乘了初始基变量对应的单位矩阵，从而使这个单位矩阵变成了另外的矩阵。对于新增加的决策变量来说，它的初始值已经给出，也就是说新增加的决策变量在初始单纯形表中的列向量是已知的，如果用同样的某个矩阵乘以新增加决策变量初始的已知列向量，就会得到新增加决策变量在最优单纯形表中的列向量，再把这个求出的列向量补加到最优单纯形表的最右列，继续求解即可。这样，对新模型就不必从头求解。

求解的主要步骤如下：

第一步：用 I_B 表示初始单纯形表中初始基变量所对应的单位矩阵，再用 I_B^* 表示初始基变量在最优单纯形表中所对应的矩阵，基于线性规划模型的典式，可知

$$I_B^* = B^{-1} \times I_B$$

因为 I_B 为单位矩阵，所以有 $B^{-1}=I_B^*$。用 x_{n+1} 表示新增加的决策变量，那么它在初始单纯形表中对应的列向量是已知的，用 P_{n+1} 表示；再用 P_{n+1}^* 表示新增加的决策变量在最优单纯形表中应该对应的矩阵，则有

$$P_{n+1}^* = B^{-1} \times P_{n+1} = I_B^* \times P_{n+1}$$

第二步：把列向量 P_{n+1}^* 补加到最优单纯形表的最右列，继续求解即可。

下面通过具体例题来说明新增加决策变量的求解步骤。

例 2.10 某企业针对生产计划构建了如下的线性规划模型：

$$\max \quad z = x_1 + 5x_2 + 3x_3 + 4x_4$$

$$\text{s.t.} \begin{cases} 2x_1 + 3x_2 + x_3 + 2x_4 \leqslant 800 & （资源1）\\ 5x_1 + 4x_2 + 3x_3 + 4x_4 \leqslant 1\,200 & （资源2）\\ 3x_1 + 4x_2 + 5x_3 + 3x_4 \leqslant 1\,000 & （资源3）\\ x_j \geqslant 0, j = 1,2,3,4 \end{cases} \quad （2.15）$$

设 x_5、x_6、x_7 是松弛变量，对该模型用单纯形法求解，得到最优单纯形表 2.29。

表 2.29

C_B	X_B	b	$c_j \rightarrow$ 1	5	3	4	0	0	0
			x_1	x_2	x_3	x_4	x_5	x_6	x_7
0	x_5	100	1/4	0	−13/4	0	1	1/4	−1
4	x_4	200	2	0	−2	1	0	1	−1
5	x_2	100	−3/4	1	11/4	0	0	−3/4	1
	z_j		17/4	5	23/4	4	0	1/4	1
	$c_j - z_j$		−13/4	0	−11/4	0	0	−1/4	−1

假设该企业研制了新产品，现在准备生产该新产品，已知该新产品耗用资源 1 为 5，耗用资源 2 为 4，耗用资源 3 为 3，该产品的单位利润为 9，请求新的最优生产方案。

解　用决策变量 x_8 表示新产品的生产数量，新决策变量使原有的模型变为

$$\max \ z = x_1 + 5x_2 + 3x_3 + 4x_4 \qquad + 9x_8$$

$$\text{s.t.} \begin{cases} 2x_1 + 3x_2 + \ x_3 \ + 2x_4 + 5x_8 \leqslant 800 & （资源1） \\ 5x_1 + 4x_2 + 3x_3 + 4x_4 + 4x_8 \leqslant 1\,200 & （资源2） \\ 3x_1 + 4x_2 + 5x_3 + 3x_4 + 3x_8 \leqslant 1\,000 & （资源3） \\ x_j \geqslant 0, \ j = 1,2,3,4 \end{cases} \qquad （2.16）$$

模型（2.16）与模型（2.15）可以说是完全不同的两个模型，对模型（2.16）求解的一般思路是从头开始求解。下面用前面的步骤进行求解。

针对模型（2.15），初始单纯形表中的基变量是 x_5、x_6、x_7，则有

$$\boldsymbol{B}^{-1} = \boldsymbol{I}_B^* = \begin{bmatrix} 1 & 1/4 & -1 \\ 0 & 1 & -1 \\ 0 & -3/4 & 1 \end{bmatrix}$$

针对模型（2.16），新增加的决策变量 x_8 在初始单纯形表中对应的列向量为

$$\boldsymbol{P}_{n+1} = \begin{bmatrix} 5 \\ 4 \\ 3 \end{bmatrix}$$

那么决策变量 x_8 在最优单纯形表中的列向量即为

$$P_{n+1}^{*} = B^{-1} \times P_{n+1} = I_{B}^{*} \times P_{n+1} = \begin{bmatrix} 1 & 1/4 & -1 \\ 0 & 1 & -1 \\ 0 & -3/4 & 1 \end{bmatrix} \times \begin{bmatrix} 5 \\ 4 \\ 3 \end{bmatrix} = \begin{bmatrix} 3 \\ 1 \\ 0 \end{bmatrix}$$

把这个列向量补加到最优单纯形表 2.29 的最右列，并计算机会费用和检验数，得表 2.30。

表 2.30

C_B	X_B	$c_j \rightarrow$ b	1 x_1	5 x_2	3 x_3	4 x_4	0 x_5	0 x_6	0 x_7	9 x_8
0	x_5	100	1/4	0	$-13/4$	0	1	1/4	-1	3
4	x_4	200	2	0	-2	1	0	1	-1	1
5	x_2	100	$-3/4$	1	11/4	0	0	$-3/4$	1	0
	z_j		17/4	5	23/4	4	0	1/4	1	4
	$c_j - z_j$		$-13/4$	0	$-11/4$	0	0	$-1/4$	-1	5

表 2.30 没有满足最优检验，将 x_8 作为换入变量，由 $\min\{100/3, 200/1\}=100/3$ 可知，换出变量为 x_5，继续迭代计算求最优解即可（求解过程省略）。

本章小结

为了学习和掌握单纯形法，本章首先对线性规划问题求解的相关知识进行了介绍，包括图解法、线性规划问题解的状态分析、线性规划问题的标准型、线性规划问题的几何意义、线性规划问题的典式。在此基础上，阐述了单纯形法的求解思路和求解步骤，同时，针对多样性的线性规划模型求解问题，介绍了单纯形法的进一步使用问题。另外，也介绍了线性规划模型解的判定方法。

线性规划问题解的状态，是学习线性规划模型解的判定方法的基础；线性规划问题的典式是理解单纯形法思路和步骤的理论基础，也是理解确定换入变量和换出变量的方法的关键。另外，需要说明的是，对于单变量双下标、双变量单下标等其他形式决策变量的线性规划问题，用单纯形法手工形式求解存在一定的困难。

本章要点

了解线性规划问题解的状态；掌握线性规划模型的标准形式及理解线性

规划标准型转换的目的；理解图解法的含义。

本章重点

掌握单纯形法求解的步骤；掌握单纯形法的进一步使用问题；掌握单纯形法对线性规划模型解的判定方法。

本章难点

线性规划典式的生成过程；换出变量确定方法的含义。

本章术语

可行域；可行解；最优解；无可行解；唯一解；无界解；多重解；松弛变量；多余变量；自由变量；凸集；极点或顶点；基本解；基本可行解；单位矩阵；基变量；非基变量；行运算；机会费用；检验数；换入变量；换出变量；人工变量；退化解。

习　　题

1. 用图解法解下列线性规划问题：

$$\max z = x_1 + 2x_2$$

$$\text{s.t.}\begin{cases} 2x_1 + x_2 \leqslant 8 \\ -x_1 + x_2 \leqslant 2 \\ \quad x_1 + x_2 \geqslant 2 \\ x_1, x_2 \geqslant 0 \end{cases}$$

2. 将下列线性规划模型化为标准型：

$$\min \ z = -2x_1 + 5x_2 - x_3 + 7x_4$$

$$\text{s.t.}\begin{cases} x_1 + \ x_2 - \ x_3 \qquad \geqslant 1 \\ x_1 + 2x_2 + 2x_3 - x_4 \leqslant 20 \\ 3x_1 - \ x_2 + 2x_3 - 2x_4 = -6 \\ x_1, x_2, x_3 \geqslant 0 \end{cases}$$

3. 将下列线性规划问题化为标准型，并用单纯形法求解。

$$\max z = 2x_1 - 2x_2 + 3x_3$$

$$\text{s.t.}\begin{cases} x_1 + \ x_2 + x_3 \leqslant 18 \\ x_1 + 2x_2 - x_3 \leqslant 4 \\ -x_1 \qquad + x_3 \leqslant 6 \\ x_1, x_2, x_3 \geqslant 0 \end{cases}$$

4. 有一个线性规划模型如下，请用单纯形法求解。

$$\max z = x_1 + x_2$$

$$\text{s.t.}\begin{cases} -2x_1 + x_2 \leqslant 4 \\ x_1 - x_2 \leqslant 2 \\ -3x_1 + x_2 \leqslant 3 \\ x_1, x_2 \geqslant 0 \end{cases}$$

5. 分别用单纯形法中的大 M 法和两阶段法求解下列线性规划模型：

$$\max z = 2x_1 + 3x_2 - 5x_3$$

$$\text{s.t.}\begin{cases} x_1 + x_2 + x_3 = 7 \\ 2x_1 - 5x_2 + x_3 \geqslant 10 \\ x_1, x_2, x_3 \geqslant 0 \end{cases}$$

6. 针对第 4 题的线性规划模型：

$$\max z = 2x_1 + 3x_2$$

$$\text{s.t.}\begin{cases} -2x_1 + x_2 \leqslant 4 \\ x_1 - x_2 \leqslant 2 \\ -3x_1 + x_2 \leqslant 3 \\ x_1, x_2 \geqslant 0 \end{cases}$$

请用图解法验证第 4 题求出的解的情况。

7. 表 2.31 是用单纯形法对某线性规划模型求解的最优单纯形表，已知 x_3、x_4、x_5 是松弛变量，请写出此线性规划的模型。

表 2.31

| C_B | X_B | b | $c_j \rightarrow$ | | | | |
			40	**45**	25	0	**0**
			x_1	x_2	x_3	x_4	x_5
40	x_1	4	**1**	**0**	0	1/4	**0**
45	x_5	4	**0**	**0**	−2	1/2	**1**
25	x_2	2	**0**	**1**	1/2	−1/8	**0**
	z_j		**2**	**3**	3/2	1/8	**0**
	$c_j - z_j$		**0**	**0**	−1/2	−1/8	**0**

8. 某工厂用钢、橡胶生产三种产品 A、B、C，有关资料如表 2.32 所示。

表 2.32

产品	单位产品钢消耗量	单位产品橡胶消耗量	单位产品利润
A	2	3	40
B	3	3	45
C	1	2	25

已知每天可获得 100 单位的钢和 120 单位的橡胶，设 x_1 表示产品 A 的日产量，x_2 表示产品 B 的日产量，x_3 表示产品 C 的日产量，使利润最大的线性规划模型为

$$\max z = 40x_1 + 50x_2 + 45x_3$$
$$\text{s.t.} \begin{cases} 2x_1 + 3x_2 + x_3 \leqslant 100 \\ 3x_1 + 3x_2 + 2x_3 \leqslant 120 \\ x_1, x_2, x_3 \geqslant 0 \end{cases}$$

表 2.33 是用单纯形法对该模型求解时的一次迭代，请：

（1）继续迭代求解。

（2）说明此问题的解是唯一解、不可行解、多重解、无界解中的哪一种？为什么？若存在多重解，请求出所有的最优解。

表 2.33

C_B	X_B	b	x_1	x_2	x_3	x_4	x_5
	$c_j \rightarrow$		40	45	25	0	0
45	x_2	100/3	2/3	1	1/3	1/3	0
0	x_5	20	1	0	1	−1	1
	z_j		30	45	15	15	10
	$c_j - z_j$		10	0	10	−15	0

9. 求某个目标函数最大的线性规划模型时，会得到一个局部单纯形表，如表 2.34 所示。表中无人工变量，其中 a_1、a_2、a_3、d、c_1、c_2 为待定常数，请解释说明待定常数 a_1、a_2、a_3、d、c_1、c_2 为何值时，以下结论成立：

（1）表中的解为唯一最优解。

（2）表中的解为最优解，但存在无穷多最优解。

（3）表中的解非最优解，为了进一步迭代，确定的换入变量为 x_1，换出变量为 x_6。

表 2.34

X_B	b	x_1	x_2	x_3	x_4	x_5	x_6
x_3	d	4	a_1	1	0	a_2	0
x_4	2	1	−3	0	1	−1	0
x_6	3	a_3	−5	0	0	−4	1
$c_j - z_j$		c_1	c_2	0	0	−3	0

第 3 章 对偶问题及对偶单纯形法

如果把原来给出的线性规划问题称为**原问题**，那么若从另一角度来讨论这个原问题，就会有另外一个线性规划问题与之相对应，把这个相对应的线性规划问题称为**对偶问题**。伴随着对偶问题的出现，也产生了**对偶理论**。

对偶理论是线性规划问题的重要内容之一，无论在理论方面还是在实际应用方面，它都揭示了原问题和对偶问题之间许多内在的联系。比如在求出原问题（或对偶问题）最优解的同时，也得到了对偶问题（或原问题）的最优解。对偶理论是从另一个角度来研究线性规划问题，是线性规划理论的进一步深化，也是线性规划理论的一个不可分割的组成部分。掌握线性规划的对偶理论，是进一步深入学习数学规划知识的理论基础。另外，基于对偶问题和对偶理论，产生了线性规划问题的另一个求解方法——**对偶单纯形法**。

3.1 对偶问题

3.1.1 对偶问题的提出

为了对对偶问题有一个清晰的认识，下面通过一个例题进行详细的说明和解释，同时也为掌握对偶理论以及对偶单纯形法奠定基础。

例 3.1 某企业计划生产 I、II 两种产品，生产单位产品对原材料 A 和 B 的消耗、所需要的设备台时以及资源量如表 3.1 所示。该工厂每生产一件产品 I 可获利 3 元，每生产一件产品 II 可获利 5 元，那么如何组织生产才能使 I、II 两种产品获得的总利润最大？

表 3.1

产品	原材料 A(千克)	原材料 B(千克)	设备(台时)
I	1	0	3
II	0	2	2
资源量	4	12	18

设 x_1、x_2 分别表示 I、II 两种产品的产量，线性规划模型如下：

$$\max \ z = 3x_1 + 5x_2$$

$$\text{s.t.} \begin{cases} x_1 & \leqslant 4 \\ & 2x_2 \leqslant 12 \\ 3x_1 + 2x_2 \leqslant 18 \\ x_j \geqslant 0, \ j = 1,2 \end{cases} \tag{3.1}$$

用单纯形法求解，最优单纯形表如表 3.2 所示：

表 3.2

C_B	X_B	$c_j \rightarrow$ b	**3** x_1	**5** x_2	**0** x_3	0 x_4	0 x_5
0	x_3	2	**0**	**0**	**1**	1/3	−1/3
5	x_2	6	**0**	**1**	**0**	1/2	0
3	x_1	2	**1**	**0**	**0**	−1/3	1/3
	z_j		**3**	**5**	**0**	3/2	1
	$c_j - z_j$		**0**	**0**	**0**	−3/2	−1

通过最优单纯形表可以知道，最优解为 $(x_1, x_2, x_3, x_4, x_5) = (2, 6, 2, 0, 0)$，即Ⅰ、Ⅱ两种产品分别生产 2 和 6，获得的总利润最大为 $z = 3 \times 2 + 5 \times 6 = 36$(元)。

我们把上面的线性规划问题称为**原问题**，式（3.1）就是原问题的线性规划模型。

现在从另一角度来讨论问题，假设有一家公司打算购买该企业的原材料 A、B，并租赁该企业的设备。如果该企业决策者考虑不生产产品Ⅰ、Ⅱ，而将其所有资源出售和出租给对方，就需要考虑给每种资源定价的问题。从企业的角度看，当然希望对方给出的价位越高越好，如果从对方公司的角度来看，希望支付的越少越好。这就需要该企业决策者做到"知己知彼"，即该企业决策者就要对原材料 A、B 的售价以及设备的租金制定合理的定价，从而使该企业的收益不少于组织生产产品的收益，同时也能达到对方公司的接受意愿。

我们把上面描述的问题称为原问题的**对偶问题**。

现在对例 3.1 构建对偶问题的数学模型：

设 y_1、y_2 分别表示原材料 A、B 的单位出售价格，y_3 表示设备的单位台时租金。由原问题可知，用 1 千克原材料 A 和 3 个设备台时才能生产出一件产品Ⅰ，而一件产品Ⅰ可以获利 3 元，如果把 1 千克原材料 A 和 3 个设备台时出售和出租，那么获得的收入就不能低于一件产品Ⅰ售卖的利润 3 元，这样就必须有方程

$$y_1+3y_3 \geqslant 3$$

同理，针对产品 II 有方程

$$2y_2+2y_3 \geqslant 5$$

把企业资源和设备台时都出售和出租，总收入 $w=4y_1+12y_2+18y_3$，因为总收入 w 不能低于组织生产产品的收益，所以有

$$\min w=4y_1+12y_2+18y_3$$

至此，构造出的对偶问题的线性规划模型如下：

$$\min \ w = 4y_1 +12y_2 +18y_3$$

$$\text{s.t.} \begin{cases} y_1 \quad\ +3y_3 \geqslant 3 \\ \quad\ 2y_2 +2y_3 \geqslant 5 \\ y_j \geqslant 0, j=1,2,3 \end{cases} \qquad (3.2)$$

对该模型求解的最优单纯形表如表 3.3 所示。

表 3.3

C_B	Y_B	b	$c_j \rightarrow$				
			4	**12**	**18**	0	0
			y_1	y_2	y_3	y_4	y_5
18	y_3	1	1/3	**0**	**1**	−1/3	0
12	y_2	3/2	−1/3	**1**	**0**	1/3	−1/2
	z_j		2	**12**	**18**	−2	−6
	$c_j - z_j$		2	**0**	**0**	2	6

由最优单纯形表 3.3 可知，最优解为 $(y_1, \boldsymbol{y_2}, \boldsymbol{y_3}, y_4, y_5)=(0, \boldsymbol{3/2}, \boldsymbol{1}, 0, 0)$，即原材料 A、B 的出售价格分别为 0、3/2，设备租金为 1，获得的总收入 $w=4\times0+12\times3/2+18\times1=36(元)$。

可以看出，对偶问题的最优目标函数值和原问题的最优目标函数值是相等的。根据两个问题所追求的目标，直观上可以理解这一点。无论是原问题还是对偶问题，无非都是企业如何利用这些有限资源，以获得尽可能多的收益。也就是说，企业获取利益的方式有两种，既可以利用有限的资源组织产品生产，通过产品的销售获得收益，又可以将有限的资源售卖和出租，从而获得收益。线性规划模型（3.1）和（3.2）是针对同一个具体问题，从两个不同的角度提出来的，同时前面提到，原问题和对偶问题之间存在许多内在的联系。现在把线性规划模型（3.1）和（3.2）中有关"数据的位置"写在表格 3.4 中，以了解原问题和对偶问题两个模型之间存在的联系。

表 3.4

原问题模型（3.1）				对偶问题模型（3.2）				
max	3	5	≤	min	4	12	18	≥
A	1	0	4	A′	1	0	3	3
	0	2	12		0	2	2	5
	3	2	18					

仔细观察表 3.4，就会发现一些具有内在联系的现象：

（1）原问题决策变量 x_i 表示产品的生产数量，而对偶问题决策变量 y_i 表示售价和租金，所以原问题的决策变量与对偶问题的决策变量表示的意义不同。

（2）原问题的目标函数是求最大值，而对偶问题的目标函数是求最小值。

（3）原问题的约束条件方程是"≤"型，而对偶问题的约束条件方程是"≥"型。

（4）对偶问题约束条件方程右端的常数是原问题目标函数的系数，而对偶问题目标函数的系数是原问题约束条件方程右端的常数。

（5）对偶问题变量的个数等于原问题约束条件方程的个数，而对偶问题约束条件方程的个数等于原问题变量的个数。

（6）对偶问题约束条件方程组的系数矩阵与原问题约束条件方程组的系数矩阵互为转置矩阵。

上述总结的现象，对构建对偶问题的模型就有了一个启示，即不必对对偶问题进行重新分析和建模，可以直接由原问题模型写出对偶问题的模型，这就为学习下一节建立对偶问题模型的规则奠定了基础。

特别提示

对偶问题最优解不能作为获取总利益的决策依据，而最优目标函数值才是决策的根本。针对上例，假如对方公司给出如下方案：以 20 元购买单位原材料 A、原材料 B 无偿获得、设备免费使用，即 $(y_1, y_2, y_3, y_4, y_5)=(20, 0, 0, 0, 0)$，那么这个方案是否接受就不能用最优解来衡量，因为此方案总收入 $w=4×20+12×0+18×0=80$，明显高于生产产品 Ⅰ、Ⅱ 的总利润 36。

3.1.2 建立对偶问题模型的规则

上一节通过引例简单介绍了对偶问题的基本特点，同时也了解了对偶问题模型与原问题模型之间存在的联系，下面给出由原问题模型直接写出对偶问题模型的一般规则：

（1）若原问题目标函数求最大值(max 型)，同时约束条件方程全部是"≤"型，则对偶问题目标函数就是求最小值(min 型)，约束条件方程全部是"≥"型；反之，若原问题目标函数求最小值(min 型)，同时约束条件方程全部是"≥"型，则对偶问题目标函数就是求最大值(max 型)，约束条件方程全部是"≤"型。

（2）对偶问题目标函数的系数是原问题约束条件方程右端的值 b_i。

（3）对偶问题约束条件方程组的系数矩阵就是原问题约束条件方程组系数矩阵的转置矩阵。

（4）对偶问题约束条件方程右端的值是原问题目标函数的系数。

现在给出原问题模型的一般形式：

$$\max \quad z = c_1 x_1 + c_2 x_2 + \cdots + c_n x_n$$

$$\text{s.t.} \begin{cases} a_{11} x_1 + a_{12} x_2 + \cdots + a_{1n} x_n \leqslant b_1 \\ a_{21} x_1 + a_{22} x_2 + \cdots + a_{2n} x_n \leqslant b_2 \\ \cdots\cdots\cdots\cdots \\ a_{m1} x_1 + a_{m2} x_2 + \cdots + a_{mn} x_n \leqslant b_m \\ x_j \geqslant 0, \ j = 1, 2, \cdots, n \end{cases} \quad (3.3)$$

这个模型的特点是目标函数是 max 型，约束条件方程全部是"≤"型，根据以上规则，其对偶问题的模型就是：

$$\min \quad w = b_1 y_1 + b_2 y_2 + \cdots + b_m y_m$$

$$\text{s.t.} \begin{cases} a_{11} y_1 + a_{21} y_2 + \cdots + a_{m1} y_m \geqslant c_1 \\ a_{12} y_1 + a_{22} y_2 + \cdots + a_{m2} y_m \geqslant c_2 \\ \cdots\cdots\cdots \\ a_{1n} y_1 + a_{2n} y_2 + \cdots + a_{mn} y_m \geqslant c_n \\ y_j \geqslant 0, \ j = 1, 2, \cdots, m \end{cases} \quad (3.4)$$

如果将原问题模型写成矩阵向量的形式：

$$\max \quad z = \boldsymbol{CX}$$

$$\text{s.t.} \begin{cases} \boldsymbol{AX} \leqslant \boldsymbol{b} \\ \boldsymbol{X} \geqslant \boldsymbol{0} \end{cases} \quad (3.5)$$

那么对偶问题矩阵向量形式的模型就是

$$\min \quad w = \boldsymbol{b}^{\mathrm{T}} \boldsymbol{Y}$$

$$\text{s.t.} \begin{cases} \boldsymbol{A}^{\mathrm{T}} \boldsymbol{Y} \geqslant \boldsymbol{C}^{\mathrm{T}} \\ \boldsymbol{Y} \geqslant \boldsymbol{0} \end{cases} \tag{3.6}$$

上面给出的构建对偶问题模型的规则，是基于原问题模型的目标函数是 max 型，约束条件方程全部是"≤"型（或目标函数是 min 型，约束条件方程全部是"≥"型）。但针对实际问题构建的模型存在多样性，经常会遇到不符合上述特点的线性规划模型，如目标函数是 max 型、约束条件方程不都是"≤"型等多种多样的线性规划模型，这就需要先把其他形式的原问题模型进行转换处理，使其符合前面要求的原问题模型的特点，然后再利用前面给出的规则构建对偶问题的模型。

下面给出不符合上述特点的其他形式原问题模型的转换处理方法：

（1）若原问题目标函数求最大值（max 型），而约束条件方程存在"≥"型，则把"≥"型的约束条件方程两端乘以 –1，使约束条件方程变为"≤"型；若原问题目标函数求最小值（min 型），而约束条件方程存在"≤"型，则把"≤"型的约束条件方程两端乘以 –1，使约束条件方程变为"≥"型。

（2）如果约束条件方程是"="形式，则有两种处理方法：

① 将"="形式的约束条件方程变为"≥"和"≤"两个不等式方程，然后按照上面的第（1）条处理。

② 假设原问题中第 i 个约束条件方程是"="的形式，可以不进行变动，那么对偶问题中对应的变量 y_i 就作为自由变量。

（3）如果原问题的变量 $x_i \geqslant 0$，则对应的对偶问题中第 i 个约束条件方程即为不等式。如果原问题的变量 x_i 为自由变量，那么也有两种处理方法：

① 按照第 2.1.3 节线性规划问题标准形式中的处理方法，可将该自由变量转化为非负的变量。

② 可以不对原问题的自由变量 x_i 进行变动，则对应的对偶问题中第 i 个约束条件方程作为"="的形式。

下面通过一个例题来具体了解此类现象的对偶模型的构建过程。

例 3.2 构建如下模型的对偶问题模型：

$$\min \quad z = 5x_1 + 8x_2 + 3x_3$$

$$\text{s.t.} \begin{cases} 3x_1 + x_2 - 4x_3 \geqslant 6 \\ x_1 - 2x_2 - 4x_3 \leqslant 5 \\ 2x_1 + 3x_2 + 5x_3 = 4 \\ x_j \geqslant 0, \ j = 1, 2, 3 \end{cases} \tag{3.7}$$

解　处理方法有两种。

第一种方法：根据以上规则，先将模型（3.7）变成以下形式：

$$\min \ z = 5x_1 + 8x_2 + 3x_3$$

$$\text{s.t.} \begin{cases} 3x_1 + \ x_2 - 4x_3 \geqslant 6 \\ -x_1 + 2x_2 + 4x_3 \geqslant -5 \\ 2x_1 + 3x_2 + 5x_3 \geqslant 4 \\ -2x_1 - 3x_2 - 5x_3 \geqslant -4 \\ x_j \geqslant 0, \ j = 1,2,3 \end{cases} \tag{3.8}$$

设对偶问题的变量为 y_1、y_2、y_3、$y_3{}'$，则对偶问题的模型为

$$\max \ w = 6y_1 - 5y_2 + 4y_3 - 4y_3{}'$$

$$\text{s.t.} \begin{cases} 3y_1 - \ y_2 + 2y_3 - 2y_3{}' \leqslant 5 \\ y_1 + 2y_2 + 3y_3 - 3y_3{}' \leqslant 8 \\ -4y_1 + 4y_2 + 5y_3 - 5y_3{}' \leqslant 3 \\ y_j \geqslant 0, \ j = 1,2,3 \end{cases} \tag{3.9}$$

第二种方法：根据以上规则，先将模型（3.7）变成以下形式：

$$\min \ z = 5x_1 + 8x_2 + 3x_3$$

$$\text{s.t.} \begin{cases} 3x_1 + \ x_2 - 4x_3 \geqslant 6 \\ -x_1 + 2x_2 + 4x_3 \geqslant -5 \\ 2x_1 + 3x_2 + 5x_3 = 4 \\ x_j \geqslant 0, \ j = 1,2,3 \end{cases} \tag{3.10}$$

设对偶问题的变量为 y_1、y_2、y_3，则对偶问题的模型为

$$\max \ w = 6y_1 - 5y_2 + 4y_3$$

$$\text{s.t.} \begin{cases} 3y_1 - \ y_2 + 2y_3 \leqslant 5 \\ y_1 + 2y_2 + 3y_3 \leqslant 8 \\ -4y_1 + 4y_2 + 5y_3 \leqslant 3 \\ y_1, y_2 \geqslant 0 \end{cases} \tag{3.11}$$

在式（3.11）中，y_3 是自由变量。其实设 $y_3 = y_3 - y_3{}'$，再代入式（3.11）中，就会得到和式（3.9）一样的式子。

3.1.3　对偶问题的基本定理与性质

基于上一节对对偶问题的了解以及原问题模型和对偶问题模型的对应关系，下面给出对偶理论的相关定理和性质。

不妨设原问题模型为

$$\max \quad z = \boldsymbol{CX}$$
$$\text{s.t.} \begin{cases} \boldsymbol{AX} \leqslant \boldsymbol{b} \\ \boldsymbol{X} \geqslant \boldsymbol{0} \end{cases} \quad (3.12)$$

那么对偶问题模型为

$$\min \quad w = \boldsymbol{b}^{\mathrm{T}}\boldsymbol{Y}$$
$$\text{s.t.} \begin{cases} \boldsymbol{A}^{\mathrm{T}}\boldsymbol{Y} \geqslant \boldsymbol{C}^{\mathrm{T}} \\ \boldsymbol{Y} \geqslant \boldsymbol{0} \end{cases} \quad (3.13)$$

1. 对偶问题的对称性

定理 3.1 对偶问题的对偶是原问题。

证明 将上述对偶问题模型（3.13）的目标函数转换为 max 型，同时把约束条件方程（非负约束除外）两边取负号，可以得到

$$\max \quad (-w) = -\boldsymbol{b}^{\mathrm{T}}\boldsymbol{Y}$$
$$\text{s.t.} \begin{cases} -\boldsymbol{A}^{\mathrm{T}}\boldsymbol{Y} \leqslant -\boldsymbol{C}^{\mathrm{T}} \\ \boldsymbol{Y} \geqslant \boldsymbol{0} \end{cases} \quad (3.14)$$

很明显，式（3.14）和式（3.13）是等价的。根据建立对偶问题的规则，式（3.14）的对偶问题的模型为

$$\min \quad (-z) = -\boldsymbol{CX}$$
$$\text{s.t.} \begin{cases} -(\boldsymbol{A}^{\mathrm{T}})^{\mathrm{T}}\boldsymbol{X} \geqslant -\boldsymbol{b} \\ \boldsymbol{X} \geqslant \boldsymbol{0} \end{cases} \quad (3.15)$$

对式（3.15）整理有

$$\max \quad z = \boldsymbol{CX}$$
$$\text{s.t.} \begin{cases} \boldsymbol{AX} \leqslant \boldsymbol{b} \\ \boldsymbol{X} \geqslant \boldsymbol{0} \end{cases} \quad (3.16)$$

式（3.16）是式（3.13）对偶问题的模型，而式（3.13）又是式（3.12）对偶问题的模型，同时式（3.16）和式（3.12）是一样的，则对偶问题的对偶是原问题。

特别提示

根据对称性，可以把对称中的两个模型任选一个作为原问题，而另外一个就成为它的对偶问题。

2. 对偶问题的弱对偶性

定理 3.2　设 $\overline{X}$ 是原问题（3.12）的可行解，$\overline{Y}$ 是对偶问题（3.13）的可行解，则原问题的目标函数值不超过对偶问题的目标函数值，即 $C\overline{X} \leqslant b^{\mathrm{T}}\overline{Y}$。

证明　因为 $\overline{X}$ 是原问题的可行解，则

$$A\overline{X} \leqslant b$$

用 $\overline{Y}^{\mathrm{T}}$ 左乘此不等式，有

$$\overline{Y}^{\mathrm{T}}A\overline{X} \leqslant \overline{Y}^{\mathrm{T}}b$$

因为 $\overline{Y}$ 是对偶问题的可行解，有

$$\overline{Y}^{\mathrm{T}}A \geqslant C$$

现在用 $\overline{X}$ 右乘此不等式，有

$$\overline{Y}^{\mathrm{T}}A\overline{X} \geqslant C\overline{X}$$

从而有 $\qquad\qquad C\overline{X} \leqslant \overline{Y}^{\mathrm{T}}A\overline{X} \leqslant \overline{Y}^{\mathrm{T}}b$

即有 $\qquad\qquad C\overline{X} \leqslant \overline{Y}^{\mathrm{T}}A\overline{X} \leqslant b^{\mathrm{T}}\overline{Y}$

所以 $\qquad\qquad C\overline{X} \leqslant b^{\mathrm{T}}\overline{Y}$

由定理 3.2 可以得出以下推论：

推论 3.1　若原问题可行，但其目标函数值无界，则对偶问题不可行。也可以这样描述：若原问题为无界解，则对偶问题就无可行解。

证明　反证法，假设对偶问题可行，$\overline{Y}$ 为对偶问题的可行解，则由弱对偶性的定理 3.2 可知，针对原问题的任意可行解 $\overline{X}$，都有

$$C\overline{X} \leqslant b^{\mathrm{T}}\overline{Y}$$

即原问题的目标函数值有上界。这与问题中描述的原问题的目标函数值无上界矛盾，所以对偶问题不可行。

推论 3.1 的逆推论：若对偶问题不可行，则原问题的目标函数值无界。

类似地，利用弱对偶性的定理 3.2，还可以得出其他的推论：

推论 3.2　若对偶问题可行，但其目标函数值无界，则原问题不可行。也可以这样描述：若对偶问题为无界解，则原问题就无可行解。

推论 3.2 的逆推论：若原问题不可行，则对偶问题的目标函数值无界。

推论 3.3　若原问题可行，而对偶问题不可行，则原问题的目标函数值无界。

推论 3.4　若对偶问题可行，而原问题不可行，则对偶问题的目标函数值无界。

3. 可行解是最优解的性质

定理 3.3 设 $\overline{X}$ 是原问题（3.12）的可行解，$\overline{Y}$ 是对偶问题（3.13）的可行解，当 $C\overline{X} = b^{\mathrm{T}}\overline{Y}$ 时，$\overline{X}$ 和 $\overline{Y}$ 就分别是各自问题的最优解。

证明 由弱对偶性定理 3.2 可知，对偶问题的任意一个可行解 Y 都有

$$C\overline{X} \leqslant b^{\mathrm{T}}Y$$

再由前提条件 $C\overline{X} = b^{\mathrm{T}}\overline{Y}$，有

$$b^{\mathrm{T}}\overline{Y} \leqslant b^{\mathrm{T}}Y$$

即 $\overline{Y} \leqslant Y$，可见 $\overline{Y}$ 是使对偶问题（3.13）的目标函数取值最小的可行解，因此 $\overline{Y}$ 是最优解。

同样也可以证明，对于原问题的任意一个可行解 X，都有

$$CX \leqslant b^{\mathrm{T}}\overline{Y}$$

再由前提条件 $C\overline{X} = b^{\mathrm{T}}\overline{Y}$，有

$$CX \leqslant C\overline{X}$$

即 $X \leqslant \overline{X}$，可见 $\overline{X}$ 是使原问题（3.12）的目标函数取值最大的可行解，因此 $\overline{X}$ 是最优解。

4. 对偶定理

定理 3.4 若原问题有最优解，那么对偶问题也一定有最优解，而且原问题与对偶问题的最优目标函数值相等。

证明 原问题是求目标函数最大，所以由线性规划模型典式中的式（2.5）和（2.6）可知，原问题的检验数为

$$\sigma_j = c_j - z_j = c_j - C_B B^{-1} P_j \leqslant 0, \ j = m+1, \cdots, \ n$$

经整理有
$$C_B B^{-1} P_j \geqslant c_j, \ j = m+1, \cdots, \ n$$

再设 $\overline{Y} = C_B B^{-1}$，把 $\overline{Y}$ 代入对偶问题（3.13）的目标函数中，有

$$w = b^{\mathrm{T}}\overline{Y} = b^{\mathrm{T}}C_B B^{-1}$$

设 $\overline{X}$ 是原问题（3.12）的最优解，则根据线性规划模型典式中的式（2.3）可知，最优目标函数为

$$z = C\overline{X} = C_B B^{-1} b^{\mathrm{T}}$$

由此得到
$$b^{\mathrm{T}}\overline{Y} = b^{\mathrm{T}}C_B B^{-1} = C\overline{X}$$

再由定理 3.3 可知，$\overline{Y}$ 是对偶问题（3.13）的最优解，而且由上式也可以看出，原问题与对偶问题的最优目标函数值相等。

如果原问题的目标函数为 min 型，同样可以证明原问题与对偶问题的最优目标函数值都为 $b^{\mathrm{T}} C_B B^{-1}$。

5. 最优解的互读性

由定理 3.4 的证明过程及线性规划模型典式的生成过程可知，对偶问题（3.13）的最优解就是原问题（3.12）最优单纯形表中松弛变量对应的机会费用 z_s 的值，或者说是原问题最优单纯形表中松弛变量对应的检验数 $c_s - z_s$ 的负值，即 $y_i = |z_{n+i}|$。

如果原问题的目标函数为 min 型，则对偶问题的目标函数为 max 型，对偶问题的最优解就是原问题最优单纯形表中多余变量对应的机会费用 z_s 的负值，或者说是原问题最优单纯形表中多余变量对应的检验数 $c_s - z_s$ 的值，即 $y_i = -z_{n+i}$。

为了验证最优解的互读性，也为了探讨原问题的最优解与对偶问题最优解之间的联系，下面将例 3.1 的原问题及对偶问题的最优单纯形表分别列在表 3.5 和表 3.6 中。

表 3.5　例 3.1 原问题的最优单纯形表

C_B	X_B	b	$c_j \rightarrow$ 3	5	0	0	0
			x_1	x_2	x_3	x_4	x_5
0	x_3	2	0	0	1	1/3	−1/3
5	x_2	6	0	1	0	1/2	0
3	x_1	2	1	0	0	−1/3	1/3
	z_j		3	5	0	3/2	1
	$c_j - z_j$		0	0	0	−3/2	−1

表 3.6　例 3.1 对偶问题的最优单纯形表

C_B	Y_B	b	$c_j \rightarrow$ 4	12	18	0	0
			y_1	y_2	y_3	y_4	y_5
18	y_3	1	1/3	0	1	−1/3	0
12	y_2	3/2	−1/3	1	0	1/3	−1/2
	z_j		2	12	18	−2	−6
	$c_j - z_j$		2	0	0	2	6

对偶问题决策变量的最优解可以由原问题最优单纯形表 3.5 中读出，即

$$y_1=|z_{m+1}|=|z_3|=|0|=0 , \qquad y_2=|z_{m+2}|=|z_4|=|3/2|=3/2 , \qquad y_3=|z_{m+3}|=|z_5|=|1|=1 , \quad (m=2)$$

同理，原问题决策变量的最优解可以由对偶问题最优单纯形表 3.6 中读出，即

$$x_1=-z_{m+1}=-z_4=-(-2)=2 , \qquad x_2=-z_{m+2}=-z_5=-(-6)=6 , \quad (m=3)$$

例 3.3 分析下列线性规划模型的求解问题。

$$\min \quad z=5x_1+4x_2$$

$$\text{s.t.} \begin{cases} x_1+2x_2 \geqslant 6 \\ 2x_1-x_2 \geqslant 4 \\ 5x_1+3x_2 \geqslant 15 \\ x_j \geqslant 0 , j=1,2 \end{cases}$$

若对此模型求解，必须先引入三个多余变量将其化为等式，另外还要引入三个人工变量以构造单位矩阵，然后再用大 M 法或两阶段法求解，这样就造成变量大量增加，而且计算量也加大。

如果基于前面叙述的对偶理论，先对对偶问题进行处理和求解，再确定原问题的最优解，就解决了求解麻烦的问题。

下面写出对偶问题的模型：

$$\max \quad w=6y_1+4y_2+15y_3$$

$$\text{s.t.} \begin{cases} y_1+2y_2+5y_3 \leqslant 5 \\ 2y_1-y_2+3y_3 \leqslant 4 \\ y_j \geqslant 0 , j=1,2,3 \end{cases}$$

要对此对偶模型求解，必须先引入两个松弛变量把约束条件方程化为等式。由于松弛变量本身已构成了单位矩阵，所以直接用单纯形法求解，再利用对偶问题的最优单纯形表读出原问题的最优解即可。这样变量很少，计算量也很小。

从以上例题的求解分析可以看出，对目标函数是 min 型，约束条件方程存在"$\geqslant$"的形式，就不必引入人工变量，直接对它的对偶问题求解即可。这也为这类线性规划问题的求解提供了另一种策略，但这种策略不是一个最优的求解思路，最优的求解思路之一是下一节要介绍的对偶单纯形法。

特别提示

（1）由对偶问题的对称性定理 3.1 可知，原问题的最优解也可以从对偶问题的最优单纯形表中读出。

（2）这里所说的最优解互读，主要是指最初线性规划模型中决策变量值的互读，而不是为了模型转换或为了求解而人为加进的其他变量。

3.2　对偶单纯形法

在第 2 章已经学习了单纯形法，单纯形法的基本思路就是先找出一个基本可行解，判断其是否为最优解，如果不是，则转换到另一个使目标函数值更优的基本可行解上去，从而使目标函数值不断优化，直到找到最优解为止。由此可知，单纯形法是从一个基本可行解开始，通过不断的迭代转到另一个基本可行解，直到检验数满足最优检验为止。在单纯形法里，要求每一次求得的基本解都要满足非负约束条件（即满足可行性），所以对单纯形表的每一次迭代都不能违反这一要求，从而逐步向最优解靠近。

如果换一种求解思路，先从基本解中寻找使目标函数值达到最优的解，然后判断这个解是否满足非负约束，如果满足，那么这个解也就是线性规划模型的最优解，如果不满足，再去重新寻找使目标函数达到次优的解，重新再判断这个解是否满足非负约束，不断循环迭代，直至找到最优解。

由上一节的对偶理论可知，这种思路是完全可行的。因为使目标函数值达到最优的可行解，就是在单纯形法每次迭代时都必须满足最优检验，即要求每一次求得的基本解都要满足最优检验，但不一定满足非负约束（即不一定是可行解），然后逐步向基本可行解靠近，从而在迭代时使不满足非负约束的基变量个数逐步减少。当全部基变量都满足非负约束条件时，就得到了满足最优检验条件下的基本可行解，即最优解。由于这种方法是基于对偶理论和利用单纯形法的迭代过程来求解的，所以把这种方法称为**对偶单纯形法**。

3.2.1　对偶单纯形法的求解思路

对偶单纯形法的基本思路是：

（1）求出满足最优检验的基本解 $X^{(0)}$，利用这个解 $X^{(0)}$ 及线性规划模型提供的信息，编制初始单纯形表。

（2）判断基本解 $X^{(0)}$ 是否满足非负约束，即 $X^{(0)}$ 是否为基本可行解。

（3）若 $X^{(0)}$ 是基本可行解，计算停止；若 $X^{(0)}$ 不是基本可行解，就将一个小于零的基变量换出，再将一个非基变量换入，进而产生使目标函数次优的另外一个可行解，同时生成另一张单纯形表，再返回第（2）步。如此逐步迭代，若线性规划模型有最优解，那么经过有限次迭代后就会求出最优解。

基于对偶单纯形法基本思路的三个过程，需要解决以下几个问题：

（1）如何保证求出的可行解使线性规划模型的目标函数保持最优？

（2）如何判断求出的可行解是否满足非负约束？

（3）若求出的可行解不满足非负约束，如何将一个基变量换出？如何将一个非基变量换入？

为了解决以上问题，同时为了理解和掌握对偶单纯形法的基本思路，下面通过一个例题进行详细的说明和解释。

例 3.4　用对偶单纯形法对以下线性规划模型求解。

$$\min \ z = 2x_1 + 3x_2 + 5x_3 + 6x_4$$

$$\text{s.t.} \begin{cases} x_1 + 2x_2 + 3x_3 + x_4 \geqslant 2 \\ 2x_1 - x_2 + x_3 - 3x_4 \geqslant 3 \\ x_j \geqslant 0, \ j = 1,2,3,4 \end{cases}$$

下面对该模型用对偶单纯形法求解：

1. 寻找使目标函数达到最优的可行解 $X^{(0)}$

引入多余变量 x_5、x_6，将模型中约束条件方程转换为等式，模型如下：

$$\min \ z = 2x_1 + 3x_2 + 5x_3 + 6x_4$$

$$\text{s.t.} \begin{cases} x_1 + 2x_2 + 3x_3 + x_4 - x_5 \quad\ = 2 \\ 2x_1 - x_2 + x_3 - 3x_4 \quad - x_6 = 3 \\ x_j \geqslant 0, \ j = 1,2,3,4,5,6 \end{cases}$$

在上述模型的约束条件方程组中没有单位矩阵，而多余变量 x_5、x_6 的系数都为 -1，构不成单位矩阵，又因为对偶单纯形法先不考虑满足非负约束，所以可将两个约束条件方程的两端同乘以 -1，从而使多余变量 x_5、x_6 的系数构成单位矩阵。需要注意的是，这样处理也使约束条件方程右端的常数变成了负数，在单纯形法里是不允许这样处理的。两个约束条件方程的两端同乘以 -1 后，模型变为

$$\min \ z = 2x_1 + 3x_2 + 5x_3 + 6x_4$$

$$\text{s.t.} \begin{cases} - x_1 - 2x_2 - 3x_3 - x_4 + x_5 \quad\ = -2 \\ -2x_1 + x_2 - x_3 + 3x_4 \quad + x_6 = -3 \\ x_j \geqslant 0, \ j = 1,2,3,4,5,6 \end{cases}$$

可以选择多余变量 x_5、x_6 作为基变量，将模型按照单纯形表的形式列出。因为此单纯形表是用于对偶单纯形法的，所以也称为**对偶单纯形表**。对偶单纯形表如表 3.7 所示：

表 3.7

C_B	X_B	b	$c_j\rightarrow$ 2	3	5	6	**0**	**0**
			x_1	x_2	x_3	x_4	x_5	x_6
0	x_5	−2	−1	−2	−3	−1	**1**	**0**
0	x_6	−3	−2	1	−1	3	**0**	**1**
	z_j		0	0	0	0	**0**	**0**
	$z_j - c_j$		−2	−3	−5	−6	**0**	**0**

这样得出一个基本解 $(x_1, x_2, x_3, x_4, \boldsymbol{x_5}, \boldsymbol{x_6})$=(0, 0, 0, 0, −2 , −3)。表 3.7 的全部检验数 $z_j - c_j \leqslant 0$，因为模型是 min 型，满足最优检验，即这个基本解使目标函数达到最优。

2. 判断基本解是否满足非负约束

前面得出的基本解中至少存在一个基变量的取值为负数，原因是对偶单纯形表的 $\boldsymbol{b}$ 列存在负数。显然，这个可行解违反了 $x_j \geqslant 0$ 的约束，故不是基本可行解，需要进行迭代计算，以使不满足非负约束的基变量个数减少。

3. 基本解的迭代计算

（1）确定换出变量。

为了使可行解中不满足非负约束的基变量个数减少，首先需要确定换出变量。确定换出变量的方法是：原则上选择 $\boldsymbol{b}$ 列中负值最小的一行所对应的基变量作为换出变量，若出现多个最小负值，任意取一个，把这一行标记为 i^*。

在上面的对偶单纯形表中，取 $\boldsymbol{b}$ 列最小值，即 $\min\{-2, -3\} = -3$，$\boldsymbol{b}$ 列最小值 −3 所对应的行为第 2 行，所以 i^*=2。

（2）确定换入变量。

按照如下公式确定换入变量：

$$\min\left\{\frac{z_j - c_j}{a_{i^*j}}, \quad 其中 a_{i^*j} < 0\right\}$$

$i^* \rightarrow$ 换出变量所在的行　　$j \rightarrow$ 非基变量对应的列

利用上式确定出最小值所在的列对应的变量作为换入变量。

如果目标函数是 max 型，就将上式括号中的分子 $z_j - c_j$ 改写为 $c_j - z_j$。

其实上式就是检验数除以上一步记住的那一行所在的负元素（$a_{i*j}<0$），最后取最小比值所在的列对应的变量作为换入变量。

上面的对偶单纯形表 3.7 中，$\min\{-2/-2, -5/-1\}=1$，最小值 1 来自第 1 列，所以将 x_1 作为换入变量。

（3）进行行运算。

换入变量和换出变量确定后，将对偶单纯形表的换入变量和换出变量进行置换，仍然按照前面单纯形法的思路进行初等变换，变换的原则仍然是保证新的基变量对应的矩阵调整为单位矩阵。

先把表 3.7 迭代为表 3.8 所示的对偶单纯形表。

表 3.8

C_B	X_B	b	x_1	x_2	x_3	x_4	x_5	x_6
	$c_j \rightarrow$		**2**	3	5	6	**0**	0
0	x_5	$-1/2$	**0**	$-5/2$	$-5/2$	$-5/2$	**1**	$-1/2$
2	x_1	$3/2$	**1**	$-1/2$	$1/2$	$-3/2$	**0**	$-1/2$
	z_j		**2**	-1	1	-3	**0**	-1
	$z_j - c_j$		**0**	-4	-4	-9	**0**	-1

由表 3.8 可以看到，检验数仍然全部保持小于等于 0，但 b 列中还有负的基变量，仍然不可行，重复前面的步骤，继续迭代，得到表 3.9 所示的对偶单纯形表。

表 3.9

C_B	X_B	b	x_1	x_2	x_3	x_4	x_5	x_6
	$c_j \rightarrow$		**2**	**3**	5	6	0	0
3	x_2	$1/5$	**0**	**1**	1	1	$-2/5$	$1/5$
2	x_1	$8/5$	**1**	**0**	1	-1	$-1/5$	$-2/5$
	z_j		**2**	**3**	5	1	$-8/5$	$-1/5$
	$z_j - c_j$		**0**	**0**	0	-5	$-8/5$	$-1/5$

由表 3.9 可知，检验数仍然保持全部小于等于 0，基变量也没有负值存在，至此，已经找到了此线性规划模型的最优解：$(\boldsymbol{x_1}, \boldsymbol{x_2}, x_3, x_4, x_5, x_6)=(\boldsymbol{8/5}, \boldsymbol{1/5}, 0, 0, 0, 0)$。

上面这个例题如果用单纯形法求解，在加入多余变量以后，因为没有单位矩阵，还需要引入人工变量，这样变量的个数就变得很多，而且求解的过程较为麻烦。从以上的求解过程可以看到，用对偶单纯形法求解线性规划问题时，可以不必引入人工变量就可以进行求解，从而使计算简化。

3.2.2　对偶单纯形法的求解步骤

通过例题以及对对偶单纯形法思路的了解，下面给出对偶单纯形法求解的具体步骤：

第一步：基于约束条件方程组的系数矩阵，通过寻找或构造单位矩阵的方法，找出满足最优检验的初始基本解，再利用初始可行解及线性规划模型提供的信息，编制初始对偶单纯形表。

第二步：查看所有的基变量是否存在负值，即检查基本解是否满足非负约束，若满足，则已求出最优解，计算停止，否则转到第三步。

第三步：继续迭代，使可行解中不满足非负约束的基变量个数减少，迭代过程如下：

（1）确定换出变量：原则上选择 b 列中负值最小的一行所对应的变量作为换出变量，若出现多个最小负值，任意取一个，把这一行标记为 $i*$。

（2）确定换入变量：按照如下公式确定出最小值所在的列对应的变量作为换入变量。

$$\min\left\{\frac{z_j - c_j}{a_{i*j}}, \quad 其中 a_{i*j} < 0\right\}$$

$i* \to$ 换出变量所在的行　　$j \to$ 非基变量对应的列

如果目标函数是 max 型，就将括号中的分子 $z_j - c_j$ 改写为 $c_j - z_j$。

（3）换出变量和换入变量确定后，生成另一张对偶单纯形表，即将单纯形表的换出变量和换入变量进行置换后，把 C_B 列相应的目标函数系数变更，再对 b_i 和 a_{ij} 的值进行初等变换，即进行行运算，从而将新基变量对应的矩阵调整为单位矩阵。

（4）重新计算机会费用 z_j 和检验数 $c_j - z_j$ 的值，返回第二步。

另外两种情况需要仔细考虑换出变量的问题：

（1）b 列中负值最小的一行没有负 a_{i*j}，即所有的 $a_{i*j} \geq 0$，如对偶单纯形表 3.10。

表 3.10

C_B	X_B	b	$c_j\to$ 2 x_1	3 x_2	5 x_3	6 x_4	**0** x_5	**0** x_6
0	x_5	−2	−1	−2	−3	−1	**1**	**0**
0	x_6	−3	2	1	1	3	**0**	**1**
	z_j		0	0	0	0	**0**	**0**
	z_j-c_j		−2	−3	−5	−6	**0**	**0**

在单纯形表 3.10 中，b 列中有两个取值为负的基变量，基变量 x_6 的取值最小为 −3，但所对应的行中，不存在负的 a_{i*j}，此时需要选择其他取值为负的基变量作为换出变量，如选择 x_5 作为换出变量。

（2）b 列中所有负值对应的所有行中都不存在负的 a_{i*j}，如对偶单纯形表 3.11。

表 3.11

C_B	X_B	b	$c_j\to$ **3** x_1	**5** x_2	**0** x_3	0 x_4	0 x_5
0	x_3	−2	**0**	**0**	**1**	1/3	1/3
5	x_2	−6	**0**	**1**	**0**	1/2	0
3	x_1	2	**1**	**0**	**0**	−1/3	1/3
	z_j		**3**	**5**	**0**	3/2	1
	c_j-z_j		**0**	**0**	**0**	−3/2	−1

在单纯形表 3.11 中，b 列中有两个取值为负的基变量 x_3、x_2，但它们所在的行都不存在负的 a_{ij}，这个现象表明此问题无解。

需要说明的是，在使用对偶单纯形法求解时，每次迭代计算都必须保证检验数满足最优检验，否则不能运用对偶单纯形法求解。

例如，下面这个模型就不能用对偶单纯形法求解：

$$\max\ z = 2x_1 + 3x_2 + 5x_3 + 6x_4$$

$$\text{s.t.}\begin{cases} x_1 + 2x_2 + 3x_3 + x_4 \geqslant 2 \\ 2x_1 - x_2 + x_3 - 3x_4 \geqslant 3 \\ x_j \geqslant 0,\ j = 1,2,3,4 \end{cases}$$

将模型化为

$$\max \quad z = 2x_1 + 3x_2 + 5x_3 + 6x_4$$

$$\text{s.t.} \begin{cases} -x_1 - 2x_2 - 3x_3 - x_4 + x_5 = -2 \\ -2x_1 + x_2 - x_3 + 3x_4 + x_6 = -3 \\ x_j \geqslant 0, \ j = 1, 2, 3, 4, 5, 6 \end{cases}$$

其初始对偶单纯形表如表 3.12 所示。

表 3.12

C_B	X_B	b	$c_j \rightarrow$ 2 x_1	3 x_2	5 x_3	6 x_4	**0** x_5	**0** x_6
0	x_5	-2	-1	-2	-3	-1	**1**	**0**
0	x_6	-3	-2	1	-1	3	**0**	**1**
	z_j		0	0	0	0	**0**	**0**
	$c_j - z_j$		2	3	5	6	**0**	**0**

由表 3.12 可知，存在正的检验数，而模型为 max 型，没有达到对偶单纯形法求解时检验数满足最优检验的要求，所以此模型不能运用对偶单纯形法求解。

另外，对偶单纯形法并不是只对 min 型的模型求解，对有的 max 型的线性规划模型也可以用对偶单纯形法求解。

例如，下面这个 max 型的线性规划模型就可以用对偶单纯形法求解：

$$\max \quad z = -2x_1 - 3x_2 - 4x_3$$

$$\text{s.t.} \begin{cases} x_1 + 2x_2 + x_3 \geqslant 3 \\ 2x_1 - x_2 + 3x_3 \geqslant 4 \\ x_j \geqslant 0, \ j = 1, 2, 3 \end{cases}$$

将上述模型转化为：

$$\max \quad z = -2x_1 - 3x_2 - 4x_3$$

$$\text{s.t.} \begin{cases} -x_1 - 2x_2 - x_3 + x_4 = -3 \\ -2x_1 + x_2 - 3x_3 + x_5 = -4 \\ x_j \geqslant 0, \ j = 1, 2, 3, 4, 5 \end{cases}$$

其初始对偶单纯形表如表 3.13 所示。

表 3.13

C_B	X_B	b	$c_j\rightarrow$ x_1 -2	x_2 -3	x_3 -4	x_4 $\mathbf{0}$	x_5 $\mathbf{0}$
0	x_4	-3	-1	-2	-1	$\mathbf{1}$	$\mathbf{0}$
0	x_5	-4	-2	1	-3	$\mathbf{0}$	$\mathbf{1}$
	z_j		0	0	0	$\mathbf{0}$	$\mathbf{0}$
	c_j-z_j		-2	-3	-4	$\mathbf{0}$	$\mathbf{0}$

由表 3.13 可以看到，检验数全部保持小于等于 0，满足最优检验，但 b 列中有负的基变量，不可行，需要继续迭代求解，下面直接给出最优的对偶单纯形表（见表 3.14）。

表 3.14

C_B	X_B	b	$c_j\rightarrow$ x_1 $\mathbf{-2}$	x_2 $\mathbf{-3}$	x_3 -4	x_4 0	x_5 0
-3	x_2	$2/5$	$\mathbf{0}$	1	$-1/5$	$-2/5$	$1/5$
-2	x_1	$11/5$	$\mathbf{1}$	0	$7/5$	$-1/5$	$-2/5$
	z_j		$\mathbf{-2}$	$\mathbf{-3}$	$-11/5$	$8/5$	$1/5$
	c_j-z_j		$\mathbf{0}$	$\mathbf{0}$	$-9/5$	$-8/5$	$-1/5$

由表 3.14 可知，检验数仍然保持全部小于等于 0，同时 b 列也全为非负，此问题的最优解为 $(x_1, x_2, x_3, x_4, x_5)=(11/5, 2/5, 0, 0, 0)$。

特别提示

（1）利用对偶单纯形法对线性规划模型求解时，模型中的所有变量都必须保证是非负的，但不必保证 $b_i \geqslant 0$。

（2）对偶单纯形法的显著优点是不需要引入人工变量，因此简化了计算。对于变量个数多于约束条件方程个数的线性规划问题，如果采用对偶单纯形法求解，会使计算量较少。

（3）对偶单纯形法是基于对偶理论来使用单纯形法对线性规划问题求解的一种方法，所以对偶单纯形法并不是只针对对偶问题来求解。

（4）使用对偶单纯形法求解时，对线性规划模型解的状态判断和单纯形法一样。

（5）在确定换出变量时，原则上选择 **b** 列中负值最小的一行所对应的变量作为换出变量，若选择其他负值对应的变量作为换出变量，也不会出现计算错误，但会造成迭代计算的过程麻烦一些。

3.3　对偶单纯形法的扩展应用（增加约束条件方程）

对线性规划模型求出最优解以后，如果新增加了约束条件方程，那么原有模型就变成了一个新的模型。针对新模型求解的一般思路是用单纯形法或对偶单纯形法从头开始求解。但我们知道，单纯形法对原有模型的求解过程就是对它的初始单纯形表做行运算，最终变换到最优单纯形表，而这一过程针对新模型来说，就相当于对新模型中原有的约束条件方程做了行运算，而新增加的约束条件方程一直保持不变。可以这样说，原有模型求最优解的过程就相当于新模型一个行运算的中间步骤，只不过新模型还没有找到最优解而已。

鉴于以上的思路，可以对新模型不必从头求解，将新增加的约束条件方程化为等式以后，直接补加到原有模型的最优单纯形表中，然后用对偶单纯形法继续迭代求解即可，这样求解比把新模型从头求解简便得多。

求解的主要步骤如下：

第一步：检验原来的最优解是否满足新增加的约束条件方程，如果满足，原来的最优解就是新模型的最优解，否则转到第二步。

第二步：将新增加的约束条件方程加上松弛变量或减去多余变量使其化为等式，再把这个等式方程的系数补加到原模型的最优单纯形表中。

第三步：令原来的基变量和新增加的松弛变量或多余变量作为新的基变量。

第四步：对新的单纯形表进行初等变换，使新基变量的系数矩阵变为单位矩阵，此时可以得到一个满足最优检验但不一定满足非负约束的可行解。

第五步：利用对偶单纯形法继续迭代求解即可。

下面通过例题具体说明新增加约束条件方程的求解步骤。

例 3.5　下面给出了线性规划模型以及最优单纯形表（见表 3.15）。

$$\max\ z = 6x_1 + 3x_2 + 2x_3$$

$$\text{s.t.}\begin{cases} x_1 + 2x_2 - 7x_3 = 10 \\ x_1 \qquad\ + 3x_3 \leqslant 8 \\ x_j \geqslant 0,\ j = 1,2,3 \end{cases} \qquad (3.17)$$

表 3.15

C_B	X_B	b	$c_j \rightarrow$ 6	3	2	0
			x_1	x_2	x_3	x_4
3	x_2	1	0	1	−5	−1/2
6	x_1	8	1	0	3	1
	z_j		6	3	3	9/2
	$c_j - z_j$		0	0	−3	−9/2

现在增加一个新的约束条件方程 $x_1 + x_2 \geqslant 10$，请求新的最优解。

解 从给出的最优单纯形表可知，最优解为 $(x_1, x_2, x_3, x_4, x_5) = ($**8, 1**$, 0, 0,$ 0$)$，但此最优解不满足新的约束条件方程 $x_1 + x_2 \geqslant 10$。另外，新的约束条件方程使原有的模型变为

$$\max \quad z = 6x_1 + 3x_2 + 2x_3$$

$$\text{s.t.} \begin{cases} x_1 + 2x_2 - 7x_3 = 10 \\ x_1 \qquad + 3x_3 \leqslant 8 \\ x_1 + \ x_2 \qquad \geqslant 10 \\ x_j \geqslant 0, \ j = 1, 2, 3 \end{cases} \qquad (3.18)$$

模型（3.18）与模型（3.17）可以说是完全不同的两个模型。对模型（3.18）求解的一般思路是用单纯形法或对偶单纯形法从头开始求解，现在用前面的求解步骤求解。

将 $x_1 + x_2 \geqslant 10$ 化为 $x_1 + x_2 - x_5 = 10$，其中 $x_5 \geqslant 0$，再变换为 $-x_1 - x_2 + x_5 = -10$，把 x_5 作为基变量，然后把这个方程的系数补加到表 3.15 的最后一行中，得表 3.16。

表 3.16

C_B	X_B	b	$c_j \rightarrow$ 6	3	2	0	0
			x_1	x_2	x_3	x_4	x_5
3	x_2	1	0	1	−5	−1/2	0
6	x_1	8	1	0	3	1	0
0	x_5	−10	−1	−1	0	0	1

进行初等变换，使基变量的系数矩阵变为单位矩阵，如表 3.17 所示。

表 3.17

C_B	X_B	b	$c_j \rightarrow$ 6 x_1	3 x_2	2 x_3	0 x_4	0 x_5
3	x_2	1	0	1	-5	$-1/2$	0
6	x_1	8	1	0	3	1	0
0	x_5	-1	0	0	-2	$1/2$	1
	z_j		6	3	3	$9/2$	0
	$c_j - z_j$		0	0	-1	$-9/2$	0

表 3.17 满足最优检验，但 $x_5 = -1$，不可行，继续迭代求解，得到表 3.18。由表 3.18 可知，满足最优检验，基变量也可行，得到最优解 $(x_1, x_2, x_3, x_4, x_5)$ = (**13/2**, **7/2**, **1/2**, x_4, x_5) = (**13/2**, **7/2**, **1/2**, 0, 0)。

表 3.18

C_B	X_B	b	$c_j \rightarrow$ 6 x_1	3 x_2	2 x_3	0 x_4	0 x_5
3	x_2	$7/2$	0	1	0	$-7/4$	$-5/2$
6	x_1	$13/2$	1	0	0	$7/4$	$3/2$
2	x_3	$1/2$	0	0	1	$-1/4$	$-1/2$
	z_j		6	3	2	$19/4$	$1/2$
	$c_j - z_j$		0	0	0	$-19/4$	$-1/2$

特别提示

（1）若原问题新增加约束条件方程不止一个时，仍然可用上面的方法依次求解。

（2）后面第 7 章的整数规划求解算法，就是利用原问题新增加约束条件方程的思路进行求解的，这里也为学习第 7 章的整数规划问题奠定了基础。

本章小结

本章通过引例引出了对偶问题，从而学习了通过原模型直接写出对偶问题模型的规则，同时学习了对偶理论，理解了对偶单纯形法的基本思路和基本步骤。另外，介绍了原问题增加约束条件方程以后如何求解的问题。

本章要点

了解建立对偶问题模型的规则；对偶单纯形法的扩展应用。

本章重点

理解对偶单纯形法的求解思路；掌握对偶单纯形法求解的步骤。

本章难点

掌握和理解对偶理论中的性质以及定理的证明过程。

本章术语

原问题；对偶问题；对偶理论；对偶单纯形法；对偶问题的对称性；弱对偶性；对偶定理；最优解的互读性；对偶单纯形表。

习　题

1. 写出下列线性规划问题的对偶问题。

$$\min \ z = 2x_1 + 3x_2 - 5x_3 + x_4$$

（1）
$$\text{s.t.} \begin{cases} x_1 + x_2 - 3x_3 + x_4 \geqslant 5 \\ 2x_1 \quad\quad\ +2x_3 \ -x_4 \leqslant 4 \\ x_1 \quad\quad\ +x_3 \ +x_4 =6 \\ x_j \geqslant 0 \ , \ j = 1,2,3 \end{cases}$$

$$\max \ z = 8x_1 + 9x_2 + 2x_3$$

（2）
$$\text{s.t.} \begin{cases} 3x_1 - 5x_2 - 7x_3 = -9 \\ \quad\quad\quad 3x_2 - 2x_3 \leqslant -1 \\ -6x_1 \quad\quad\ -4x_3 \leqslant 0 \\ x_j \geqslant 0 \ , \ j = 1,2,3 \end{cases}$$

2. 用对偶理论证明下列线性规划模型无最优解。

$$\max \ z = x_1 + x_2$$

$$\text{s.t.} \begin{cases} -x_1 + x_2 + x_3 \leqslant 2 \\ -2x_1 + x_2 - x_3 \leqslant 1 \\ x_1, x_2, x_3 \geqslant 0 \end{cases}$$

3. 用对偶理论证明下列线性规划模型有可行解但无最优解。

$$\min \ z = x_1 - x_2 + x_3$$

$$\text{s.t.} \begin{cases} x_1 \quad\quad - x_3 \geqslant 4 \\ x_1 - 2x_2 + 2x_3 \geqslant 3 \\ x_j \geqslant 0 \ , \ j = 1,2,3 \end{cases}$$

4. 用对偶理论证明下列线性规划模型是无界解。

$$\min \ z = x_1 + x_2$$

$$\text{s.t.} \begin{cases} -x_1 + x_2 + x_3 \leqslant 2 \\ -2x_1 + x_2 - 4x_3 \leqslant 1 \\ x_1, x_2, x_3 \geqslant 0 \end{cases}$$

5. 用对偶单纯形法分别解下列两个线性规划问题：

$$\min \ z = 10x_1 + 3x_2 + 15x_3 + 2x_4$$

（1）
$$\text{s.t.} \begin{cases} x_1 - 2x_2 + x_3 + 3x_4 \leqslant -3 \\ -x_1 - 2x_2 - x_3 + x_4 \leqslant -5 \\ x_1 + x_2 \qquad + 2x_4 \leqslant 4 \\ x_1, x_2, x_3, x_4 \geqslant 0 \end{cases}$$

$$\max \ z = -x_1 - 3x_2 - 2x_3 - 5x_4$$

（2）
$$\text{s.t.} \begin{cases} x_1 + 4x_2 + 2x_3 + x_4 \geqslant 3 \\ x_1 - x_2 + x_3 - 2x_4 \leqslant 3 \\ 4x_1 - 3x_2 + 3x_3 \qquad \geqslant 6 \\ x_1, x_2, x_3, x_4 \geqslant 0 \end{cases}$$

6. 已知某线性规划问题的模型和初始单纯形表（见表 3.19）分别如下：

$$\min \ z = x_1$$

$$\text{s.t.} \begin{cases} x_1 + 2x_2 \leqslant a \\ -x_1 + x_2 \leqslant -1 \\ x_1, x_2 \geqslant 0 \end{cases}$$

表 3.19

	$c_j \rightarrow$		1	0	**0**	**0**
C_B	X_B	b	x_1	x_2	x_3	x_4
0	x_3	a	1	2	**1**	**0**
0	x_4	-1	-1	1	**0**	**1**
	z_j		0	0	**0**	**0**
	$z_j - c_j$		-1	0	**0**	**0**

请用对偶单纯形法继续求解，并判断 a 在不同范围时此模型解的情况。

7. 有一个目标函数为 max 型的线性规划模型，表 3.20 是用单纯形法求解时得到的最优解单纯形表，现在增加一个新约束条件 $x_1 + x_2 \geqslant 20$，请用对偶单纯形法求出新的最优解。

表 3.20

C_B	X_B	b	$c_j \rightarrow$			
			6	**3**	2	0
			x_1	x_2	x_3	x_4
3	x_2	1	**0**	**1**	−5	−1
6	x_1	8	**1**	**0**	3	2
	z_j		6	3	3	9
	$c_j - z_j$		**0**	**0**	−1	−9

8. 有一线性规划模型如下，请依次解决给出的问题。

$$\min \ z = 3x_1 + 2x_2 + x_3 + 4x_4$$

$$\text{s.t.} \begin{cases} 2x_1 + 4x_2 + 5x_3 + x_4 \geqslant 0 \\ 3x_1 - x_2 + 7x_3 - 2x_4 \geqslant 2 \\ 5x_1 + 2x_2 + x_3 + 6x_4 \geqslant 15 \\ x_1, x_2, x_3, x_4 \geqslant 0 \end{cases}$$

（1）建立该问题的对偶问题，并求对偶问题的最优解。

（2）根据对偶问题的最优单纯形表写出原问题的最优解。

（3）用对偶单纯形法求原问题的最优解，验证（2）的结果。

第 4 章　线性规划问题的灵敏度分析

在前面讨论和学习的线性规划问题中，线性规划模型的目标函数系数 c_j、约束条件方程系数 a_{ij} 及右端的 b_i，都是固定的常数，即这三个参数都是确定的。但是，根据过去和现有的信息资料构建了线性规划模型以后，随着时间的推移，会面临以下几个方面的问题：

（1）若预测、处理未来的问题，将面临不能确切地知道三个系数未来的确定值的问题。

（2）若预测、处理未来的问题，需要知道这三个系数在什么范围内变动时，线性规划问题的最优解或目标函数值不变，即原有的线性规划模型是否仍然适用。

（3）在预测、决策系统中，决策人往往希望知道，如果现有的条件（即三个参数值）发生变动时，最优方案（即最优解）和所追求的目标会发生什么变化以及变化的程度又如何。

（4）在预测、决策系统中，决策人往往还希望知道，哪些现有的条件（即三个参数值）发生变化时会对所追求的目标产生比较大的影响。也只有掌握了这样的信息，才可以利用有利条件，去除或完善不利条件，以提高模型完善性以及解的可靠性，从而使预测更加准确、决策更加正确。

如果线性规划模型的参数发生了变动，原有模型就变成了一个新模型，而针对新模型求解的一般思路是从头计算，但这样会很麻烦，另外也不利于其他问题的处理和分析。为了解决这个问题，需要对线性规划模型的适应性、稳定性及可靠性等进行分析。

线性规划模型中三个参数的变化状态有以下三种情况：

（1）两个参数不变，一个参数变化：

① a_{ij}、b_i 不变，c_j 变化。② c_j、b_i 不变，a_{ij} 变化。③ a_{ij}、c_j 不变，b_i 变化。

（2）一个参数不变，两个参数变化：

① a_{ij} 不变，b_i、c_j 变化。② b_i 不变，a_{ij}、c_j 变化。③ c_j 不变，a_{ij}、b_i 变化。

（3）三个参数 a_{ij}、b_i、c_j 都变化。

因为参数的变化对线性规划模型的影响很复杂，所以本书只针对相对简单的第（1）种情况进行介绍。由此给出如下定义：对线性规划问题求出最优解以后，若某一个参数发生变化时，不必将问题重新处理（建模、求解等），就可以分析出最优解及目标函数会发生什么变化以及变化的程度又如何，这一分析过程称为线性规划问题的**灵敏度分析**。

4.1　边际值及其应用

在灵敏度分析中，涉及边际值和影子价格两个相关概念，在这一节首先给出这两个定义，并解释如何从单纯形表中找出它们的取值，同时结合例题说明它们的应用情况。

将第 i 种资源（第 i 行约束条件方程右端的值 b_i）从现在的用途中抽取 1 个单位以后，使目标函数减少的量值称为**第 i 种资源的边际值**，用 q_i 表示。其中所谓现在的用途是指在有限的资源下生成的基变量及取值。

将第 i 种资源（第 i 行约束条件方程右端的值 b_i）增加 1 个单位时，最优目标函数值增加的量值称为**第 i 种资源的影子价格**，也可用 q_i 表示。

为了便于理解边际值和影子价格的应用，同时为了方便对三个参数的灵敏度分析，现给出以下例题。

例 4.1　某企业用钢、铝、铁生产 3 种产品 A、B、C，有关资料如表 4.1 所示：

表 4.1

资源消耗 产品	单位产品 钢消耗量	单位产品 铝消耗量	单位产品 铁消耗量	单位产品 利润
A	2	3	3	40
B	3	3	2	45
C	1	2	1	24
资源数量	100	120	80	

设 x_1 为 A 产品的产量，x_2 为 B 产品的产量，x_3 为 C 产品的产量，每天生产产品 A、B、C 各为多少时使利润最大的线性规划模型为

$$\max \ z = 40x_1 + 45x_2 + 24x_3$$

$$\text{s.t.} \begin{cases} 2x_1 + 3x_2 + \ x_3 \leqslant 100 & （钢资源） \\ 3x_1 + 3x_2 + 2x_3 \leqslant 120 & （铝资源） \\ 3x_1 + 2x_2 + \ x_3 \leqslant 80 & （铁资源） \\ x_j \geqslant 0, \ j = 1,2,3 \end{cases} \quad （4.1）$$

表 4.2 是用单纯形法对该模型求解时的最优单纯形表。

表 4.2

$c_{j\to}$			40	45	24	0	0	0
C_B	X_B	b	x_1	x_2	x_3	x_4	x_5	x_6
45	x_2	25	0	1	0	3/4	−1/4	−1/4
24	x_3	15	0	0	1	−3/4	5/4	−3/4
40	x_1	5	1	0	0	−1/4	−1/4	3/4
	z_j		40	45	24	23/4	35/4	3/4
	$c_j - z_j$		0	0	0	−23/4	−35/4	−3/4

由表 4.2 得到最优解为 $(x_1, x_2, x_3, x_4, x_5, x_6)=(5, 25, 15, 0, 0, 0)$，即最佳生产方案是产品 A、B、C 分别生产 5、25、15 个单位时，总利润最大 $z=40\times5+45\times25+24\times15+0\times0+0\times0+0\times0=1\ 685$。

用 Δ_{ki} 表示抽取 1 个单位第 i 种资源以后，使第 k 个基变量 x_k 变动的数值，则有 $\Delta_{ki}=x_k-x_k'$，若 $\Delta_{ki}>0$，表示 x_k 的值是减少的，若 $\Delta_{ki}<0$，表示 x_k 的值是增加的。

下面分别对抽取 1 个单位的钢资源、铝资源、铁资源的情况进行分析：

（1）抽取 1 个单位的钢资源。

抽取 1 个单位的钢资源，就是使 b_1 减少一个单位。从上面的最优单纯形表可以知道，此时必须使基变量 x_2、x_3 或者 x_1 变动，才能保证最优单纯形表中第一个约束条件方程为等式。上面例题中，若 x_2 减少 1 个单位，损失利润 $c_2=45$；x_3 减少 1 个单位，损失利润 $c_3=24$；x_1 减少 1 个单位，损失利润 $c_1=40$，所以损失总利润为 $c_2\times\Delta_{21}+c_3\times\Delta_{31}+c_1\times\Delta_{11}$。通过边际值的定义可知

$$q_1=c_2\times\Delta_{21}+c_3\times\Delta_{31}+c_1\times\Delta_{11}$$

可以表示为
$$q_1=(c_2, c_3, c_1)[\Delta_{21}, \Delta_{31}, \Delta_{11}]^{\text{T}}$$

现在只需求出 Δ_{21}、Δ_{31}、Δ_{11} 的值，就可求出边际值 q_1。

由例题给出的资料可知，若产品 B 少生产一个单位，即基变量 x_2 减少 1 个单位，可节约 3 个单位的钢、3 单位的铝和 2 个单位的铁；若产品 C 少生产一个单位，即基变量 x_3 减少 1 个单位，可节约 1 个单位的钢、2 个单位的铝和 1 个单位的铁；若产品 A 少生产一个单位，即基变量 x_1 减少 1 个单位，可节约 2 个单位的钢、3 个单位的铝和 3 个单位的铁。由此可以列出方程组：

$$3\Delta_{21}+1\Delta_{31}+2\Delta_{11}=1 \text{（钢）}$$
$$3\Delta_{21}+2\Delta_{31}+3\Delta_{11}=0 \text{（铝）}$$
$$2\Delta_{21}+1\Delta_{31}+3\Delta_{11}=0 \text{（铁）}$$

求解得出 $\Delta_{21}=3/4$, $\Delta_{31}=-3/4$, $\Delta_{11}=-1/4$ ，则第 1 种资源（钢资源）的边际值为

$$q_1=c_2\times\Delta_{21}+c_3\times\Delta_{31}+c_1\times\Delta_{11}=45\times3/4+24\times(-3/4)+40\times(-1/4)=23/4$$

（2）抽取 1 个单位的铝资源。

抽取 1 个单位的铝资源，就是使 b_2 减少一个单位。和上面做同样的分析，有

$$q_2=c_2\times\Delta_{22}+c_3\times\Delta_{32}+c_1\times\Delta_{12}=(c_2,\ c_3,\ c_1)[\Delta_{22},\ \Delta_{32},\ \Delta_{12}]$$

也有方程组：

$$3\Delta_{22}+1\Delta_{32}+2\Delta_{12}=0（钢）$$
$$3\Delta_{22}+2\Delta_{32}+3\Delta_{12}=1（铝）$$
$$2\Delta_{22}+1\Delta_{32}+3\Delta_{12}=0（铁）$$

求解得出 $\Delta_{22}=1/4$, $\Delta_{32}=5/4$, $\Delta_{12}=-1/4$ ，则第 2 种资源（铝资源）的边际值为

$$q_2=c_2\times\Delta_{22}+c_3\times\Delta_{32}+c_1\times\Delta_{12}=45\times(-1/4)+24\times5/4+40\times(-1/4)=35/4$$

（3）抽取 1 个单位的铁资源。

抽取 1 个单位铁资源，就是使 b_3 减少一个单位。和上面做同样的分析，有

$$q_3=c_2\times\Delta_{23}+c_3\times\Delta_{33}+c_1\times\Delta_{13}=(c_2,\ c_3,\ c_1)[\Delta_{23},\ \Delta_{33},\ \Delta_{13}]$$

也有方程组：
$$3\Delta_{23}+1\Delta_{33}+2\Delta_{13}=0（钢）$$
$$3\Delta_{23}+2\Delta_{33}+3\Delta_{13}=0（铝）$$
$$2\Delta_{23}+1\Delta_{33}+3\Delta_{13}=1（铁）$$

求解得出 $\Delta_{23}=-1/4$, $\Delta_{33}=-3/4$, $\Delta_{13}=3/4$ ，则第 3 种资源（铁资源）的边际值为

$$q_3=c_2\times\Delta_{23}+c_3\times\Delta_{33}+c_1\times\Delta_{13}=45\times(-1/4)+24\times(-3/4)+40\times(3/4)=3/4$$

由第 2.1.5 节线性规划问题的典式可以知道，在初始单纯形表中，初始基变量是松弛变量 $x_{n+i}(i=1,\ 2,\ \cdots,\ m)$ ，其初始系数列向量为 $\boldsymbol{P}_{n+i}$ ，迭代后其系数列向量变为 $\boldsymbol{B}^{-1}\boldsymbol{P}_{n+i}$ 。同时由公式（2.5）可知，$z_{n+i}=\boldsymbol{C}_B\boldsymbol{B}^{-1}\boldsymbol{P}_{n+i}$ ，所以 $q_i=z_{n+i}$ 。

上式说明，某一个单纯形表中第 i 种资源（b_i）的边际值 q_i 等于该表中第 i 行约束条件的松弛变量 x_{n+i} 的机会费用（同样适用影子价格）。也就是说，对边际值 q_i 不必像上面例题那样分析求解，可直接由单纯形表读出。

在单纯形法中计算机会费用的公式为

$$z_j=\sum_{i=1}^{m}c_i'a_{ij}',\ j=m+1,\cdots,n$$

在有了边际值的概念后，可用如下公式计算机会费用：

$$z_j=\sum_{i=1}^{m}a_{ij}q_i \tag{4.2}$$

公式（4.2）的证明过程略。

下面通过示例解释边际值 q_i 的另外一个应用。

在对线性规划模型求出最优解以后，如果建议生产一种新产品（即第 2.5 节新增加了决策变量的情况），设其产量为 x^N，相关参数设为 a_{iN} 和 c_N，此时不必重新计算即可知道生产此种产品是否有利。因为 x^N 要进入最优解，就必须有 $c_N - z_N \geq 0$，再根据式（4.2）就可计算出新增加决策变量的检验数，从而可以判断新增加的决策变量能否成为基变量。

以第 2.5 节例 2.10 为例，假设有新产品，用 x_8 表示新产品的产量，已知 $a_{18}=5$，$a_{28}=4$，$a_{38}=3$，$c_8=9$，从最优单纯形表 2.29 可知，边际值分别为 $q_1=0$，$q_2=0.25$，$q_3=1$。由式（4.2）可计算出机会费用

$$z_8 = a_{18} \times q_1 + a_{28} \times q_2 + a_{38} \times q_3 = 5 \times 0 + 4 \times 0.25 + 3 \times 1 = 4$$

x_8 的检验数 $c_8 - z_8 = 9 - 4 = 5$，为正，x_8 成为换入变量，所以应该存在使目标函数更优的解，故生产新产品有利。

另外的问题就是，如果生产新产品有利，那么如何求出新的最优解，这可参照第 2.5 节单纯形法的扩展应用（增加决策变量）的求解方法求解即可。

特别提示

当第 i 种资源（b_i）的变化超出一定范围时，第 i 种资源的边际值 q_i 要发生变动，即目标函数要发生变动。

4.2　对 c_j 值的灵敏度分析

对 c_j 值的灵敏度分析，就是在 a_{ij} 和 b_i 不变的前提下，并在保证不改变原来最优解基变量及其取值的情况下，求出 c_j 值的允许变动范围，即求出 c_j 变动的上下限。

根据以上定义，c_j 值灵敏度分析的基础是：

（1）所谓不改变原来最优解的基变量及其取值，就是保持最优解不变，而保持最优解不变反应到最优单纯形表中，就是非基变量不能成为换入变量。

（2）若要保证非基变量不能成为换入变量，还要知道 c_j 对应的变量 x_j 是非基变量还是基变量。

基于以上的基础描述，若要分析 c_j 值的允许变动范围，就要把 c_j 对应的变量 x_j 分为非基变量和基变量两种情况。

1. x_j 是非基变量

若 c_j 对应的变量 x_j 为非基变量，即 c_j 不在单纯形表的 C_B 列，所以 c_j 值

的变化不会影响各个变量的机会费用，也不会影响其他变量的检验数，但会影响本变量 x_j 对应的检验数 $c_j - z_j$。由前面的基础描述已经知道，为了保持最优解不变，就要保证非基变量 x_j 不能成为换入变量，所以 c_j 值无论如何变化，其对应非基变量 x_j 的检验数要时刻满足最优检验。设 c_j 的变化量为 Δc_j，则 c_j 值的允许变动范围分别为：

（1）当目标函数是 max 型时，要保证 $(c_j + \Delta c_j) - z_j \leqslant 0$，即变化量 Δc_j 的取值范围为：$-\infty < \Delta c_j \leqslant -(c_j - z_j)$，则 c_j 值的允许变动区间是 $(-\infty, c_j + \Delta c_j]$，即 $(-\infty, z_j]$。

（2）当目标函数是 min 型时，要保证 $(c_j + \Delta c_j) - z_j \geqslant 0$，即变化量 Δc_j 的取值范围就是：$-(c_j - z_j) \leqslant \Delta c_j < +\infty$，则 c_j 值的允许变动区间是 $[c_j + \Delta c_j, +\infty)$，即 $[z_j, +\infty)$。

例如，在例 4.1 中，c_4 对应的变量 x_4 为非基变量，因为模型（4.1）是 max 型，所以 c_4 的变化量 Δc_4 的取值范围为 $-\infty < \Delta c_4 \leqslant -(c_4 - z_4)$，即 $-\infty < \Delta c_4 \leqslant 23/4$，则 c_4 值的允许变动区间是 $(-\infty, 23/4]$。也就是说，当 c_4 在 $(-\infty, 23/4]$ 内取任意值，线性规划模型（4.1）的最优解不会改变。

同样，针对例 3.1 中模型（3.2）的最优单纯形表 3.3 来说，c_1 对应的变量 y_1 为非基变量，因为模型（3.2）是 min 型，所以 c_1 的变化量 Δc_1 的取值范围是 $-(c_1 - z_1) \leqslant \Delta c_1 < +\infty$，即 $-2 \leqslant \Delta c_1 < +\infty$，则 c_1 值的允许变动区间是 $[4 - 2, +\infty)$。也就是说，当 c_1 在 $[2, +\infty)$ 内取任意值，线性规划模型（3.2）的最优解不会改变。

特别提示

当 c_j 对应的变量 x_j 为非基变量时，若 c_j 在允许范围内变动，最优解不会改变。另外，目标函数值也不会改变。因为尽管 c_j 发生了变动，但作为非基变量 x_j 的取值为 0，所以目标函数中 $c_j x_j$ 项的取值仍然为 0。

2. x_j 是基变量

若 c_j 对应的变量 x_j 为基变量，即 c_j 在单纯形表的 C_B 列中，那么 c_j 值的变化就会影响各个变量的机会费用。同时由单纯形法知道，基变量的检验数恒为 0，所以 c_j 值的变化只会影响非基变量的检验数。由前面的基础描述可以知道，为了保持最优解不变，就要保证所有的非基变量不能成为换入变量，所以无论 c_j 值如何变化，所有非基变量的检验数都要时刻满足最优检验，这样才不会改变原来最优解的基变量及其取值，即保持最优解不变。

由第 2.1.5 节线性规划问题的典式可知，机会费用 z_j 的公式为

$$z_j = \sum_{i=1}^{m} c_i' a_{ij}', \quad j = m+1, \cdots, n$$

为了便于讨论，这里将上述公式整理为

$$z_j = \sum_{i=1}^{m} c_i' a_{ij}' = c_1' \times \overline{a}_{1j} + \cdots + c_i' \times \overline{a}_{ij} + \cdots + c_m' \overline{a}_{mj} \tag{4.3}$$

因为 c_j 对应的变量 x_j 为基变量，所以不妨设 x_j 是第 i 个基变量，即在单纯形表 $\mathbf{C_B}$ 列中，第 i 行的 c_i' 就是 c_j。设 c_j 的变化量为 Δc_j，则 c_j 变化以后非基变量的新机会费用为

$$\begin{aligned} z_j^N &= \sum_{i=1}^{m} c_i' a_{ij}' = c_1' \times \overline{a}_{1j} + \cdots + (c_j + \Delta c_j) \times \overline{a}_{ij} + \cdots + c_m' \overline{a}_{mj} \\ &= c_1' \times \overline{a}_{1j} + \cdots + c_j \times \overline{a}_{ij} + \cdots + c_m' \overline{a}_{mj} + \Delta c_j \times \overline{a}_{ij} \\ &= z_j + \Delta c_j \times \overline{a}_{ij} \end{aligned} \tag{4.4}$$

为了保证 c_j 变化以后，所有非基变量不能成为换入变量，所以 c_j 值的允许变动范围分别为：

（1）当目标函数是 max 型时，必须保证所有非基变量的检验数 $c_j - z_j^N \leqslant 0$，即有

$$c_j - (z_j + \Delta c_j \times \overline{a}_{ij}) \leqslant 0$$

整理为

$$\Delta c_j \times \overline{a}_{ij} \geqslant c_j - z_j$$

因此针对所有的非基变量有：

当 $\overline{a}_{ij} > 0$ 时有：$\Delta c_j \geqslant \max\left\{\dfrac{c_j - z_j}{\overline{a}_{ij}}\right\}$，其中 $\overline{a}_{ij} > 0$ 且针对所有非基变量；

当 $\overline{a}_{ij} < 0$ 时有：$\Delta c_j \leqslant \min\left\{\dfrac{c_j - z_j}{\overline{a}_{ij}}\right\}$，其中 $\overline{a}_{ij} < 0$ 且针对所有非基变量。

即变化量 Δc_j 的取值范围为

$$\max\left\{\dfrac{c_j - z_j}{\overline{a}_{ij}}, \text{所有非基变量} \overline{a}_{ij} > 0\right\} \leqslant \Delta c_j \leqslant \min\left\{\dfrac{c_j - z_j}{\overline{a}_{ij}}, \text{所有非基变量} \overline{a}_{ij} < 0\right\}$$

那么 c_j 值的允许变动区间为

$$\left[c_j + \max\left\{\dfrac{c_j - z_j}{\overline{a}_{ij}}, \text{所有非基变量} \overline{a}_{ij} > 0\right\}, \ c_j + \min\left\{\dfrac{c_j - z_j}{\overline{a}_{ij}}, \text{所有非基变量} \overline{a}_{ij} < 0\right\}\right]$$

（2）当目标函数是 min 型时，必须保证所有非基变量的检验数 $c_j - z_j^N \geqslant 0$，即有

$$c_j - (z_j + \Delta c_j \times \overline{a}_{ij}) \geqslant 0$$

整理为

$$\Delta c_j \times \overline{a}_{ij} \leqslant c_j - z_j$$

因此针对所有的非基变量有：

当 $\bar{a}_{ij} > 0$ 时有：$\Delta c_j \leqslant \min\left\{\dfrac{c_j - z_j}{\bar{a}_{ij}}\right\}$，其中 $\bar{a}_{ij} > 0$ 且针对所有非基变量；

当 $\bar{a}_{ij} < 0$ 时有：$\Delta c_j \geqslant \max\left\{\dfrac{c_j - z_j}{\bar{a}_{ij}}\right\}$，其中 $\bar{a}_{ij} < 0$ 且针对所有非基变量。

即变化量 Δc_j 的取值范围为

$$\max\left\{\dfrac{c_j - z_j}{\bar{a}_{ij}}, \text{所有非基变量 } \bar{a}_{ij} < 0\right\} \leqslant \Delta c_j \leqslant \min\left\{\dfrac{c_j - z_j}{\bar{a}_{ij}}, \text{所有非基变量 } \bar{a}_{ij} > 0\right\}$$

那么 c_j 值的允许变动区间为

$$\left[c_j + \max\left\{\dfrac{c_j - z_j}{\bar{a}_{ij}}, \text{所有非基变量}\bar{a}_{ij} < 0\right\},\ c_j + \min\left\{\dfrac{c_j - z_j}{\bar{a}_{ij}}, \text{所有非基变量}\bar{a}_{ij} > 0\right\}\right]$$

如在例 4.1 中，c_3 对应的变量 x_3 为基变量，因为模型（4.1）是 max 型，所以 c_3 的变化量 Δc_3 的取值范围是

$$\max\{(-35/4)/(5/4)\} \leqslant \Delta c_3 \leqslant \min\{(-23/4)/(-3/4),\ (-3/4)/(-3/4)\}$$

即 $-7 \leqslant \Delta c_3 \leqslant 1$，那么 c_3 值的允许变动区间就是 $[24-7, 24+1]$。也就是说，当 c_3 在 $[17, 25]$ 内取任意值，线性规划模型（4.1）的最优解不会改变。

同样，针对例 3.1 中模型（3.2）的最优单纯形表 3.3 来说，c_2 对应的变量 y_2 为基变量，所以 c_2 的变化量 Δc_2 的取值范围是

$$\max\{2/(-1/3),\ 6/(-1/2)\} \leqslant \Delta c_2 \leqslant \min\{(2/(1/3)\}$$

即 $-6 \leqslant \Delta c_2 \leqslant 6$，则 c_2 值的允许变动区间就是 $[12-6, 12+6]$。也就是说，当 c_2 在 $[6, 18]$ 内取任意值，线性规划模型（3.2）的最优解不会改变。

特别提示

当 c_j 对应的变量 x_j 为基变量时，如果 c_j 在允许的范围内变动，最优解不会改变，但是目标函数值有可能会发生改变。因为尽管基变量 x_j 没有改变，但 c_j 发生了变动，所以目标函数 $c_j x_j$ 项的取值也发生了变动，从而造成目标函数值变动。

4.3　对 a_{ij} 值的灵敏度分析

对 a_{ij} 值的灵敏度分析，就是在 c_j 和 b_i 不变的前提下，并在保证不改变原来最优解基变量及其取值的情况下，求出 a_{ij} 值的允许变动范围，即求出 a_{ij} 变动的上下限。

根据以上定义，a_{ij} 值灵敏度分析的基础是：

（1）由线性规划典式可知，a_{ij} 值的变化对最优解的取值和检验数都会造成影响，但按照 a_{ij} 值灵敏度分析的定义，需要保持最优解不变，而保持最优解不变反应到最优单纯形表中，就是非基变量不能成为换入变量。

（2）若要保证非基变量不能成为换入变量，还要知道 a_{ij} 对应的变量 x_j 是基变量还是非基变量。

基于以上的基础描述，若要分析 a_{ij} 值的允许变动范围，就要把 a_{ij} 对应的变量 x_j 分为基变量和非基变量两种情况。

1. x_j 是基变量

若 a_{ij} 对应的变量 x_j 为基变量，即 x_j 在单纯形表的 X_B 列，设 a_{ij} 的变化量为 Δa_{ij}，又由单纯形表知道，单纯形表中每一行就对应一个约束条件方程等式，因此 a_{ij} 的变化会影响基变量的取值。假设第 i 个约束条件方程为

$$a_{i1}x_1+\cdots+a_{ij}x_j+\cdots+a_{in}x_n+x_{n+i}=b_i$$

不妨令 x_{n+i} 是松弛变量，则 x_{n+i} 的取值有两种情况：

（1）$x_{n+i}=0$ 的情况。

由 $a_{i1}x_1+\cdots+a_{ij}x_j+\cdots+a_{in}x_n+x_{n+i}=b_i$ 可知，资源 b_i 已全部被使用，即 b_i 全部用于其他基变量取值。此时有：

① 若 a_{ij} 增加，即 $\Delta a_{ij}>0$，为了保持约束条件方程为等式，同时也为了满足基变量取值不变的要求，x_{n+i} 只有减少，即 x_{n+i} 由 0 变为负值，但这样就造成 x_{n+i} 不可行，所以 a_{ij} 不能增加。

② 若 a_{ij} 减小，即 $\Delta a_{ij}<0$，和上面同样的原因，x_{n+i} 必须增加，即 x_{n+i} 由 0 变为正值，这样 x_{n+i} 就会变成基本量，从而改变了最优解的结构，但这又不符合 a_{ij} 值灵敏度分析的定义，所以 a_{ij} 也不能减小。

基于以上的分析，当 $x_{n+i}=0$ 时，即 a_{ij} 对应的资源 b_i 全部被用完时，变化量 Δa_{ij} 的取值就是 $\Delta a_{ij}=0$，则 a_{ij} 的值不允许变动。

（2）$x_{n+i}\neq0$ 的情况。

若 $x_{n+i}\neq0$，说明 x_{n+i} 是基变量，因为 x_{n+i} 是松弛变量，也就说明资源 b_i 没有被全部使用，即资源 b_i 没有全部分配给有实际意义的决策变量，而是有一部分资源分配给了现实不存在的虚拟变量，即分配了松弛变量 x_{n+i}。此时有：

① 若 a_{ij} 减小，即 $\Delta a_{ij}<0$，为了保持约束条件方程为等式，同时也为了满足基变量取值不变的要求，x_{n+i} 只有增加，即 x_{n+i} 取值在原来的基础上变大，仍然满足可行，而且还不改变最优解结构；又因为 x_{n+i} 对应的目标函数系数 $c_{n+i}=0$，也不会改变目标函数值，所以 a_{ij} 可以任意减小，即 $-\infty<\Delta a_{ij}$。

② 若 a_{ij} 增加，即 $\Delta a_{ij}>0$，和上面同样的原因，x_{n+i} 必须减小，但 x_{n+i} 不

能减小到负数，否则 x_{n+i} 不满足可行；又因为 x_{n+i} 是松弛变量，所以没用完的资源数量就是 x_{n+i} 的值，则有 $\Delta a_{ij}x_j \leqslant x_{n+i}$，即 $\Delta a_{ij} \leqslant x_{n+i}/x_j$。

基于以上分析，当 $x_{n+i} \neq 0$ 时，即 a_{ij} 对应的资源 b_i 没有被全部使用时，变化量 Δa_{ij} 的取值范围就是 $-\infty < \Delta a_{ij} \leqslant x_{n+i}/x_j$，则 a_{ij} 值的允许变动区间就是 $\left(-\infty, a_{ij} + \dfrac{x_{n+i}}{x_j} \right]$。

在例 4.1 中，a_{23} 对应的变量 x_3 为基变量，其中 $x_{2+3}=x_5=0$，所以 a_{23} 的变化量 $\Delta a_{23}=0$，即 a_{23} 的值不允许变动。

针对例 3.1 中模型（3.1）的最优单纯形表 3.2 来说，a_{12} 对应的变量 x_2 为基变量，其中 $x_2=6$。另外，$x_{2+1}=x_3=2$，即 $x_3 \neq 0$，所以变化量 Δa_{12} 的取值范围就是 $-\infty < \Delta a_{12} \leqslant x_3/x_2$，有 $-\infty < \Delta a_{12} \leqslant 2/6$，即 $-\infty < \Delta a_{12} \leqslant 1/3$，则 a_{12} 值的允许变动区间就是 $(-\infty, a_{12}+1/3]$，即 $(-\infty, 0+1/3]$。也就是说，当 a_{12} 在 $(-\infty, 1/3]$ 内取任意值，线性规划模型（3.1）的最优解不会改变。

2. x_j 是非基变量

若 a_{ij} 对应的变量 x_j 为非基变量，即 $x_j=0$，说明 x_j 不在单纯形表的 X_B 列，所以 a_{ij} 的变化不会影响基变量的取值，但会影响变量 x_j 自身的机会费用和检验数。这种影响有两种情况：

（1）a_{ij} 增加，即 $\Delta a_{ij}>0$ 的情况。

由第 i 个约束条件方程 $a_{i1}x_1+\cdots+a_{ij}x_j+\cdots+a_{in}x_n+x_{n+i}=b_i$ 和 $x_j=0$ 可知，无论资源 b_i 是否被全部用完，即 x_{n+i} 无论是否等于 0，a_{ij} 增加不会影响基变量的取值，即不改变可行性。但是，a_{ij} 增加会使机会费用 z_j 越来越大，针对目标函数是 max 型时，只会使检验数时刻都能满足最优检验，即不会改变最优解，所以 a_{ij} 增加没有限制，即 $0 \leqslant \Delta a_{ij} < +\infty$；针对目标函数是 min 型时，$a_{ij}$ 增加同样没有限制，即 $0 \leqslant \Delta a_{ij} < +\infty$。

（2）a_{ij} 减小即 $\Delta a_{ij}<0$ 的情况。

a_{ij} 减小会使机会费用 z_j 越来越小，这样可能使检验数不满足最优检验，从而造成非基变量 x_j 变成换入变量，所以 a_{ij} 不能无限制的减小。由边际值知识可知 $z_j = \sum_{i=1}^{m} a_{ij}q_i$，设 $a_{ij}^N=a_{ij}+\Delta a_{ij}$，用 z_j^N 表示新的机会费用，基于公式（4.2）则有

$$
\begin{aligned}
z_j^N = \sum_{i=1}^{m} a_{ij}q_i &= a_{1j}q_1 + \cdots + (a_{ij}+\Delta a_{ij}) \times q_i + \cdots + a_{mj}q_m \\
&= a_{1j}q_1 + \cdots + a_{ij} \times q_i + \cdots + a_{mj}q_m + \Delta a_{ij}q_i \\
&= z_j + \Delta a_{ij}q_i
\end{aligned}
$$

为了保证 a_{ij} 减小以后使检验数满足最优检验，a_{ij} 值减小的情况分别有：

① 当目标函数是 max 型时，必须保证非基变量的检验数 $c_j - z_j^N \leqslant 0$，则有：

$$c_j - z_j^N = c_j - z_j - \Delta a_{ij}q_i \leqslant 0$$

即 $\Delta a_{ij} \geqslant \dfrac{c_i - z_j}{q_i}$。

② 当目标函数是 min 型时，必须保证非基变量的检验数 $c_j - z_j^N \geqslant 0$，即有：

$$c_j - z_j^N = c_j - z_j - \Delta a_{ij}q_i \geqslant 0$$

即 $\Delta a_{ij} \leqslant \dfrac{c_j - z_j}{q_i}$。

根据以上分析，变化量 Δa_{ij} 的取值范围及 a_{ij} 允许变动区间分别是：

① 目标函数是 max 型时，变化量 Δa_{ij} 的取值范围是 $\dfrac{c_j - z_j}{q_i} \leqslant \Delta a_{ij} < +\infty$，$a_{ij}$ 值的允许变动区间是 $\left[a_{ij} + \dfrac{c_j - z_j}{q_i}, +\infty \right)$。

② 目标函数是 min 型时，变化量 Δa_{ij} 的取值范围是 $-\infty < \Delta a_{ij} \leqslant \dfrac{c_j - z_j}{q_i}$，$a_{ij}$ 值的允许变动区间是 $\left(-\infty, a_{ij} + \dfrac{c_j - z_j}{q_i} \right]$。

在例 4.1 中，a_{24} 对应的变量 x_4 为非基变量，所以变化量 Δa_{24} 的取值范围为 $(c_4 - z_4)/q_2 \leqslant \Delta a_{24} < +\infty$，有 $(-23/4)/(35/4) \leqslant \Delta a_{24} < +\infty$，即 $-23/35 \leqslant \Delta a_{24} < +\infty$，则 a_{24} 值的允许变动区间就是 $[a_{24} + (-23/35), +\infty)$，即 $[0 + (-23/35), +\infty)$。也就是说，当 a_{24} 在 $[-23/35, +\infty)$ 内取任意值，线性规划模型 4.1 的最优解不会改变。

同样，针对例 3.1 中模型（3.2）的最优单纯形表 3.3 来说，a_{11} 对应的变量 y_1 为非基变量，所以 a_{11} 的变化量 Δa_{11} 的取值范围就是 $-\infty < \Delta a_{11} \leqslant (c_1 - z_1)/q_1$，有 $-\infty < \Delta a_{11} \leqslant 2/2$，即 $-\infty < \Delta a_{11} \leqslant 1$，则 a_{11} 值的允许变动区间就是 $(-\infty, a_{11} + 1]$，即 $(-\infty, 1 + 1]$。也就是说，当 a_{11} 在 $(-\infty, 2]$ 内取任意值，线性规划模型（3.2）的最优解不会改变。

特别提示

（1）当 a_{ij} 在允许范围内变动时，最优解不会改变。另外，目标函数值也不会改变，因为尽管 a_{ij} 发生了变动，但目标函数中所有的 c_jx_j 项的取值没有变动。

（2）针对 a_{ij} 值灵敏度分析的定义需要说明的是，所谓"不改变原来最优解基变量的取值",确切地说应该是"不改变原来最优解基变量中决策变量的取值",这一点从 $x_{n+i} \neq 0$ 的情况分析中可以看出。

4.4 对 b_i 值的灵敏度分析

对 b_i 值的灵敏度分析,就是在 c_j 和 a_{ij} 不变的前提下,并在保证不改变原来最优解基变量但基变量取值可以变动的情况下,求出 b_i 值的允许变动范围,即求出 b_i 变动的上下限。

根据以上定义,b_i 值灵敏度分析的基础是:

（1）所谓不改变原来最优解的基变量,即基变量的组成保持不变。

（2）尽管基变量的取值可以变动,但基变量的新值必须满足非负约束。若基变量的新值不满足非负约束,说明 b_i 的变动超出了范围。

基于以上的基础描述可知,b_i 值的变化仅仅影响基变量的取值。同时由第 2.1.5 节线性规划问题的典式可以知道,原来的资源 $\boldsymbol{b}=(b_1, b_2, \cdots, b_k, \cdots, b_m)^{\mathrm{T}}$,经过初等变换以后,变为 $\boldsymbol{b}'=(b_1', b_2', \cdots, b_k', \cdots, b_m')^{\mathrm{T}}=\boldsymbol{B}^{-1}\boldsymbol{b}$,所以基变量

$$X_B = b' = B^{-1} b \geqslant 0$$

又知

$$\boldsymbol{B}^{-1} = \begin{bmatrix} \overline{a}_{1,n+1} & \overline{a}_{1,n+2} & \cdots & \overline{a}_{1,n+k} & \cdots & \overline{a}_{1,n+m} \\ \overline{a}_{2,n+1} & \overline{a}_{2,n+2} & \cdots & \overline{a}_{2,n+k} & \cdots & \overline{a}_{2,n+m} \\ \vdots & \vdots & & \vdots & & \vdots \\ \overline{a}_{i,n+1} & \overline{a}_{i,n+2} & \cdots & \overline{a}_{i,n+k} & \cdots & \overline{a}_{i,n+m} \\ \vdots & \vdots & & \vdots & & \vdots \\ \overline{a}_{m,n+1} & \overline{a}_{m,n+2} & \cdots & \overline{a}_{m,n+k} & \cdots & \overline{a}_{m,n+m} \end{bmatrix}$$

设 b_k 的变化量为 Δb_k,则 $b^N=(b_1, b_2, \cdots, (b_k+\Delta b_k), \cdots, b_m)^{\mathrm{T}}$,则 b_k 变化以后基变量的新值为

$$X_B^N = B^{-1} b^N$$

此式整理为

$$X_B^N = B^{-1} \begin{bmatrix} b_1 + 0 \\ b_2 + 0 \\ \vdots \\ b_k + \Delta b_k \\ \vdots \\ b_m + 0 \end{bmatrix} = B^{-1} \begin{bmatrix} b_1 \\ b_2 \\ \vdots \\ b_k \\ \vdots \\ b_m \end{bmatrix} + B^{-1} \begin{bmatrix} 0 \\ 0 \\ \vdots \\ \Delta b_k \\ \vdots \\ 0 \end{bmatrix}$$

由 $\boldsymbol{X}_B = \boldsymbol{b}' = \boldsymbol{B}^{-1}\boldsymbol{b}$ 可以有：

$$
\boldsymbol{X}_B^N = \boldsymbol{X}_B + \boldsymbol{B}^{-1}\begin{bmatrix} 0 \\ 0 \\ \vdots \\ \Delta b_k \\ \vdots \\ 0 \end{bmatrix} = \boldsymbol{b}' + \boldsymbol{B}^{-1}\begin{bmatrix} 0 \\ 0 \\ \vdots \\ \Delta b_k \\ \vdots \\ 0 \end{bmatrix}
$$

$$
= \boldsymbol{b}' + \begin{bmatrix} \overline{a}_{1,n+1} & \overline{a}_{1,n+2} & \cdots & \overline{a}_{1,n+k} & \cdots & \overline{a}_{1,n+m} \\ \overline{a}_{2,n+1} & \overline{a}_{2,n+2} & \cdots & \overline{a}_{2,n+k} & \cdots & \overline{a}_{2,n+m} \\ \vdots & \vdots & & \vdots & & \vdots \\ \overline{a}_{i,n+1} & \overline{a}_{i,n+2} & \cdots & \overline{a}_{i,n+k} & \cdots & \overline{a}_{i,n+m} \\ \vdots & \vdots & & \vdots & & \vdots \\ \overline{a}_{m,n+1} & \overline{a}_{m,n+2} & \cdots & \overline{a}_{m,n+k} & \cdots & \overline{a}_{m,n+m} \end{bmatrix}\begin{bmatrix} 0 \\ 0 \\ \vdots \\ \Delta b_k \\ \vdots \\ 0 \end{bmatrix} = \boldsymbol{b}' + \begin{bmatrix} \overline{a}_{1,n+k}\Delta b_k \\ \overline{a}_{2,n+k}\Delta b_k \\ \vdots \\ \overline{a}_{i,n+k}\Delta b_k \\ \vdots \\ \overline{a}_{m,n+k}\Delta b_k \end{bmatrix}
$$

由可行性可知 $\boldsymbol{X}_B^N \geqslant \boldsymbol{0}$，所以有

$$
\begin{bmatrix} b_1' \\ b_2' \\ \vdots \\ b_i' \\ \vdots \\ b_m' \end{bmatrix} + \begin{bmatrix} \overline{a}_{1,n+k}\Delta b_k \\ \overline{a}_{2,n+k}\Delta b_k \\ \vdots \\ \overline{a}_{i,n+k}\Delta b_k \\ \vdots \\ \overline{a}_{m,n+k}\Delta b_k \end{bmatrix} \geqslant 0
$$

即有 $b_i' + \overline{a}_{i,n+k}\Delta b_k \geqslant 0$。

所以当 $\overline{a}_{i,n+k} > 0$ 时，有 $\Delta b_k \geqslant \dfrac{-b_i'}{\overline{a}_{i,n+k}}$；当 $\overline{a}_{i,n+k} < 0$ 时，有 $\Delta b_k \leqslant \dfrac{-b_i'}{\overline{a}_{i,n+k}}$。因此针对所有的 m 个约束条件方程来说，变化量 Δb_k 的取值范围是：

$$
\max\left\{\frac{-b_i'}{\overline{a}_{i,n+k}}, \text{其中}\overline{a}_{i,n+k} > 0, i = 1,\cdots,m\right\} \leqslant \Delta b_k \leqslant \min\left\{\frac{-b_i'}{\overline{a}_{i,n+k}}, \text{其中}\overline{a}_{i,n+k} < 0, i = 1,\cdots,m\right\}
$$

则 b_k 值的允许变动区间为

$$
\left[b_k + \max\left\{\frac{-b_i'}{\overline{a}_{i,n+k}}, \text{其中}\overline{a}_{i,n+k} > 0, i = 1,\cdots,m\right\}, b_k + \min\left\{\frac{-b_i'}{\overline{a}_{i,n+k}}, \text{其中}\overline{a}_{i,n+k} < 0, i = 1,\cdots,m\right\}\right]
$$

由前面的分析基础可知，当 b_k 在允许变动区间变化时，基变量的取值会发生变化，即最优解发生了变化，此时不必对问题重新求解，可以由下式直接计算新的最优解：

$$X_B^N = X_B + \Delta b_k \bar{a}_{n+k} \quad 或 \quad X_B^N = X_B + \Delta b_k P'_{n+k}$$

如例 4.1 中，$n=3$，b_2 的变化量 Δb_2 的取值范围就是：

$$\max\left\{\dfrac{-15}{\dfrac{5}{4}}\right\} \leqslant \Delta b_2 \leqslant \min\left\{\dfrac{-25}{-\dfrac{1}{4}}, \dfrac{-5}{-\dfrac{1}{4}}\right\}$$

即 $-12 \leqslant \Delta b_2 \leqslant 20$。则 b_2 值的允许变动区间就是 $[b_2-12, b_2+20]$，即 $[120-12, 120+20]$。也就是说，当 b_2 在 $[108,140]$ 内取任意值时，线性规划模型（4.1）最优解的基变量始终是 x_1、x_2、x_3，但基变量的取值会发生变化。假设取 $\Delta b_2=10$，原来最优解的基变量 $X_B=(x_1, x_2, x_3)=(5, 25, 15)$，列向量 $P'_5 = \begin{bmatrix} -1/4 \\ 5/4 \\ -1/4 \end{bmatrix}$，则最优解基变量的新值为

$$X_B^N = \begin{bmatrix} 25 \\ 15 \\ 5 \end{bmatrix} + 10 \times \begin{bmatrix} -1/4 \\ 5/4 \\ -1/4 \end{bmatrix} = \begin{bmatrix} 45/2 \\ 55/2 \\ 5/2 \end{bmatrix}$$

此时目标函数值 $z^N=40\times5/2+45\times45/2+24\times55/2=1772.5$，比原来增加 87.5。其实，目标函数值的增加量也可以由 b_2 的边际值求出。由上可知，$q_2=z_{3+2}=z_5=35/4$，则目标函数值的增加量为 $10\times35/4=87.5$。

特别提示

当 b_i 在允许范围内变动时，不会改变基变量的组成，但基变量的取值会发生变化，同时目标函数值也有可能发生了改变。

下面基于例 3.1 给出灵敏度分析的一个应用示例：

例 4.2 某企业计划生产 I、II 两种产品，已知生产单位产品所需要的原材料 A 和 B、资源量的消耗以及设备台时分别如表 4.3 所示：

表 4.3

资源消耗　　产品	原材料 A(kg)	原材料 B(kg)	设备(台时)
I	1	0	3
II	0	2	2
资源数量	4	12	18

该工厂每生产一件产品 I 获利 3 元，每生产一件产品 II 获利 5 元。设 x_1、x_2 分别表示 I、II 两种产品的产量（在此假设产品小数），建立的线性规划模型如下：

$$\max \quad z = 3x_1 + 5x_2$$

$$\text{s.t.} \begin{cases} x_1 & \leqslant 4 \\ & 2x_2 \leqslant 12 \\ 3x_1 + 2x_2 \leqslant 18 \\ x_1, x_2 \geqslant 0 \end{cases}$$

求解后的最优单纯形表如表 4.4 所示。由最优单纯形表可知，I、II 两种产品的产量分别是 2 和 6，因此获得的最大总利润为 $z = 3 \times 2 + 5 \times 6 = 36$ 元。

表 4.4

$c_j \rightarrow$			3	5	0	0	0
C_B	X_B	b	x_1	x_2	x_3	x_4	x_5
0	x_3	2	0	0	1	1/3	$-1/3$
5	x_2	6	0	1	0	1/2	0
3	x_1	2	1	0	0	$-1/3$	1/3
	z_j		3	5	0	3/2	1
	$c_j - z_j$		0	0	0	$-3/2$	-1

请解决以下问题：

（1）如果原材料 B 的数量增加到 18 kg，那么新生产方案如何？利润比原来增加多少？

（2）如果企业通过工艺改进，使单位产品 I 对原材料 A 的消耗由原来的 1 kg 减少到 0.5 kg，这样的工艺改进是否使利润增加？如果企业工艺改进投入了 2 万元，另外，原材料 A 的市场价格为 4 万元，这样的工艺改进是否划算？为什么？

求解如下：

（1）增加原材料 B 的数量，就意味着对 b_2 作灵敏度分析。根据 b_i 灵敏度分析公式有

$$\max\{-2/(1/3), -6/(1/2)\} \leqslant \Delta b_2 \leqslant \min\{-2/(-1/3)\}$$

即有 $-6 \leqslant \Delta b_2 \leqslant 6$，则 b_2 的变化范围是 $[6, 18]$。当原材料 B 的数量增加了 6 kg，即 $\Delta b_2 = 6$ 时，b_2 仍然在灵敏度变化范围内，新的最优解为

$$X^N=X^0+\Delta b_2 \times P'_4=[2\ 6\ 2]+6 \times [1/3\ 1/2\ -1/3]=[4\ 9\ 0]$$

即新的生产方案为：Ⅰ产品的生产数量为0、Ⅱ产品的生产数量为9，新的最大总利润为 3×0+5×9=45，总利润增加了 45−36=9 元。

另外，若求利润比原来增加多少，也可以用边际值计算，即

$$q_2=|z_{n+i}|=|z_{2+2}|=|z_4|=3/2$$

那么利润比原来增加了 6×3/2=9 元。

（2）问题所描述的其实就是对 a_{11} 的灵敏度分析。a_{11} 对应的变量 x_1 为基变量，根据 a_{ij} 灵敏度分析公式有 $-\infty<\Delta a_{11}<x_3/x_1$，即有 $-\infty<\Delta a_{11}<1$，那么 a_{11} 的灵敏度变化范围是(−∞, 2]。单位产品Ⅰ对原材料 A 的消耗由原来的 1 kg 减少到 0.5 kg，没有超出 a_{11} 的灵敏度范围，即没有改变最优解，所以不会使产品的利润增加。另外，尽管这样的工艺改进没有使利润增加，但还是带来了节省原材料 A 的好处。

产品Ⅰ节省的原材料 A 共计 0.5 kg×2=1 kg，原材料 A 的市场价格为 4 万元，那么可以节省费用 4 万元×1 kg=4 万元。因为企业工艺改进投入了 2 万元成本，这样可有净收益 4−2=2 万元。因此这样的工艺改进尽管没有使产品的利润增加，但带来了间接的收益，从这个角度说还是划算的。

本章小结

本章首先阐述了灵敏度分析的目的和意义，给出了具有一定应用价值的边际值问题，在此基础上，给出了线性规划模型三个参数灵敏度分析的定义，并给出了每个灵敏度分析的公式及推导过程。

在本章学习中，需要清晰每个灵敏度分析的前提条件，再根据每个灵敏度分析的具体定义来理解灵敏度分析的基础，这也是掌握灵敏度分析公式的关键。另外，学会将灵敏度分析灵活的运用到具体的实际应用问题中。

本章要点

理解灵敏度分析的目的和意义；边际值及其应用问题。

本章重点

灵敏度分析的具体定义及分析的基础；灵敏度分析对实际应用问题的运用。

本章难点

理解并掌握灵敏度分析公式的推导过程。

本章术语

确定型线性规划问题；灵敏度分析；边际值；影子价格；对 c_j 值的灵敏度分析；对 a_{ij} 值的灵敏度分析；对 b_i 值的灵敏度分析。

习　题

1. 某工厂生产 A、B、C 三种产品，设 x_1、x_2、x_3 分别为三种产品的产量，为制定最优生产计划，建立了如下所示的线性规划模型：

$$\max \quad z = 4x_1 + 2x_2 + 3x_3$$

$$\text{s.t.} \begin{cases} 2x_1 + 2x_2 + 4x_3 \leqslant 100 & （原材料1） \\ 3x_1 + x_2 + 6x_3 \leqslant 100 & （原材料2） \\ 3x_1 + x_2 + 2x_3 \leqslant 120 & （原材料3） \\ x_j \geqslant 0, j = 1,2,3 \end{cases}$$

（1）用单纯形法求出最优生产计划方案。

（2）由于市场需求的变化，产品 B 的单位利润可能发生改变，试求保持最优生产计划不变的前提下，产品 B 的单位利润变化范围；如果产品 B 的单位利润由 2 变为 3，最优生产计划方案和总利润是否发生改变？

（3）由于原材料市场的变化，原材料 1 的供应从 100 单位降至 50 个单位，此时是否会影响最优生产计划？若影响，试求新的最优生产计划方案。

2. 某工厂在计划期内要安排生产甲、乙两种产品，已知生产单位产品所需要的设备台时及 A、B 两种原材料的消耗如表 4.5 所示。

表 4.5

资源消耗 产品	设备	原材料 A	原材料 B
甲	1	4	0
乙	2	0	4
资源数量	8 台时	16 kg	12 kg

该工厂每生产一件产品甲可获利 2 元，每生产一件产品乙可获利 3 元。

设 x_1、x_2 分别表示两种产品的产量，在这里假设产品的产量可以为小数，建立的线性规划模型如下：

$$\max \quad z = 2x_1 + 3x_2$$

$$\text{s.t.} \begin{cases} x_1 + 2x_2 \leqslant 8 \\ 4x_1 \leqslant 16 \\ 4x_2 \leqslant 12 \\ x_1, x_2 \geqslant 0 \end{cases}$$

请解决以下问题：

（1）求最优生产方案及获得的最大利润。

（2）乙产品的利润在哪个范围内变动时，不会改变目前的生产方案？

（3）用设备去生产其他产品，一个台时会产生 3 元的利润，如果把甲、乙两种产品可用设备台时由目前的 8 增加到 10，这样做是否划算？

3. 已知某生产计划的线性规划模型如下：

$$\max \ z = x_1 + 5x_2 + 3x_3 + 4x_4$$

$$\text{s.t.} \begin{cases} 2x_1 + 3x_2 + \ x_3 + 2x_4 \leqslant 800 & （资源1） \\ 5x_1 + 4x_2 + 3x_3 + 4x_4 \leqslant 1\,200 & （资源2） \\ 3x_1 + 4x_2 + 5x_3 + 3x_4 \leqslant 1\,000 & （资源3） \\ x_j \geqslant 0, j = 1, 2, 3, 4 \end{cases}$$

x_1、x_2、x_3、x_4 分别表示产品的产量，x_5、x_6、x_7 分别是资源 1、2、3 的松弛变量，利用单纯形法得到的最优单纯形表如下：

（1）对 c_4、b_2、a_{21} 进行灵敏度分析。

（2）如果取 $\Delta b_2 = 100$，那么 b_2 的变化是否超出灵敏度范围？若没有超出，求新解。

（3）现在准备生产新产品，已知该新产品耗用资源 1 的数量为 5，耗用资源 2 的数量为 4，耗用资源 3 的数量为 3，该新产品的单位利润为 9，那么生产此新产品是否有利？为什么？如果生产此产品有利，新的最优生产方案是什么？

（4）将在（3）中求新最优生产方案的方法与第 2.5 节单纯形法的扩展应用的方法进行对比，分析这两种方法的特点。

表 4.6

C_B	X_B	b	x_1	x_2	x_3	x_4	x_5	x_6	x_7
	$c_{j\to}$		1	5	3	4	0	0	0
0	x_5	100	0.25	0	−3.25	0	1	0.25	−1
4	x_4	200	2	0	−2.00	1	0	1	−1
5	x_2	100	−0.75	1	2.75	0	0	−0.75	1
	z_j		4.25	5	5.75	4	0	0.25	1
	$c_j - z_j$		−3.25	0	−2.75	0	0	−0.25	−1

第 5 章　运输问题

在前面的章节中，学习了一般线性规划问题的建模方法、求解方法，并对相关问题进行了讨论，但在实际问题中，往往会遇到一类特殊的线性规划问题，如已知各产地的产量、各销售地的销量以及产地和销售地之间的单位运费，这就需要设计总运费最小的调运方案。针对这类线性规划问题，鉴于其模型结构比较固定，如果用前面的求解方法求解，求解过程会比较繁琐和复杂，因此需要用另外一种可行、简便的方法来求解。

本章首先介绍运输问题的线性规划模型及特点，在此基础上，介绍运输问题的求解方法——**表上作业法**。

5.1　运输问题的线性规划模型及特点

1. 运输问题线性规划模型描述

为了更好地了解运输问题及其模型结构，先给出以下引例。

例 5.1　某公司有 A_1、A_2、A_3 三个加工厂生产产品，产量分别为 7 吨、4 吨、9 吨，同时有 B_1、B_2、B_3、B_4 四个销售地，销量分别为 3 吨、6 吨、5 吨、6 吨，从各工厂到销售地的单位产品运价如表 5.1 所示，设计该公司调运尽可能多的产品但总运费最少的方案。

表 5.1　单位产品运价表

产地　＼销地	B_1	B_2	B_3	B_4
A_1	3	11	3	10
A_2	1	9	2	8
A_3	7	4	10	5

解　构建线性规划模型之前，先把产量、销量和单位产品运价表整合到一张表格中，如表 5.2 所示：

表 5.2

产地＼销地	B_1	B_2	B_3	B_4	产量
A_1	3	11	3	10	7
A_2	1	9	2	8	4
A_3	7	4	10	5	9
销量	3	6	5	6	$\Sigma = 20$

通过给出的资料可知，三个加工厂的总产量为 20 吨，四个销售地的总销量也为 20 吨，把这种总产量与总销量相等的情况称为**产销平衡**，否则称为**产销不平衡**。

设决策变量 x_{ij} 表示从加工厂 A_i 到销售地 B_j 的产品数量，由单位产品运价列出目标函数，再根据三个产地和四个销售地分别列出约束条件方程，该问题的线性规划模型如下：

$$\min \quad z = 3x_{11} + 11x_{12} + 3x_{13} + 10x_{14} + x_{21} + 9x_{22} +$$
$$2x_{23} + 8x_{24} + 7x_{31} + 4x_{32} + 10x_{33} + 5x_{34}$$

$$\text{s.t.} \begin{cases} x_{11} + x_{12} + x_{13} + x_{14} = 7 \\ x_{21} + x_{22} + x_{23} + x_{24} = 4 \\ x_{31} + x_{32} + x_{33} + x_{34} = 9 \\ x_{11} + x_{21} + x_{31} \qquad\quad = 3 \\ x_{12} + x_{22} + x_{32} \qquad\quad = 6 \\ x_{13} + x_{23} + x_{33} \qquad\quad = 5 \\ x_{14} + x_{24} + x_{34} \qquad\quad = 6 \\ x_{ij} \geq 0, \; i = 1, 2, 3; \; j = 1, 2, 3, 4 \end{cases} \qquad (5.1)$$

上面的模型就是已知各产地产量、各销地销量及产地销地之间单位运费，设计总运费最小的调运方案模型。针对这类特殊线性规划问题，下面给出通用的描述及模型形式。

例 5.2 某公司有物资需要调运，该公司有 m 个产地 A_1、A_2、$\cdots$、A_m，产量分别为 a_1、a_2、$\cdots$、a_m，有 n 个销售地 B_1、B_2、$\cdots$、B_n，销量分别为 b_1、b_2、$\cdots$、b_n。在此先假设产地的产量之和等于销售地的销量之和，即该问题是产销平衡的。另外，从产地 A_i 到销地 B_j 的单位产品运价 c_{ij} 如表 5.3 所示。设计该公司调运尽可能多的产品但总运费最少的方案。

表 5.3 单位产品运价表

产地＼销地	B_1	B_2	$\cdots$	B_n
A_1	c_{11}	c_{12}	$\cdots$	c_{1n}
A_2	c_{21}	c_{22}	$\cdots$	c_{2n}
$\vdots$	$\vdots$	$\vdots$		$\vdots$
A_m	c_{m1}	c_{m2}	$\cdots$	c_{mn}

解 设决策变量 x_{ij} 表示由第 i 个产地运往第 j 个销售地的产品数量，把产量、销量和决策变量整合到一张表格中，这张表称为**平衡表**，如表 5.4 所示：

表 5.4 平衡表

产地＼销地	B_1	B_2	$\cdots$	B_n	产量
A_1	x_{11}	x_{12}	$\cdots$	x_{1n}	a_1
A_2	x_{21}	x_{22}	$\cdots$	x_{2n}	a_2
$\vdots$	$\vdots$	$\vdots$		$\vdots$	$\vdots$
A_m	x_{m1}	x_{m2}	$\cdots$	x_{mn}	a_m
销量	b_1	b_2	$\cdots$	b_n	Σ

需要说明的是，所谓的平衡主要是指产地的产量之和等于销售地的销量之和。另外，某个产地运出的总量应该等于该产地的产量，某个销售地接收的总量应该等于该销售地的销量。

基于以上问题，总运费等于各个产地运往各个销售地的运费之和，即有

$$\min \quad z = \sum_{i=1}^{m} \sum_{j=1}^{n} c_{ij} x_{ij}$$

产地 A_i 运出的总量应该等于 A_i 的产量，则有 $\sum_{j=1}^{n} x_{ij} = a_i$，$i = 1, 2, \cdots, m$；

销售地 B_j 接收的总量应该等于 B_j 的销量，则有 $\sum_{i=1}^{m} x_{ij} = b_j$，$j = 1, 2, \cdots, n$；

产地的产量之和等于销售地的销量之和，即产销平衡，则有 $\sum_{i=1}^{m} a_i = \sum_{j=1}^{n} b_j$。

现在把上面问题的线性规划模型归纳如下：

$$\min \quad z = \sum_{i=1}^{m}\sum_{j=1}^{n} c_{ij}x_{ij}$$

$$\text{s.t.} \begin{cases} \sum_{j=1}^{n} x_{ij} = a_i, \ i=1,2,\cdots,\ m \\ \sum_{i=1}^{m} x_{ij} = b_j, \ j=1,2,\cdots,\ n \\ x_{ij} \geqslant 0, \left(\sum_{i=1}^{m} a_i = \sum_{j=1}^{n} b_j \right) \end{cases} \quad (5.2)$$

这就是产销平衡运输问题的线性规划模型。除了经常遇到的物资调运之外，在其他活动中也会遇到此类问题。因为此类问题是从物资调运的运输问题而来，所以把具有模型（5.2）形式和特点的线性规划问题称为**运输问题**，也可称为**标准运输问题**。

2. 标准运输问题线性规划模型的特点

通过观察运输问题的线性规划模型，可知其具有如下特点：

（1）标准运输问题的目标函数是 min 型。

（2）所有的约束条件方程（不包括非负约束）都是等式。

（3）它包含 $m \times n$ 个决策变量。

（4）由 m 个产地构建了前 m 个约束条件方程，由 n 个销售地构建了后 n 个约束条件方程，所以运输问题有 $m+n$ 个约束条件方程。体现在平衡表中就是，一行对应一个方程，一列也对应一个方程。

（5）每一列正好有两个非零元素，即所有变量在前 m 个约束条件方程中各出现一次，在后 n 个约束条件方程也都各出现了一次，变量的系数元素非 1 即 0。

（6）标准运输问题的前提条件是产量之和等于销量之和，即产销平衡。

运输问题显然是一个线性规划问题，也可以说是线性规划问题的扩展，是线性规划问题的分支，又可以认为是线性规划问题的应用，所以可以用单纯形法或对偶单纯形法求解。但是运输问题模型的类型比较特殊，结构又比较固定，若用上述两种方法求解，需要对每一个等式都加上一个人工变量（参考第 2 章当约束条件方程为等式时求初始基本可行解的方法），这样就会使变量的数量大大增加，从而使运输问题变得较为复杂，求解过程也变得比较繁琐。基于这样的原因，我们有必要用另外一种可行、简便的方法来求解，即在下一节将要介绍的运输问题的求解方法——表上作业法。

5.2　运输问题的求解方法——表上作业法

表上作业法是应用比较广泛的运输问题的求解方法，它也是一种迭代计算，求解思路和单纯形法一样，也是先求出初始基本可行解，然后用检验数判定这个解是否为最优解，如果是最优解，计算停止，否则就对解进行调整，然后再判断，如此循环迭代下去，直到求出最优解为止。因为求解过程都是在平衡表上进行，所以把这种方法称为**表上作业法**。

尽管表上作业法和单纯形法的求解思路一样，但求解过程和计算方法会有一些差别。为了更好地掌握表上作业法的求解步骤和具体的计算过程，下面把二者主要的相同之处和不同之处列出来：

（1）单纯形法是通过寻找或构造单位矩阵来确定初始基本可行解，而表上作业法是通过另外的西北角法、最小元素法或差值法来确定初始基本可行解。

（2）单纯形法是计算出机会费用 z_j 以后，直接计算检验数的代数式 $c_j - z_j$ 或 $z_j - c_j$，而表上作业法是通过另外的闭回路法或位势法来计算检验数，其实也是间接的计算代数式 $c_j - z_j$。

（3）表上作业法判断基本可行解是否为最优解的原则和方法与单纯形法一样。

（4）若基本可行解不是最优解，需要迭代调整，二者在确定换入变量和换出变量的原则是一样的，但是方法不同，表上作业法是通过闭回路的方法来确定换入变量和换出变量。

（5）单纯形法通过行运算进行迭代，而表上作业法是在闭回路上对基本可行解进行调整。

通过以上分析，现在给出表上作业法的主要步骤：

第一步：把运输问题给出的产量、销量和单位产品运价整合成平衡表。

第二步：通过西北角法、最小元素法或差值法来确定初始基本可行解。

第三步：通过闭回路法或位势法求出检验数。

第四步：利用第 2.2 节单纯形法中最优解判断的思路来判断是否达到最优解，如果达到最优解，停止计算，否则转到下一步。

第五步：确定换入变量和换出变量，再利用表上的闭回路进行解的调整，从而找出新的基本可行解。

第六步：返回第三步。

为了系统、深入地掌握表上作业法的步骤，下面对表上作业法的过程做具体介绍。

5.2.1 求初始基本可行解的方法

求初始基本可行解的方法有西北角法、最小元素法和差值法，在学习这三种方法之前，先给出相关知识、闭回路定义及有关的定理。

相关知识 运输问题有 $m+n$ 个约束条件方程，有 $m \times n$ 个变量，而在运输问题约束条件方程组的系数矩阵中，前 m 个约束条件方程相加，正好得出一个与后 n 个约束条件方程相加完全相同的方程，这就说明约束条件方程组系数矩阵的行是线性相关的。也就是说，约束条件方程组中有一个方程是多余的，即起作用的约束条件方程只有 $m+n-1$ 个，所以运输问题的基变量个数也只有 $m+n-1$ 个。

在运输问题的 $m \times n$ 个变量中，面临着用什么样的方法找出哪些 $m+n-1$ 个变量来组成基变量的问题，所以下面给出闭回路的概念和有关的定理。

定义 5.1 凡是能排列成下列形式的变量集合称为**闭回路**：

$$x_{i_1 j_1}, x_{i_1 j_2}, x_{i_2 j_2}, x_{i_2 j_3}, \cdots, x_{i_{m+n-1} j_{m+n-1}}, x_{i_{m+n-1} j_1}$$

其中 $i_1, i_2, \cdots, i_{m+n-1}$ 互不相同，$j_1, j_2, \cdots, j_{m+n-1}$ 也互不相同，这里出现的变量称为这个闭回路的顶点。

对定义 5.1 的通俗解释就是，从一个起点出发，遵循行变列不变或列变行不变的原则到另外的点，最终又回到起点的路径就构成了闭回路。表 5.5 中的变量就构成了一个闭回路：

表 5.5

产地＼销地	B_1	B_2	B_3	B_4
A_1	x_{11}	x_{12}	x_{13}	x_{14}
A_2	x_{21}	x_{22}	x_{23}	x_{24}
A_3	x_{31}	x_{32}	x_{33}	x_{34}

在上面的闭回路中，所有连线不是垂直就是平行，只有这样才符合行列一个变另一个不变的要求；连线不能是斜线，因为行列同时变化就出现了斜线。

闭回路有多种形式，如图 5.1 所示：

图 5.1

定理 5.1 $m+n-1$个变量 $x_{i_1 j_1}, x_{i_2 j_2}, \cdots, x_{i_{m+n-1} j_{m+n-1}}$ 能构成基本可行解的充分必要条件是它不含有闭回路。

利用前面的相关知识、闭回路定义 5.1 及定理 5.1，就可求出运输问题的初始基本可行解。为了求初始基本可行解，需要解决以下三个问题：

（1）确定哪些变量作为基变量。

（2）在单纯形法中，基变量标识在单纯形表的第三列（即 C_B 列），其余的变量作为非基变量，那么在表上作业法中，该如何标识基变量和非基变量。

（3）确定基变量的取值。

下面分别介绍运输问题求初始基本可行解的西北角法、最小元素法和差值法。

1. 西北角法

西北角法，顾名思义，就是先从平衡表的西北角（即左上角）的位置开始标识基变量，依次进行，直到找到 $m+n-1$ 个基变量为止。其具体步骤如下：

第一步：把单位产品运价表和平衡表整合到一张表中，将运价 c_{ij} 写在对应格子的左下角，运量 x_{ij} 写在对应格子的右上角，把这张表称为**综合表**，如表 5.6 所示：

表 5.6   综合表

销地 产地	B_1	B_2	$\cdots$	B_n	产量
A_1	x_{11} c_{11}	x_{12} c_{12}	$\cdots$	x_{1n} c_{1n}	a_1
A_2	x_{21} c_{21}	x_{22} c_{22}	$\cdots$	x_{2n} c_{2n}	a_2
$\vdots$	$\vdots$	$\vdots$		$\vdots$	$\vdots$
A_m	x_{m1} c_{m1}	x_{m2} c_{m2}	$\cdots$	x_{mn} c_{mn}	a_m
销量	b_1	b_2	$\cdots$	b_n	Σ

第二步：把左上角还没有标识的变量作为基变量。假设此基变量为 x_{ij}，其取值可通过如下公式计算出来：

$$x_{ij} = \min\left\{ a_i - \sum_{j=1}^{n} x'_{ij}, b_j - \sum_{i=1}^{m} x'_{ij} \right\} \quad (5.3)$$

其中 x'_{ij} 不包含 x_{ij}，没有被标识的 x'_{ij} 值默认为 0。记下 x_{ij} 值来自的行或列。

然后把基变量的取值打上"○"，即将该值对应的变量确定为基变量。

第三步：将 x_{ij} 值所来自的行或列中未标识变量的位置打上"×"，即将该位置上的变量标记为取值为 0 的非基变量。若 x_{ij} 值同时来自行或列，那么在行上打"×"后，就不能在列上打"×"，反之，在列上打"×"后就不能在行上打"×"。

第四步：查看打"○"的基变量个数是否达到 $m+n-1$ 个，若达到，说明已经找完初始基变量，计算停止，否则返回第二步。

下面对例题 5.1 用西北角法求初始基变量。

解 设决策变量 x_{ij} 表示由加工厂 A_i 运往销售地 B_j 的产品数量，此运输问题有 $m+n=3+4=7$ 个方程，则应该有 7-1=6 个基变量。

第一步：构造综合表 5.7：

表 5.7 例 5.1 的综合表

产地＼销地	B_1	B_2	B_3	B_4	产量
A_1	x_{11} 3	x_{12} 11	x_{13} 3	x_{14} 10	7
A_2	x_{21} 1	x_{22} 9	x_{23} 2	x_{24} 8	4
A_3	x_{31} 7	x_{32} 4	x_{33} 10	x_{34} 5	9
销量	3	6	5	6	$\Sigma = 20$

第二步：现在左上角的 x_{11} 还没有被标识，将 x_{11} 变量作为基变量，x_{11} 取值可通过如下公式计算出来：

$$x_{11} = \min\left\{ a_1 - \sum_{j=1}^{4} x'_{1j}, b_1 - \sum_{i=1}^{3} x'_{i1} \right\} = \min\{ a_1 - (x_{12} + x_{13} + x_{14}), b_1 - (x_{21} + x_{31}) \}$$

$$= \min\{ 7 - (0+0+0), 3 - (0+0) \} = 3$$

x_{11} 的值来自第 1 列，将基变量 x_{11} 的值打上"○"。

第三步：将第 1 列中未标识变量 x_{21}、x_{31} 所在的位置打上"×"，即将 x_{21}、x_{31} 标记为取值为 0 的非基变量。处理后的综合表如表 5.8 所示：

表 5.8　例 5.1 的综合表

产地＼销地	B_1	B_2	B_3	B_4	产量
A_1	③ 3	x_{12} 11	x_{13} 3	x_{14} 10	7
A_2	× 1	x_{22} 9	x_{23} 2	x_{24} 8	4
A_3	× 7	x_{32} 4	x_{33} 10	x_{34} 5	9
销量	3	6	5	6	$\Sigma=20$

第四步：表 5.8 中打"○"的基变量只有 1 个，还没有达到 6 个，继续寻找基变量。现在左上角 x_{12} 没有被标识，将 x_{12} 作为下一个基变量，x_{12} 取值可通过如下公式计算出来：

$$x_{12} = \min\left\{a_1 - \sum_{j=1}^{4} x'_{1j}, b_2 - \sum_{i=1}^{3} x'_{i2}\right\} = \min\{a_1 - (x_{11} + x_{13} + x_{14}), b_2 - (x_{22} + x_{32})\}$$
$$= \min\{7 - (3 + 0 + 0), 6 - (0 + 0)\} = 4$$

x_{12} 的值来自第 1 行，将基变量 x_{12} 的值打上"○"。

第五步：将第 1 行中未标识的变量 x_{13}、x_{14} 所在的位置打上"×"，即将 x_{13}、x_{14} 标记为取值为 0 的非基变量，处理后的综合表如表 5.9 所示：

表 5.9　例 5.1 的综合表

产地＼销地	B_1	B_2	B_3	B_4	产量
A_1	③ 3	④ 11	× 3	× 10	7
A_2	× 1	x_{22} 9	x_{23} 2	x_{24} 8	4
A_3	× 7	x_{32} 4	x_{33} 10	x_{34} 5	9
销量	3	6	5	6	$\Sigma=20$

第六步：打"○"的基变量只有 2 个，还没有达到 6 个，继续寻找基变量。现在左上角 x_{22} 没有被标识，将 x_{22} 作为下一个基变量，x_{22} 取值可通过如下公式计算出来：

$$x_{22} = \min\left\{a_2 - \sum_{j=1}^{4} x'_{2j}, b_2 - \sum_{i=1}^{3} x'_{i2}\right\} = \min\{a_2 - (x_{21} + x_{23} + x_{24}), b_2 - (x_{12} + x_{32})\}$$
$$= \min\{4 - (0+0+0), 6 - (4+0)\} = 2$$

x_{22} 的值来自第 2 列，将基变量 x_{22} 的值打上"○"。

第七步：将第 2 列中未标识的变量 x_{32} 所在的位置打上"×"，即将 x_{32} 标记为取值为 0 的非基变量，处理后的综合表如表 5.10 所示：

表 5.10　例 5.1 的综合表

产地＼销地	B_1	B_2	B_3	B_4	产量
A_1	③ 3	④ 11	× 3	× 10	7
A_2	× 1	② 9	x_{23} 2	x_{24} 8	4
A_3	× 7	× 4	x_{33} 10	x_{34} 5	9
销量	3	6	5	6	Σ=20

第八步：打"○"的基变量只有 3 个，还没有达到 6 个，依次用同样的方法，继续寻找基变量（其余过程省略），得出综合表 5.11：

表 5.11　例 5.1 的综合表

产地＼销地	B_1	B_2	B_3	B_4	产量
A_1	③ 3	④ 11	× 3	× 10	7
A_2	× 1	② 9	② 2	× 8	4
A_3	× 7	× 4	③ 10	⑥ 5	9
销量	3	6	5	6	Σ=20

通过表 5.11 可以看出，打"○"的基变量已经达到 6 个，同时所有的变量已经标识完毕，即已经求出此运输问题的初始基本可行解

$$(x_{11}, x_{12}, x_{22}, x_{23}, x_{33}, x_{34})=(3, 4, 2, 2, 3, 6)$$

则目标函数值 $z=3\times3+11\times4+9\times2+2\times2+10\times3+5\times6=135$。

通过以上例题的求解，对西北角法的求解过程有了具体的认识。但西北角法有其不足之处，因为西北角法只是满足了约束条件方程，而没有围绕目标函数来确定基变量及其取值，即没有考虑 c_{ij} 的值。若将 c_{ij} 考虑进去，那么得到的基本可行解就会使目标函数更优一些，即更接近最优解，从而使迭代的次数减少。为了弥补西北角法的不足之处，下面介绍运输问题求初始基本可行解的另一种方法——最小元素法。

2. 最小元素法

最小元素法，不是先从综合表的左上角开始确定基变量，因为要求总运费最小，所以从没有被标识的变量所对应的最小运价处确定基变量。标识基变量、非基变量的方法以及基变量取值的确定和西北角法一样，直到找到 $m+n-1$ 个基变量为止。

最小元素法的具体步骤如下：

第一步：同西北角法一样构造综合表。

第二步：找出没有被标识的变量所对应的最小运价，如果最小运价有多个，就任意选择一个；把最小运价所对应的变量确定为基变量，其取值的确定和西北角法一样；将基变量的值打上"○"，即将该变量标记为基变量。

第三步：非基变量的确定方法和西北角法一样。

第四步：查看打"○"的基变量个数是否达到 $m+n-1$ 个，若达到，说明已经找完初始基变量，计算停止，否则返回第二步。

下面对例题 5.1 用最小元素法求初始基变量。

解　第一步：构造综合表 5.12：

第二步：在综合表 5.12 中，没有被标识的变量所对应的最小运价是 $c_{21}=1$，将 x_{21} 作为基变量，取值和西北角法一样用公式（5.3）计算出来，即 $x_{21}=3$，再将 x_{21} 的值打上"○"。非基变量的确定和标记与西北角法一样，处理后的综合表如表 5.13 所示：

第三步：在综合表 5.13 中，没有被标识的变量所对应的最小运价是 $c_{23}=2$，即将 x_{23} 作为基变量，x_{23} 取值及标记、非基变量的确定和标记与西北角法一样，处理后的综合表如表 5.14 所示：

表 5.12 例 5.1 的综合表

产地＼销地	B_1	B_2	B_3	B_4	产量
A_1	x_{11} 3	x_{12} 11	x_{13} 3	x_{14} 10	7
A_2	x_{21} 1	x_{22} 9	x_{23} 2	x_{24} 8	4
A_3	x_{31} 7	x_{32} 4	x_{33} 10	x_{34} 5	9
销量	3	6	5	6	$\Sigma = 20$

表 5.13 例 5.1 的综合表

产地＼销地	B_1	B_2	B_3	B_4	产量
A_1	× 3	x_{12} 11	x_{13} 3	x_{14} 10	7
A_2	③ 1	x_{22} 9	x_{23} 2	x_{24} 8	4
A_3	× 7	x_{32} 4	x_{33} 10	x_{34} 5	9
销量	3	6	5	6	$\Sigma = 20$

表 5.14 例 5.1 的综合表

产地＼销地	B_1	B_2	B_3	B_4	产量
A_1	× 3	x_{12} 11	x_{13} 3	x_{14} 10	7
A_2	③ 1	× 9	① 2	× 8	4
A_3	× 7	x_{32} 4	x_{33} 10	x_{34} 5	9
销量	3	6	5	6	$\Sigma = 20$

第四步：打"○"的基变量只有 2 个，还没有达到 6 个，用上面同样的方法继续寻找基变量（其余过程省略），得出综合表 5.15：

表 5.15　例 5.1 的综合表

产地 ＼ 销地	B_1	B_2	B_3	B_4	产量
A_1	× 3	× 11	④ 3	③ 10	7
A_2	③ 1	× 9	① 2	× 8	4
A_3	× 7	⑥ 4	× 10	③ 5	9
销量	3	6	5	6	Σ =20

通过表 5.15 可以看出，打"○"的基变量已经达到 6 个，同时所有的变量标识完毕，即已经求出此运输问题的初始基本可行解

$$(x_{13}, x_{14}, x_{21}, x_{23}, x_{32}, x_{34})=(4, 3, 3, 1, 6, 3)$$

则目标函数值 z=3×4+10×3+1×3+2×1+4×6+5×3=86。

由此可见，用最小元素法求出的目标函数值 z=86 比西北角法求出的目标函数值 z=135 要小的多，即用最小元素法求得的初始基变量更优一些。

通过以上的求解，对最小元素法有了具体的认识，但最小元素法的缺点是，为了节省一个位置的费用，有可能要造成其他位置多花几倍的运费。下面介绍的运输问题求初始基本可行解的差值法，可以避免这样的问题。

3. 差值法

某地产品若不能按最小运费就近供应，就考虑次小运费，这样就有最小费用与次小费用的一个差额。差额越大，说明不能按最小运费调运时，运费增加的就越多，因而对差额最大处就应当采用最小运费调运。标识基变量、非基变量的方法以及基变量取值的确定和西北角法一样，直到找到 $m+n-1$ 个基变量为止。

差值法的具体步骤如下：

第一步：与西北角法一样构造综合表。

第二步：在综合表的最右边补一列，在最下面补一行。

第三步：依次找出综合表每行中没有被标识的变量所对应的次小运价和最小运价，并计算它们的差额，然后将差额填到新加的最右一列所对应的行中。

第四步：依次找出综合表每列中没有被标识的变量所对应的次小运价和最小运价，并计算它们的差额，然后将差额填到新加的最下一行所对应的列中。

第五步：从新加的最右差值列和最下差值行中选出最大的差值，若最大的差值有多个，就任意选择一个。

第六步：选择最大差值所在的行或列中没有被标识的变量所对应的最小运价，若最小运价有多个，就任意选择一个，这样选择可以避免将运量调配到同一行或同一列的次小空格中去。

第七步：把选择的最小运价所对应的变量确定为基变量，其取值的确定和标记与西北角法一样。

第八步：非基变量的确定和标记方法与西北角法一样。

第九步：查看打"○"的基变量个数是否达到 $m+n-1$ 个，若达到，说明已经找完初始基变量，计算停止，否则返回第三步。

下面对例题 5.1 用差值法求初始基变量。

解 第一步：构造综合表，在综合表的最右边补一列，在最下面补一行，然后分别计算差值并填入表中，如表 5.16 所示：

表 5.16　例 5.1 的综合表

销地＼产地	B_1	B_2	B_3	B_4	产量	差值
A_1	x_{11} 3	x_{12} 11	x_{13} 3	x_{14} 10	7	7
A_2	x_{21} 1	x_{22} 9	x_{23} 2	x_{24} 8	4	1
A_3	x_{31} 7	x_{32} 4	x_{33} 10	x_{34} 5	9	1
销量	3	6	5	6	$\Sigma=20$	
差值	2	5	1	3		

第二步：在表 5.16 中，最大差值 7 来自第一行，在第一行中没有被标识的变量所对应的最小运价是 $c_{11}=c_{13}=3$，在这里选择变量 x_{13} 作为基变量。

x_{13} 取值同样和西北角法一样用公式（5.3）计算出来，$x_{13}=5$，再将 x_{13} 的取值打上"○"。非基变量的确定和标记同样与西北角法一样，处理后的综合表如表 5.17 所示：

表 5.17　例 5.1 的综合表

销地＼产地	B_1	B_2	B_3	B_4	产量	差值
A_1	x_{11} 3	x_{12} 11	⑤ 3	x_{14} 10	7	7
A_2	x_{21} 1	x_{22} 9	× 2	x_{24} 8	4	1
A_3	x_{31} 7	x_{32} 4	× 10	x_{34} 5	9	1
销量	3	6	5	6	$\Sigma=20$	
差值	2	5	1	3		

第三步：对表 5.17 重新计算差值，处理后的综合表如表 5.18 所示：

表 5.18　例 5.1 的综合表

销地＼产地	B_1	B_2	B_3	B_4	产量	差值
A_1	x_{11} 3	x_{12} 11	⑤ 3	x_{14} 10	7	7
A_2	x_{21} 1	x_{22} 9	× 2	x_{24} 8	4	7
A_3	x_{31} 7	x_{32} 4	× 10	x_{34} 5	9	1
销量	3	6	5	6	$\Sigma=20$	
差值	2	5	0	3		

第四步：在表 5.18 中，最大差值 7 来自第一行和第二行，在这里选择第一行，第一行中没有被标识的变量所对应的最小运价是 $c_{11}=3$，计算出 $x_{11}=2$，将 x_{11} 的取值打上"○"，处理后的综合表如表 5.19 所示。

表 5.19 例 5.1 的综合表

产地\销地	B_1	B_2	B_3	B_4	产量	差值
A_1	② 3	× 11	⑤ 3	× 10	7	0
A_2	x_{21} 1	x_{22} 9	× 2	x_{24} 8	4	7
A_3	x_{31} 7	x_{32} 4	× 10	x_{34} 5	9	1
销量	3	6	5	6	Σ =20	
差值	6	5	0	3		

第五步：在表 5.19 中，打"○"的基变量只有 2 个，还没有达到 6 个，用上面同样的方法继续寻找基变量（其余过程省略），得出综合表 5.20。

表 5.20 例 5.1 的综合表

产地\销地	B_1	B_2	B_3	B_4	产量	差值
A_1	② 3	× 11	⑤ 3	× 10	7	0
A_2	① 1	× 9	× 2	③ 8	4	0
A_3	× 7	⑥ 4	× 10	③ 5	9	0
销量	3	6	5	6	Σ =20	
差值	0	0	0	0		

通过表 5.20 可以看出，打"○"的基变量已经达到 6 个，同时所有的变量标识完毕，即已经求出此运输问题的初始基本可行解

$$(x_{11}, x_{13}, x_{21}, x_{24}, x_{32}, x_{34})=(2, 5, 1, 3, 6, 3)$$

则目标函数值 $z=3\times2+3\times5+1\times1+8\times3+4\times6+5\times3=85$。

基于以上求初始基本可行解的三种方法，可以给出下面两个定理：

定理 5.2 用西北角法、最小元素法或差值法得到的 x_{ij} 值是一组基本可行

解，打"〇"位置对应的变量是基变量，打"×"位置对应的变量是非基变量。

定理 5.3　运输问题一定有最优解。

证明：由定理 5.2 可知，运输问题一定有基本可行解。又因为运输问题的约束条件方程系数 c_{ij} 都是非负的，即可行解必定使运输问题的目标函数 $z = \sum_{i=1}^{m}\sum_{j=1}^{n} c_{ij}x_{ij}$ 永远取非负值。也就是说，至少还有一个 $z=0$ 的下界存在，所以运输问题一定有最优解。

定理 5.3 也说明了运输问题要么有唯一最优解，要么有多重解。

特别提示

无论是西北角法、最小元素法还是差值法，若打上"〇"的基变量取值为 0 时，仍然保持打的"〇"不变，目的是标识基变量的个数为 $m+n-1$ 个。

5.2.2　检验数的求法

单纯形法是计算出机会费用 z_j 以后，直接计算检验数的代数式 $c_j - z_j$ 或 $z_j - c_j$，而运输问题的表上作业法是间接计算检验数的代数式 $c_j - z_j$，即通过闭回路法或位势法来求检验数。

由单纯形法可知，基变量的检验数均为 0，所以在表上作业法中只计算非基变量的检验数即可，即计算综合表中打"×"位置所对应的非基变量的检验数。下面分别介绍运输问题中求检验数的闭回路法和位势法。

1. 闭回路法

为了利用闭回路法求检验数，下面给出一个定理。

定理 5.4　运输问题的表上作业法中，任意一个非基变量都能和若干个基变量构成一个唯一的闭回路。（证略）

用闭回路法求运输问题检验数的具体步骤是：

第一步：以非基变量 x_{ij} 为起点，利用定义 5.1 闭回路的概念及定理 5.4，寻找存在的唯一的闭回路。

第二步：闭回路上非基变量 x_{ij} 对应的检验数 λ_{ij} 等于闭回路上所有奇数顶点对应的单位运价之和减去所有偶数顶点对应的单位运价之和。

第三步：将求出的检验数填到综合表中对应的非基变量 x_{ij} 的位置。

第四步：返回到第一步，直到求出所有非基变量的检验数为止。

如图 5.1 所示，顶点（1）处非基变量的检验数等于该闭回路上奇数顶点（1）、（3）、（5）对应的单位运价之和减去偶数顶点（2）、（4）、（6）对应的单位运价之和。

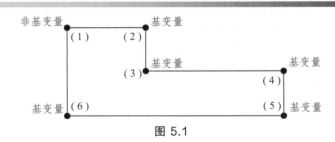

图 5.1

以最小元素法求基本解的表 5.15 为例，说明用闭回路法求非基变量检验数的过程。

解　以非基变量 x_{22} 为起点，寻找存在的唯一闭回路，如表 5.21 所示：

表 5.21　例 5.1 的综合表

产地＼销地	B_1	B_2	B_3	B_4	产量
A_1	× 3	× 11	④ 3	③ 10	7
A_2	③ 1	× 9	① 2	× 8	4
A_3	× 7	⑥ 4	× 10	③ 5	9
销量	3	6	5	6	Σ =20

依据表 5.21 中的闭回路，可得出非基变量 x_{22} 的检验数：

$$\lambda_{22}=(c_{22}+c_{13}+c_{34})-(c_{23}+c_{14}+c_{32})=(9+3+5)-(2+10+4)=17-16=1$$

将此检验数 λ_{22} 填入到表中非基变量 x_{22} 的位置，如表 5.22 所示：

表 5.22　例 5.1 的综合表

产地＼销地	B_1	B_2	B_3	B_4	产量
A_1	× 3	× 11	④ 3	③ 10	7
A_2	③ 1	**1** 9	① 2	× 8	4
A_3	× 7	⑥ 4	× 10	③ 5	9
销量	3	6	5	6	Σ =20

用同样的方法求出其他所有非基变量的检验数（过程省略），最后得到表 5.23：

表 5.23　例 5.1 的综合表

产地＼销地	B_1	B_2	B_3	B_4	产量
A_1	**1** 3	**2** 11	④ 3	③ 10	7
A_2	③ 1	**1** 9	① 2	**−1** 8	4
A_3	**10** 7	⑥ 4	**12** 10	③ 5	9
销量	3	6	5	6	Σ =20

从表 5.23 可以看出，有负的检验数存在，而此运输问题的目标函数又是 min 型，这说明目前的基本可行解不是最优解。

现在从运量分配的角度作如下分析：

把运量分配给 x_{11} 一个单位，看看会对目标函数产生什么影响，即目标函数值是增加还是减少。当前，非基变量 $x_{11}=0$，如果给 x_{11} 分配 1 个单位的运量，将增加 3×1 个单位的运费，由于表上作业法中表的每列分配的运量之和是一个常数，即等于对应销售地的销量，所以当 x_{11} 增加 1 个单位的运量时，为保持销量平衡，x_{21} 就应该减少 1 个单位的运量，这样将减少 1×1 个单位的运费。与此同时，由于表上作业法中表的每行分配的运量之和也是一个常数，即等于对应产地的产量，为保持产量平衡，对应的 x_{23} 就应该增加一个单位的运量，这样将增加 2×1 个单位的运费。同理可知，对应的 x_{13} 处也应该减少一个单位的运量，进而减少 3×1 个单位的运费。

综上所述，运费的目标函数值共增加了 3+2，同时又减少了 1+3，所以目标函数值的总变化量为(3+2) − (1+3)=1。这就是说，每给 x_{11} 分配一个单位的运量，目标函数值（总运费）将增加一个单位。这也说明，当所有非基变量的检验数都大于零时，再进行任何形式的运量调整只能使目标函数值增加，所以算法终止，此时的解就是最优解。反之，若对检验数小于零的非基变量进行运量分配，可以把非基变量调整为基变量，同时也会使目标函数值减少，从而得到更有利的方案。

用闭回路法求检验数，需要对表上每一个打"×"的非基变量寻找闭回路，然后再求检验数，而当一个运输问题的产地和销售地很多时，这种方法的计算工作量很大，另外，寻找闭回路本身就不容易。因此，下面介绍求检验数相对简便的位势法。

2. 位势法

简单地说，位势法就是基于基变量对应的单位运价，把各行和各列所对应的位势先设成未知数，通过解方程组的方式求出这些未知数，再利用这些求出的未知数把非基变量检验数计算出来。这种方法的合理性来自于线性规划问题的对偶理论。

为了利用位势法求检验数，下面给出一个定理。

定理 5.5 针对运输问题求出的基变量 x_{ij}，设定两个未知数 u_i 和 v_j，据此建立方程

$$u_i + v_j = c_{ij}$$

那么对于非基变量 x_{ij} 的检验数 λ_{ij}，就有 $\lambda_{ij} = c_{ij} - u_i - v_j$。

证明 这里利用闭回路法的思路进行证明，不妨设有一闭回路如图 5.2 所示：

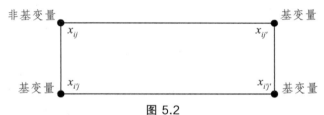

图 5.2

因为 $x_{ij'}$、$x_{i'j'}$、$x_{i'j}$ 是基变量，由已知条件有以下方程：

$$u_i + v_{j'} = c_{ij'}, \quad u_{i'} + v_{j'} = c_{i'j'}, \quad u_{i'} + v_j = c_{i'j}$$

根据闭回路法，非基变量 x_{ij} 的检验数为

$$\lambda_{ij} = (c_{ij} + c_{i'j'}) - (c_{ij'} + c_{i'j}) = c_{ij} - c_{ij'} + c_{i'j'} - c_{i'j}$$
$$= c_{ij} - u_i - v_{j'} + u_i + v_{j'} - u_{i'} - v_j = c_{ij} - u_i - v_j$$

位势法的具体步骤是：

第一步：针对基变量 x_{ij}，设定未知数 u_i 和 v_j，建立方程组

$$u_i + v_j = c_{ij}$$

已知运输问题的基变量有 $m+n-1$ 个，所以设定的未知数 u_i 和 v_j 的个数分别为 $m+n-1$ 个，那么方程组的个数也为 $m+n-1$ 个，解方程组即可求出 u_i 和 v_j。

第二步：将求出的 u_i 写在综合表最左一列第 i 个产地标号的左边，将求出的 v_j 写在综合表最上一行第 j 个销售地标号的上边。

第三步：利用定理 5.5 计算出所有非基变量的检验数。

第四步：将求出的检验数填到综合表中对应的非基变量 x_{ij} 所在的位置。

以最小元素法求基本解的表 5.15 为例，说明用位势法求非基变量检验数的过程。

解　在表 5.15 中，x_{13}、x_{14}、x_{21}、x_{23}、x_{32}、x_{34} 为基变量，因此有如下方程组：

$$u_1 + v_3 = c_{13} = 3$$
$$u_1 + v_4 = c_{14} = 10$$
$$u_2 + v_1 = c_{21} = 1$$
$$u_2 + v_3 = c_{23} = 2$$
$$u_3 + v_2 = c_{32} = 4$$
$$u_3 + v_4 = c_{34} = 5$$

每一个基变量都有 $u_i+v_j=c_{ij}$ 的关系式，所以求解此方程组的技巧是先令 $u_1=0$，进而很方便的求出其他的 u 值和 v 值。这样在使用位势法时，可以不必列出方程组，而直接在综合表上计算即可。

如前所述，对以上方程组，令 $u_1=0$，那么 $v_3=3$，$v_4=10$。再由 $v_3=3$，得 $u_2=-1$；由 $v_4=10$，得 $u_3=-5$。同样有 $v_2=9$，$v_1=2$。将这些值按照位势法的步骤写入表 5.15 后，得表 5.24：

表 5.24　例 5.1 的综合表

销地＼产地	2 B_1	9 B_2	3 B_3	10 B_4	产量
$0A_1$	× ⋯ 3	× ⋯ 11	④ ⋯ 3	③ ⋯ 10	7
$-1A_2$	③ ⋯ 1	× ⋯ 9	① ⋯ 2	× ⋯ 8	4
$-5A_3$	× ⋯ 7	⑥ ⋯ 4	× ⋯ 10	③ ⋯ 5	9
销量	3	6	5	6	$\Sigma=20$

再利用定理 5.5，计算出所有非基变量的检验数，并将求出的检验数填到综合表中对应的非基变量 x_{ij} 的位置，如表 5.25 所示：

表 5.25　例 5.1 的综合表

销地＼产地	2 B_1	9 B_2	3 B_3	10 B_4	产量
$0A_1$	**1** / 3	**2** / 11	④ / 3	③ / 10	7
$-1A_2$	③ / 1	**1** / 9	① / 2	**-1** / 8	4
$-5A_3$	**10** / 7	⑥ / 4	**12** / 10	③ / 5	9
销量	3	6	5	6	Σ＝20

可以看出，表 5.25 中的检验数和表 5.23 中用闭回路法求得的检验数是一样的。

5.2.3　方案的调整

　　针对目标函数是 min 型的线性规划问题，单纯形法通过检验数 $c_j - z_j$ 的非负来判断基本可行解是否已经达到最优解，而表上作业法对最优解的判断原则以及解的调整思路和单纯形法一样，不过调整方法和过程有所不同。

　　因为运输问题的目标函数是 min 型，所以表上作业法对最优解的判断原则仍然是检验数 $c_j - z_j$ 全部大于等于 0 才说明达到最优解，如果有负的检验数存在，则说明没有达到最优解，需要进行解的调整。解的调整思路仍然是先确定换入变量，再确定换出变量，但换入变量和换出变量的确定方法以及调整过程和单纯形法不同。

　　由定理 5.4 可知，非基变量和一组基变量可以组成一个唯一的闭回路，如果某个非基变量要进入基变量中，这个非基变量的取值则由原来的 0 变为大于 0 的数。在上一节的闭回路法中已经解释过，在表上作业法的综合表中，每行和每列所分配的运量之和应该是一个常数，即分别等于产地的产量和销售地的销量，因此一旦给某个非基变量分配了运量，就会引起这个闭回路中所有顶点对应的基变量的值发生变化。为了保持行和列中量的平衡，有的基变量值需要增加，而有的基变量值则需要减小，但增加的量一定要等于减小的量，所以最终能增加多少则受制于最多能减少多少，但运量最大只能减小到 0，不能出现负值。

　　基于定理 5.4 所说的闭回路，在顶点对应的基变量中，哪些基变量的值应该增加，哪些基变量的值应该减小；另外，增加的需要增加多少，减小的又需要减少多少，为了理解这些问题，下面结合图形 5.3 来进行简单的说明：

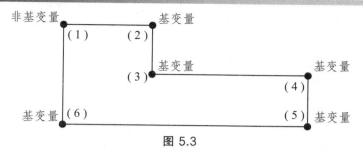

图 5.3

可以看出，若非基变量成为换入变量，其值就由 0 增加为大于 0 的正数，为了保持行中所分配的运量之和等于产地的产量，顶点（2）处基变量的值就要减小相应的量值；同时为了保持列中所分配的运量之和等于销售地的销量，顶点（6）处基变量的值就要减小相应的量值。以此类推，可以知道，顶点为奇数的（1）、（3）、（5）处所对应的基变量的值就要增加，顶点为偶数的（2）、（4）、（6）处所对应的基变量的值就要减小。另外，为了保证减小的基变量的值不能成为负数，量值就应该等于偶数顶点中基变量的最小值。

基于以上分析，下面给出表上作业法解的调整步骤：

第一步：确定换入变量。

与单纯形法一样，在所有的负检验数中，一般选取检验数最小的非基变量作为换入变量。

第二步：确定换出变量和调整量。

由定理 5.4 可知，由此时还是非基变量的换入变量和一组基变量可以组成一个唯一的闭回路，找到这个闭回路以后，以此非基变量为起点，取此闭回路中偶数顶点取值最小的基变量作为换出变量；调整量的量值即为此基变量的值。

第三步：调整方法。

（1）闭回路以外的变量取值均保持不变。

（2）针对闭回路，奇数顶点变量的值全部加上调整量，偶数顶点变量的值全部减去调整量。

第四步：标识方法。

为了保证基变量的个数为 $m+n-1$ 个，在标识上作如下处理：

（1）调整后，原来作为非基变量的换入变量就变成了基变量，所以要把这个变量的值标识成"○"。

（2）调整后，原来作为基变量的换出变量就变成了非基变量，所以要在这个变量的位置打上"×"。

第五步：继续求检验数，如果存在负的检验数，就返回第一步，否则计算停止，说明找到了最优解。

下面以求检验数过程中的表 5.25 为例，说明表上作业法的调整过程。

解　在表 5.25 中，有负的检验数存在，说明当前的基本解还不是最优解。

第一步：综合表中只有 x_{24} 的检验数为负值，所以将 x_{24} 作为换入变量。以 x_{24} 为起点的闭回路如表 5.26 所示：

表 5.26　例 5.1 的综合表

产地 ＼ 销地	2 B₁	9 B₂	3 B₃	10 B₄	产量
$0A_1$	**1** 3	**2** 11	④ 3	③ 10	7
$-1A_2$	③ 1	**1** 9	① 2	**-1** 8	4
$-5A_3$	**10** 7	⑥ 4	**12** 10	③ 5	9
销量	3	6	5	6	Σ =20

第二步：在闭回路的偶数顶点中，取值最小的 $x_{23}=1$，即 x_{23} 作为换出变量，调整量的取值为 1。

第三步：将综合表闭回路中奇数顶点的变量 x_{13}、x_{24} 的值加上调整量 1，偶数顶点的变量 x_{14}、x_{23} 的值减去调整量 1，并将 x_{24} 的标识打成"○"，将 x_{23} 的位置打成"×"，如表 5.27 所示：

表 5.27　例 5.1 的综合表

产地 ＼ 销地	3 B₁	9 B₂	3 B₃	10 B₄	产量
$0A_1$	× 3	× 11	⑤ 3	② 10	7
$-1A_2$	③ 1	× 9	× 2	① 8	4
$-5A_3$	× 7	⑥ 4	× 10	③ 5	9
销量	3	6	5	6	Σ =20

第四步：对表 5.27 用闭回路法或位势法继续求检验数，得到表 5.28：

表 5.28　例 5.1 的综合表

产地＼销地	3 B_1	9 B_2	3 B_3	10 B_4	产量
$0A_1$	**0** 3	**2** 11	⑤ 3	② 10	7
$-1A_2$	③ 1	**2** 9	**1** 2	① 8	4
$-5A_3$	**9** 7	⑥ 4	**12** 10	③ 5	9
销量	3	6	5	6	Σ =20

表 5.28 没有负检验数，说明已经找到最优解

$$(x_{13}, x_{14}, x_{21}, x_{24}, x_{32}, x_{34})=(5, 2, 3, 1, 6, 3)$$

则目标函数值 $z=3×5+10×2+1×3+8×1+4×6+5×3=85$。

特别提示

（1）定理 5.3 说明了产销平衡的运输问题必定存在最优解，那么运输问题可能存在唯一最优解，也有可能出现多重解。对于多重解的判断和单纯形法一样，若出现非基变量的检验数为 0，那么就有多重解。如综合表 5.28 中 x_{11} 的检验数为 0，说明例 5.1 的运输问题有多重解。将检验数为 0 的非基变量作为换入变量，以此作闭回路，按照调整规则找出换出变量，从而得到另一个最优解。

（2）运输问题有可能出现退化现象，对于退化现象的判断和单纯形法一样，即如果出现基变量的取值为 0，则说明运输问题有退化解。出现退化现象的原因，是为了保证运输问题有 $m+n-1$ 个基变量，有可能把取值为 0 的变量也要打上"○"，即将此变量标记为基变量。

（3）如果遇到目标函数是 max 型的特殊运输问题，用表上作业法求解时，可以令 $b_{ij}=M-c_{ij}$，其中 M 是足够大的常数，这样，目标函数就变为

$$\min \ z' = \sum_{i=1}^{m}\sum_{j=1}^{n} b_{ij}x_{ij}$$

由 M 是足够大的常数可知，$b_{ij} \geqslant 0$，所以使新目标函数达到最小的最优解即为原目标函数达到最大的最优解。

5.3 表上作业法对复杂运输问题的处理方法

在前面学到的运输问题中，产地的产量和销售地的销量都是确知的；另外，产地和销售地的角色也是固定的，即无论是产地还是销售地，要么只发出物资，要么只接收物资。但在实际的运输问题中，往往会面临多种限制或多样的要求等现象，这就需要不但要用灵活的技巧来构建运输问题的数学模型，还要灵活地运用表上作业法进行求解。

下面介绍几类常见的复杂的运输问题及相应的处理方法。

5.3.1 产销不平衡的运输问题

前面讨论的运输问题及表上作业法的求解，都是以产销平衡为前提条件，但在实际问题中，往往会遇到产销不平衡的运输问题，即产量之和与销量之和不相等的运输问题。运输问题中出现产量之和不等于销量之和的情况有两种：

（1）产量之和大于销量之和，即所谓的"供过于求"现象。

（2）产量之和小于销量之和，即所谓的"供不应求"现象。

针对这两类产销不平衡的运输问题，处理思路就是设法将其转化为产销平衡的运输问题，然后再用表上作业法进行求解。通过下面两个处理过程，可以把产销不平衡的运输问题转换为产销平衡的运输问题，然后用表上作业法求解即可。

1. 总产量大于总销量，即 $\sum_{i=1}^{m} a_i > \sum_{j=1}^{n} b_j$

当总产量大于总销量时，产销平衡的转换方法就是虚拟一个销售地 B_{n+1}，并令其销量为产量之和减去销量之和，即

$$b_{n+1} = \sum_{i=1}^{m} a_i - \sum_{j=1}^{n} b_j$$

在实际问题中，可以把虚拟的销售地 B_{n+1} 看做是存储点，如果不考虑存储费用，各个产地到虚拟销售地 B_{n+1} 的单位运费为零，否则就等于实际的单位存储费，这样就将总产量大于总销量的不平衡问题转换为产销平衡的运输问题，然后用表上作业法求解即可。

例 5.3 表 5.29 是把产量、销量及单位产品运价整合在一起的某运输问题的综合表：

表 5.29

销地 产地	B_1	B_2	B_3	B_4	产量
A_1	3	11	3	10	7
A_2	1	9	2	8	6
A_3	7	4	10	5	9
销量	3	4	5	6	22>18

通过表 5.29 可以看出，产地的总产量为 22，销售地的总销售量为 18，产销不平衡，所以产销平衡的转换方法就是虚拟一个销售点 B_{4+1}，即增加一个销售点 B_5，并令其销量 b_{4+1} 为产量之和减去销量之和，即 $b_5 = 22 - 18 = 4$。假设不考虑存储费用，则三个产地到虚拟销售点 B_5 的单位运费为零，这样就可以构造出此运输问题的综合平衡表，如表 5.30 所示：

表 5.30

销地 产地	B_1	B_2	B_3	B_4	B_5	产量
A_1	3	11	3	10	0	7
A_2	1	9	2	8	0	6
A_3	7	4	10	5	0	9
销量	3	4	5	6	4	$\Sigma = 22$

表 5.30 是运输问题的平衡表，用表上作业法求解即可。

2. 总产量小于总销量，即 $\sum\limits_{i=1}^{m} a_i < \sum\limits_{j=1}^{n} b_j$

当总产量小于总销量时，产销平衡的转换方法就是虚拟一个产地 A_{m+1}，并令其产量为销量之和减去产量之和，即

$$a_{m+1} = \sum_{j=1}^{n} b_j - \sum_{i=1}^{m} a_i$$

在实际问题中，可以把虚拟产地 A_{m+1} 的产量 a_{m+1} 看作实际的缺货量，若不考虑缺货费用，虚拟产地 A_{m+1} 到各个销售地的单位运费为零，否则就等于实际的缺货费用。如果要求某销售地不能缺货的话，那么虚拟产地 A_{m+1} 到这

个销售地的单位运费就设为一个非常大的正数 M，这就保证了虚拟产地 A_{m+1} 的虚拟产量 a_{m+1} 不能运输到该销售地。

通过以上处理，就可以将总产量小于总销量的不平衡问题转换为产销平衡的运输问题，然后用表上作业法求解即可。

例 5.4 表 5.31 是把产量、销量及单位产品运价整合在一起的某运输问题的综合表：

表 5.31

产地 ＼ 销地	B_1	B_2	B_3	B_4	产量
A_1	3	11	3	10	7
A_2	1	9	2	8	4
A_3	7	4	10	5	9
销量	6	5	8	6	20<25

通过表 5.31 可以看出，产地的总产量为 20，销售地的总销售量为 25，产销不平衡，所以产销平衡的转换方法是虚拟一个产地 A_{3+1}，即增加一个产地 A_4，并令其产量 a_{3+1} 为销量之和减去产量之和，即 $a_4 = 25 - 20 = 5$。假设不考虑缺货费用，则虚拟产地 A_4 到四个销售点的单位运费为零，这样就可以构造出此运输问题的平衡表，如表 5.32 所示：

表 5.32

产地 ＼ 销地	B_1	B_2	B_3	B_4	产量
A_1	3	11	3	10	7
A_2	1	9	2	8	4
A_3	7	4	10	5	9
A_4	0	0	0	0	5
销量	6	5	8	6	$\Sigma = 25$

表 5.32 是运输问题的平衡表，用表上作业法求解即可。

另外，再假设销售地 B_3 不能缺货，那么虚拟产地 A_4 到销售地 B_3 的单位运费就设为一个非常大的正数 M，这就保证了虚拟产地 A_4 的虚拟产量 a_4 不能运输到销售地 B_3，构造的平衡表如 5.33 所示：

表 5.33

销地 产地	B_1	B_2	B_3	B_4	产量
A_1	3	11	3	10	7
A_2	1	9	2	8	4
A_3	7	4	10	5	9
A_4	0	0	M	0	5
销量	6	5	8	6	$\Sigma = 25$

特别提示

由第 2.4 节单纯形法对线性规划模型解的判定可以知道，如果最优解中含有人工变量，则说明线性规划模型无可行解。但在运输问题中，如果最优解的基变量里含有虚拟产地或虚拟销售地的虚拟运量，则不能说此运输问题无可行解。通过上面两种不平衡运输问题的讨论也可以看出这样的结论，其实定理 5.3 已经给出了运输问题解的结论。

5.3.2　产量或销量不确定的运输问题

在实际问题中，往往会遇到产地的产量或销售地的销量是不确知的，即产量或销量在一定的范围内，如 $a_1 \leqslant a_i \leqslant a_2$ 或 $b_1 \leqslant b_j \leqslant b_2$。这类运输问题就是非确定型的运输问题，同时这种非确定型运输问题的产销也是不平衡的。

针对这种非确定型的运输问题，处理思路就是首先设法将其转化为确定型运输问题，然后再转换为产销平衡的运输问题，最后用表上作业法求解即可。这种情况下的运输问题，就要把一个产地拆成两个"产地"，其中一个产量为 a_1，另一个产量为 $a_2 - a_1$，或者是把一个销售地拆成两个"销售地"，其中一个销量为 b_1，另一个销量为 $b_2 - b_1$，单位运费参照前面所讲的内容设置，这样就把这类非确定型的运输问题化为确定型的运输问题。

下面以一个例题具体说明这类非确定型运输问题的处理方法。

例 5.5　某公司把物资从三个产地 A_1、A_2、A_3 运往四个销售地 B_1、B_2、B_3、B_4，可知 A_1 发出物资至少为 5 吨且最多为 9 吨，A_2 发出物资只能有 4 吨，A_3 发出物资至少为 8 吨；B_1、B_2、B_3、B_4 的销量分别为 3 吨、6 吨、5 吨、6 吨。从各产地到销售地的单位产品运价如表 5.34 所示，设计该公司调运尽可能多的产品但总运费最少的方案。

表 5.34 单位产品运价表

产地＼销地	B_1	B_2	B_3	B_4
A_1	3	11	3	10
A_2	1	9	2	8
A_3	7	4	10	5

解 把产量、销量和单位产品运价整合到一张表格中，如表 5.35 所示：

表 5.35

产地＼销地	B_1	B_2	B_3	B_4	产量
A_1	3	11	3	10	$5 \leq a_1 \leq 9$
A_2	1	9	2	8	$a_2 = 4$
A_3	7	4	10	5	$a_3 \geq 8$
销量	3	6	5	6	$b=20\ 17 \leq a \leq 21$

可知产地发出物资之和至少为 17 吨，销售地的总销量为 20 吨，所以产地 A_3 最多发出物资 11 吨。这样发出物资总量最多可达 24 吨，大于销售地的总销量 20 吨，属于不平衡运输问题，这就需要增加一个虚拟的销售地 B_5，销量为 $24-20=4$ 吨。

对产地 A_1、A_3 发出物资的情况分析如下：

A_1 必须发出物资 5 吨，但不能发往虚拟的销售地 B_5，所以运费 c_{15} 要设为充分大的数 M；A_1 最多发出物资 9 吨，那么剩余的 4 吨物资发出不发出均可，所以设相对应的运费为 0。这样就需要把原来的产地 A_1 拆成两个产地，一个仍然用 A_1 表示，产量为 5 吨，另外一个用 A_1^* 表示，产量为 4 吨。

同理，A_3 必须发出物资 8 吨，但不能发往虚拟的销售地 B_5，所以运费 c_{35} 就要设为充分大的数 M；因为 A_3 最多发出物资 11 吨，那么剩余的 $11-8=3$ 吨物资发出不发出均可，所以设相对应的运费为 0。这样就把原来的产地 A_3 拆成两个产地，一个仍然用 A_3 表示，产量为 8 吨，另外一个用 A_3^* 表示，产量为 3 吨。

通过上面的分析，就把这个非确定型的运输问题转化成了确定型运输问题，同时也达到了产销平衡状态，现在可以生成平衡表 5.36：

表 5.36   平衡表

产地＼销地	B_1	B_2	B_3	B_4	B_5	产量
A_1	3	11	3	10	M	5
A_1^*	3	11	3	10	0	4
A_2	1	9	2	8	M	4
A_3	7	4	10	5	M	8
A_3^*	7	4	10	5	0	3
销量	3	6	5	6	4	$\Sigma =24$

针对表 5.36，用表上作业法即可求出调运物资的最少运费方案（求解过程省略）。

特别提示

对于销售量不确定或产量和销售量都不确定的运输问题的处理，可参照上例运输问题的处理方法即可。

5.3.3   有转运点的运输问题

在运输的实际过程中，往往会遇到有些物资不能由产地直接送达销售地，即物资需要通过转运点进行中转运输，因为转运点既不是只发出物资的产地，也不是只接收物资的销售地，所以这类运输问题也可以说是非确定型的运输问题。

针对这种非确定型运输问题，鉴于转运点既有产地的功能又有销售地的功能，所以处理思路就是首先把转运点拆分为只发出物资的产地和只接收物资的销售地，从而转化为确定型运输问题，然后再转换为产销平衡的运输问题，最后用表上作业法求解即可。

在这类非确定型的运输问题中，转运点可能出现两种情况：一种情况是转运点本身不需要物资，只进行物资转运，即转运点不截留接收的物资；另一种情况就是转运点本身需要物资，即转运点不但进行物资转运，也需要截留一部分接收的物资。

下面分别按照这两种情况进行分析和讨论。

1. 转运点不截留物资

转运点不截留接收的物资，说明该转运点接收多少物资就发出多少，在这种情况下，就要把转运点拆成一个产地和一个销售地。下面以一个例题来说明具体的处理方法。

例 5.6 某公司有三个产地 A_1、A_2、A_3，产量分别为 7 吨、4 吨、9 吨，有四个销售地 B_1、B_2、B_3、B_4，销售量分别为 3 吨、6 吨、5 吨、6 吨，同时还有一个转运地 F。

运输过程要求如下：

产地 A_1 只能通过转运地 F 把物资转运出去；产地 A_2 既可以直接把物资运到销售地，也可以通过转运地 F 把物资运到销售地；产地 A_3 只能直接把物资运到销售地而不通过转运地 F。另外，转运地 F 只能把物资发送到销售地 B_2 和 B_4。

运输过程中的单位产品运价如下：

产地 A_1 和转运地 F 之间的运价为 3、产地 A_2 和转运地 F 之间的运价为 6、转运地 F 和销售地 B_2 之间的运价为 8、转运地 F 和销售地 B_4 之间的运价为 4。另外，产地 A_2 和 A_3 到各个销售地的运价如表 5.37 所示：

表 5.37 产地 A_2 和 A_3 到各个销售地的单位产品运价表

销地\产地	B_1	B_2	B_3	B_4
A_2	1	9	2	8
A_3	7	4	10	5

设计该公司调运尽可能多的产品但总运费最少的方案。

解 转运地 F 既是产地又是销售地，所以此运输问题可看作是有 4 个产地和 5 个销售地的扩大的运输问题。

产地 A_1 只能通过转运地 F 把物资转运出去，所以转运地 F 接收的物资至少为产地 A_1 的产量 7 吨；产地 A_2 也可以通过转运地 F 把物资运送到销售地，那么转运地 F 接收的物资最多为产地 A_1 和 A_2 的产量之和，即 11 吨，所以转运地 F 的总接收量就介于 7 吨和 11 吨之间。因为转运地 F 不需要物资，所以转运地 F 的发出量也介于 7 吨和 11 吨之间。这样就需要按照运量不确定的思路把转运地 F 拆分为两个：一个是必须接收产地 A_1 的物资，用 F_1 表示，产量为 7 吨；另一个是接收产地 A_2 的物资，用 F_2 表示，产量为 4 吨。这样拆分后，该运输问题的产地和销售地就分别变成了 5 个和 6 个。

因为产地 A_1 只能通过转运地 F_1 把物资转运出去，产地 A_2 和产地 A_3 则不能通过转运地 F_1，所以它们到转运地 F_1 的运价就设为充分大的数 M；同理，产地 A_1 和产地 A_3 不能通过转运地 F_2，所以它们到转运地 F_2 的运价也设为充分大的数 M。

从销售地接收的角度来看，销售地 B_1、B_2、B_3、B_4 的销量为 3 吨、6 吨、5 吨、6 吨，F_1 和 F_2 的接收量分别为 7 吨和 4 吨，所以总的销量应该为 31 吨；从产地发出的角度来看，总的发出量也为 31 吨，达到供销平衡。

通过上面的分析，就把这个非确定型的运输问题转化成了确定型运输问题，同时也达到了产销平衡状态，现在可以生成平衡表，如表 5.38 所示。针对表 5.38，用表上作业法即可求出调运尽可能多的产品但总运费最少的运费方案（求解过程省略）。

表 5.38 平衡表

产地＼销地	B_1	B_2	B_3	B_4	F_1	F_2	产量
A_1	M	M	M	M	3	M	7
A_2	1	9	2	8	M	6	4
A_3	7	4	10	5	M	M	9
F_1	M	8	M	4	M	M	7
F_2	M	8	M	4	M	M	4
销量	3	6	5	6	7	4	$\Sigma=31$

2. 转运点截留物资

转运点截留接收的物资，即说明该转运点把接收的一部分物资不转发出去，所以在这种情况下，首先要把转运点变换为一个销售地和一个转运地，然后再把变换后的新转运地拆成一个产地和一个销售地。

下面基于前面的例 5.5 给出一个例题来说明具体的处理方法。

例 5.7 某公司有三个产地 A_1、A_2、A_3，产量分别为 7 吨、6 吨、10 吨，有四个销售地 B_1、B_2、B_3、B_4，销售量分别为 3 吨、6 吨、5 吨、6 吨，同时还有一个转运地 F，其中转运地 F 需要 3 吨物资。

运输过程要求如下：

产地 A_1 只能通过转运地 F 把物资转运出去；产地 A_2 既可以直接把物资运到销售地，也可以通过转运地 F 把物资运到销售地；产地 A_3 直接把物资运到销售地而不通过转运地 F。另外，转运地 F 只能把物资发送到销售地 B_2 和 B_4。

运输过程中的单位产品运价如下：

产地 A_1 和转运地 F 之间的运价为 3、产地 A_2 和转运地 F 之间的运价为 6、转运地 F 和销售地 B_2 之间的运价为 8、转运地 F 和销售地 B_4 之间的运价为 4。另外，产地 A_2 和 A_3 到各个销售地的运价如表 5.39 所示：

表 5.39 产地 A_2 和 A_3 到各个销售地的单位产品运价表

销地 产地	B_1	B_2	B_3	B_4
A_2	1	9	2	8
A_3	7	4	10	5

设计该公司调运尽可能多的产品但总运费最少的方案。

解 此例题和例 5.5 的主要不同是转运地 F 需要 3 吨物资，所以在这种情况下，首先要把转运地 F 变换为一个只需要物资的销售地，用 $F*$ 表示，需求量为 3 吨；另外一个是只进行转运的转运地，仍然用 F 表示。然后再按照例 5.5 的思路，把只进行转运的 F 拆成一个产地和一个销售地，即一个是必须接收产地 A_1 的物资，用 F_1 表示，另一个是接收产地 A_2 的物资，用 F_2 表示。

这样拆分后，运输问题的产地和销售地就分别变成了 5 个和 7 个，其余的处理思路和例 5.5 一样。不同的是，为了满足转运地 F 截留 3 吨物资的需求，F_1 和 F_2 到 $F*$ 的运价设为 0，即所谓有 3 吨物资从本地运到本地。生成的平衡表如表 5.40 所示。针对表 5.40，用表上作业法即可求出调运尽可能多的产品但总运费最少的运费方案（求解过程省略）。

表 5.40 平衡表

销地 产地	B_1	B_2	B_3	B_4	$F*$	F_1	F_2	产量
A_1	M	M	M	M	3	3	M	7
A_2	1	9	2	8	6	M	6	6
A_3	7	4	10	5	M	M	M	10
F_1	M	8	M	4	0	M	M	7
F_2	M	8	M	4	0	M	M	6
销量	3	6	5	6	3	7	6	Σ =34

特别提示

本节给出的两个例题，其产量和销售量都是相等的，即初始条件已满足供销平衡，但在实际问题中，初始条件可能就不满足供销平衡，此时需要结合第 5.3.1 节产销不平衡运输问题的思路一起进行处理。另外，在实际问题中，运输过程可能比上面两个例题还要复杂，这需要进行灵活处理和深入分析。

5.3.4　产品多样性的运输问题

前面接触到的运输问题都是单一品种的物资问题，即产地发出的和销售地接收的都是品种单一的物资，但在实际问题中，产地的物资可能不止一类，销售地接收的物资也可能不止一种，这就产生了产品多样性的运输问题。

下面以一个例题来了解产品多样性的运输问题以及具体的处理方法。

例 5.8　某公司有加工厂 A_1、A_2、A_3，其中 A_1 生产 Ⅰ 、Ⅱ 两种产品，产量分别为 6 吨和 5 吨；A_2 生产 Ⅰ 产品，产量为 8 吨；A_3 生产 Ⅱ 、Ⅲ 两种产品，产量分别为 4 吨和 12 吨。有销售地 B_1、B_2、B_3，其中 B_1 需要 Ⅰ 、Ⅱ 两种产品，销量分别为 6 吨和 5 吨；B_2 只需要 Ⅱ 产品，销量为 4 吨；B_3 需要 Ⅰ 、Ⅲ 两种产品，销量分别为 8 吨和 12 吨。工厂到销售地的单位产品运价如表 5.41 所示，设计该公司调运尽可能多的产品但总运费最少的方案。

表 5.41　单位产品运价表

产 地 \ 销地	B_1	B_2	B_3
A_1	2	9	10
A_2	1	3	4
A_3	8	4	2

解　产地总产品数量为 35 吨，销售地总需求量也为 35 吨，在产品总量上是供销平衡的；同时产品 Ⅰ 、Ⅱ 、Ⅲ 的产量和销量也分别相等，即每种单一产品也是供销平衡的。

在思路上要把产品种类有两种的进行产地和销地拆分。针对 A_1 生产 Ⅰ 和 Ⅱ 两种产品，用 A_1 表示生产 Ⅰ 产品，用 A_1^* 表示生产 Ⅱ 产品；针对 A_3 生产 Ⅱ 和 Ⅲ 两种产品，用 A_3 表示生产 Ⅱ 产品，用 A_3^* 表示生产 Ⅲ 产品。

同理，针对销售地也做类似处理，用 B_1 表示需要 Ⅰ 产品，用 B_1^* 表示需要 Ⅱ 产品；用 B_3 表示需要 Ⅰ 产品，用 B_3^* 表示需要 Ⅲ 产品。

对不需求某类产品的运价设为充分大的数 M，最后的综合平衡表如表 5.42 所示。针对表 5.42，用表上作业法即可求出总运费最少的运费方案（求解过程省略）。

表 5.42 平衡表

产地\销地	B_1	B_1^*	B_2	B_3	B_3^*	产量
A_1	2	M	M	10	M	6
A_1^*	M	2	9	M	M	5
A_2	1	M	M	4	M	8
A_3	M	8	4	M	M	4
A_3^*	M	M	M	M	2	12
销量	6	5	4	8	12	$\Sigma = 35$

此例题在产品总量上是供销平衡的,单一产品的分量上也是供销平衡的。

针对出现总量或单一产品分量供销不平衡,需要结合第 5.3.1 节产销不平衡运输问题的思路一起进行处理。如将上例中销售地 B_2 对 II 产品的销量改为 7 吨,II 产品的产销就变成不平衡,即缺少 II 产品 3 吨,所以需要构造虚产地生产 II 产品,虚产地和只需要 II 产品的销售地之间的运价为 0,其余分析和上例一样。综合平衡表如表 5.43 所示:

表 5.43 平衡表

产地\销地	B_1	B_1^*	B_2	B_3	B_3^*	产量
A_1	2	M	M	10	M	6
A_1^*	M	2	9	M	M	5
A_2	1	M	M	4	M	8
A_3	M	8	4	M	M	4
A_3^*	M	M	M	M	2	12
虚产地	M	0	0	M	M	3
销量	6	5	7	8	12	$\Sigma = 38$

针对表 5.43,用表上作业法即可求出总运费最少的运费方案(求解过程省略)。

特别提示

上面只是针对复杂运输问题中的产销不平衡问题、产量销量不确定问题、有转运点问题和产品多样性问题进行了分类阐述,但在现实的运输问题中,会出现多种复杂问题复合在一起的现象,这就需要具体深入地分析,最终构造出满足产销平衡的确定型运输问题,最后用表上作业法求解。

本章小结

本章首先介绍了运输问题及其线性规划模型，在此基础上，给出了基于产销平衡条件的运输问题求解的表上作业法。在表上作业法中，详细介绍了求初始基本可行解的西北角法、最小元素法和差值法，求检验数的闭回路法和位势法以及方案调整的过程。另外，面对实际运输过程中的复杂现象，分别介绍了产销不平衡、产量或销量不确定、有转运点及产品多样性的运输问题，同时也介绍了如何把这些复杂运输问题转换为供销平衡的确定型运输问题的思路和处理的方法。

本章要点

运输问题线性规划模型的特点；平衡表的构建。

本章重点

相关的定义、定理；表上作业法的求解思路和步骤。

本章难点

对复杂运输问题平衡表的构建以及用表上作业法求解。

本章术语

产销平衡；产销不平衡；平衡表；运输问题；闭回路；西北角法；最小元素法；差值法；闭回路法；位势法；产销不平衡的运输问题；确定型运输问题；不确定型运输问题；产量或销量不确定的运输问题；有转运点的运输问题；产品多样性的运输问题。

习　　题

1. 有一运输问题，运价及产销量如表 5.44 所示：

表 5.44　综合表

销地\产地	B_1	B_2	B_3	B_4	产量
A_1	3	7	6	4	5
A_2	2	4	3	2	2
A_3	4	3	8	5	3
销量	3	3	2	2	$\Sigma = 10$

请分别用西北角法、最小元素法、差值法求此运输问题的可行解及目标函数值，并对三种方法进行比较。

2. 将上题中用差值法求出的可行解作为初始的基本可行解，分别用闭回路法和位势法计算检验数，并分别求出最优解。

3. 分别求下列运输问题（见表 5.45，5.46）的最优解。

（1）

表 5.45　综合表

销地 产地	B_1	B_2	B_3	产量
A_1	2	11	4	6
A_2	4	9	3	5
A_3	6	4	10	9
销量	4	7	5	20>16

（2）

表 5.46　综合表

销地 产地	B_1	B_2	B_3	产量
A_1	3	8	4	8
A_2	7	9	3	4
销量	5	4	6	12<15

4. 某电子公司有 A、B、C 三个加工厂生产电子产品，同时有甲、乙两个供应商向其提供原材料，甲提供原材料 600 t，单价为 400 元/t，乙提供原材料 700 t，单价为 350 元/t，每吨运费如表 5.47 所示：

表 5.47　运费表

加工厂 供应商	A	B	C
甲	80	100	70
乙	50	60	100

加工厂的仓库容量及加工费如表 5.48 所示：

表 5.48　仓库容量及加工费表

加工厂 容量及加工费	A	B	C
容量(t)	450	500	450
加工费(元/t)	500	400	400

公司出售该电子产品的价格为 500 元/t，请设计该公司最优的生产组织方案。

5. 有一运输问题，运价及产销量如表 5.49 所示：

表 5.49　综合表

产地 \ 销地	B_1	B_2	B_3	产量
A_1	1	2	2	20
A_2	1	4	5	40
A_3	2	3	3	30
销量	30	20	20	90>70

当某个产地的货物没有运出时，将要发生储存费用，其中三个产地 A_1、A_2、A_3 的单位存储费用分别为 5 元、4 元、3 元。要求产地 A_2 的物资至少运出 38 个单位，产地 A_3 的物资至少运出 27 个单位，试求此运输问题费用最小的解决方案。

6. 某蛋糕店制作一种塔式生日蛋糕，客户三天的需求量分别为 20,10,30，蛋糕店三天的生产能力分别为 30,15,25。蛋糕的单位生产成本在三天内是一样的，如果蛋糕当天不能发送，需要进行保鲜处理，一个蛋糕存储一天的成本为 5 个货币单位，存储两天的成本为 6 个货币单位，又要求第一天至少生产 20 个蛋糕，试求满足客户需求的蛋糕生产方案。

7. 有一运输问题，运价及产销量如表 5.50 所示：

表 5.50　综合表

产地 \ 销地	B_1	B_2	B_3	产量
A_1	4	6	5	10
A_2	3	7	8	20
销量	10	10	10	$\Sigma=30$

已知两个产地和三个销售地都有中转的能力，各点之间的转运费分别是：A_1A_2 之间为 1、B_1B_2 之间为 2、B_1B_3 之间为 1、B_2B_3 之间为 3，请确定总运费最少的运输方案。

另外，假设 B_3 没有中转的能力，并且 B_3 只需要 5 个单位，那么总运费最少的运输方案又如何？

第 6 章　指派问题

在现实生活中，经常会遇到需要完成 n 项任务、恰好有 n 个人承担这些任务的问题，然而由于每人的专长不同，每人完成任务所花的时间不同，所以总的效率也不尽相同，于是产生了应该指派哪个人去完成哪项任务，从而使完成 n 项任务的总效率最高，或所花的总时间最小的问题。这类问题称为**指派问题**（Assignment problem）。

本章首先介绍指派问题，然后介绍指派问题的线性规划模型及特点，并在此基础上，介绍指派问题的求解方法——匈牙利法。

6.1　指派问题的线性规划模型及特点

1. 指派问题的线性规划模型描述

为了更好地了解指派问题及其模型结构，先给出以下的引例。

例 6.1　有装载货物的 4 辆待卸车，需要分派给 4 个装卸班组，每个班组只能卸 1 辆待卸车，同时每个待卸车只能由 1 个班组卸。由于技术专长不同，各个班组卸不同车辆所需要的时间如表 6.1 所示。那么应该如何分配卸车任务，才使卸车所花费的总时间最小？

表 6.1　卸车时间表（小时）

待卸车 班组	P_1	P_2	P_3	P_4
A_1	4	3	4	1
A_2	2	3	6	5
A_3	4	3	5	4
A_4	3	2	6	5

解　设决策变量 x_{ij} 表示第 i 班组卸第 j 辆车，当 $x_{ij}=1$ 时，表示第 i 个班组卸第 j 辆车；当 $x_{ij}=0$ 时，表示第 i 个班组不卸第 j 辆车。由卸车所需要的时间

列出目标函数，再根据 4 个装卸班组和 4 辆待卸车分别列出相对应的约束条件方程，那么卸车所花费总时间最小的线性规划模型为

$$\min\ z = 4x_{11} + 3x_{12} + 4x_{13} + x_{14} + 2x_{21} + 3x_{22} + 6x_{23} + 5x_{24} +$$
$$4x_{31} + 3x_{32} + 5x_{33} + 4x_{34} + 3x_{41} + 2x_{42} + 6x_{43} + 5x_{44}$$

$$\text{s.t.}\begin{cases} \sum_{i=1}^{4} x_{ij} = 1 & \text{（每辆车只能由一个班组卸）} \\ \sum_{j=1}^{4} x_{ij} = 1 & \text{（每个班组只能卸一辆车）} \\ x_{ij} = 0\text{或}1; \\ i = 1,2,3,4;\ j = 1,2,3,4 \end{cases} \quad （6.1）$$

基于上例可以建立此类问题的通用描述：

有 n 项任务需要分派给 n 个工作人员去完成，每个工作人员只能完成 1 项任务，同时每项任务只能由 1 个工作人员完成。每个工作人员完成不同任务所需要的时间如表 6.2 所示，应该如何分配才使完成任务所花费的总时间最小？

表 6.2　时间表

任务 工作人员	P_1	P_2	$\cdots$	P_n
A_1	c_{11}	c_{12}	$\cdots$	c_{1n}
A_2	c_{21}	c_{22}	$\cdots$	c_{2n}
$\vdots$	$\vdots$	$\vdots$		$\vdots$
A_n	c_{n1}	c_{n2}	$\cdots$	c_{nn}

解　设决策变量 x_{ij} 表示第 i 个工作人员完成第 j 个任务，则 x_{ij} 的取值为

$$x_{ij} = \begin{cases} 1, & \text{当第 } i \text{ 个工作人员做第 } j \text{ 项任务时} \\ 0, & \text{当第 } i \text{ 个工作人员不做第 } j \text{ 项任务时} \end{cases}$$

基于问题可知：花费的总时间等于每个工作人员完成每项任务的时间之和，即有

$$\min\ z = \sum_{i=1}^{n} \sum_{j=1}^{n} c_{ij} x_{ij}$$

每个工作人员只能完成 1 项任务，即有 $\sum_{j=1}^{n} x_{ij} = 1,\ i = 1,2,\cdots,n$ ；

每项任务由 1 个工作人员完成，即有 $\sum_{i=1}^{n} x_{ij} = 1, \ j = 1,2,\cdots,n$。

这样就可以把上面问题的线性规划模型归纳如下：

$$\min \ z = \sum_{i=1}^{n} \sum_{j=1}^{n} c_{ij} x_{ij}$$

$$\text{s.t.} \begin{cases} \sum_{i=1}^{n} x_{ij} = 1 \\ \sum_{j=1}^{n} x_{ij} = 1 \\ x_{ij} = 0 \text{或} 1; \\ i = 1,2\cdots,n; j = 1,2\cdots,n \end{cases} \quad (6.2)$$

式（6.2）就是指派问题线性规划模型的通用形式。除了经常遇到 n 个人完成 n 个任务之外，在其他的活动中也会遇到诸如此类的问题。把具有模型（6.2）的形式和特点的线性规划问题称为**指派问题**。

一般地，指派问题的目标函数是 min 型，工作人员数和任务数是相等的，把符合这类特点的指派问题称为**标准指派问题**，否则称为**非标准指派问题**。至于出现目标函数是 max 型或工作人员数和任务数不相等的非标准指派问题将在第 6.3 节中讲到。

2. 指派问题线性规划模型的特点

通过观察指派问题的线性规划模型，发现其具有如下特点：

（1）所有的约束条件方程（不包括决策变量的取值约束）都是等于 1 的等式。

（2）决策变量的取值只能是 0 或 1。

（3）它包含 n^2 个决策变量。

（4）模型有 $2n$ 个约束条件方程。

（5）前 n 个方程说明 i 个人完成 j 个任务。

（6）后 n 个方程说明 j 个任务由 i 个人完成。

（7）从模型的结构来看，指派问题是运输问题的特例；从决策变量的取值来看，它是线性规划中的 0-1 规划问题。

指派问题既然是运输问题的特殊形式，那么就可以用运输问题的表上作业法求解，但是用此方法会产生严重的退化问题。指派问题也是线性规划中的 0-1 规划问题，可以用第 7 章讲到的整数规划或 0-1 规划的解法求解，但这样求解如同用单纯形法求解运输问题一样。因此，基于指派问题的特点，下面介绍另外一种可行、简便的方法，即下一节将要介绍的指派问题的求解方法——匈牙利法。

6.2　指派问题的求解方法——匈牙利法

库恩（W. W. Kuhn）于 1955 年引用了匈牙利数学家康尼格（D. Konig）的一个关于矩阵中 0 元素的定理，从而提出了指派问题的解法，这个解法称为**匈牙利法**。虽然后来这种方法不断改进，但这个名称一直沿用至今。

在学习匈牙利法之前，先给出相关分析及有关的定理。

相关分析　对指派问题的求解就是基于完成任务的时间表，按照总时间花费最小的目标进行任务分配。而指派问题目标函数的系数恰恰是完成任务的时间表的值，所以可以把完成任务的时间表的值构造成一个矩阵，把这个矩阵称为**系数矩阵**。

现在基于表 6.2（完成任务时间表中的值），构造如下的系数矩阵 C：

$$C = \begin{bmatrix} c_{11} & c_{12} & \cdots & c_{1n} \\ c_{21} & c_{22} & \cdots & c_{2n} \\ \vdots & \vdots & & \vdots \\ c_{n1} & c_{n2} & \cdots & c_{nn} \end{bmatrix}$$

而对指派问题的求解，可以转换为针对系数矩阵 C 找出 n 个取值为 1 的决策变量。

定理 6.1　如果对系数矩阵 C 中任意行或列的各元素 c_{ij} 分别加上或减去一个数，会得到一个新矩阵 B。设新矩阵 B 中的元素为 b_{ij}，则基于新矩阵 B 中的系数 b_{ij} 为指派问题的最优解，且和原问题的最优解相同。

证明　指派问题的目标函数为

$$\min \ z = CX = \sum_{i=1}^{n} \sum_{j=1}^{n} c_{ij} x_{ij}$$

设系数矩阵 C 为

$$C = \begin{bmatrix} c_{11} & c_{12} & \cdots & c_{1n} \\ c_{21} & c_{22} & \cdots & c_{2n} \\ \vdots & \vdots & & \vdots \\ c_{k1} & c_{k2} & \cdots & c_{kn} \\ \vdots & \vdots & & \vdots \\ c_{n1} & c_{n2} & \cdots & c_{nn} \end{bmatrix}$$

把系数矩阵 C 中第 k 行的每个元素都加上一个常数 d，则系数矩阵 C 变为

$$B = \begin{bmatrix} c_{11} & c_{12} & \cdots & c_{1n} \\ c_{21} & c_{22} & \cdots & c_{2n} \\ \vdots & \vdots & & \vdots \\ c_{k1}+d & c_{k2}+d & \cdots & c_{kn}+d \\ \vdots & \vdots & & \vdots \\ c_{n1} & c_{n2} & \cdots & c_{nn} \end{bmatrix}$$

$$= \begin{bmatrix} c_{11} & c_{12} & \cdots & c_{1n} \\ c_{21} & c_{22} & \cdots & c_{2n} \\ \vdots & \vdots & & \vdots \\ c_{k1} & c_{k2} & \cdots & c_{kn} \\ \vdots & \vdots & & \vdots \\ c_{n1} & c_{n2} & \cdots & c_{nn} \end{bmatrix} + \begin{bmatrix} 0 & 0 & \cdots & 0 \\ 0 & 0 & \cdots & 0 \\ \vdots & \vdots & & \vdots \\ d & d & \cdots & d \\ \vdots & \vdots & & \vdots \\ 0 & 0 & \cdots & 0 \end{bmatrix} = C + \begin{bmatrix} 0 & 0 & \cdots & 0 \\ 0 & 0 & \cdots & 0 \\ \vdots & \vdots & & \vdots \\ d & d & \cdots & d \\ \vdots & \vdots & & \vdots \\ 0 & 0 & \cdots & 0 \end{bmatrix}$$

那么基于新矩阵 B 的指派问题的目标函数就变为

$$\min \ z' = BX = CX + \begin{bmatrix} 0 & 0 & \cdots & 0 \\ 0 & 0 & \cdots & 0 \\ \vdots & \vdots & & \vdots \\ d & d & \cdots & d \\ \vdots & \vdots & & \vdots \\ 0 & 0 & \cdots & 0 \end{bmatrix} X = z + d\sum_{i=1}^{n} x_{ik}$$

又由约束条件方程可知 $\sum_{i=1}^{n} x_{ik} = 1$，所以

$$z' = z + d$$

这就是说，新目标函数 z' 与原来的目标函数 z 仅相差一个常数 d，所以基于新矩阵 B 的系数 b_{ij} 为指派问题的最优解，且和原问题的最优解相同。

同样，系数矩阵 C 中任一列的每个元素都减去一个常数 d 以后，也会与前面的结论一样。

根据上面的定理，如果把指派问题系数矩阵的一行或一列的各元素分别减去该行或该列的最小元素，就可以使系数矩阵的每一行和每一列中至少出现一个 0 元素，把这个变化后的矩阵称为**等效矩阵**。

基于以上的相关分析和定理，为了更好地掌握匈牙利法，下面结合具体的示例计算，给出匈牙利法的主要步骤：

第一步：将指派问题给出的时间表构造成系数矩阵 C。

针对例 6.1 的表 6.1，构造如下系数矩阵 C：

$$C = \begin{bmatrix} 4 & 3 & 4 & 1 \\ 2 & 3 & 6 & 5 \\ 4 & 3 & 5 & 4 \\ 3 & 2 & 6 & 5 \end{bmatrix}$$

第二步：针对系数矩阵建立等效矩阵 B，使各行各列都出现 0 元素。方法如下：

（1）把系数矩阵的每行元素减去该行的最小元素。

（2）再把所得矩阵的每列元素减去该列的最小元素。

若某行或某列已有 0 元素，就不必再处理。

针对上一步的系数矩阵 C，可构造等效矩阵 B，过程如下：

$$C = \begin{bmatrix} 4 & 3 & 4 & 1 \\ 2 & 3 & 6 & 5 \\ 4 & 3 & 5 & 4 \\ 3 & 2 & 6 & 5 \end{bmatrix} \begin{matrix} -1 \\ -2 \\ -3 \\ -2 \end{matrix} \rightarrow \begin{bmatrix} 3 & 2 & 3 & 0 \\ 0 & 1 & 4 & 3 \\ 1 & 0 & 2 & 1 \\ 1 & 0 & 4 & 3 \end{bmatrix} \rightarrow B = \begin{bmatrix} 3 & 2 & 1 & 0 \\ 0 & 1 & 2 & 3 \\ 1 & 0 & 0 & 1 \\ 1 & 0 & 2 & 3 \end{bmatrix}$$

$$-2$$

第三步：针对等效矩阵 B 进行初始分配。经过变换后的等效矩阵 B，每行每列都已有了 0 元素，此时需要找出 n 个位于不同行不同列的独立的 0 元素，即试指派以寻求最优解。若能找出，可将这些独立的 0 元素所对应的变量取值为 1，其余变量的取值为 0，进而得到指派问题的最优解。当 n 较小时，用观察法、试探法可以找出 n 个独立的 0 元素，但当 n 较大时，就必须按照一定的方法来寻找 n 个独立的 0 元素。方法如下：

（1）行检验。从只有一个 0 元素的行开始，给这个 0 元素加上"（ ）"，标记为（0），这表示该行所代表的人有了一个任务的指派；然后划去（0）所在列的其他 0 元素，这表示该列所对应的任务已指派给当前行所对应的人，故不能再指派给其他人。如果遇到有两个以上 0 元素的行，暂不处理。

（2）列检验。原理和行检验一样，给只有一个 0 元素的列中的 0 元素加上"（ ）"，标记为（0），然后划去（0）所在行的其他 0 元素。如果遇到有两个以上 0 元素的列，暂不处理。

（3）再对两个以上 0 元素的行和列进行标记，即任意取一个 0 元素并加上"（ ）"，然后再按照（1）和（2）的思路进行处理。

（4）如果（0）的个数已经达到 n 个，则说明得到了最优解，计算停止，否则转第四步。

针对上一步的等效矩阵 B，进行行检验和列检验，如下所示：

$$\begin{bmatrix} 3 & 2 & 1 & (0) \\ (0) & 1 & 2 & 3 \\ 1 & \not{0} & 0 & 1 \\ 1 & (0) & 2 & 3 \end{bmatrix} \rightarrow \begin{bmatrix} 3 & 2 & 1 & (0) \\ (0) & 1 & 2 & 3 \\ 1 & \not{0} & (0) & 1 \\ 1 & (0) & 2 & 3 \end{bmatrix}$$

行检验　　　　　　　　　列检验

行列检验后，（0）的个数已经达到了 4 个，说明得到了最优解。把这些独立的（0）元素所对应的变量取值为 1，其余的变量取值为 0，可得到最优解的矩阵：

$$X = \begin{bmatrix} 0 & 0 & 0 & 1 \\ 1 & 0 & 0 & 0 \\ 0 & 0 & 1 & 0 \\ 0 & 1 & 0 & 0 \end{bmatrix}$$

最优的目标函数值 $z=c_{14}+c_{21}+c_{33}+c_{42}=1+2+5+2=10$。

上面的例题经过以上三个步骤求出了最优解，但有的系数矩阵经过以上三个步骤后仍然不能求出最优解，如系数矩阵 C 及其等效矩阵 B：

$$C = \begin{bmatrix} 9 & 8 & 6 & 7 \\ 4 & 7 & 6 & 6 \\ 4 & 3 & 5 & 4 \\ 1 & 2 & 3 & 4 \end{bmatrix} \begin{matrix} -6 \\ -4 \\ -3 \\ -1 \end{matrix} \rightarrow \begin{bmatrix} 3 & 2 & 0 & 1 \\ 0 & 3 & 2 & 2 \\ 1 & 0 & 2 & 1 \\ 0 & 1 & 2 & 3 \end{bmatrix} \rightarrow B = \begin{bmatrix} 3 & 2 & 0 & 0 \\ 0 & 3 & 2 & 1 \\ 1 & 0 & 2 & 0 \\ 0 & 1 & 2 & 2 \end{bmatrix}$$

$$-1$$

对上面的等效矩阵进行行列检验后，结果如下：

$$\begin{bmatrix} 3 & 2 & (0) & \not{0} \\ (0) & 3 & 2 & 1 \\ 1 & (0) & 2 & \not{0} \\ \not{0} & 1 & 2 & 2 \end{bmatrix}$$

在行列检验的初始分配后，位于不同行不同列的 0 元素只有三个，即独立的（0）元素只有三个，而此指派问题 $n=4$，所以未能求出最优解，需要转入第四步进行求解。

第四步：作最少的直线以覆盖所有的 0 元素，并确定在等效矩阵 B 中能找到最多的独立元素。这可按下列步骤进行：

（1）找出所有没有（0）的行，然后在矩阵右侧对应的行位置标记△。

（2）找出已经标记△的行中所有含 0 元素所对应的列，然后在该列矩阵的下边标记△。

（3）找出标记△的列中含（0）的行，然后在该行矩阵的右侧再标记△。

（4）重复（2）、（3）步，直到找不出可以打△号的行或列为止。

（5）对没有打△的行画一横线，对打△的列画一纵线，可得到覆盖所有0元素的最少的直线数。

针对上一步的矩阵，作最少的直线覆盖所有的0元素，结果如下：

$$
\begin{bmatrix}
3 & 2 & (0) & 0 \\
(0) & 3 & 2 & 1 \\
1 & (0) & 2 & 0 \\
0 & 1 & 2 & 2
\end{bmatrix}
$$

第五步：对上面矩阵进行变换的目的是增加0元素，为此在没有被直线覆盖的元素中再找出最小元素，然后按下列步骤进行：

（1）在打△的行中，将非0的各元素减去这一最小元素。

（2）在打△的列中，将非0的各元素加上这个最小元素。

以上处理的目的就是保证原来的0元素不变，进而又得到另外一个新矩阵，基于它的最优解与原问题仍然相同。

针对上一步的矩阵，没有被直线覆盖的元素中最小元素为 1，处理结果如下所示：

$$
\begin{bmatrix}
3 & 2 & (0) & 0 \\
(0) & 3 & 2 & 1 \\
1 & (0) & 2 & 0 \\
0 & 1 & 2 & 2
\end{bmatrix}
\rightarrow
\begin{bmatrix}
4 & 2 & 0 & 0 \\
0 & 2 & 1 & 0 \\
2 & 0 & 2 & 0 \\
0 & 0 & 1 & 1
\end{bmatrix}
$$

第六步：返回第三步，继续求解，直到找到位于不同行不同列的 n 个（0）元素后，即得到了最优解，计算停止。

针对上一步的矩阵，继续求解，处理结果如下所示：

$$
\begin{bmatrix}
4 & 2 & (0) & 0 \\
(0) & 2 & 1 & 0 \\
2 & 0 & 2 & (0) \\
0 & (0) & 1 & 1
\end{bmatrix}
$$

矩阵中（0）的个数已经达到了 4 个，说明得到了最优解，把这些独立的（0）元素所对应的变量取值为1，其余变量的取值为0，则最优解的矩阵如下：

$$X = \begin{bmatrix} 0 & 0 & 1 & 0 \\ 1 & 0 & 0 & 0 \\ 0 & 0 & 0 & 1 \\ 0 & 1 & 0 & 0 \end{bmatrix}$$

最优的目标函数值 $z=c_{13}+c_{21}+c_{34}+c_{42}=6+4+4+2=16$。

6.3 非标准指派问题的处理方法

前面学的匈牙利法，是基于标准指派问题，即指派问题的目标函数是 min 型，工作人员数和任务数相等，本节将分别介绍目标函数是 max 型以及工作人员数和任务数不相等的非标准指派问题的求解方法。

6.3.1 目标函数求最大值的非标准指派问题

对于目标函数为最大值的非标准指派问题，其目标函数为

$$\max \quad z = \sum_{i=1}^{n}\sum_{j=1}^{n} c_{ij}x_{ij}$$

此时不能采用通常的方法把目标函数转换为 min 型的方式进行处理，因为匈牙利法要求系数矩阵中每个元素的值都是非负的。下面介绍其处理方法：

令 $b_{ij}=M-c_{ij}$，其中 M 是足够大的常数，这样，原有的系数矩阵 C 就变为新的系数矩阵 $B=(b_{ij})$，目标函数变为

$$\min \quad z' = \sum_{i=1}^{n}\sum_{j=1}^{n} b_{ij}x_{ij}$$

由 M 是足够大的常数可知，$b_{ij} \geq 0$，这已符合匈牙利法的条件，所以使新目标函数达到最小的最优解即为原有目标函数达到最大的最优解。这是因为：

$$\min \quad z' = \sum_{i=1}^{n}\sum_{j=1}^{n}(M - c_{ij})x_{ij} = \sum_{i=1}^{n}\sum_{j=1}^{n}Mx_{ij} - \sum_{i=1}^{n}\sum_{j=1}^{n}c_{ij}x_{ij}$$

$$= M\sum_{i=1}^{n}\sum_{j=1}^{n}x_{ij} - \sum_{i=1}^{n}\sum_{j=1}^{n}c_{ij}x_{ij} = Mn - \sum_{i=1}^{n}\sum_{j=1}^{n}c_{ij}x_{ij} = nM - z$$

因为 nM 为常数，所以当新的目标函数 $\min \quad z' = \sum_{i=1}^{n}\sum_{j=1}^{n} b_{ij}x_{ij}$ 取得最小值时，就意味着原有目标函数 $\max \quad z = \sum_{i=1}^{n}\sum_{j=1}^{n} c_{ij}x_{ij}$ 取得了最大值。

6.3.2　工作人员数和任务数不等的非标准指派问题

对于工作人员数和任务数不等的非标准指派问题，可设法转换为工作人员数和任务数相等的标准指派问题，处理方法如下：

1. 工作人员数 n 大于任务数 m 时

工作人员数大于任务数，即通常所说的"人多活少"的现象。处理方法是虚增 $n-m$ 个任务，使任务数和工作人员数相等，这样系数矩阵就增加了 $n-m$ 列。一般情况下，费用按题意要求设定，就像运输问题设定单位运费一样，如果不考虑工作人员空闲的损失，系数即为零，否则为损失费用，这样就把非标准指派问题转换成了标准指派问题。

2. 工作人员数 n 小于任务数 m 时

工作人员数小于任务数，即通常所说的"人少活多"的现象。处理方法是虚增 $m-n$ 个工作人员，使工作人员数和任务数相等，这样系数矩阵就增加了 $m-n$ 行。一般情况下，费用按题意要求设定，就像运输问题设定单位运费一样，如果不考虑缺少工作人员造成的损失，系数即为零，否则为损失费用，这样就把非标准的指派问题转换成了标准指派问题。

特别提示

目标函数是 max 型而且工作人员数和任务数也不相等的非标准指派问题，求解方法就是按照前面思路先处理目标函数，然后再处理工作人员数和任务数不相等的问题即可。

本章小结

本章首先介绍了指派问题及其线性规划模型，然后给出了相关分析、有关定理和等效矩阵问题。在此基础上，介绍了基于标准指派问题的求解方法，即匈牙利法。另外，介绍了如何把非标准指派问题转换为标准指派问题的思路和处理方法。

本章要点

理解等效矩阵和系数矩阵的关系及相关的定理。

本章重点

指派问题求解的匈牙利法求解过程。

本章难点

非标准指派问题转换为标准指派问题的思路和处理方法。

本章术语

指派问题；标准指派问题；非标准指派问题；匈牙利法；系数矩阵；等效矩阵。

习　题

1. 某单位人事部门拟安排 4 人任职 4 项工作，在百分制下对他们进行综合考评，每个人对每项工作的胜任程度如表 6.3 所示，那么如何进行任职安排，才使总胜任程度最高？

表 6.3　综合考评成绩

工作 任职人员	职务一	职务二	职务三	职务四
甲	85	92	73	90
乙	95	87	78	95
丙	82	83	79	90
丁	86	90	80	88

2. 某工厂拟用 5 台机器加工 5 种产品，其加工费如表 6.4 所示：

表 6.4　加工费（元）

机器 产品	P_1	P_2	P_3	P_4	P_5
A_1	4	1	8	4	2
A_2	9	8	4	7	7
A_3	8	4	6	6	3
A_4	6	5	7	6	2
A_5	5	5	4	3	1

若每台机器只限加工一种产品，一种产品只由一台机器加工，应如何分配任务才能使加工总费用最少？

3. 已知三个学生参加四种语言的翻译工作，所需时间如表 6.5 所示：

表 6.5　翻译所需时间（天）

学生 \ 语种	German	English	Japanese	Russian
甲	7	12	10	16
乙	13	9	16	17
丙	11	15	14	13

　　要求每个人都要有翻译工作，其中任意一个人在完成一项翻译任务以后，还可以进行另外一项翻译工作，求完成这些工作所需总时间最少的指派计划。

　　4. 分配甲、乙、丙、丁四名选手去完成射击任务，每名选手射击 A、B、C、D 四个目标的得分如表 6.6 所示，试确定使总得分最高的最优指派方案。

表 6.6　射击成绩

选手 \ 目标	A	B	C	D
甲	18	10	11	13
乙	5	16	6	12
丙	7	6	4	9
丁	16	5	7	11

第 7 章　整数规划

前面讨论的线性规划问题的模型，决策变量的取值只限定为非负，不过最优解基变量的取值也有可能出现分数或小数。但在现实问题中，往往会要求部分或全部决策变量的取值为整数，即有些具体问题要求解必须是整数，甚至取值只能为 0 或 1。例如，所求解表示的是机器台数、完成工作的人数或装货的车辆数等等，而分数或小数的解就不符合这类问题的实际要求。

7.1　整数规划问题

把部分或全部决策变量的取值限定为整数的线性规划问题称为**整数规划**（Integer Programming，简称 IP 问题），它是近几十年来发展比较快的规划论中一个重要的分支。在整数规划中，如果所有变量的取值都限定为非负整数，则称为**纯整数规划**或**全整数规划**；如果仅有部分变量的取值限定为非负整数，则称为**混合整数规划**。

一般情况下，构建整数规划模型的思路和技巧与建立线性规划模型基本相同，区别是需要增加整数约束的条件。例如，在例 1.1 的模型中，决策变量不但是非负的，同时也限制为整数，所以模型才符合问题的实际要求；但在例 2.4、例 3.1 和例 4.1 的模型中，决策变量只有非负的要求，而没有取值为整数的限制，所以模型不符合问题的实际要求，应该在三个对应的模型中补上决策变量为整数限制的条件。

7.1.1　整数规划模型求解分析

整数规划模型求解的一般思路是，先不考虑整数约束进行求解，而是把这个解凑整，然后估计一下凑整后的解使目标函数值损失的上限或下限，如果目标函数值损失不大，就可以用凑整后的解作为考虑整数约束时的最优解。

初看起来，为了满足最优解必须是整数的要求，只要把线性规划带小数的最优解"舍入化整"就可以了，但这往往会造成不可行问题的出现。因为化整后的解不一定是可行解，有时即便是可行解，也未必是最优解。因此，对全部或部分决策变量的取值要求为整数的线性规划问题的求解，应该有能够求整数解的方法。

下面通过一个例题，分析一下通过凑整方法求解时出现的问题。

例 7.1　某企业用钢和铝生产两种产品 A、B，有关资料如表 7.1 所示，求生产产品 A、B 各为多少时才能使利润最大？

表 7.1

资源消耗 产品	单位产品钢消耗量	单位产品铝消耗量	单位产品利润
A	5	2	20
B	4	5	10
资源数量	24	13	

设 x_1 为 A 产品的产量，x_2 为 B 产品的产量，线性规划模型如下：

$$\max \quad z = 20x_1 + 10x_2$$

$$\text{s.t.} \begin{cases} 5x_1 + 4x_2 \leqslant 24 \\ 2x_1 + 5x_2 \leqslant 13 \\ x_1, x_2 \geqslant 0, \ \text{且} x_1, x_2 \text{为整数} \end{cases} \quad (7.1)$$

针对上例，首先不考虑整数约束的条件，使用单纯形法求出的最优解为 $x_1=4.8$，$x_2=0$，对应的目标函数值 $z=96$。现在把 $x_1=4.8$，$x_2=0$ 凑整为 $x_1=5$，$x_2=0$，把这个解代入第一个约束条件方程，会使该方程不成立，这说明这个解不是可行解；再把 $x_1=4.8$，$x_2=0$ 凑整为 $x_1=4$，$x_2=0$，把这个解代入约束条件方程组中，所有的方程都成立，是可行解，对应的目标函数值 $z=80$，但不是最优解，因为有另外一个解 $x_1=4$，$x_2=1$ 是最优解，对应的目标函数值 $z=90$，这就说明这个解比 $x_1=4$，$x_2=0$ 还要优。

由此看来，对非整数解进行"舍入化整"的方法容易想得到，但常常得不到整数要求的最优解，有时甚至根本不是可行解，因此对整数规划求解应该有专门的方法。

下面以目标函数为 max 型为例。假设不考虑整数约束的最优解对应的目标函数值为 z_c，用整数规划方法求出的整数最优解对应的目标函数值为 z_d，不考虑整数约束的最优解凑整后对应的目标函数值为 z_r，则 $z_c - z_r$ 就是目标函数值损失的上界。另外，三者之间存在的关系是 $z_r \leqslant z_d \leqslant z_c$，这就是后面第 7.1.3 节中分枝定界算法是否终止分枝的一个重要判别条件，也是所谓的"定界"依据。

7.1.2　整数规划模型求解方法——图解法

在第 2.1.1 节中知道，针对不超过三个变量的一般线性规划问题，可以在二维或三维坐标系中，把线性规划问题画成平面图或立体图，即约

165

束条件方程在坐标系中围成一个可行域。可行域内任意一点对应的坐标都可以作为决策变量的取值,即对应的可行解是连续的(称为**连续解**),而针对整数规划问题,尽管约束条件方程在坐标系中也围成了一个区域,但不能称为可行域,因为决策变量的取值为整数,所以决策变量就不能在区域内任意取值,即可行解的取值只能是围成的区域内离散的点(称为**离散解**)。

下面通过一个例题来讲述整数规划图解法的基本过程。

例 7.2   用图解法求解下列整数规划模型:

$$\max \quad z = 3x_1 + 2x_2$$

$$\text{s.t.} \begin{cases} 2x_1 + 3x_2 \leqslant 11 \\ 2x_1 + \ x_2 \leqslant 7 \\ x_1, x_2 \geqslant 0, 且为整数 \end{cases} \quad (7.2)$$

解   现在暂不考虑整数约束,用图解法求解。在图 7.1 中画出两个约束条件方程及目标函数值 $z=23/2$ 的等值线,最优解是 $x_1=2.5$,$x_2=2$。

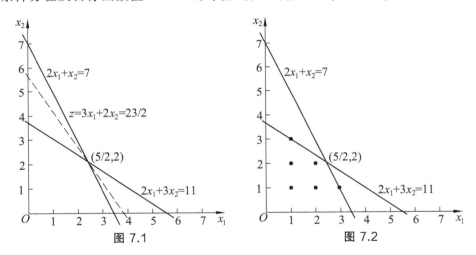

图 7.1   图 7.2

考虑整数约束时,约束条件方程在坐标系中围成了一个区域,但不是可行域,决策变量的取值只能是图 7.2 所示区域内的离散点,也就是在不考虑整数约束的可行域内坐标为整数的点,如图 7.2 中 $(1, 2)$ 等整数坐标点。很明显,我们将等值线从左下方向右上方平行移动,直线的每一位置对应于一个越来越大的目标函数值,到达点 $(3, 1)$ 后就不能再移动了,这说明这个问题的最优整数解为 $x_1=3$,$x_2=1$,目标函数值 $z=11$。

7.1.3　整数规划模型求解方法——分枝定界法

尽管已经有许多学者研究出整数规划的多种求解方法，但至今比较成功的算法是 Land 和 Doig 提出的经过 Dakin 修正的**分枝定界法**。这种算法的最大优点就是不但可以求解纯整数规划问题，也可以求解混合整数规划问题。

分枝定界法的基本步骤如下：

第一步：先不考虑整数约束条件，对一般情况的线性规划问题用单纯形法或对偶单纯形法求解。如果求出的最优解满足整数规划问题的所有整数约束条件，那么这个最优解就是整数规划问题的最优解；如果有一个或多个整数约束条件没有被满足，转到第二步。

第二步：任意选择一个应该是整数而不是整数解的变量 x_k，设它的非整数解是 b_k，同时设 b_k 对应的整数位是 $[b_k]$，现在将原问题分成两枝：一枝是在原问题的基础上，增加约束条件 $x_k \leqslant [b_k]$；另一枝是在原问题的基础上，增加约束条件 $x_k \geqslant [b_k]+1$，这样就构成了两个新的线性规划问题的子问题。

第三步：按照第 3.3 节对偶单纯形法扩展应用的思路，分别对分枝后的两个新线性规划子问题继续求解。若新的解不满足原问题整数约束，再按第二步进行新的分枝，直到满足下面的情况为止：

（1）该分枝上的子问题没有最优解，此时如果再增加一个约束条件也不可能有最优解。

（2）已经求出了一个不违反任何约束的解，此时再增加约束条件，即使仍然可以求出整数解，但目标函数值也不可能变得更优。

（3）此子问题的目标函数值不优于任何一个不违反整数约束的另一个子问题的目标函数值，因为此时如果再对此子问题进行分枝，新的子问题由于增加了约束条件，其目标函数值也不会优于原来的子问题，更不会优于不违反整数约束的那个子问题，所以没必要继续再分枝。

下面通过例题具体说明分枝定界法的求解步骤。

例 7.3　求解下列整数规划模型：

$$\max \quad z = 40x_1 + 90x_2$$

$$\text{s.t.} \begin{cases} 9x_1 + 7x_2 \leqslant 56 \\ 7x_1 + 20x_2 \leqslant 70 \\ x_1, x_2 \geqslant 0, \text{且为整数} \end{cases} \tag{7.3}$$

解　现在暂不考虑整数约束，用单纯形法求解，得到最优单纯形表 7.2：

表 7.2

$c_{j\to}$			**40**	**90**	0	0
C_B	X_B	b	x_1	x_2	x_3	x_4
40	x_1	630/131	**1**	**0**	20/131	−7/131 7
90	x_2	238/131	**0**	**1**	−7/131	9/131
	z_j		**40**	**90**	170/131	530/131
	$c_j - z_j$		**0**	**0**	−170/131	−530/131

表 7.2 对应最优解的基变量取值约为 x_1=4.81，x_2=1.82，目标函数值 z_0=356.2，但 x_1、x_2 均不符合整数约束。这里选择 x_1=4.81 进行分枝：4.81 对应的整数位是 4，现在分成两枝，一枝是在原问题基础上，增加约束条件 x_1≤4；另一枝是在原问题基础上，增加约束条件 x_1≥5。为了描述方便，现在构造一个树形分枝图，向下分成左右两枝，如图 7.3 所示。

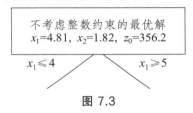

图 7.3

按照第 3.3 节对偶单纯形法扩展应用的思路，把图 7.3 的左枝 x_1≤4 加上松弛变量 x_5 化为 x_1+x_5=4，把其系数补加到表 7.2 中去，继续用对偶单纯形法求解，得到的最优解为 x_1=4，x_2=2.1，目标函数值 z_1=349。同样，把图 7.3 的右枝 x_1≥5 减去多余变量 x_5 化为 x_1-x_5=4，把其系数补加到表 7.2 中去，继续用对偶单纯形法求解,得到的最优解为 x_1=5，x_2=1.57，目标函数值 z_2=341，把求出的结果扩充到图 7.3 中，如图 7.4 所示：

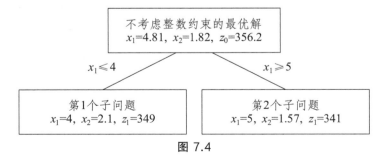

图 7.4

对图 7.4 继续按照以上思路进行分枝，再把新的约束加到上一过程的最优单纯形表中，然后求解，逐步进行下去，最终的结果如图 7.5 所示。

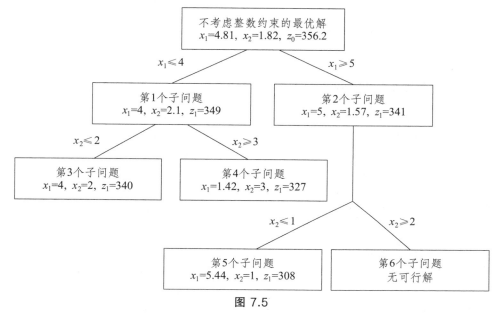

图 7.5

在图 7.5 中，第 3 个子问题不分枝的原因是满足停止分枝的第（2）种情况；第 4 个子问题不分枝的原因是满足停止分枝的第（3）种情况；第 5 个子问题不分枝的原因是满足停止分枝的第（3）种情况；第 6 个子问题不分枝的原因是满足停止分枝的第（1）种情况。这样，全部分枝都终止延伸，求得最优解为 $x_1=4$，$x_2=2$，目标函数值 $z_0=340$。

7.2　0-1 规划问题

在整数规划中有一种特殊情形，即整数规划中变量的取值仅限于 0 或 1，把这种变量称为 **0-1 变量**，把全部变量取值都限定为 0 或 1 的整数规划称为 **0-1 规划**。

0-1 规划具有广泛的应用背景，如实际问题的解必须满足逻辑条件或顺序要求等一些特殊的约束条件，这就需要引入 0-1 变量，以描述"是"与"非"、"开"与"关"、"取"与"舍"、"有"与"无"等离散现象的逻辑关系或顺序关系，进而解决"是"与"否"等二元决策的问题。另外，投资问题、线路设计、工厂选址、生产计划安排、旅行购物、背包问题、人员安排、代码选取、可靠性等诸多问题都可化为 0-1 规划来求解，也正是由于 0-1 规划具有深刻的背景和广泛的应用，研究 0-1 规划及其算法才是十分必要并具有重要的意义。

本节首先介绍 0-1 规划建模的一些特殊处理方法，然后介绍 0-1 规划的求解方法。

7.2.1 0-1 规划建模特性分析

在建立某些问题的整数规划模型时，如果能巧妙地运用 0-1 变量，将会使模型很容易建立，下面讨论的几个问题足以说明这一点。

1. 投资问题

某投资公司可用于投资的资金总额为 b，有若干个项目可供选择投资，假设其中第 j 个项目每年的利润是 c_j，需要的资金是 a_j，请建立数学模型来选定最佳组合的投资项目，以获取每年的最大利润。

一般的思路是，应该首先选择收益率 c_j/a_j 值最大的那个项目投资，其次选 c_j/a_j 值次大的项目，以此类推，直到剩余的资金不足以投资任何一个项目为止，但这样做往往不能得到最为有利的方案。针对第 j 个项目，只有投资和不投资两种状态，所以可以用 0-1 变量 x_j 来描述这两种状态：$x_j=1$ 表示投资第 j 个项目，$x_j=0$ 表示不投资。因此该问题的 0-1 规划模型为

$$\max \quad z = \sum_{j=1}^{n} c_j x_j$$

$$\text{s.t.} \begin{cases} \sum_{j=1}^{n} a_j x_j \leqslant b \\ 0 \leqslant x_j \leqslant 1, x_j \text{是整数}, j = 1, 2, \cdots, n \end{cases} \qquad (7.4)$$

在现实的投资问题中，往往会出现许多特殊要求，而这需要通过约束条件方程来刻画。主要的特殊要求如下：

（1）**排斥问题**。

排斥问题有两种情况：

① 一种情况是在一组项目 J 中至多选择一个项目投资，则有如下约束条件方程：

$$\sum_{j=1}^{n} x_j \leqslant 1, j \in J$$

② 另一种情况是项目 s 和项目 t 不能同时投资，则有约束条件方程

$$x_s + x_t \leqslant 1$$

（2）优先级问题。

优先级问题有两种情况：

① 一种情况是只有在选择项目 s 的情况下才考虑是否选择项目 t，那么有约束条件方程

$$x_t \leqslant x_s$$

此式表明当 $x_s=0$ 时，x_t 必须为 0，即如果不选择项目 s，就不能选择项目 t；当 $x_s=1$ 时，x_t 可以为 0 也可以为 1，即选择项目 s 后，项目 t 可以选择也可以不选择。

② 另一种情况是只有同时选择项目 s 和项目 t 的情况下才考虑是否选择项目 p，那么有约束条件方程

$$2x_p \leqslant x_s+x_t$$

（3）不可缺问题。

项目 s 和项目 t 至少有一个必须投资，那么有约束条件方程

$$x_s+x_t \geqslant 1$$

2. 在 p 个约束条件中至少满足 k 个约束条件

用下式表示 p 个约束条件方程：

$$\sum_{j=1}^{n} a_{ij}x_j \leqslant b_i, i=1,2,\cdots,p$$

设 y_i 是 0-1 变量，如果第 i 个约束条件方程是 k 个约束条件之一，则令 $y_i=1$，否则令 $y_i=0$。对 p 个约束条件的每一个约束条件方程都加进 y_i，即有下式：

$$\sum_{j=1}^{n} a_{ij}x_j \leqslant b_i+(1-y_i)M,(0 \leqslant y_i \leqslant 1, y_i 是整数, M 是很大的数, i=1,2,\cdots,p)$$

在求得数学模型的解以后，如果 $y_i=1$，则第 i 个约束条件方程是有效的；如果 $y_i=0$，则第 i 个约束条件方程的右端值是 b_j+M，这是一个很大的数，它使此约束条件不可能有约束力，从而成为多余的约束条件方程。

若规定至少要满足 k 个约束条件，就应该加上约束条件方程 $\sum_{i=1}^{p} y_i \geqslant k$。

若规定必须要满足 k 个约束条件，就应该加上约束条件方程 $\sum_{i=1}^{p} y_i = k$。

3. 工厂选址问题

例 7.4　已知有 n 个市场，又有 m 个地点可以建工厂，为了简化问题，假定每个地点只能建一个工厂。设地点 i 的工厂每年的生产能力限制为 C_i，

年生产费用是 F_i，市场 j 对产品的需求量是 D_j，同时要求需求必须满足。从建厂地点 i 到市场 j 的单位产品运输费用是 t_{ij}，请建立整数规划模型，使生产成本及运输费用总和最小。

解 设有两组决策变量，x_{ij} 表示从建厂地点 i 到市场 j 的产品数量，y_i 表示在地点 i 是否建厂，若在地点 i 建厂，$y_i=1$，否则 $y_i=0$，则目标函数为

$$\min \ z = \sum_{i=1}^{m} \sum_{j=1}^{n} t_{ij} x_{ij} + \sum_{i=1}^{m} F_i y_i$$

工厂每年生产能力的约束条件方程是：

$$\sum_{j=1}^{n} x_{ij} \leqslant C_i y_i, i = 1, 2, \cdots, m$$

在地点 i 不设厂时 $y_i=0$，上式左端必为 0；在地点 i 设厂时 $y_i=1$，从建厂地点 i 运往各地的产品数量之和应该小于等于该厂的年生产能力。因此，为了保证每个市场的需求都满足，有约束条件方程：

$$\sum_{i=1}^{m} x_{ij} \geqslant D_j, j = 1, 2, \cdots, n$$

对 x_{ij} 的非负约束及对 y_i 取值的约束条件方程是

$$0 \leqslant y_i \leqslant 1, \ y_i \text{ 为整数 }, \ x_{ij} \geqslant 0, \ i=1,2,\cdots,m; \ j=1,2,\cdots,n$$

特别提示

根据指派问题决策变量的取值情况，指派问题也可以说是 0-1 规划问题。

7.2.2 0-1 规划求解方法

尽管 0-1 规划的求解方法很多，但最常想到的却是**穷举法**，也称为**全枚举法**。全枚举法就是检查每个变量等于 0 或 1 的每一种组合，而满足所有约束条件并使目标函数值最优的组合就是 0-1 规划的最优解。在 0-1 规划中，变量有 n 个，变量的组合有 2^n 个，当变量的个数比较少、约束条件比较简单时，使用穷举法求解 0-1 规划问题比较简单明了，但如果变量个数 n 较大时，如 $n>10$，这种全枚举的组合检查几乎是不可能完成的，因此需要设计一种过滤的方法，以使检查范围缩小，即只检查部分组合，这样的方法称为**隐枚举法**。

其实在 7.1.3 节介绍的分枝定界法也是一种隐枚举法，这里介绍的隐枚举法就是借助分枝定界法的思路。也可以说，隐枚举法是将过滤枚举和分枝定界方法结合在一起来求解 0-1 规划问题。为了介绍隐枚举法，设以下模型是 0-1 规划的标准型：

$$\min \ z = \sum_{j=1}^{n} c_j x_j$$

$$\text{s.t.} \begin{cases} \sum_{j=1}^{n} a_{ij} x_j \leqslant b_i, i = 1, 2, \cdots, m \\ 0 \leqslant x_j \leqslant 1, x_j \text{是整数}, j = 1, 2, \cdots, n \end{cases}$$ （7.5）

其中 $c_j \geqslant 0$，b_i 可以是正数、负数或 0，所有约束条件方程式必须是"≤"的形式。

如果构建的 0-1 规划模型不是标准形式，可以通过以下方法转换为标准形式：

（1）如果目标函数是 max 型，将目标函数乘以 –1 后变为 min 型。

（2）如果某一个变量 x_j 在目标函数中的系数 $c_j < 0$，处理方法则是用 $1 - x_j$ 把 x_j 替换，如

$$\max z = 2x_1 - 3x_2 + 4x_3$$

可令 $x_2 = 1 - x_2$，目标函数变为

$$\max \ z = 2x_1 - 3(1 - x_2) + 4x_3$$

即有
$$\max \ z = 2x_1 + 3x_2 + 4x_3 - 3$$

同样，约束条件方程也要作相应的处理。若求出的最优解中 $x_j = 0$，则原有的 $x_j = 1$；反之，若 $x_j = 1$，则原有的 $x_j = 0$。

（3）如果约束条件方程是"≥"形式，可将不等式两端乘以 –1，变为"≤"形式。

（4）如果约束条件方程是"="形式，可先将它变为"≤"和"≥"形式的两个约束条件方程，然后对"≥"形式的方程两端乘以 –1，使其变为"≤"形式。

隐枚举法求解 0-1 规划问题的思路与分枝定界法有相同之处，但隐枚举法主要是利用变量只能取 0 或 1 两个值的特点进行分枝。首先令全部变量取 0 值，然后检验这个组合解是否可行。若可行，则这个组合解即为最优解，目标函数值 $z = 0$，因为目标函数的系数都是正数，因而不会出现目标函数值小于 0 的可行解；若不可行，则令一个变量取值分别为 0 和 1，此变量称为**固定变量**，然后将问题分成两个子域，其余未被指定取值的变量称为**自由变量**，如此继续进行，不断扩大固定变量的数量，直到寻找到最优解。

隐枚举法的具体步骤如下：

第一步：令全部 x_j 都是自由变量，并且取值都为 0，检验这个取值都为 0 的组合解是否可行。若可行，说明已经取得最优解，停止计算，否则转到第二步。

第二步：将某一个自由变量设为固定变量，令其取值分别为 1 和 0，把问题分成两个子域。然后令其中一个子域中的自由变量都取 0 值，加上固定变量的取值，可组成此子域的一个解。再对另外一个子域做同样处理。

第三步：分别对两个子域的解依次进行如下三个方面的检验：

（1）**定界**。

计算此解的目标函数值。如果此目标函数值大于前面已求出的可行解的最小目标函数值，说明此解不如前面已求出的可行解优，则停止分枝，退出检验。

（2）**可行性检验**。

检验解是否可行。如果可行，就得到一个可行解，并计算出对应的目标函数值，退出检验。

（3）**子域可行性检验**。

将子域中固定变量的值代入第一个不等式约束条件方程，针对该不等式左端的自由变量，当其系数为负值时，该自由变量的取值设为 1；当其系数为正值时，该自由变量取值设为 0。这就是第一个不等式约束条件方程左端所能取的最小值。若此最小值大于右端值，则称此子域为不可行子域，不再往下分枝，并退出检验；若此最小值小于右端值，则按照以上方法依次检验下一个不等式约束条件方程，直至所有的不等式约束条件方程都通过检验。

第四步：如果存在需要分枝的子域，就任选一个子域，转到第二步；如果没有，计算停止，使目标函数值最小的可行解就是最优解。

由于第三步有停止分枝的情况，且对子域中自由变量取 0 或 1 的一切可能组合没有一一列举，即都被隐含处理，与全枚举法比较，计算量大为减少，这就是隐枚举法的来历。

现举例说明隐枚举法的计算步骤。

例 7.5 解如下 0-1 规划问题。

$$\max \ z = 6x_1 + 2x_2 + 3x_3 + 5x_4$$

$$\text{s.t.}\begin{cases} 3x_1 - 5x_2 + x_3 + 6x_4 \geqslant 4 \\ 2x_1 + x_2 + x_3 - x_4 \leqslant 3 \\ x_1 + 2x_2 + 4x_3 + 5x_4 \leqslant 10 \\ x_j = 0 \text{或} 1, j = 1, 2, 3, 4 \end{cases} \tag{7.6}$$

解 此模型不是标准形式，需要通过前面的方法进行变换。先将目标函数乘以 –1，将其变为 min 型。但这样处理后目标函数的系数均变成了负数，这就需要把模型中所有的 x_j 用 $1-x_j$ 替换，再把第一个约束条件方程变为 "$\leqslant$"

形式。模型 7.6 的标准形式如下：

$$\min \quad z = 6x_1 + 2x_2 + 3x_3 + 5x_4 - 16$$

$$\text{s.t.} \begin{cases} 3x_1 - 5x_2 + x_3 + 6x_4 \leqslant 1 \\ -2x_1 - x_2 - x_3 + x_4 \leqslant 0 \\ -x_1 - 2x_2 - 4x_3 - 5x_4 \leqslant -2 \\ x_j = 0 \text{ 或 } 1, \ j = 1, 2, 3, 4 \end{cases} \qquad (7.7)$$

模型 7.7 的二叉树枚举图如图 7.6 所示：

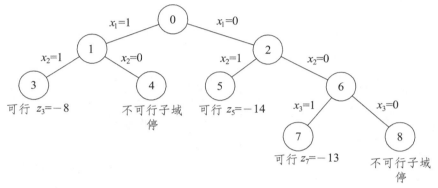

图 7.6

令初始最优解的目标函数值 $z = +\infty$，下面对树中的几个子域加以说明：

先将全部变量都作为自由变量，则有组合 $(0,0,0,0)$，这个取值都为 0 的组合解不满足第三个约束条件方程，不可行；把变量 x_1 设为固定变量，把问题分成两个子域，即得到子域 1 和 2。

对子域 1 的解 $(1,0,0,0)$ 进行检验计算，$z_1 = -10 < z$；进行解的可行性检验，此解不可行；进行子域的可行性检验，能通过三个不等式约束条件方程，需要对子域 1 进行分枝。再将变量 x_2 设为固定变量，分别令 $x_2 = 1$ 和 $x_2 = 0$，构成子域 3 和子域 4。

子域 3 的解 $(1,1,0,0)$ 可行，$z_3 = -8 < z$，停止分枝，此时设 $z = z_3 = -8$。子域 4 的解为 $(1, 0, 0, 0)$，$z_4 = -10 < z$；进行子域的可行性检验，将 $x_1 = 1$ 和 $x_2 = 0$ 代入第一个约束条件方程，并令 $x_3 = x_4 = 0$，求出左端的可能最小值为 3，大于右端值 1，可知子域 4 是不可行子域，不再进行分枝。

对子域 2 的解 $(0,0,0,0)$ 进行检验计算，$z_2 = -16 < z$；进行解的可行性检验，此解不可行；进行子域的可行性检验，能通过三个不等式约束条件方程，需要对子域 2 进行分枝。将变量 x_2 设为固定变量，分别令 $x_2 = 1$ 和 $x_2 = 0$，构成子域 5 和子域 6。

子域 5 的解($0,1,0,0$）可行，$z_5=-14<z$，停止分枝，此时设 $z=z_5=-14$。对子域 6 的解($0,0,0,0$）进行检验计算，$z_6=-16<z$；进行解的可行性检验，此解不可行；进行子域的可行性检验，能通过三个不等式约束条件方程。需要对子域 6 进行分枝，分别令 $x_3=1$ 和 $x_3=0$，构成子域 7 和子域 8。

子域 7 的解($0,0,1,0$）可行，$z_7=-13$，停止分枝，但 $z_7>z$，保持 $z=-14$ 不变。而子域 8 的解为($0,0,0,0$），$z_8=-16<z$；进行解的可行性检验，此解不可行；进行子域的可行性检验，将 $x_1=0$、$x_2=0$、$x_3=0$ 代入三个约束条件方程，并令 $x_4=0$，求出左端的可能最小值为 0，大于右端值 -2，可知子域 8 是不可行子域，不再进行分枝。

所有子域都停止了分枝，说明已经得到最优解，所以针对模型 7.7 的最优解就是子域 5 的解($0,1,0,0$），$z=-14$。

因为在前面把原有模型 7.6 转换为标准模型 7.7 时，用 $1-x_j$ 替换了 x_j，所以在模型 7.7 中等于 0 的变量，在模型 7.6 中就应该等于 1，反之，在模型 7.7 中等于 1 的变量，在模型 7.6 中就应该等于 0，因此针对模型 7.6 的最优解就是($1,0,1,1$），$z=14$。

特别提示

在解题时，为了使计算过程尽可能少一些，也为了使计算速度尽可能快一些，在隐枚举法的第二步中，争取把最小的目标函数系数对应的自由变量设定为固定变量，因为目标函数系数最小的变量对目标函数的影响也最大。

本章小结

本章首先介绍了整数规划问题，并对整数规划模型解的问题进行了分析，同时对整数规划模型的两种求解方法即图解法和分枝定界法作了介绍。另外，介绍了 0-1 规划问题，并对 0-1 规划的建模特性进行了分析，同时对 0-1 规划模型的求解方法即隐枚举法作了介绍。

本章要点

整数规划问题及 0-1 规划问题的特点。

本章重点

整数规划模型的求解方法即分枝定界法；0-1 规划模型的求解方法即隐枚举法。

本章难点

整数规划模型解的问题；0-1 规划的建模特性。

本章术语

整数规划；纯整数规划；混合整数规划；连续解；离散解；分枝定界法；0-1 变量；0-1 规划；全枚举法；隐枚举法；固定变量；自由变量。

习　题

1. 试用分支定界法求解下列问题：

$$\max \quad z = 5x_1 + 8x_2$$

$$\text{s.t.} \begin{cases} x_1 + x_2 \leqslant 6 \\ 5x_1 + 9x_2 \leqslant 45 \\ x_1, x_2 \geqslant 0, \text{且} x_1, x_2 \text{为整数} \end{cases}$$

2. 某服装厂可以生产西服、衬衫和羽绒服。生产不同的服装要使用不同的设备，该厂可从租赁公司租用这些设备，每种设备可租用多台。服装厂每月可用的人工工时为 3 000 小时，市场需求、设备租金以及其他经济参数如表 7.3 所示：

表 7.3

服装种类	市场需求	每台租金（元）	生产成本	销售价格	人工工时	设备工时	每台可用工时
西服	150	5 000	120	200	5	3	300
衬衫	800	2 000	30	80	1	0.5	500
羽绒服	350	3 000	200	400	4	2	300

请建立使利润最大的整数规划模型。

3. 某工厂包装两种糖果，每种糖果都可在三台机器的任一台上进行加工包装，加工包装时间如表 7.4 所示：

表 7.4

机器 \ 糖果	B_1	B_2
A_1	3	2
A_2	1	1
A_3	2	3

两种糖果的利润分别为 5 元和 3 元，三台机器每天可用的时间分别为 11 小时、8 小时、7 小时，要求建立生产获利最大的数学模型。

4. 用 A、B、C 三种资源可以生产甲、乙、丙三种产品，三种产品生产的资源量、单位产品利润、单位产品资源消耗量、固定费用如表 7.5 所示：

表 7.5

产品 资源	甲	乙	丙	资源量
A	2	4	8	500
B	2	3	4	300
C	1	2	3	100
单位利润	4	5	6	
固定费用	100	150	200	

现在要求制定使总收益最大的生产计划数学模型。

5. 求解下列 0-1 规划问题：

$$\max \quad z = 4x_1 - 3x_2 + 2x_3$$

$$\text{s.t.} \begin{cases} 2x_1 - 5x_2 + 3x_3 \leqslant 4 \\ 4x_1 + x_2 + 3x_3 \geqslant 3 \\ x_2 + x_3 \geqslant 1 \\ x_j = 0 \text{或} 1, \ j = 1, 2, 3 \end{cases}$$

6. 某投资公司可用于投资的资金有 w 万元，假设有 a、b、c、d 四个项目可以投资，每个项目的投资额度和利润分别为 a_j、c_j，其中 $j=1,2,3,4$。要求项目 a 和项目 b 不能同时投资；如果项目 b 投资，项目 c 必须投资；项目 c 和项目 d 至少有一个必须投资。请建立收益最大的线性规划模型。

7. 一架货运飞机，有效载重量为 24 t，可运输货物的重量及运费收入如表 7.6 所示：

表 7.6

货物	1	2	3	4	5	6
重量(t)	8	13	6	9	5	7
收入(元)	3	5	2	4	2	3

在飞机载重量的限制下，选择一组收入最多的货物运输；另外，在货物

4、6 当中优先运 4；货物 1 和 3 不能混装。请建立 0-1 规划模型。

8. 某物流公司有两辆甲、乙两种类型的运输车，有效容积分别为 24 m³ 和 15 m³，7 个可供运输货物的体积和运费收入如表 7.7 所示：

表 7.7

货物	1	2	3	4	5	6	7
体积(m³)	5	4	3	3	5	6	4
运费收入(元)	3	5	2	4	2	3	6

在甲、乙两种类型运输车容积的限制下，选择收入最多的货物运输。另外，货物 5 必须运走；货物 1、3 不能混装；货物 2 不能由甲车运输。请建立数学规划模型。

9. 为迎接春节运输，北京铁路局决定改善通往北京的各铁路线路，从而使火车能够提速。打算改善的 5 条线路为：北京—青岛、北京—九龙、北京—上海、北京—沈阳、北京—包头。具体的线路改善成本与改善之后增加的票务收入如表 7.8 所示：

表 7.8

收益(万元) ＼ 线路	北京/青岛	北京/九龙	北京/上海	北京/沈阳	北京/包头
改善的成本	500	2 000	1 500	800	1 000
增加的收入	1 000	5 000	4 000	1 000	1 500

由于春运的实际需要，规定北京—青岛线路必须进行改善；北京—上海与北京—九龙线路不能同时改善；北京—沈阳与北京—包头至少有一个进行改善。在投资额不超过 4 000 万元的情况下，建立使收入增加最大的线路改善的数学规划模型。

第 8 章　动态规划

前面章节学的线性规划问题,是一次把所有的决策变量都同时进行处理,从而寻求最优解,具有这种特点的模型称为**静态模型**。但现实面临的问题是,需要把问题从时间或空间上分为若干个相互关联的阶段,然后按照要求依次对各个阶段作出决策,具有这种特点的问题称为**多阶段决策问题**。如果把对各个阶段作出的决策序列称为**策略**,那么求解多阶段决策问题就是在多个决策序列中找出最优的策略。

动态规划方法就是寻求多阶段决策问题的一种非常有效的方法。所谓"动态"就是随着时间或空间的推移,把问题按照阶段逐次处理。1951 年,美国数学家贝尔曼(R. Bellman)等人,通过对一类多阶段决策问题的特点进行分析,把多阶段决策问题分解为一系列相互联系的单阶段决策问题,然后分阶段逐次解决。贝尔曼等人在研究和解决了大量实际问题之后,提出了解决这类问题的"贝尔曼最优化原理",从而创建了解决最优化问题的一种新方法,即动态规划。应该特别强调的是,动态规划是解决某一类问题的一种方法,是分析问题的一种途径,而不是一种算法,因而它没有一个标准的数学表达式和具有明确定义的一组规则,所以需要对具体问题进行具体的分析和处理。

学习动态规划时,除了对基本概念和方法正确地理解之外,还应该以丰富的想象力去建立模型,用创造性的思维去求解。用动态规划处理实际问题,常常比线性规划或非线性规划更加有效,如解析数学无法解决的离散性问题,而动态规划则是解决这类离散性问题的行之有效的方法。动态规划模型根据多阶段决策过程中时间或空间的变量是离散的还是连续的,以及决策过程的演变是确定性的还是随机性的,分为离散确定型、离散随机型、连续确定型和连续随机型四类决策过程模型。

动态规划方法广泛应用于工程技术、企业管理、工农业生产、军事等部门,并取得了显著的效果。动态规划方法可以用来解决最优路径问题、资源分配问题、装载(背包)问题、生产调度问题、设备更新问题、库存问题、排序问题、复合系统可靠性问题及生产过程最优控制问题等等,它是现代企业管理中一种重要的决策方法。

本章主要介绍动态规划的基本概念、理论和方法,再通过一些典型的应用问题来说明它的实用性。

8.1 动态规划的两个引例

为了对动态规划有一个初步的认识,下面先给出两个例子。

1. 最短路问题

例 8.1 图 8.1 为网络图,图中连线上的数字表示两点间的距离。

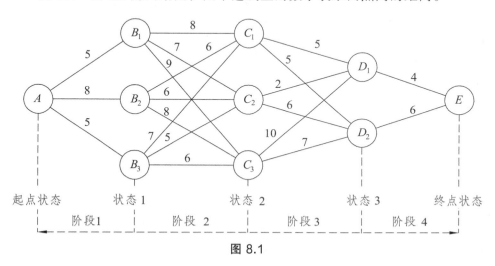

图 8.1

针对图 8.1,需要在 A 点和 E 点之间最短的线路上铺设一条管道。由图可知,铺设线路时要经过三个点,第一个点可以是 B_1、B_2、B_3 中的某一个点,第二个点可以是 C_1、C_2、C_3 中的一个点,第三个点可以是 D_1、D_2 中的一个点,要求把各点之间能铺设管道的连线在图中标识出来。

求解的一般思路是用穷举法求最短路,即为了求出最优决策,可以用穷举法穷举出 A 到 E 的所有路线,并计算每条路线的长度,然后找出最短路。

基于图 8.1,针对节点分为 5 个状态,针对过程分为 4 个阶段,所以此问题可以分为四个阶段进行决策。在阶段 1,从起点 A 出发,终点可以选择 B_1、B_2 或 B_3;在阶段 2,若在第一阶段选择 B_1,终点可以选择 C_1、C_2 或 C_3;若在第一阶段选择 B_2,终点也可以选择 C_1、C_2 或 C_3;若在第一阶段选择 B_3,终点同样可以选择 C_1、C_2 或 C_3。针对其余阶段,可以依此继续下去,直到达到 E。本例题共 18 条不同的路线,通过比较它们的长度,最短路线为 $A \rightarrow B_3 \rightarrow C_2 \rightarrow D_1 \rightarrow E$,其长度为 16。

当可供选择的状态比较多,而决策阶段也比较多时,再采用穷举法就会相当复杂，甚至无法实现决策的目的。

下面针对此例题做一下分析。

如果最短路线通过 M 和 N 两点，则这条路线从 M 点（或 N 点）到达终点的部分，对于 M 点（或 N 点）至终点的所有路线而言，必定也是最短路线，简言之就是 M 点（或 N 点）的后部路线必定也是最短路线。所以从上例中可以看出，路线 $C_2 \rightarrow D_1 \rightarrow E$ 就是 C_2 至 E 中所有路线的最短路线。这个特性非常容易理解，假设如果从 M 点至终点还有一条更短的路线存在，则把它和原来最短路线从起点开始的那一部分连接起来，就会形成一条比原来的最短路线更短的路线，这样就出现两条最短路线，显然与事实不符，这就是最短路线问题求解的一个特性，即最短路线中的任意节点的后部路线也是最短路线。

基于此特性，对此例题的求解分析如下：

第一步：先从最后阶段即阶段 4 考虑，这一阶段分别要对 D_1 和 D_2 找出最短路线。由于 D_1 至 E 只有一条路线，因而 D_1 的最短后部路线即为 $D_1 \rightarrow E$，其长度为 4。由前面最短路线问题的特性可知，如果 A 至 E 的最短路线经过 D_1，那么从 D_1 至终点 E 的最短路线必为 $D_1 \rightarrow E$。同理，D_2 的最短后部路线为 $D_2 \rightarrow E$。为了记录整个问题的决策过程，在图 8.1 基础上，把 D_1 至 E 最短路线的长度 4 填到多边形框内，标在节点 D_1 的旁边。同样，把 D_2 至 E 最短路线的长度 6 填到多边形框内，标在节点 D_2 的旁边，如图 8.2 所示。

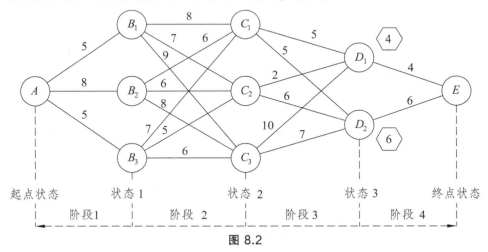

图 8.2

第二步：现在从倒数第二阶段即阶段 3 考虑，这个阶段要找出 C_1、C_2、C_3 的最短后部路线。

C_1 的后部路线有 $C_1{\rightarrow}D_1$ 和 $C_1{\rightarrow}D_2$。后部路线 $C_1{\rightarrow}D_1{\rightarrow}E$ 的长度为 $C_1{\rightarrow}D_1$ 的长度 5 加上 D_1 多边形框内的数字 4，即后部路线 $C_1{\rightarrow}D_1{\rightarrow}E$ 的长度为 9。同理，后部路线 $C_1{\rightarrow}D_2{\rightarrow}E$ 的长度为 $C_1{\rightarrow}D_2$ 的长度 5 加上 D_2 多边形框内的数字 6，即后部路线 $C_1{\rightarrow}D_2{\rightarrow}E$ 的长度为 11。比较这两个后部路线的长度，可以确定 C_1 的最短后部路线是 $C_1{\rightarrow}D_1{\rightarrow}E$，则将 C_1 的最短后部路线的长度 9 填到多边形框内，标在节点 C_1 的旁边。

C_2 的后部路线有 $C_2{\rightarrow}D_1$ 和 $C_2{\rightarrow}D_2$。后部路线 $C_2{\rightarrow}D_1{\rightarrow}E$ 的长度为 $C_2{\rightarrow}D_1$ 的长度 2 加上 D_1 多边形框内的数字 4，即后部路线 $C_2{\rightarrow}D_1{\rightarrow}E$ 的长度为 6。同理，后部路线 $C_2{\rightarrow}D_2{\rightarrow}E$ 的长度为 $C_2{\rightarrow}D_2$ 的长度 6 加上 D_2 多边形框内的数字 6，即后部路线 $C_2{\rightarrow}D_2{\rightarrow}E$ 的长度为 12。比较这两个后部路线的长度，可以确定 C_2 的最短后部路线是 $C_2{\rightarrow}D_1{\rightarrow}E$，将 C_2 的最短后部路线长度 6 填到多边形框内，标在节点 C_2 的旁边。用以上同样的方法可以找出 C_3 的最短后部路线为 $C_3{\rightarrow}D_2{\rightarrow}E$，其长度为 13，也标在节点 C_3 的旁边。此步骤的标注如图 8.3 所示。

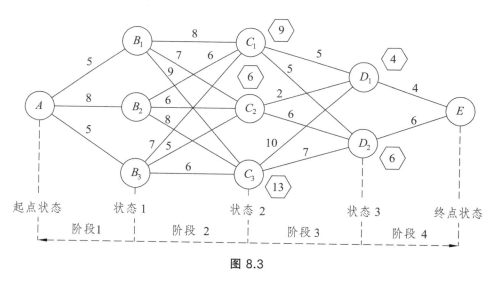

图 8.3

第三步：现在从倒数第三阶段即阶段 2 考虑，这个阶段要找出 B_1、B_2、B_3 的最短后部路线。

用前面同样的方法可以找出 B_1 的最短后部路线为 $B_1{\rightarrow}C_2{\rightarrow}D_1{\rightarrow}E$，其长度为 13；$B_2$ 的最短后部路线为 $B_2{\rightarrow}C_2{\rightarrow}D_1{\rightarrow}E$，其长度为 12；$B_3$ 的最短后部路线为 $B_3{\rightarrow}C_2{\rightarrow}D_1{\rightarrow}E$，其长度为 11，此步骤的标注如图 8.4 所示。

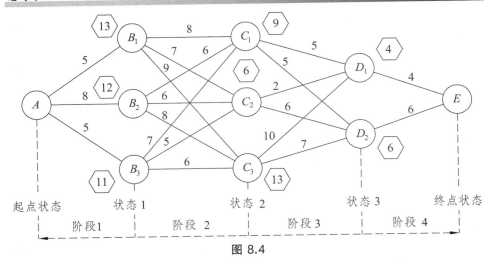

图 8.4

第四步： 现在从倒数第四阶段即阶段 1 考虑，这个阶段要找出 A 的最短后部路线，A 的后部路线有 $A \to B_1$、$A \to B_2$ 和 $A \to B_3$。也同样用上述方法求出后部路线 $A \to B_1$ 的长度为 18，后部路线 $A \to B_2$ 的长度为 20，后部路线 $A \to B_3$ 的长度为 16。比较这三个后部路线的长度，可以确定 A 的最短后部路线是 $A \to B_3 \to C_2 \to D_1 \to E$，则将 A 的最短后部路线的长度 16 填到多边形框内，标在节点 A 的旁边。

本题解题过程可以说至此已结束，我们也得到了从 A 开始到 E 的最短路线。把从 A 到 E 的最短路径用粗实线连接起来，此步骤的标注如图 8.5 所示。

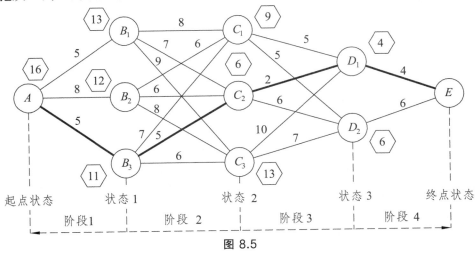

图 8.5

以上例子就是用动态规划求解最短路线的典型方法。可以看出，用动态规划求解最短路线问题的特点就是把一个大的决策问题分解成若干个相互关联的小的决策问题，然后通过逐步求解小的决策问题，而且每个小问题的决策方法基本相同。

以上例子的求解也为理解动态规划的特点、动态规划的建模思路、动态规划的求解原理等奠定了认知的基础。

2. 资源分配问题

例 8.2　设某种资源的数量为 m，将它投入到 A、B 两种生产中。若把 n 数量的资源投入生产 A，把剩下的资源 $m-n$ 投入生产 B，则收入函数为 $\varphi(n)+\gamma(m-n)$。若生产后可以进行回收再生产，设 A、B 回收率分别为 a 和 b，其取值范围分别为 $0\leqslant a\leqslant 1$、$0\leqslant b\leqslant 1$，则在第一阶段生产后回收的总资源为 $m_1=an+b(m-n)$，再将 m_1 投入生产 A、B。若以 n_1 和 m_1-n_1 再分别投入生产 A、B，则又可得到收入 $\varphi(n_1)+\gamma(m_1-n_1)$，因此两阶段的总收入为 $\varphi(n)+\gamma(m-n)+\varphi(n_1)+\gamma(m_1-n_1)$。

如果上面的过程进行了 k 个阶段，而且希望选择 $n, n_1, \cdots, n_{k-1}$，使 k 个阶段的总收入最大，问题就变为

$$\max\ z = \{\varphi(n)+\gamma(m-n)+\varphi(n_1)+\gamma(m_1-n_1)+\cdots+\varphi(n_{k-1})+\gamma(m_{k-1}-n_{k-1})\}$$

满足条件

$$m_1=an+b(m-n)、m_2=an_1+b(m_1-n_1)、\cdots、m_k=an_{k-1}+b(m_{k-1}-n_{k-1})$$

其中 $0\leqslant n\leqslant m$、$0\leqslant n_1\leqslant m_1$、$\cdots$、$0\leqslant n_{k-1}\leqslant m_{k-1}$。可以将该例题分成 k 个阶段，用每个阶段的资源数表示该阶段的状态，即分配给 A 的资源数 $n_i(i=1, 2, \cdots, k-1)$ 表示决策这一过程，那么就可以通过 $m_k=an_{k-1}+b(m_{k-1}-n_{k-1})$ 表示递推关系即状态转移，k 个阶段的总收入 z 表示效益。

8.2　动态规划相关知识

通过前面两个例题，对动态规划问题有了初步的认识，同时前面也讲到，当状态和决策阶段比较多时，若采用穷举法，就会相当复杂，甚至无法实现决策的目的。为了对建立动态规划问题的模型有基本了解，也为了寻求一种更好的动态规划问题求解算法，下面分别介绍几个基本概念、状态转移方程、优劣指标以及指标递推方程。

1. 基本概念

（1）阶段。

针对动态规划问题，为了便于求解和刻画决策过程的推移顺序，需要把

所给的问题划分为若干个既相互联系又相互区别的**阶段**，这就需要对每一个阶段作出不同的决策，以便控制这个阶段的推移过程，这就是所谓的**多阶段决策**。通常，阶段是按照时间或空间上先后顺序的特征来划分的，但无论如何划分，都要便于将问题转化为多阶段决策。从最初阶段到最后阶段的一系列决策称为**策略**。显而易见，动态规划的目的就是在若干个决策中寻求最优的策略。用来描述阶段的变量叫做**阶段变量**，一般以 k 表示阶段变量，阶段的数量就是多阶段决策从开始到结束时所作出的决策数量，如引例 8.1 中分为四个阶段。

（2）**状态和状态变量**。

每个阶段开始时，过程所处的自然状况或客观条件称为状态。在动态规划中，状态是阶段划分的临界点，也是各个阶段决策的依据，或者说是动态规划问题中各个阶段信息的传递点和结合点。状态的变化就意味着阶段的推移，同样阶段的推移也意味着状态发生了变化，所以多阶段决策的过程可以通过各个阶段状态的演变来描述。反映状态变化的量叫做**状态变量**，它可以用一个数、一组数或一个向量来表述。状态变量必须包含对应阶段决策所需要的全部信息，它不但能描述过程的特征，同时也具有"无后效性"，即当前阶段的状态给定时，这个阶段以后的过程如何演变与该阶段及前面各个阶段的状态无关。状态变量是动态规划中最关键的一个参数，它既是反映前面各阶段决策的结果，又是本阶段作出决策的出发点。用 s_k 表示第 k 阶段的状态变量，状态变量的取值有一定的允许集合或范围，此集合称为**允许状态集合**。允许状态集合实际上是关于状态的约束条件，它可以是离散的取值集合，也可以是连续的取值区间，需要视具体问题而定。状态变量取值的全体称为**状态空间**或**状态集合**。同样，可以根据状态变量是离散的还是连续的，将动态规划问题分为**离散型动态规划**和**连续型动态规划**。

（3）**决策和决策变量**。

当某一阶段的状态确定以后，可以作出不同的决定或选择，从而确定下一个阶段的状态，这种决定或选择称为**决策**。下一个阶段进入何种状态取决于这一阶段作出了什么决策，所以决策就是各个阶段对状态演变的诸多可能性的选择。描述决策的变量称为**决策变量**。由于各个阶段的决策取决于状态变量，用 x_k 表示第 k 阶段状态为 s_k 的决策变量，它可以用一个数、一组数或一个向量（多维情形）来描述。在实际问题中决策变量的取值往往在某一范围之内，此范围称为**允许决策集合**，记为 X_k。每一个阶段的允许决策集合不一定相同，允许决策集合实际是决策的约束条件。

2. 状态转移方程

状态转移方程是由一种状态演变为另一种状态的数学描述形式。设第 k 阶段开始状态的状态变量为 s_k，对该阶段作出决策的决策变量为 x_k，那么针对第 $k+1$ 阶段的状态变量 s_{k+1} 也随之确定，即 s_{k+1} 的值随着 s_k 和 x_k 的变化而变化，所以 s_{k+1} 与 s_k、x_k 有函数关系。为了描述这种由第 k 阶段转移到第 $k+1$ 阶段的演变规律，把这个函数记为

$$s_{k+1}=g_k(s_k, x_k)$$

这个函数方程称为**状态转移方程**。在许多问题中，状态转移方程可以用数学解析式来表达，不过有的问题很难用数学解析式来刻画状态转移方程，但这并不妨碍用动态规划来解决现实问题。

3. 优劣指标

动态规划的目的就是在若干个决策中寻求最优的策略，即形成可行的最优决策序列，这就需要有衡量策略的指标，这个指标称为**优劣指标**。优劣指标取决于决策过程的初始状态和各个阶段的决策，即优劣指标是初始状态和决策序列的函数。在每个阶段的每一种状态下作出的每一个决策都会对问题的总效果有直接的影响，这种影响和 s_k、x_k 是函数关系，记为 $d_k(s_k, x_k)$。另外，由第 k 阶段的状态 s_k 开始转移到后面某一状态的这一过程称为**第 k 阶段状态 s_k 的后部过程**，则相应的决策序列称为**状态 s_k 后部策略**。从第 k 阶段的状态 s_k 开始的每一个后部过程都像全过程一样也规定一个指标，这个指标称为**最优后部指标**，记为 $f_k(s_k)$。如果用 $f_k(s_k, x_k)$ 表示第 k 阶段状态 s_k 下采取决策为 x_k 的最优后部指标，那么就可以有如下的函数关系式

$$f_k(s_k, x_k)=d_k(s_k, x_k)+f_{k+1}(g_k(s_k, x_k))$$

把具有最优后部指标的后部过程称为**最优后部过程**。

动态规划的方法就是每一个阶段都要找出该阶段下每一种状态的最优后部过程，从而形成最优后部策略。

4. 指标递推方程

在计算各个阶段最优后部过程的最优后部指标时，都要用到上一个阶段已经求出的最优后部指标，所以建立最优后部指标的思路就是，首先确定各个阶段每一种状态下决策产生的直接效果 $d_k(s_k, x_k)$，然后从初始状态出发，依次求出当前阶段每一种状态的最优后部过程，从而建立最优后部指标 $f_k(s_k, x_k)$。

基于前面的相关知识，可以给出第 k 阶段状态 s_k 下采取决策为 x_k 时的最优后部过程的**指标递推方程**：

$$\begin{cases} f_k(s_k) = \max/\min\{d_k(s_k,x_k) + f_{k+1}(g_k(s_k,x_k)) \big| x_k \in X_k\} \\ f_0(s_0) = 0 \\ k = 1,2,\cdots,n \end{cases} \tag{8.1}$$

如果引入函数关系式 $f_k(s_k,x_k) = d_k(s_k,x_k) + f_{k+1}(g_k(s_k,x_k))$，则模型 8.1 可以写为

$$\begin{cases} f_k(s_k) = \max/\min\{f_k(s_k,x_k) \big| x_k \in X_k\} \\ f_k(s_k,x_k) = d_k(s_k,x_k) + f_{k+1}(g_k(s_k,x_k)) \\ f_0(s_0) = 0 \\ k = 1,2,\cdots,n \end{cases} \tag{8.2}$$

指标递推方程 8.1 和 8.2 也称为**动态规划的基本方程**。只有建立了这个具有递推关系的方程，才能对一个动态规划问题从第一阶段开始逐次进行计算求解，从而寻找到整个过程的最优解。

8.3 动态规划模型的建立

动态规划模型的建立和线性规划有所不同，下面主要介绍建立动态规划模型的基本思想、基本原理以及建模的主要步骤。

1. 动态规划建模的基本思想

（1）采取阶段性思想。

动态规划建模的关键在于正确地写出基本递推关系式和恰当的边界条件，即形成动态规划的基本方程。要解决这个问题，就必须将问题的过程分成几个相互联系的阶段，然后正确定义状态变量、决策变量及最优值函数，从而把较复杂的问题转化成类型基本相同的若干子问题，然后对子问题逐个求解。

（2）采取整体最优思想。

即从给出的边界条件开始，逐段递推寻优。针对每一个子问题，都是利用它前面子问题的最优化结果而依次进行求解，最后一个子问题的最优解就是整个问题的最优解。

（3）着眼全局思想。

在多阶段决策过程中，动态规划从过程角度看，是把当前阶段和未来阶段分开，而从追求目标角度看，又把当前最优和未来最优结合起来，因此，针对每个阶段决策的选取则是从全局来考虑，与当前阶段的最优答案选择一般是不同的。

（4）**采取分段寻优方法**。

在寻求整个问题的最优策略时，初始状态是已知的，而且每个阶段的决策都是该阶段状态的函数，所以最优策略所经过的各个阶段的状态都可以逐次变换得到，并最终确定所求问题的最优策略。

2. 动态规划建模的基本原理

动态规划建模的基本原理主要包括最优性原理、无后效性原理。

（1）**最优性原理**。

前面介绍的建立指标递推方程，其实就是 20 世纪 50 年代由 R. Bellman 等人研究多阶段问题时提出的**最优性原理**。最优性原理的内容是"作为整个过程的最优策略具有这样的性质：无论过去的状态和决策如何，相对于前面的决策所形成的状态而言，余下的决策序列必然构成最优子策略。"也就是说，一个最优策略的子策略也是最优的。最优性原理的特点是，最优性原理并不是对所有决策过程都普遍适用的，它仅仅是策略最优性的必要条件，所以在建立不同的动态规划模型时，必须对相应的最优性原理进行必要的论证。动态规划最优性定理的实质就是动态规划的基本方程，它是动态规划的理论基础和理论依据，也是策略最优性的充分必要条件。

（2）**无后效性原理**。

最优性原理是动态规划方法的核心，所以根据最优性原理可以将多阶段决策过程化为若干个单阶段的决策过程，当然这种转化必须满足**无后效性**。所谓无后效性是指在状态转移过程中，一旦达到某个阶段的某一个状态，那么以后过程的发展仅仅取决于这一时刻的状态，而与这一时刻以前的状态和决策无关。也就是说，当前阶段的状态给定时，这个阶段以后的过程如何演变与该阶段以及前面各个阶段的状态无关。

3. 动态规划的建模步骤

基于动态规划建模的基本原理，动态规划建模的具体步骤如下：

第一步：划分阶段。

根据需要把问题划分为若干个阶段，通常用变量 k 表示阶段。

第二步：确定状态变量。

通过分析各个阶段的状态，确定可靠的状态变量，通常用 s_k 表示第 k 阶段的状态变量。状态变量既要描述过程的演变，又要满足无后效性，同时还需要注意，每个阶段可能的状态变量值是可以列举出来的。

第三步：确定决策变量及允许决策集合。

定义状态变量 s_k 以后，就需要定义决策变量，用 x_k 表示第 k 阶段状态为 s_k 下的决策变量，然后根据实际问题中决策变量的取值范围确定允许决策集合，允许决策集合用 X_k 表示。

第四步：确定状态转移方程。

针对第 k 阶段的状态 s_k 作出了决策 x_k，那么第 k 阶段末即第 $k+1$ 阶段初的状态 s_{k+1} 也就能确定，从而可以建立函数关系，即写出状态转移方程

$$s_{k+1}=g_k(s_k, x_k)$$

第五步：确定各阶段指标函数和最优指标函数。

确定每一个阶段不同状态的效果和整个最优后部过程的指标，用 $d_k(s_k, x_k)$ 表示各个阶段的效果函数，用 $f_k(s_k)$ 表示最优后部指标。

第六步：建立指标递推方程。

建立如模型 8.1 或模型 8.2 的指标递推方程。

以上六步是建立动态规划数学模型的一般步骤，需要注意的是，合理的最优后部指标和可靠的指标递推方程是正确建立动态规划模型的基础和关键。

由于动态规划模型与线性规划模型不同，动态规划模型没有通用的模式，所以建模时必须根据具体问题做具体分析，只有通过不断的实践总结，才能较好地掌握动态规划建模的方法与技巧。

8.4　动态规划模型的求解

构建好动态规划模型以后，就需要对此模型进行求解。根据状态转移方程和指标递推方程，如果按照与实际过程相反的方向求解，即从实际决策的最后阶段向最初阶段进行递推来寻求最优策略，这种方法称为**逆推法**或**逆序法**；如果按照与实际过程相同的方向求解，即从实际决策的最初阶段向最后阶段进行递推来寻求最优策略，这种方法称为**顺推法**或**顺序法**。

一般来说，当初始状态给定时，用顺推法相对比较方便；当终止状态给定时，用逆推法相对比较方便。

1. 逆推法

运用逆推法求解时，需根据实际决策从最后阶段 n 开始，即边界条件从 $k=n$ 开始，由后向前进行逆推，逐步求得各个阶段的最优决策和相应的最优值，最后求得最优后部指标即最初阶段的最优指标 $f_1(s_1)$，从而得到整个问题的最优解。这种由后向前推算最优解的方法称为逆推法，相应的基本方程称为逆推法基本方程。

动态规划逆推法的基本方程为

$$\begin{cases} f_k(s_k) = \max/\min\{d_k(s_k,x_k) + f_{k+1}(g_k(s_k,x_k)) \big| x_k \in X_k\} \\ f_{n+1}(s_{n+1}) = 0 \\ k = n, n-1, \cdots, 1 \end{cases} \quad (8.3)$$

或写成

$$\begin{cases} f_k(s_k) = \max/\min\{f_k(s_k,x_k) \big| x_k \in X_k\} \\ f_k(s_k,x_k) = d_k(s_k,x_k) + f_{k+1}(g_k(s_k,x_k)) \\ f_{n+1}(s_{n+1}) = 0 \\ k = n, n-1, \cdots, 1 \end{cases} \quad (8.4)$$

逆推法的求解过程就是根据边界条件 $f_{n+1}(s_{n+1})=0$，从 $k=n$ 开始，由后向前进行逆推，根据基本方程求出各个阶段的 $f_k(s_k)$，最后求得的 $f_1(s_1)$ 就是整个动态规划问题的最优解。

2. 顺推法

运用顺推法求解时，需根据实际决策从最初阶段开始，即边界条件从 $k=1$ 开始，由前向后进行顺推，逐步求得各个阶段的最优决策和相应的最优值，最后求得最优后部指标即最后阶段的最优指标 $f_n(s_n)$，从而得到整个问题的最优解。这种由前向后推算最优解的方法称为顺推法，相应的基本方程称为顺推法基本方程。

动态规划顺推法的基本方程为

$$\begin{cases} f_k(s_k) = \max/\min\{d_k(s_k,x_k) + f_{k-1}(g_k(s_k,x_k)) \big| x_k \in X_k\} \\ f_0(s_0) = 0 \\ k = 1, 2, \cdots, n \end{cases} \quad (8.5)$$

或写成

$$\begin{cases} f_k(s_k) = \max/\min\{f_k(s_k,x_k) \big| x_k \in X_k\} \\ f_k(s_k,x_k) = d_k(s_k,x_k) + f_{k-1}(g_k(s_k,x_k)) \\ f_0(s_0) = 0 \\ k = 1, 2, \cdots, n \end{cases} \quad (8.6)$$

顺推法的求解过程就是根据边界条件 $f_0(s_0)=0$，从 $k=1$ 开始，由前向后进行顺推，根据基本方程求出各个阶段的 $f_k(s_k)$，最后求得的 $f_n(s_n)$ 就是整个动态规划问题的最优解。

为了对动态规划问题的求解有更具体的理解，在前面例 8.1 求解分析基础上，现在用逆推法对例 8.1 进行求解，即从终点 E 由后向前逐段向始点 A 方向寻找最短路线。

从图 8.1 可知，此问题分为 5 个状态和 4 个阶段，所以此问题可分为 4 个阶段进行决策，过程如下：

当 $k=4$ 时，设边界条件 $f_5(s_5)=f_5(E)=0$，则通过以下指标递推方程作出决策：

$f_4(D_1)=d(D_1{\rightarrow}E)+f_5(E)=4+0=4$，最优决策为 $D_1{\rightarrow}E$；

$f_4(D_2)=d(D_2{\rightarrow}E)+f_5(E)=6+0=6$，最优决策为 $D_2{\rightarrow}E$。

当 $k=3$ 时，则通过以下指标递推方程作出决策：

$$f_3(C_1)=\min\{d(C_1{\rightarrow}D_1)+f_4(D_1), d(C_1{\rightarrow}D_2)+f_4(D_2)\}$$
$$=\min\{5+4, 5+6\}=9，最优决策为 C_1{\rightarrow}D_1$$

$$f_3(C_2)=\min\{d(C_2{\rightarrow}D_1)+f_4(D_1), d(C_2{\rightarrow}D_2)+f_4(D_2)\}$$
$$=\min\{2+4, 6+6\}=6，最优决策为 C_2{\rightarrow}D_1$$

$$f_3(C_3)=\min\{d(C_3{\rightarrow}D_1)+f_4(D_1), d(C_3{\rightarrow}D_2)+f_4(D_2)\}$$
$$=\min\{10+4, 7+6\}=13，最优决策为 C_3{\rightarrow}D_2$$

当 $k=2$ 时，则通过以下指标递推方程作出决策：

$$f_2(B_1)=\min\{d(B_1{\rightarrow}C_1)+f_3(C_1), d(B_1{\rightarrow}C_2)+f_3(C_2), d(B_1{\rightarrow}C_3)+f_3(C_3)\}$$
$$=\min\{8+9, 7+6, 9+13\}=13，最优决策为 B_1{\rightarrow}C_2$$

$$f_2(B_2)=\min\{d(B_2{\rightarrow}C_1)+f_3(C_1), d(B_2{\rightarrow}C_2)+f_3(C_2), d(B_2{\rightarrow}C_3)+f_3(C_3)\}$$
$$=\min\{6+9, 6+6, 8+13\}=12，最优决策为 B_2{\rightarrow}C_2$$

$$f_2(B_3)=\min\{d(B_3{\rightarrow}C_1)+f_3(C_1), d(B_3{\rightarrow}C_2)+f_3(C_2), d(B_3{\rightarrow}C_3)+f_3(C_3)\}$$
$$=\min\{7+9, 5+6, 6+13\}=11，最优决策为 B_3{\rightarrow}C_2$$

当 $k=1$ 时，则通过以下指标递推方程作出决策：

$$f_1(A)=\min\{d(A{\rightarrow}B_1)+f_2(B_1), d(A{\rightarrow}B_2)+f_2(B_2), d(A{\rightarrow}B_3)+f_2(B_3)\}$$
$$=\min\{5+13, 8+12, 5+11\}=16，最优决策为 A{\rightarrow}B_3$$

针对上述各阶段进行反向追踪可知，从 A 到 E 的最优决策为 $A{\rightarrow}B_3{\rightarrow}C_2{\rightarrow}D_1{\rightarrow}E$，即为 A 到 E 的最短路线。

当然，针对例 8.1 也可以用顺推法进行求解。

8.5　动态规划应用举例

1. 资源配置问题

所谓资源配置问题，就是如何将有限的资源分配给若干个生产活动，并且使资源利用的收益最大。这是经济活动中比较常见的问题，而动态规划可以求解一些线性规划无法解决的资源配置问题。

设有数量为 a 的有限资源，现在分配给 n 个生产活动，已知把 x_i 数量的资源分配给第 i 个生产活动的收益为 $f_i(x_i)$，问题是如何分配资源才能使 n 个生产活动的总收益最大？

此问题即为一般的资源配置问题，可以描述为如下的规划问题：

$$\max \ z = f_1(x_1) + f_2(x_2) + \cdots + f_n(x_n)$$

$$\text{s.t.}\begin{cases} x_1 + x_2 + \cdots + x_n = a \\ x_i \geqslant 0, i = 1, 2, \cdots, n \end{cases} \tag{8.7}$$

当 $f_i(x_i)$ 是线性函数时，这就是线性规划问题；当 $f_i(x_i)$ 是非线性函数时，这就是非线性规划问题。如果 n 较大时，求解相当繁琐，基于这类模型的特殊结构，可以把此问题看成是多阶段决策问题，这样就可以用动态规划的递推方程来求解。

由前面已经知道，决策变量 x_i 表示分配给第 i 个生产活动的资源数量，设状态变量为 s_i，表示分配第 i 个生产活动时剩余的资源数量，则有状态转移方程 $s_{i+1} = s_i - x_i$。同时可知允许决策集合为 $X_i(s_i) = \{x_i | 0 \leqslant x_i \leqslant s_i\}$。设最优后部指标的函数为 $f_i(s_i)$，表示把现有的数量为 s_i 的资源分配给第 i 个及以后的其余生产活动所得的最大总收益，至此可以写出此动态规划逆推的指标递推方程：

$$\begin{cases} f_i(s_i) = \max\{f_i(s_i, x_i) | x_i \in X_i\} \\ f_i(s_i, x_i) = f_i(x_i) + f_{i+1}(s_i - x_i) \\ f_{n+1}(s_{n+1}) = f_{n+1}(x_{n+1}) = 0 \\ i = n, n-1, \cdots, 1 \end{cases} \tag{8.8}$$

利用模型 8.8 即可逐段依次计算，最后求得的 $f_1(a)$ 即为此资源分配的最大总收益。

下面以一个具体例题介绍资源配置问题的动态规划求解过程。

例 8.3 某工厂有 4 台设备要分配到 3 条生产线上，用变量 x_i 表示分配到第 i 条生产线上的设备数量，可知 $x_i = 0, 1, 2, 3, 4$，其中 $i = 1, 2, 3$。已知设备分配到不同生产线的预期收入函数分别为

$$f_1(x_1) = 6x_1 + 4 \text{、} f_2(x_2) = 4x_2 + 6 \text{、} f_3(x_3) = 3x_3 + 5$$

另外，若没有设备分配到生产线上，则预期收入应该为 0，即当 $x_1 = x_2 = x_3 = 0$ 时，有 $f_1(x_1) = f_2(x_2) = f_3(x_3) = 0$，问设备如何分配到各条生产线上，才会使工厂的总收入最大？

解 此问题的阶段与生产线相联系，可以分为 3 个阶段，即 $n = 3$。状态

变量 s_i 表示可供分配给第 i 条生产线的设备数量；决策变量 x_i 表示最终分配给第 i 条生产线的设备数量，则有状态转移方程 $s_{i+1}=s_i-x_i$，同时可知允许决策集合为 $X_i(s_i)=\{x_i|0\leq x_i\leq s_i\}$；设最优后部指标的函数为 $f_i(s_i)$，那么动态规划逆推的指标递推方程为

$$\begin{cases} f_i(s_i) = \max\{f_i(s_i,x_i)\big|x_i \in X_i\} \\ f_i(s_i,x_i) = f_i(x_i) + f_{i+1}(s_i - x_i) \\ f_4(s_4) = f_4(x_4) = 0 \\ i = 3,2,1 \end{cases} \quad (8.9)$$

当 $k=3$ 时，$f_3(x_3)=3x_3+5$，分配设备的收入状态如表 8.1 所示：

表 8.1　$k=3$ 时的收入状态

x_3 / s_3	$f_3(x_3)+f_4(s_4)$					$f_3(s_3)$	x_3^*
	0	1	2	3	4		
0	0					0	0
1		8				8	1
2			11			11	2
3				14		14	3
4					17	17	4

当 $k=2$ 时，$f_2(x_2)=4x_2+6$，$s_3=s_2-x_2$，分配设备的收入状态如表 8.2 所示：

表 8.2　$k=2$ 时的收入状态

x_2 / s_2	$f_2(x_2)+f_3(s_3)$					$f_2(s_2)$	x_2^*
	0	1	2	3	4		
0	0*					0	0
1	0+8	10+0*				10	1
2	0+11	10+8*	14+0			18	1
3	0+14	10+11	14+8*	18+0		22	2
4	0+17	10+14	14+11	18+8*	22+0	26	3

当 $k=1$ 时，$f_1(x_1)=6x_1+4$，$s_2=s_1-x_1$，分配设备的收入状态如表 8.3 所示：

表 8.3　$k=1$ 时的收入状态

s_1 \ x_1	$f_1(x_1)+f_2(s_2)$					$f_1(s_1)$	x_1^*
	0	1	2	3	4		
4	0+26	10+22	16+18*	22+10	28+0	34	2

最终根据这些表格可以得出最优解为 $x_1=2$，$x_2=1$，$x_3=1$，工厂的最大总收入为 34。

2. 生产与库存问题（生产计划问题）

在实际问题中，经常会遇到安排生产或采购计划问题。要求在满足实际需求的情况下，使成本费用达到最低，因此，这就需要对生产计划或采购计划制定合理的策略，从而确定不同时期的生产量、采购量或库存量，以使生产成本和库存费用总和最小。这就是生产与库存问题的最优化目标。

下面以一个具体例题介绍生产与库存问题的动态规划求解过程。

例 8.4　某生产厂家与一位客户签订生产合同，在 4 个月内出售一定数量的某种产品，该产品的每月生产成本会随着原材料的行情波动而变化。已知工厂每月最多生产 80 单位该产品，要求产量限于 10 的倍数。另外，对生产的多余产品可以储存，储存费用为每单位每月 3 元，其中该产品每个月的需求量及单位产品的生产成本如表 8.4 所示：

表 8.4　需求量及单位产品生产成本

月份 \ 需求及成本	1	2	3	4
需求量	50	60	110	50
单位生产成本	60	64	70	72

现在要求确定该产品每月的具体生产数量，使每月的合同需求量得到满足，同时又使生产成本和储存费用之和最小。

解　此问题的阶段与月份相联系，可以分为 4 个阶段，即 $n=4$，用逆推法求解，第 1 阶段从 4 月份开始。状态变量 s_i 表示第 i 阶段开始时具有的产品数量；决策变量 x_i 表示第 i 阶段产品的具体生产数量；c_i 表示第 i 阶段的单位生产成本；q_i 表示第 i 阶段的产品需求量；有状态转移方程 $s_{i+1}=s_i+x_i-q_i$。设最优后部指标的函数为 $f_i(s_i)$，关于费用的直接指标函数表达式为 $f_i(s_i, x_i)=c_i x_i+3s_i$，则动态规划逆推的指标递推方程为

$$\begin{cases} f_i(s_i) = \min\{f_i(s_i, x_i)\} \\ f_i(s_i, x_i) = c_i x_i + 3s_i \\ f_5(s_5) = 0 \\ i = 4, 3, 2, 1 \end{cases} \qquad (8.10)$$

当 $k=4$ 时，即对应于第 1 阶段，因为工厂每月最多生产 80 单位该产品，则前 3 个月最大产量为 240 单位，需求量为 220 单位，所以 4 月初最大储存量为 20 单位，产量又限于 10 的倍数，所以 4 月初可能的储存量为 0、10、20 单位;4 月初的存储量加上 4 月的产量应该恰好等于 4 月份的需求量 50 单位，所以 4 月可能的产量为 50、40、30 单位，该阶段的决策如表 8.5 所示:

表 8.5　$k=4$ 时的决策状态

x_4 / s_4	$f_4(s_4, x_4) + f_5(s_5)$			$f_4(s_4)$	x_4^*
	30	40	50		
0	—	—	3 600	3 600	50
10	—	2 910	—	2 910	40
20	2 220	—	—	2 220	30

当 $k=3$ 时，对应第 2 阶段，与前一阶段同样的分析可知，3 月初的最大储存量为 50 单位;因为工厂每月最多生产 80 单位，而 3 月需求量为 110 单位，所以 3 月初至少应该有储存量 30 单位，则 3 月可能的产量为 80、70、60 单位，该阶段的决策如表 8.6 所示。

表 8.6　$k=3$ 时的决策状态

x_3 / s_3	$f_3(s_3, x_3) + f_4(s_4)$			$f_3(s_3)$	x_3^*
	60	70	80		
30	—	—	9 290*	9 290	80
40	—	8 620*	8 630	8 620	70
50	7 950*	7 960	7 970	7 950	60

当 $k=2$ 时，即对应于第 3 阶段，和前一个阶段同样的分析可知，2 月初最大储存量为 30 单位;从前一个阶段可知，3 月初至少应该有储存量 30 单位，那么有 $s_2 + x_2 - 60 \geq 30$，即 $s_2 + x_2 \geq 90$，这意味着本阶段初至少应该有存储量 10 单位，那么 2 月初可能的储存量应该为 10、20、30 单位，所以 2 月可能的产量为 80、70、60、50 单位。该阶段的决策如表 8.7 所示。

表 8.7 k=2 时的决策状态

x_2 s_2	$f_2(s_2, x_2)+f_3(s_3)$				$f_2(s_2)$	x_2^*
	50	60	70	80		
10	—	—	—	14 440*	14 440	80
20	—	—	13 830	13 800*	13 800	80
30	—	13 220	13 190	13 160*	13 160	80

当 k=1 时，即对应于第 4 阶段，1 月初储存量为 0 单位，需求量为 50 单位；从前一个阶段可知，2 月初至少应该有 10 单位的存储量，那么 1 月可能的产量为 60、70、80 单位。该阶段的决策如表 8.8 所示。

表 8.8 k=1 时的决策状态

x_1 s_1	$f_1(s_1, x_1)+f_2(s_2)$			$f_1(s_1)$	x_1^*
	60	70	80		
0	18 040	18 000	17 960*	17 960	80

至此，4 个月的最优生产计划制定完毕，如表 8.9 所示：

表 8.9 最优生产计划

月份	月初储存量	产量	销量	生产成本	储存费用	月总费用
1	0	80	50	4 800	0	4 800
2	30	80	60	5 120	90	5 210
3	50	60	110	4 200	150	4 350
4	0	50	50	3 600	0	3 600
合计	80	270	270	17 720	240	17 960

需要注意的是，在每个阶段计算 $f_i(s_i, x_i)$ 时，无论 s_i 为何值，$f_i(s_i, x_i)$ 都是 s_i 的单调函数，即呈现出线性关系。

3. 设备更新问题

在实际问题中，经常会遇到设备陈旧等原因造成的设备更新问题。一台设备在比较新的时候，故障较少，正常运转时间也较长，年收益也较高，但随着使用时间的增加，故障会越来越多，正常运转时间就减少，维修的费用会增加，年收益也减少。当达到一定程度时，就需要更新设备，其中涉及以旧换新的费用。因此在设备更新问题中，需要考虑计算期内设备更新几次，在哪一年更新，从而使计算期内总收益最大，即在 n 年内，每年年初都要对设备做出决定，是更换一台新的设备，还是继续使用旧设备，其目的就是在 n 年内总收益最大。

设备更新问题按计算期 n 年划分为 n 个决策阶段，对各种变量做如下定义：

状态变量 s_k 表示第 k 阶段开始时，设备已经使用过的年数，其中各个阶段的每一状态都只能取两个值，即 s_k+1 和 1。当决策变量为 s_k+1 时，表示继续使用原有设备，即下一阶段的状态为 s_k+1；当决策变量为 1 时，表示当年年初更新了设备，即下一阶段的状态为 1。决策变量 x_k 表示作出该决策后所达到的下一阶段的状态。$r_k(s_k)$ 表示在状态 s_k 下，第 k 阶段的设备年收益。$u_k(s_k)$ 表示在状态 s_k 下，第 k 阶段的设备年维修费用。$c_k(s_k)$ 表示在状态 s_k 下，第 k 阶段的设备更新费用。状态转移方程为 $s_{k-1}=x_k$。直接指标如下：

$$d_k(s_k,x_k)=\begin{cases} r_k(s_k)-u_k(s_k), & \text{当}x_k=s_k+1 \\ r_k(0)-u_k(0)-c_k(s_k), & \text{当}x_k=1 \end{cases} \quad (8.11)$$

指标递推方程为

$$\begin{cases} f_k(s_k)=\max\{f_k(s_k,x_k)\} \\ f_k(s_k,x_k)=d_k(s_k,x_k), & \text{当}k=1\text{时} \\ f_k(s_k,x_k)=d_k(s_k,x_k)+f_{k-1}(x_k), & \text{当}k=2,\cdots,n\text{时} \end{cases} \quad (8.12)$$

下面以一个具体例题介绍设备更新问题的动态规划求解过程。

例 8.5　某公交公司在 2012 年年初，考虑对一辆 2009 型公交车是否进行更新，这辆公交车是在 2009 年年初购进并投入运营，现已经使用 3 年。各种车型公交车的有关数据如表 8.10 所示，那么在 2012 年年初和以后 3 年的年初应该如何决策，才能使总的收益达到最大？

表 8.10　各种型号公交车有关数据表

车型	2009 型				2012 型			
已使用年数	3	4	5	6	0	1	2	3
年收益	10	9	8	6	15	14	13	11
年维修费	3	3	4	5	1	1	2	3
更新费	24	24	26	27	21	22	23	24

车型	2013 型			2014 型		2015 型
已使用年数	0	1	2	0	1	0
年收益	16	14	14	17	16	18
年维修费	1	1	2	1	1	1
更新费	20	21	21	21	22	21

解　为便于用动态规划求解，将资料表 8.10 变换为表 8.11。

表 8.11　各种型号公交车有关数据表

阶段 k（年份）	1（2015）					2（2014）			
已使用年数 s_k	0	1	2	3	6	0	1	2	5
年收益 $r_k(s_k)$	18	16	14	11	6	17	14	13	8
年维修费 $u_k(s_k)$	1	1	2	3	5	1	1	2	4
更新费 $c_k(s_k)$	21	22	21	24	27	21	21	23	26

阶段 k（年份）	3（2013）			4（2012）	
已使用年数 s_k	0	1	4	0	3
年收益 $r_k(s_k)$	16	14	9	15	10
年维修费 $u_k(s_k)$	1	1	3	1	3
更新费 $c_k(s_k)$	20	22	24	21	24

第 1 阶段决策见表 8.12：

表 8.12　第 1 阶段决策表

s_1	$f_1(s_1, x_1)$		x_1^*	$f_1(s_1)$
	$x_1=s_1+1$	$x_1=1$		
1	15	−5	2	15
2	12	−4	3	12
3	8	−7	4	8
6	1	−10	7	1

计算举例如下：

$$f_1(1,2)=d_1(1,2)=r_1(1)-u_1(1)=16-1=15$$
$$f_1(1,1)=d_1(1,1)=r_1(0)-u_1(0)-c_1(1)=18-1-22=-5$$

第 2 阶段决策见表 8.13：

表 8.13　第 2 阶段决策表

s_2	$f_2(s_2, x_2)$		x_2^*	$f_2(s_2)$
	$x_2=s_2+1$	$x_2=1$		
1	25	10	2	25
2	19	8	3	19
5	5	5	6 或 1	5

计算举例如下:

$f_2(1,2)=d_2(1,2)+f_1(2)=r_2(1)-u_2(1)+f_1(2)=14-1+12=25$

$f_2(1,1)=d_2(1,1)+f_1(1)=r_2(0)-u_2(0)-c_2(1)+f_1(1)=17-1-21+15=10$

$f_2(2,3)=d_2(2,3)+f_1(3)=r_2(2)-u_2(2)+f_1(3)=13-2+8=19$

$f_2(2,1)=d_2(2,1)+f_1(1)=r_2(0)-u_2(0)-c_2(2)+f_1(1)=17-1-23+15=8$

$f_2(5,6)=d_2(5,6)+f_1(6)=r_2(5)-u_2(5)+f_1(6)=8-4+1=5$

$f_2(5,1)=d_2(5,1)+f_1(1)=r_2(0)-u_2(0)-c_2(5)+f_1(1)=17-1-26+15=5$

第 3 阶段决策见表 8.14:

表 8.14　第 3 阶段决策表

s_3	$f_3(s_3, x_3)$		x_3^*	$f_3(s_3)$
	$x_3=s_3+1$	$x_3=1$		
1	32	18	2	32
4	11	16	1	16

计算举例如下:

$f_3(1,2)=d_3(1,2)+f_2(2)=r_3(1)-u_3(1)+f_2(2)=14-1+19=32$

$f_3(1,1)=d_3(1,1)+f_2(1)=r_3(0)-u_3(0)-c_3(1)+f_2(1)=16-1-22+25=18$

$f_3(4,5)=d_3(4,5)+f_2(5)=r_3(4)-u_3(4)+f_2(5)=9-3+5=11$

$f_3(4,1)=d_3(4,1)+f_2(1)=r_3(0)-u_3(0)-c_3(4)+f_2(1)=16-1-24+25=16$

第 4 阶段决策见表 8.15:

表 8.15　第 4 阶段决策表

s_4	$f(s_4, x_4)$		x_4^*	$f_4(s_4)$
	$x_4=s_4+1$	$x_4=1$		
3	23	22	4	22

计算举例如下:

$f_4(3,4)=d_4(3,4)+f_3(4)=r_4(3)-u_4(3)+f_3(4)=10-3+16=23$

$f_4(3,1)=d_4(3,1)+f_3(1)=r_4(0)-u_4(0)-c_4(3)+f_3(1)=15-1-24+32=22$

至此得出最优策略:2012 年继续使用原来的公交车,2013 年年初更新,2014 年至 2015 年一直使用原来公交车,4 年纯收益为 23。

需要注意的是，在最优策略中，有可能在计划期内无需更新，也可能多次更新，这由问题的条件决定。另外，本题讨论的是一辆公交车，如果针对多辆公交车，同样按此方法，根据出厂日期是否相同分别计算。

4. 背包问题（登山问题）

背包问题可以描述为一名登山者欲带一个背包登山，这名登山者最多可携带物品的重量为 b 千克。假设可供选择的物品有 n 种，已知第 i 种物品的重量为 a_i，携带第 i 种物品登山的作用价值为 c_i。此登山者在重量有限的背包里，携带哪些物品才使登山物品的总作用最大？

此类问题就是著名的背包问题，类似问题还有工厂下料问题、运输货物装载问题等。

设 x_i 表示携带第 i 种物品的数量，则背包问题的模型如下：

$$\max \quad z = \sum_{i=1}^{n} c_i x_i$$

$$\text{s.t.} \begin{cases} \sum_{i=1}^{n} a_i x_i \leqslant b \\ x_i \geqslant 0 \text{且为整数,其中} i = 1, 2, \cdots, n_\circ \end{cases} \qquad (8.13)$$

从模型 8.13 可以看出，这是一个整数规划问题。如果每种物品只能携带一件，即 x_i 只能取值为 0 或 1，这个问题又是 0-1 规划问题。当然可以按照整数规划或 0-1 规划进行求解。

下面以一个具体例题介绍背包问题的动态规划求解过程。

例 8.6　一架货运飞机，有效载重为 24 吨，可运载的物品重量及运费收入如表 8.16 所示，问题是该飞机运载哪几件物品才使总运费收入最多？

解　问题可以按照物品编号依次划分为 6 个阶段，用顺推法求解，先决定是否运送物品 6。对各种变量做如下定义：状态变量 s_k 表示第 k 阶段飞机剩余的吨位；状态转移方程是 $s_{k-1} = s_k - a_k x_k$，其中 a_k 表示物品重量；决策变量 x_k 表示是否运载 k 物品，若运送 $x_k=1$，否则 $x_k=0$。

表 8.16　物品重量及费用收入

物品 重量	1	2	3	4	5	6
重量(吨)	8	13	6	9	5	7
收入	3	5	2	4	2	3

第 1 阶段的可能状态是 s_1=0, 1, $\cdots$, 24, 因为物品 1 重量为 8 吨, 所以将 0, 1, $\cdots$, 7 吨并为一类, 8, 9, $\cdots$, 24 吨并为一类, 这样状态 s_1=0, 1, $\cdots$, 7 时, 能够采取的决策是相同的, 即 x_1=0, 在这一阶段 $f_1(s_1, x_1)=d_1(s_1, x_1)$, 计算结果如表 8.17 所示:

表 8.17 第 1 阶段时的决策表

x_1 \\ s_1	$f_1(s_1, x_1)=d_1(s_1, x_1)$		$f_1(s_1)$	x_1^*
	0	1		
0 ~ 7	0	—	0	0
8 ~ 24	0	3	3	1

计算举例如下:

$$f_1(s_1)=\max\{f_1(s_1, x_1)\}= \max\{0, 3\}=3, \quad x_1^*=1$$

第 2 阶段, 对一切 s_2, 有 $d_2(s_2, 0)=0$; 对 $s_2 \geqslant 13$, 有 $d_2(s_2, 1)=5$, 此阶段状态转移方程是 $s_1=s_2-13x_2$。借鉴上一状态, 针对本阶段可能的状态, 把具有相同计算结果的状态也合并, 即将 0 ~ 24 吨分为 0 ~ 7、8 ~ 12、13 ~ 20、21 ~ 24 四个区间, 计算结果如表 8.18 所示:

表 8.18 第 2 阶段时的决策表

x_2 \\ s_2	$f_2(s_2, x_2)=d_2(s_2, x_2)+ f_1(s_2 - a_2 x_2)$		$f_2(s_2)$	x_2^*
	0	1		
0 ~ 7	0	—	0	0
8 ~ 12	3	—	3	0
13 ~ 20	3	5	5	1
21 ~ 24	3	8	8	1

计算举例如下:

当 s_2=8 ~ 12 时, $f_2(s_2, 0)=d_2(s_2, 0)+f_1(s_2-0)=0+3=3$;

当 s_2=21 ~ 24 时, $f_2(s_2, 1)=d_2(s_2, 1)+f_1(s_2-13)=5+3=8$。

第 3 阶段, 把具有相同计算结果的状态也合并, 即状态区间为 0 ~ 5、6 ~ 7、8 ~ 12、13 ~ 13、14 ~ 18、19 ~ 20、21 ~ 24, 计算结果如表 8.19 所示:

表 8.19　第 3 阶段时的决策表

x_3 $\diagdown$ s_3	$f_3(s_3, x_3)=d_3(s_3, x_3)+ f_2(s_3 - a_3x_3)$		$f_3(s_3)$	x_3^*
	0	1		
0 ~ 5	0	—	0	0
6 ~ 7	0	2	2	1
8 ~ 12	3	2	3	0
13	5	2	5	0
14 ~ 18	5	5	5	0 或 1
19 ~ 20	5	7	7	1
21 ~ 24	8	7	8	0

同理可以计算第 4、5、6 阶段（过程省略）。

特别提示

在现实问题中，动态规划的问题很多，比如还有推销员问题、排序问题、复合系统可靠性问题等等。

本章小结

本章首先介绍了动态规划的相关知识，主要包括基本概念、状态转移方程、优劣指标以及指标递推方程，然后给出了构建动态规划模型的基本思想、基本原理以及建模的主要步骤。在此基础上，介绍了动态规划问题的求解方法。另外，用一些具体的应用例题讲解了几种常见的动态规划求解过程。

本章要点

基本概念；状态转移方程；优劣指标以及指标递推方程。

本章重点

动态规划问题的求解方法。

本章难点

建立动态规划模型的基本思想、基本原理以及建模的主要步骤。

本章术语

静态模型；多阶段决策问题；策略；动态规划；阶段；阶段变量；状态；状态变量；允许状态集合；离散型动态规划；连续型动态规划；决策；决策变量；允许决策集合；状态转移方程；优劣指标；最优后部指标；指标递推方程；动态规划的基本方程；逆推法；顺推法。

习　题

1. 某城市铺设一条从 A 到 E 的自来水管线,每段所需要的费用如图 8.6 边旁数据所示。在所花费成本最低的要求下,应该选择怎样的路线来铺设自来水管线。

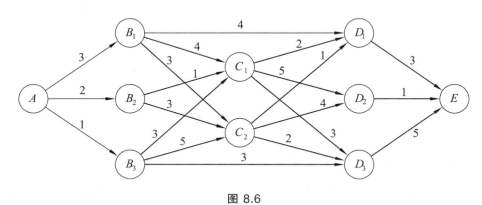

图 8.6

2. 某旅行团从 A 城出发,中间经过三个城市,经过每个城市仅且一次,最后返回 A 城,城市间的距离如表 8.20 所示。问按怎样的路线走,才能使总的行程最短?

表 8.20

终点　　起点	A	B	C	D
A	0	8	5	6
B	6	0	8	5
C	7	9	0	5
D	9	7	8	0

3. 某工厂有 100 台机器,拟分 4 个周期使用,在每一个周期内有两种生产任务。基于经验,如果把机器投入第一种生产任务,在一个周期内将有六分之一的机器报废;如果把机器投入第二种生产任务,在一个周期内将有十分之一的机器报废。投入第一种生产任务,每台机器可收益 1 万元;投入第二种生产任务,每台机器可收益 0.5 万元。问在 4 个周期内,怎样分配机器的使用才能使总收益最大?

4. 某工厂生产三种产品，各产品的重量及利润如表 8.21 所示。现将此三种产品运往市场出售，运输的总重量不超过 6 吨，如何安排运输使总利润最大？

表 8.21

产品 种类	1	2	3
重量	2	3	4
利润	80	130	180

5. 设有 500 台同一规格并完好的自动机床，每台机床每年在高负荷工作下，可创利 20 万元，完好率为 0.4；在低负荷工作下，每台机床每年可创利 15 万元，完好率为 0.8。试拟定连续 4 年的机床分配计划，使得在第四年年末仍有 160 台机床能保持完好，并使得总利润最大。

6. 某食品工厂有 6 项加工任务，生产车间与包装车间所需要的时间（天）如表 8.22 所示，试求最优的加工顺序和总加工天数。

表 8.22

任务 车间	J_1	J_2	J_3	J_4	J_5	J_6
生产车间	3	10	5	2	9	11
包装车间	8	12	9	6	5	2

7. 某厂设计一种电子设备，由三种元件 D_1、D_2、D_3 串联组成。已知这三种元件的价格和可靠性如表 8.23 所示。当每种元件增加并联的备用件时，可使系统可靠性提高，要求在设计中所使用元件的费用不超过 105 元，试问应如何设计使设备的可靠性达到最大（不考虑重量的限制）？

表 8.23

单价及可靠性 元　件	单价(元)	可靠性
D_1	30	0.9
D_2	15	0.8
D_3	20	0.5

8. 某公司打算向它的三个营业区增设 6 个销售点，每个营业区至少增设一个，其中从各营业区赚取的利润与增设的销售点个数有关，相关数据如表

8.24 所示。试求各营业区应分配几个销售点才能使总利润最大？最大总利润又是多少？

表 8.24

增加销售点数 利润(万元)	A 区	B 区	C 区
0	100	200	150
1	200	210	160
2	280	220	170
3	330	225	180
4	340	230	200

上篇知识点练习题

一、填空题。

1. 线性规划模型中若存在自由变量,可以断定该变量也一定是_____变量。

2. 使线性规划模型的目标函数值达到最优的可行解称为_____。

3. 如果线性规划问题有两个最优解,那么就一定有_____个最优解。

4. 线性规划问题如果有最优解,则一定在可行域的_____上达到。

5. 在线性规划模型的标准型中,约束条件方程右端的值 b_i 一定_____零。

6. 线性规划模型转化为标准型时,如果约束条件方程是"≤"型,可在方程左边加上一个非负的变量,这个变量称为_____。

7. 线性规划模型转化为标准型时,如果约束条件方程是"≥"型,可在方程左边减去一个非负的变量,这个变量称为_____。

8. 单纯形法寻找初始基本可行解的方法是通过_____来完成。

9. 单纯形法在迭代计算时,基变量对应的系数矩阵要始终保持为_____。

10. 在单纯形表中,如果只看 b 列以及决策变量列所对应的系数值,那么一行就表示一个_____。

11. 判别一个可行解是否为最优解,需要建立判别的标准,这个标准称为_____。

12. 对 max 型线性规划模型,当所有的检验数 $c_j - z_j$_____0 时,就取得了最优解。

13. 对 min 型线性规划模型,当所有的检验数 $c_j - z_j$_____0 时,就取得了最优解。

14. 对 max 型线性规划模型,如果单纯形表中没有正的检验数,而且检验数为 0 的个数大于基变量个数,那么该模型存在_____解。

15. 对偶问题约束条件方程右端的值是原问题_____的值。

16. 若原问题有最优解,则对偶问题的目标函数值_____原问题的目标函数值。

17. 如果原问题可行,但其目标函数值无界,那么对偶问题_____。

18. 对偶单纯形法每次迭代时都满足最优检验,但基变量不一定满足_____。

19. 将 1 个单位的第 i 种资源(第 i 个约束条件方程所表示的资源 b_i)从现在的用途中抽取出来,使目标函数发生变化的数值称为第 i 种资源的_____。

20. 线性规划模型中约束条件方程右端的 b_i 增加一个单位时,使目标函数发生变化的数值称为第 i 种资源的_____。

21. 对 c_j 值灵敏度分析，就是在不改变原来_____及其_____的前提下，求出 c_j 值的允许变动范围，即求出 c_j 变动的上下限。

22. 对 b_i 值灵敏度分析就是在不改变原来_____但_____可以变动的前提下，求出 b_i 值的允许变动范围。

23. 在 c_j、b_i、a_{ij} 三个参数的值灵敏度分析中，参数在允许的范围内变动时，可能会使目标函数值发生变动的是_____。

24. 在 c_j、b_i、a_{ij} 三个参数的值灵敏度分析中，参数在允许的范围内变动时，不会使目标函数值发生变动的是_____。

25. 求运输问题检验数的方法有_____和_____。

26. 在运输问题的表上作业法中，任意一个_____都能和若干个_____构成唯一的闭回路。

27. 在 m 个产地 n 个销售地的运输问题中，基变量的个数为_____个。

28. 在 m 个产地 n 个销售地的运输问题中，非基变量的个数为_____。

29. 在非标准指派问题中，如果有 m 项工作 n 个人，而且 $m<n$，用匈牙利算法求解时，处理的方法是通过_____来构造系数矩阵。

30. 只有一部分变量限制为整数约束的线性规划称为_____规划。

31. 当所有的变量都限制为整数约束的线性规划称为_____规划。

32. 对 max 型整数规划，设最优非整数解对应目标函数值为 z_c，最优整数解对应目标函数值为 z_d，一个连续解凑整后对应目标函数值为 z_r，则有____ ≤ ____ ≤ ____。

33. 一般来说，当初始状态给定时，用_____相对比较方便，当终止状态给定时，用_____相对比较方便。

34. 只有建立了具有_____方程，才能对一个动态规划问题从第一阶段开始逐次进行计算求解，从而最终寻找到整个过程的最优解。

35. 动态规划建模的基本原理主要包括_____和_____。

二、选择题。

1. 建立线性规划模型的主要步骤有_____。
   A. 确定约束条件方程　　　　　　　B. 确定基本可行解
   C. 确定目标函数　　　　　　　　　D. 确定决策变量

2. 线性规划模型的约束条件方程中可能出现的约束形式有_____。
   A. =　　　B. ≈　　　C. ≥　　　D. ≠　　　E. ≤

3. 线性规划问题的解可能有_____。
   A. 不可行解　　　　　　B. 多重解　　　　　　C. 无界限解
   D. 唯一解　　　　　　　E. 退化

4. 线性规划模型中，若存在自由变量，可以断定该自由变量也一定是_____。
   A. 基变量　　　　　　　B. 人工变量　　　　　　C. 松弛变量

D. 多余变量　　　　　　　　E. 决策变量

5. 下列哪些变量与线性规划模型转化为标准型有关_____。

 A. 自由变量　　　　　　　B. 人工变量　　　　　　C. 松弛变量

 D. 多余变量　　　　　　　E. 基变量

6. 如果线性规划模型存在最优解,那么一定会有_____。

 A. 唯一解　　　　　　　　B. 基本可行解　　　　　　C. 多重解

 D. 可行解　　　　　　　　E. 无解

7. 用单纯形法对线性规划模型求解时,确定出的基变量可能来自_____。

 A. 松弛变量　　　　　　　B. 多余变量　　　　　　C. 人工变量

 D. 自由变量　　　　　　　E. 决策变量

8. 针对包含人工变量的一般线性规划模型的求解方法有_____。

 A. 对偶单纯形法　　　　　B. 大 M 法　　　　　　C. 分枝定界法

 D. 两阶段法　　　　　　　E. 人工变量法

9. 线性规划模型的约束条件方程组中含有 ≥ 型的求解方法有_____。

 A. 两阶段法　　　　　　　B. 分支定界法　　　　　C. 大 M 法

 D. 对偶单纯形法　　　　　E. 单纯形法

10. 设 $z(x(k))$、$z(x(k+1))$ 为单纯形法求解第 k 步、第 $k+1$ 步迭代时的目标函数值,针对 max 型线性规划模型,当所有非基变量的检验数 $c_j - z_j$ 都小于 0 时,不管将哪一个非基变量作为换入变量进行迭代,都会使 $z(x(k+1))$_____$z(x(k))$)。

 A 小于　　　　　　　　　B 大于　　　　　　　　　C. 等于

 D 小于等于　　　　　　　E 大于等于

11. 在使用单纯形法求解的过程中,如果一个基本可行解不是最优解,那么就需要将一个_____换出,将一个_____换入,组成另一个基本可行解,使新的目标函数值比原有的更优。

 A. 基变量　　　　　　　　B. 决策变量　　　　　　C. 非基变量

 D. 人工变量　　　　　　　E. 松弛变量

12. 若线性规划模型的最优解是唯一的,则检验数为零的非基变量有_____。

 A. 0 个　　　B. 1 个　　　C. 2 个　　　D. 多于 2 个　　　E. 不好确定

13. 一般情况下,目标函数的系数为零的变量有_____。

 A. 自由变量　　　　　　　B. 人工变量　　　　　　C. 松弛变量

 D. 多余变量　　　　　　　E. 基变量

14. 如果对偶问题有最优解,那么原问题_____最优解。

 A. 一定有　　　　　　　　B. 不一定　　　　　　　C. 无法确定

 D. 一定没有　　　　　　　E. 无法确定

15. 对偶问题约束条件方程的个数_____原问题变量的个数。

A 小于   B 大于   C 等于

D 小于等于或大于等于   E 无法确定

16. 对线性规划问题进行灵敏度分析的主要目的是分析模型的_____。

    A. 适应性   B. 健壮性   C. 目标函数变化程度

    D. 解的情况   E. 可靠性

17. 在 c_j、b_i、a_{ij} 灵敏度分析中，在不改变原来最优解基变量及其取值的前提下而求出参数的允许变动范围，这主要是指_____灵敏度分析。

    A. a_{ij} B. b_i C. c_j

    D. 任意一个   E. 全部

18. 运输问题_____线性规划问题。

    A. 一定是   B. 不是   C. 可能是

    D. 不一定是   E. 无法确定

19. 求解运输问题检验数的方法有_____。

    A. 分枝定界法   B. 大 M 法   C. 位势法

    D. 两阶段法   E. 闭回路法

20. 运输问题的解可能有_____。

    A. 不可行解   B. 退化   C. 多重解

    D. 无界限解   E. 唯一解

21. 用表上作业法对运输问题的解进行调整时，确定的换入变量一定是_____，换出变量一定是_____。

    A. 基变量   B. 松弛变量   C. 非基变量

    D. 人工变量   E. 自由变量

22. 整数规划问题_____线性规划问题。

    A. 不是   B. 是   C. 可能是

    D. 不可能是   E. 无法确定

23. 整数规划问题的求解方法是_____。

    A. 单纯形法   B. 匈牙利法   C. 分枝定界法

    D. 表上作业法   E. 对偶单纯形法

24. 动态规划求解的特点就是把一个大的决策问题分解成若干个相互关联的小决策问题，然后通过逐步求解小决策问题，其中每个小决策问题的求解方法_____。

    A. 完全相同   B. 基本相同   C. 完全不同

    D. 可能相同   E. 无法确定

三、判断对错并解释错误的原因。

    1. 线性规划问题的一般模型中不能出现等式约束。（   ）

    2. 线性规划模型中的自由变量可以是决策变量、松弛变量、多余变量、人工变

量的任意一种变量。（　　　）

3. 同一问题的线性规划模型是唯一的。（　　　）

4. 线性规划模型存在最优解，不一定说明就有可行解。（　　　）

5. 如果线性规划模型的约束条件方程组有无限个可行解，那么至少有一个可行解会使目标函数达到最优。（　　　）

6. 线性规划问题如果有最优解，则只能在可行域 D 极点上达到。（　　　）

7. 线性规划模型的标准模型中，约束条件方程右端的 b_i 值一定大于等于零。（　　　）

8. 以 max 型线性规划模型为例，用单纯形法求解迭代时，只能把检验数最大的变量作为换入变量。（　　　）

9. 以 max 型线性规划模型为例，用单纯形法求解迭代时，检验数大于零的变量均可作为换入变量。（　　　）

10. 单纯形法在迭代时，基变量对应的系数矩阵可以不必为单位矩阵。（　　　）

11. 用单纯形法求解时，检验数为零的变量一定是基变量。（　　　）

12. 对偶问题的对偶不一定是原问题。（　　　）

13. 原问题有无穷多个最优解并不说明对偶问题一定有无穷多个最优解。（　　　）

14. 若原问题有最优解，那么对偶问题也一定有最优解，但原问题与对偶问题的最优目标函数值不一定相等。（　　　）

15. 对偶问题有最优解并不意味着原问题有最优解。（　　　）

16. 在对偶单纯形法的迭代计算过程中，只要基本解满足最优检验，就可以断定此基本解一定为最优解。（　　　）

17. 运输问题的所有的约束条件（不包括非负约束）都是等式。（　　　）

18. 运输问题一定有可行解但不一定有最优解。（　　　）

19. 运输问题一定有最优解但不一定有可行解。（　　　）

20. 在运输问题的表上作业法中，任意一个非基变量都能和若干个基变量构成唯一的闭回路。（　　　）

21. 把整数规划模型的非整数解用凑整的方法处理以后，得到的解一定也是该模型的最优解。（　　　）

22. 指派问题也一定是线性规划问题。（　　　）

23. 在动态规划求解时，可以一次把所有的决策变量都同时进行处理。（　　　）

四、简答题。

1. 线性规划模型中所谓的"线性"指的是哪些特征？

2. 针对线性规划模型目标函数 max 型和 min 型，解释线性规划解决哪两种问题？

3. 请分别解释决策变量、松弛变量、多余变量、自由变量、人工变量、基变量以及它们的用途。

4. 在非标准线性规划模型化成标准型时，针对自由变量如何处理？

5. 请简述线性规划模型的解会出现哪些情况。

6. 一个出现无界解的线性规划模型一定有可行解吗？为什么？

7. 如何通过单纯形表判定线性规划问题存在多重解？

8. 线性规划问题有可行解就一定有最优解吗？为什么？

9. 把线性规划问题模型转化为标准型的目的是什么？

10. 线性规划问题标准型的特点有哪些？

11. 当线性规划问题模型的约束条件方程中含有"≥"时，如果用单纯形法求解，如何处理？求解的方法是什么？

12. 单纯形法的求解思路是什么？

13. 用单纯形法对线性规划求解时，若目标函数为 min 型，有三种处理方法，请简述这三种处理方法。

14. 对线性规划模型用单纯形法求解时，什么情况下需要在约束条件中增添人工变量？在目标函数中人工变量的系数如何处理？

15. 利用对偶单纯形法求解时，线性规划模型约束条件方程右端的值 b_i 不必规定为非负的，为什么？

16. 对偶单纯形法只适用对偶问题模型的求解吗？为什么？

17. 请简述单纯形法和对偶单纯形法的主要区别。

18. 当目标函数系数 c_j 在灵敏度范围内变动时，说明目标函数的值会发生哪些变化。

19. 运输问题的模型和其他线性规划问题的模型相比有哪些特点？

20. 请简述运输问题表上作业法的求解过程。

21. 如何将产销不平衡的运输问题转化为产销平衡的运输问题？

22. 表上作业法和单纯形法在求解过程中有一定的差别，请从初始基本可行解确定、检验数确定、解的调整三个方面简述二者的差别。

23. 对整数规划模型求解时，如果用"舍入化整"的凑整方法处理时，模型的解可能会发生哪三种现象？

24. 在整数规划的分枝定界算法中，使用什么方法求出不考虑整数约束的最优解？在分枝定界算法中，设 x_k 应该是整数，但求出的解 b_k 不是整数，使用什么方法求出分枝以后的解？

25. 在有 m 个人 n 项任务的指派问题中，用匈牙利算法求解时，如何处理 $m \neq n$ 的非标准问题？

26. 动态规划方法适用于什么问题？所谓"动态"指的是什么？

27. 对一个实际问题建立动态规划模型的几个步骤是什么？

下 篇

　　本篇包含图与网络、统筹方法、排队论、存储论四个方面的内容。

　　在图与网络中，首先给出了图的相关概念及其相关知识，在此基础上，给出了网络的概念以及相关知识。针对赋有权的网络，介绍了此类网络的三个应用问题，即最短路径问题、最小生成树问题、中国邮路问题；针对赋有容量、流量的网络，介绍了网络流的相关知识，然后重点介绍了此类网络的最大流问题及其算法；针对赋有容量、流量和权的网络，介绍了此类网络的最小费用流问题及其算法、最小费用最大流问题及其算法。最后，为了扩展运用的思路，介绍了复杂问题的网络应用，主要包括有条件限制的网络极值应用、有条件要求的网络流应用、网络的扩展应用问题。

　　在统筹方法中，首先给出了统筹图的概念以及统筹图的绘制规则，同时介绍了统筹图的关键路线问题，在此基础上介绍了确定关键路线的方法，即时间参数法；针对工程费用，介绍了如何制定最少工程费方案问题。另外，针对非确定型统筹问题也作了一定的介绍。

　　在排队论中，首先介绍了排队论的组成、特征以及排队模型的表示方法，通过对随机过程基础知识的介绍，给出了几个主要的马尔可夫排队模型及爱尔朗排队模型。另外，给出了关于定长分布和一般分布的两个排队模型。最后初步介绍了排队系统的最优决策问题。

　　在存储论中，首先给出了存储论的基本概念，针对确定型存储问题，分别介绍了简单经济订货存储模型、经济生产批量存储模型、具有附加条件的存储模型中几个比较常见的确定型存储模型。另外，针对随机型存储问题，基于随机变量的离散性和连续性，介绍了几个比较常见的随机型存储模型。

第 9 章　图与网络

在日常生活和工作中，经常会遇到各种各样的图或网络，如一个国家或地区的地图、国家铁路运输网、城市交通网、工程图、电信公司铺设的光纤网、自来水管道网等等。如果对某项工程的有关分析、决策等只在实体上进行，将会非常困难，因此需要把现实中的实体抽象成一种既简单又可以量化的图形。那么如何将现实中的实体抽象成可以量化的图或网络、如何对图或网络进行设计以及如何对图或网络进行分析等，这就用到下面要介绍的应用比较广泛的一个数学分支——图论。

本章所介绍的图及网络是图论的有关知识，它的理论和方法在许多领域得到广泛的应用。因为图及网络对实际问题的描述具有直观性，可以将一些复杂的问题用图或网络的形式刻画出来，所以前面章节介绍的一般线性规划问题、运输问题、整数规划以及动态规划等有时可以用图论或网络的方法来解决。

在图的基础上产生的网络规划也是数学规划理论的重要分支，网络规划是寻求系统最优的决策，即对网络模型寻求最优解。

图论的内容十分丰富，涉及面也比较广，本书所介绍的图与网络的理论和算法，是实际生活、生产和科研工作中经常用到的。本章首先学习一些有关图的相关知识以及网络的基本概念，在此基础上，主要学习网络图的应用问题，即研究网络规划问题，主要包括最短路问题、最小生成树问题、中国邮路问题、最大流问题、最小费用流问题、最小费用最大流问题。

9.1　图的相关知识

9.1.1　图的基本概念

人们在日常的生活和工作中，经常会遇到各种各样的图，但运筹学中所研究的图是一个抽象的数学概念。为了从感性上认识图以及理解图的概念，先讨论几个例子。

例 9.1　18 世纪东欧有个叫哥尼斯堡的城镇，小镇风景独特，有条河，人们称之为雷普格尔河，从镇中穿流而过。该河中有两个岛，河上有七座桥把河的两岸和河中的两个岛连接起来，如图 9.1 所示。当时该城镇居民热衷于一个问题，即一个人能否从某地出发，一次把七座桥不重复的都走过一遍，最后又回到原地。于是数学家欧拉用 A、B、C、D 四个点分别表示河两岸和河中的两个岛，每座桥用连接相应两点的一条边表示，这样就把图 9.1 化为图 9.2 的形式。基于图 9.2 的分析，欧拉给出了否定答案，这就是著名的哥尼斯堡七桥问题，同时欧拉在 1736 年发表了图论方面的第一篇论文。

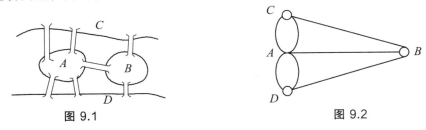

图 9.1　　　　　　　　　　　　　图 9.2

例 9.2　某大学创新协会共有 7 名同学，这 7 名同学中有的已经认识，有的还不认识。为了明确表明这 7 名同学之间的认识关系，现在用图 9.3 进行描述，其中 v_1、v_2、v_3、v_4、v_5、v_6、v_7 分别表示 7 名同学，用边表示他们是否认识。通过图 9.3 就能弄清他们之间的认识关系，例如 v_1 和 v_2 之间的边表示这两名同学是认识的，而 v_3 和 v_4 之间没有边，则说明这两名同学是不认识的。

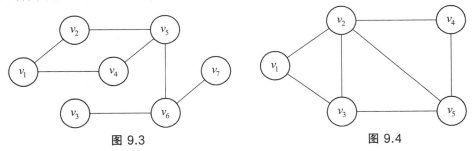

图 9.3　　　　　　　　　　　　　图 9.4

例 9.3　假设图 9.4 是我国某地区几座城市之间的高速公路交通示意图，它反映了这几座城市之间高速公路的连接情况，其中点代表城市，点与点之间的边代表两座城市之间的高速公路。

由以上三个例子可以看出，一般的图都具有两个要素，即点和边。把现实问题抽象为图的方法是，用点表示现实中的对象，用边表示对象和对象之间的关系，若对象和对象之间有关系，则用边把表示对象的点连接起来，直观的描述如图 9.5 所示：

图 9.5

　　自然语言的描述是，**图**是由表示具体事物的对象（顶点）集合和表示事物之间的关系（边）集合组成，例如针对铁路网，边表示区段，顶点表示区段间的车站；针对城市道路网，边表示道路，顶点表示交叉口。

　　如果用 G 表示图，用 v_i 表示点，用 V 表示所有点的集合，用 e_i 表示边，用 E 表示所有边的集合，那么图的数学语言描述就是

$$G=(V, E)$$

其中 $V=(v_1, v_2, \cdots, v_n)$，$E=(e_1, e_2, \cdots, e_m)$。另外，图 G 的顶点集合与边集合也可分别用 $V(G)$ 和 $E(G)$ 表示。

　　根据边有没有方向，将图分为无向图、有向图和混合图。所有边都是无向边的图称为**无向图**，所有边都是有向边的图称为**有向图**，既有有向边又有无向边的图一般称为**混合图**。鉴于混合图的复杂现象，本教材不考虑混合图的相关问题。

　　根据无向图的定义，无向图的数学语言描述为：存在图 $G=(V, E)$，其中 V 是一个有 n 个顶点的非空集合，即 $V=(v_1, v_2, \cdots, v_n)$，$E$ 是一个有 m 条边的非空集合，即 $E=(e_1, e_2, \cdots, e_m)$，若 E 中任意一条边 e 是 V 的无序元素对 (v_i, v_j)，其中 $i \neq j$，即可以有 $(v_i, v_j)=(v_j, v_i)$，则称图 G 为无向图，如图 9.6 所示。

　　根据有向图的定义，有向图的数学语言描述为：存在图 $G=(V, E)$，其中 V 是一个有 n 个顶点的非空集合，即 $V=(v_1, v_2, \cdots, v_n)$，$E$ 是一个有 m 条边的非空集合，即 $E=(e_1, e_2, \cdots, e_m)$，若 E 中任意一条边 e 是 V 的有序元素对 (v_i, v_j)，其中 $i \neq j$，即 $(v_i, v_j) \neq (v_j, v_i)$，则称图 G 为有向图，如图 9.7 所示。

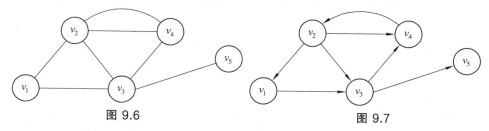

图 9.6　　　　　　　　　　　　　　　图 9.7

　　如果把无向边用元素对表示，那么边 (v_i, v_j) 和边 (v_j, v_i) 是同一条边，v_i 和 v_j 称为该无向边的端点，其中无向边与端点（顶点）v_i 和 v_j **相关联**，顶点 v_i 和 v_j **相邻**，如图 9.6 中的边（v_2, v_4）和 (v_4, v_2) 属于同一条边，顶点 v_2 和 v_4 为该无向边的端点。

　　如果把有向边用元素对表示，那么边 (v_i, v_j) 和边 (v_j, v_i) 就不是同一条边，针对边 (v_i, v_j) 来说，顶点 v_i 称为该有向边的**起点**，顶点 v_j 称为该有向边的**终点**；但针对边 (v_j, v_i) 来说，顶点 v_j 为该有向边的**起点**，顶点 v_i 为该有向边的

终点，如图 9.7 中有向边 (v_2, v_4) 和 (v_4, v_2) 就不是同一条边，顶点 v_2 和 v_4 为边 (v_2, v_4) 的起点和终点，但为边 (v_4, v_2) 的终点和起点。

9.1.2 图的相关术语

图既然分为无向图和有向图，因此有必要分别介绍无向图和有向图的有关术语。需要注意的是，针对无向图和有向图，尽管有一些术语的名称和表述相同，但要注意本质上的差别。

1. 无向图相关术语

平行边：无向图 G 中有相同端点的边称为平行边。如图 9.6 中，顶点 v_2 和 v_4 之间的两条边即为平行边。

简单图：如果无向图 G 中无平行边，则图 G 称为简单图。如图 9.3、图 9.4 为简单图。

完备图：在无向图 G 中，若任意两个端点之间有且仅有一条边，则图 G 称为完备图。如图 9.8 为完备图。

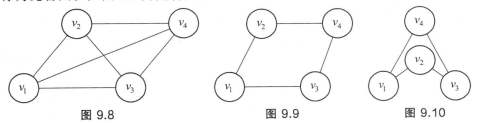

图 9.8　　　　　　　　图 9.9　　　　　　　　图 9.10

链：无向图 G 中，两个端点之间的连接路径称为链。如图 9.6 中，v_1 和 v_5 之间的连接路径 $v_1 v_2 v_4 v_3 v_5$ 即为链。一条链的起始端点和终止端点不为同一个端点的链称为**开链**，否则称为**闭链**，如图 9.6 中，链 $v_1 v_2 v_4 v_3$ 为开链，链 $v_1 v_2 v_4 v_3 v_1$ 为闭链。

初等链：在无向图 G 中，如果一条链中没有重复的顶点，则此链称为初等链。如图 9.6 中，链 $v_1 v_3 v_4 v_2 v_3 v_5$ 不是初等链，因为有重复的顶点 v_3，而链 $v_1 v_2 v_4 v_3$ 是初等链。

路：针对无向图 G 的一条链，若链中的每个点都不相同，则称这条链为连接链的起点和终点的路。如图 9.6 中链 $v_1 v_2 v_4 v_3 v_5$ 也称为路。

回路：在一个无向图的闭链中，如果除了起始端点和终止端点相同外，没有相同的顶点和相同的边，则此闭链也称为回路。如图 9.6 中，闭链 $v_1 v_2 v_4 v_3 v_1$ 是回路，而闭链 $v_1 v_2 v_4 v_3 v_2 v_1$ 就不是回路，因为有相同的顶点 v_2 和相同的边 (v_1, v_2)。

连通图：若无向图 G 中任意两点都能连通，则称无向图 G 为连通图，否则称为**分割图**。连通图中不存在任何孤立的顶点，即一个图中任意两点之间至少存在一条链，如图 9.3、图 9.4、图 9.6、图 9.8、图 9.9 都为连通图，若把图 9.6 的边(v_3, v_5)去掉，顶点 v_5 就成了孤立的点，这样的图就不是连通图了。

同构图：图反映了对象与对象之间的某种关系，所以顶点的标识、顶点的位置、顶点之间连线的长短曲直都是无关紧要的，重要的是顶点之间的连接情况，所以把结构一样的图互称为同构图。如图 9.9 和图 9.10 互为同构图。

另外，假设 Q 为连通的无向图 G 的一条链，若图 G 中每一条边在链 Q 中恰好出现一次，则称链 Q 为**欧拉链**；若欧拉链是闭链，则该欧拉链称为**欧拉环游**；若连通的无向图 G 中含有一条欧拉环游，则图 G 称为**欧拉图**。

2. 有向图相关术语

平行边：在有向图 G 中，起点和终点都相同的边称为平行边。如图 9.11 中，顶点 v_2 和 v_4 之间的两条边即为平行边。

简单图：若有向图 G 中无平行边，图 G 也称为简单图。如图 9.7 即为简单图。

完备图：若有向图 G 中，任意两个顶点之间恰好有两条非平行的有向边，则图 G 称为完备图。如图 9.12 即为完备图。

基本图：去掉有向图 G 中所有有向边的方向，就能得到一个无向图 G^*，此无向图 G^* 称为有向图 G 的基本图。如图 9.6 即为图 9.7 的基本图。

同构图：若有向图之间的顶点和边都能一一对应，则这些图互为同构图。

初等链：在有向图 G 的基本图 G^* 中的初等链也称为有向图 G 的初等链。如图 9.6 中的初等链 $v_1v_2v_4v_3$ 也是图 9.7 的初等链。

路：针对有向图 G 的一条链，若链中每个点都不相同，则称这条链为连接该链起点和终点的路。如图 9.11 中链 $v_1v_3v_4v_2$ 称为路。

回路：起点和终点重合的路称为回路。如图 9.11 中路 $v_1v_3v_4v_2v_1$ 称为回路。

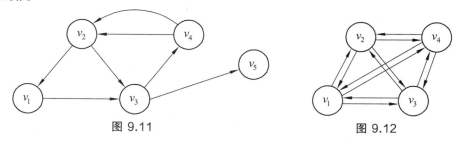

图 9.11　　　　　　　　　　　　图 9.12

9.1.3　图的相关运算

设图 $G=(V, E)$、$G_1=(V_1, E_1)$，若 $V_1 \subseteq V$，$E_1 \subseteq E$，则称 G_1 为 G 的**子图**，记为 $G_1 \subseteq G$；当 $G_1 \subseteq G$ 且 $G_1 \neq G$ 时，称 G_1 为 G 的**真子图**，记为 $G_1 \subset G$；当 $G_1 \subseteq G$ 并且 $V_1 = V$ 时，称 G_1 为 G 的**生成子图**。如图 9.14 为图 9.13 的真子图，图 9.15 为图 9.13 的生成子图。

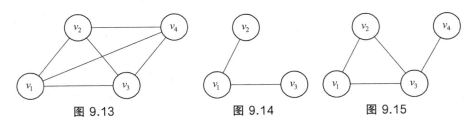

图 9.13　　　　　　　图 9.14　　　　　　　图 9.15

对图可以进行相关运算，这里主要介绍并、交、差运算，下面以无向图简单介绍这些基本的运算问题。

设图 $G_1=(V_1, E_1)$、图 $G_2=(V_2, E_2)$ 和图 $G=(V, E)$，下面给出图的相关运算。

并运算：针对 $G_1 \bigcup G_2=G$，有 $V(G)=V(G_1 \bigcup G_2)=V_1 \bigcup V_2$，$E(G)=E(G_1 \bigcup G_2)=E_1 \bigcup E_2$。如图 9.16 体现了图的并运算。

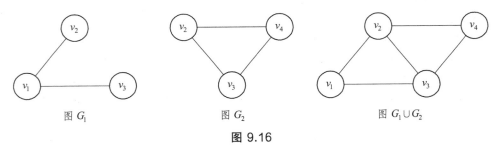

图 G_1　　　　　　　图 G_2　　　　　　　图 $G_1 \bigcup G_2$

图 9.16

交运算：针对 $G_1 \bigcap G_2=G$，则有 $E(G)=E(G_1 \bigcap G_2)=E_1 \bigcap E_2$，而 $V(G)=V(G_1 \bigcap G_2)$ 则为图 G_1 和图 G_2 的 $E_1 \bigcap E_2$ 中边的全体端点。如图 9.17 体现了图的交运算。

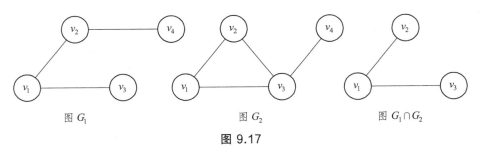

图 G_1　　　　　　　图 G_2　　　　　　　图 $G_1 \bigcap G_2$

图 9.17

差运算：针对 $G_1-G_2=G$，则有 $E(G)=E(G_1-G_2)=E_1-E_2$，而 $V(G)=V(G_1-G_2)$ 则为图 G_1 和图 G_2 的 E_1-E_2 中边的全体端点。如图 9.18 体现了图的差运算。

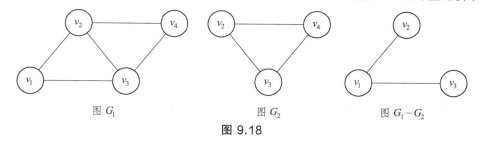

图 G_1　　　　　　图 G_2　　　　　　图 G_1-G_2

图 9.18

9.1.4　树及生成树

无回路并且能连通的无向图 G 称为**树**，记为 $T=(V, E)$，树中的边称为**枝**；若图 T 是无向图 G 的生成子图，并且 T 又是树，则称图 T 是无向图 G 的**生成树**。

树 T 满足 $V(T)=V(G)$，$E(T)\subseteq E(G)$，也就是说，生成树是把原图上的顶点以最少的边而连接起来的树。由于边的取法不同，同一个图可以有很多生成树，如图 9.20 和图 9.21 就是图 9.19 的部分生成树。

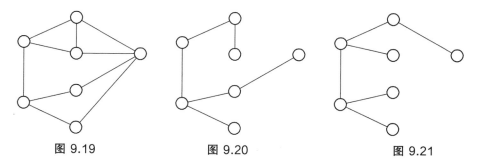

图 9.19　　　　　　　图 9.20　　　　　　　图 9.21

针对一个图，如何寻找生成树有一定的方法，这里介绍两种，即破圈法和避圈法。

（1）**破圈法**（**Kruskal 算法，也称去边法**）。

破圈法就是在图 G 中任取一个回路，从所取的回路中去掉一条边，如此反复进行，直到图 G 中无回路为止，余下的子图即为原图 G 的生成树。

（2）**避圈法**（**也称着色法或重绘法**）。

在图 G 中任取一边 e_i，找不与边 e_i 构成回路的边 e_j，再找不与边 e_i 和边 e_j 构成回路的边 e_k，如此反复进行，直到不能进行为止。

9.1.5 图的矩阵表示

图可以用几何的形式存储到计算机系统中,但计算机针对图的运用及决策,会面临数据计算的问题,这就涉及数据和图之间的转换处理。即把图转换为数据的形式,然后存储到计算机系统中,反之,可以把计算机系统中的数据转换成几何形式的图形,而矩阵就是数据和图互换时比较可用的方式。

无论是无向图还是有向图,都可以用**关联矩阵**或**邻接矩阵**的形式表示出来。有了关联矩阵和邻接矩阵,就可以把图以数据的形式存储在计算机系统中,反过来,也可以根据计算机系统中的数据矩阵,按照一定的方法把图绘制出来。

下面分别介绍无向图和有向图的关联矩阵和邻接矩阵的表示方法。

1. 无向图的矩阵表示

(1)无向图的关联矩阵。

针对有 m 条边 n 个顶点的无向图 G, $G=(V, E)$,其中 $V=(v_1, v_2, \cdots, v_n)$, $E=(e_1, e_2, \cdots, e_m)$,给定一个 n 行 m 列矩阵 $A=(a_{ij})_{n \times m}$,在矩阵外的左侧对应每一行依次标上 n 个顶点,在矩阵外的上侧对应每一列依次标上 m 条边,形式如下所示:

$$A = \begin{array}{c} \\ v_1 \\ \vdots \\ v_i \\ \vdots \\ v_n \end{array} \begin{array}{ccccc} e_1 & \cdots & e_j & \cdots & e_m \\ \left[\begin{array}{ccccc} a_{11} & \cdots & a_{1j} & \cdots & a_{1m} \\ \vdots & & \vdots & & \vdots \\ a_{i1} & \cdots & a_{ij} & \cdots & a_{im} \\ \vdots & & \vdots & & \vdots \\ a_{n1} & \cdots & a_{nj} & \cdots & a_{nm} \end{array} \right] \end{array} \quad (9.1)$$

其中矩阵 A 中的元素 a_{ij} 按照如下确定:

$$a_{ij} = \begin{cases} 0, & v_i \text{ 与 } e_j \text{ 不关联} \\ 1, & v_i \text{ 与 } e_j \text{ 关联} \end{cases}$$

矩阵 A 称为无向图 G 的关联矩阵,关联矩阵刻画了无向图 G 的顶点与边的关联关系。

例 9.4 写出图 9.22 的关联矩阵。

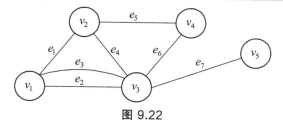

图 9.22

解　图 9.22 的关联矩阵如下：

$$A = \begin{array}{c} \\ v_1 \\ v_2 \\ v_3 \\ v_4 \\ v_5 \end{array} \begin{array}{c} \begin{array}{cccccccc} e_1 & e_2 & e_3 & e_4 & e_5 & e_6 & e_7 \end{array} \\ \left[\begin{array}{ccccccc} 1 & 1 & 1 & 0 & 0 & 0 & 0 \\ 1 & 0 & 0 & 1 & 1 & 0 & 0 \\ 0 & 1 & 1 & 1 & 0 & 1 & 1 \\ 0 & 0 & 0 & 0 & 1 & 1 & 0 \\ 0 & 0 & 0 & 0 & 0 & 0 & 1 \end{array} \right] \end{array}$$

通过图 9.22 的关联矩阵，可以观察出无向图关联矩阵的特点：

① 第 i 行中 1 的个数是与顶点 v_i 相连接的边的数量。

② 第 j 列中 1 的个数恒为 2，因为每条边只有 2 个端点。

（2）无向图的邻接矩阵。

针对有 m 条边 n 个顶点的无向图 G，$G=(V, E)$，其中 $V=(v_1, v_2, \cdots, v_n)$，$E=(e_1, e_2, \cdots, e_m)$，给定一个 n 行 n 列矩阵 $A=(a_{ij})_{n \times n}$，在矩阵外的左侧对应每一行依次标上 n 个顶点，在矩阵外的上侧对应每一列依次标上 n 个顶点，形式如下所示：

$$A = \begin{array}{c} \\ v_1 \\ \vdots \\ v_i \\ \vdots \\ v_n \end{array} \begin{array}{c} \begin{array}{ccccc} v_1 & \cdots & v_j & \cdots & v_m \end{array} \\ \left[\begin{array}{ccccc} a_{11} & \cdots & a_{1j} & \cdots & a_{1n} \\ \vdots & & \vdots & & \vdots \\ a_{i1} & \cdots & a_{ij} & \cdots & a_{in} \\ \vdots & & \vdots & & \vdots \\ a_{n1} & \cdots & a_{nj} & \cdots & a_{nn} \end{array} \right] \end{array} \qquad (9.2)$$

其中矩阵 A 中的元素 a_{ij} 为连接顶点 v_i 和顶点 v_j 的边的数量。把矩阵 A 称为无向图 G 的**邻接矩阵**，邻接矩阵刻画了无向图 G 的顶点之间边的连接数量情况。

例 9.5　写出图 9.22 的邻接矩阵。

解　图 9.22 的邻接矩阵如下：

$$A = \begin{array}{c} \\ v_1 \\ v_2 \\ v_3 \\ v_4 \\ v_5 \end{array} \begin{array}{ccccc} v_1 & v_2 & v_3 & v_4 & v_5 \\ \left[\begin{array}{ccccc} 0 & 1 & 2 & 0 & 0 \\ 1 & 0 & 1 & 1 & 0 \\ 2 & 1 & 0 & 1 & 1 \\ 0 & 1 & 1 & 0 & 0 \\ 0 & 0 & 1 & 0 & 0 \end{array} \right] \end{array}$$

通过图 9.22 的邻接矩阵，可以观察出无向图邻接矩阵的特点：

① 对角线上的元素均为 0，同时邻接矩阵也是对称矩阵。

② 每行或每列的数据之和为对应顶点的边的数量。

③ 一般来说，邻接矩阵比关联矩阵小。

2. 有向图的矩阵表示

（1）有向图的关联矩阵。

有向图关联矩阵的形式和无向图的关联矩阵（9.1）一样，唯一不同的是，有向图的关联矩阵中，元素 a_{ij} 按照如下确定：

$$a_{ij} = \begin{cases} 0, & v_i \text{ 与 } e_j \text{ 不关联} \\ 1, & v_i \text{ 为 } e_j \text{ 的起点} \\ -1, & v_i \text{ 为 } e_j \text{ 的终点} \end{cases}$$

例 9.6 写出图 9.23 的关联矩阵。

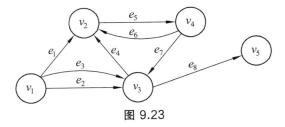

图 9.23

解 图 9.23 的关联矩阵如下：

$$A = \begin{array}{c} \\ v_1 \\ v_2 \\ v_3 \\ v_4 \\ v_5 \end{array} \begin{array}{cccccccc} e_1 & e_2 & e_3 & e_4 & e_5 & e_6 & e_7 & e_8 \\ \left[\begin{array}{cccccccc} 1 & 1 & 1 & 0 & 0 & 0 & 0 & 0 \\ -1 & 0 & 0 & -1 & 1 & -1 & 0 & 0 \\ 0 & -1 & -1 & 1 & 0 & 0 & -1 & 1 \\ 0 & 0 & 0 & 0 & -1 & 1 & 1 & 0 \\ 0 & 0 & 0 & 0 & 0 & 0 & 0 & -1 \end{array} \right] \end{array}$$

通过图 9.23 的关联矩阵，可以观察出有向图关联矩阵的特点：

① 第 i 行中 1 的个数是以顶点 v_i 为起点的边的数量，-1 的个数是以顶点 v_i 为终点的边的数量。

② 第 j 列中的元素之和恒为 0。

（2）有向图的邻接矩阵。

有向图邻接矩阵的形式和无向图的邻接矩阵（9.2）一样，唯一不同的是，有向图的邻接矩阵中，a_{ij} 的值是以顶点 v_i 为起点，以顶点 v_j 为终点的边的数量。

例 9.7　写出图 9.23 的邻接矩阵。

解　图 9.23 的邻接矩阵如下：

$$A = \begin{array}{c} \\ v_1 \\ v_2 \\ v_3 \\ v_4 \\ v_5 \end{array} \begin{array}{c} \begin{array}{ccccc} v_1 & v_2 & v_3 & v_4 & v_5 \end{array} \\ \left[\begin{array}{ccccc} 0 & 1 & 2 & 0 & 0 \\ 0 & 0 & 0 & 1 & 0 \\ 0 & 1 & 0 & 0 & 1 \\ 0 & 1 & 1 & 0 & 0 \\ 0 & 0 & 0 & 0 & 0 \end{array} \right] \end{array}$$

通过图 9.23 的邻接矩阵，可以观察出有向图邻接矩阵的特点：

① 对角线上的元素均为 0。

② 第 i 行中的元素之和是以顶点 v_i 为起点的有向边的数量。

③ 第 j 列中的元素之和是以顶点 v_j 为终点的有向边的数量。

④ 同样，邻接矩阵比关联矩阵小。

9.2　网络的相关知识

由图 $G=(V, E)$ 的概念可知，图是由点和边组成，点表示现实世界中的对象，边表示对象之间的关系，但在图的定义中，对所谓的关系没有进行量化，即对象之间的关系是何种关系、关系的程度又如何等等都没有系统的涉及。为了更深入地利用图解决现实中的问题，就需要对图中的边甚至图中的点进行量化。也就是说，只要现实中的问题具有可描述的对象，而且这些对象之间存在一种关系，那么对这种关系就可以进行量化，即把现实中的对象和关系描绘成图以后，在图的基础上，把图中的边或点赋上表示一定意义的数量指标，这个数量指标称为**权**，这样就可以把现实的问题通过图转化成**网络**。

至于网络，人们在现实生活中并不陌生，比如常说的交通网、公交网、水网、管网、电网、信息网等等，在理论上所谓的网络即是赋有权的图，有时人们不加区别地统称为图、网络、网络图或赋权图。

网络和图最大的区别在于网络具有表示权的数值。针对不同的现实问题，权有不同的意义，可以表示现实中的距离、费用、时间、成本、交通流量、水流量、电流量、公交乘客流、运输物资流等等。

研究网络的目的就是如何利用网络解决现实中的问题，根据赋权的不同，网络就有不同的应用。在后面的网络理论中，主要讲解网络极值问题和网络流问题，其中网络极值问题主要包括最短路径问题、最小生成树问题以及中国邮路问题等；网络流问题主要包括最大流问题、最小费用流问题以及最小费用最大流问题。另外，为了解决现实中的复杂问题，最后针对性地介绍一些网络的灵活运用问题。

另外需要说明的是，本教材涉及网络的权值是相对固定的，可以说是确定型网络，至于网络的权值是不确定的，即非确定型网络不作为本章节的内容。

9.3　网络极值问题

在实际工作或生活中，往往会遇到一些网络极值问题，如货物的布局、公交网站点规划、城市自来水网铺设、安全巡游等一系列网络极值问题。为了利用网络把这些问题更好地刻画出来，下面给出网络极值的数学定义。

给定图 $G=(V, E)$，其中 $V=(v_1, v_2, \cdots, v_n)$，$E=(e_1, e_2, \cdots, e_m)$，现在把图 G 的每条边都赋予一个非负实数，即 $w_i=w(e_i)$ 或 $w_{ij}=w(v_i, v_j)$，这个非负实数称为**权**。在图 G 的基础上，就有了关于极值的网络定义 $G=(V, E, W)$，其中 $W=(w_1, w_2, \cdots, w_m)$，根据此定义，具有极值的网络图中的边就有了如下的形式：

无向网络中的边　　　　　有向网络中的边

图 9.24

下面的图 9.25 为无向网络，图 9.26 为有向网络。

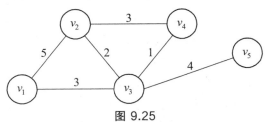

图 9.25

226

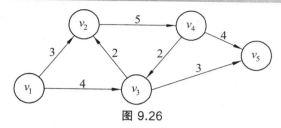

图 9.26

有了关于极值的网络定义，就可以研究和解决现实中的最短路径问题、最长路径问题、最小生成树问题及中国邮路问题等。

9.3.1　最短路径问题

在实际问题中，经常会遇到运输管理、管道铺设、交通网优化、物流调配、费用（成本）核算、工程进度等问题，这就需要解决出行距离最小、花费成本最低、距离最短、最优路径等一系列网络图的寻优问题。对这些类似问题，可以用"最短路径"来表述，有时简称为**最短路**。

最短路问题是图论的核心问题之一，也是网络规划的一个基本问题，无向网络和有向网络都有对应的最短路径问题。

所谓最短路，是指从网络中一点寻求到其他点的最短的路。具体什么是最短路，简单地说，最短路就是从网络中某一点到另外一点的所有路中，所有边的权的代数和最小的路。把路中所有边的权的代数和称为**路长**。

如果用 P 表示网络中从点 v_s 到点 v_t 的一条路，用 $W(P)$ 表示该路的路长，若 $P*$ 也为网络中从点 v_s 到点 v_t 的路，并且满足 $W(P*)=\min\{W(P)|P$ 为网络中从点 v_s 到点 v_t 的路$\}$，则 $P*$ 为点 v_s 到点 v_t 路的最短路。

为了对最短路有更具体和更形象的认识，下面给出一个例题。

例 9.8　假设图 9.27 为规划论证的某一城市区域内可以开通公交的公交线网，顶点表示停靠站，边表示道路，边旁数据表示道路长度，某公交公司准备在起始站 v_1 和终点站 v_8 之间开通一条距离最短的公交线路，现在需要确定这条公交线路的走向。

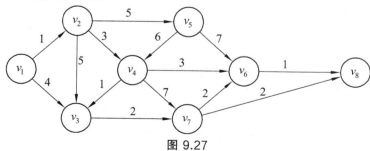

图 9.27

针对此问题最容易想到的求解思路就是，设法把从 v_1 到 v_8 的所有路都找出来，然后再计算每条路中关于边的权的代数和即路长，最后取路长最小的路作为所求的最短路，即有如下过程：

路 $v_1 \to v_2 \to v_5 \to v_6 \to v_8$，其长度为 1+5+7+1=14；

路 $v_1 \to v_2 \to v_4 \to v_6 \to v_8$，其长度为 1+3+3+1=8；

路 $v_1 \to v_2 \to v_5 \to v_4 \to v_6 \to v_8$，其长度为 1+5+6+3+1=16；

···

路 $v_1 \to v_3 \to v_7 \to v_8$，其长度为 4+2+2=8；

路 $v_1 \to v_3 \to v_7 \to v_6 \to v_8$，其长度为 4+2+2+1=9。

通过比较可以知道，最短路为 $v_1 \to v_2 \to v_4 \to v_6 \to v_8$ 和 $v_1 \to v_3 \to v_7 \to v_8$，路长为 8，即可以按照 $v_1 \to v_2 \to v_4 \to v_6 \to v_8$ 或 $v_1 \to v_3 \to v_7 \to v_8$ 的走向开通一条距离最短的公交线路。

例子 9.8 的求解采用的是全枚举法，这种方法虽然很明了，但过程繁琐，而且容易出错，尤其是对一些稍微复杂的网络，这样的算法几乎很难实现。因为点或边很多的网络，网络中的路会很多，而且在现实中遇到的网路几乎都是相对复杂的网路，所以需要有更方便、简洁的算法求最短路问题。

最短路的求解算法很多，主要有 Dijkstra 算法、Bellman-Ford 算法以及 SPFA 算法等等，这些算法是许多更深层算法的基础。目前，使用比较普遍而且得到公认的经典算法是 E. W. Dijkstra 在 1959 年提出的最短路求解算法，简称为 **Dijkstra 算法**。这个算法的另外一个特点就是，不仅能求出某点到另外一点的最短路，也能求出某点到网络中其他各个点的最短路。下面对 Dijkstra 算法的相关内容进行介绍。

1. Dijkstra 算法思想

性质 9.1 在网络图 G 中，假设从顶点 v_1 到顶点 v_n 的最短路径 P 为 $v_1 \cdots v_i \cdots v_n$，那么从 v_1 沿着路径 P 到 v_i 的路径 P_1 也是 v_1 到 v_i 的最短路。也就是说，P 不仅是起点 v_1 到终点 v_n 的最短路，而且由 v_1 到路径 P 上任意一个中间点 v_i 的最短路 P_1 也在路径 P 上。

论证 如图 9.28 所示，设从 v_i 沿着路径 P 到 v_n 的路径为 P_2，则有

$$W(P) = W(P_1) + W(P_2)$$

利用反证法。反设从 v_1 到 v_i 的最短路不是路径 P_1，而是另外一条路径 P'，即有 $W(P') < W(P_1)$，则有

$$W(P') + W(P_2) < W(P_1) + W(P_2)$$

此时出现

$$W(P') + W(P_2) < W(P)$$

这说明从 v_1 到 v_n 的最短路不是路径 P，而是 P' 与 P_2 组成的路径，这与从 v_1 到 v_n 的最短路径是 P 的前提相矛盾。

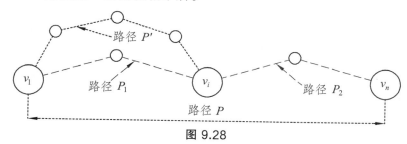

图 9.28

由以上性质可以想到，为了求由 v_1 到 v_n 的最短路径，可以先求出 v_1 到网络中间点的最短路，然后再逐步扩展到终点 v_n，由此，Dijkstra 算法的思想如下：

在最短路的计算过程中，为了将已经求出最短路的点与尚未求的点分开，可以针对顶点给出两个子集合 S 和 T，已经求出最短路的点置于集合 S 中，其他点置于集合 T 中。开始时把起点 v_1 置于集合 S 中，把其他点置于集合 T 中；随着最短路计算过程的推移，集合 S 中的点逐渐增多，集合 T 中的点逐渐减少，当终点 v_n 也被纳入到集合 S 中时，计算结束。为了便于计算和区分各个顶点是否已进入集合 S 中，需要对已求出最短路的点 v_j 赋以标号，这个标号由两部分组成，记为 $(d(v_1, v_j), v_i)$，其中 $d(v_1, v_j)$ 是从起点 v_1 到 v_j 的最短路的路长，v_i 是起点 v_1 到 v_j 的最短路中 v_j 的前一个顶点。

因为 Dijkstra 算法需要标号，所以也称为**标号法**，又因为标号中包含两部分，所以也称为**双标号法**。

2. Dijkstra 算法步骤

给定一个网络 $G=(V, E)$，这里用 w_{ij} 表示网络中边 (v_i, v_j) 的权，v_1 是网络的起点，v_n 是终点，v_i、v_j 等是网络的中间节点，其中 $i, j=2, 3, \cdots, n\text{-}1$ 且 $i \neq j$，设子集合 S 和 T，$S=\varnothing$，$T=V=\{v_1, \cdots, v_n\}$。

再设 $L(v_1, v_i)$ 表示起点 v_1 到点 v_i 的当前最短路的路长，可以把 $L(v_1, v_i)$ 简写为 $L(v_i)$；同样，$L(v_1, v_j)$ 表示起点 v_1 到点 v_j 的当前最短路的路长，也把 $L(v_1, v_j)$ 简写为 $L(v_j)$；$L(v_i)+w_{ij}$ 是从起点 v_1 出发，到点 v_i 的最短路，再经由 v_i 后到点 v_j 的路长。那么 $L(v_j)=\min\{L(v_i)+w_{ij}; L(v_j)\}$ 就是从起点 v_1 到点 v_j 的两条路径中，选择最短的一条作为起点 v_1 到点 v_j 新的最短路的路长。

图 9.29 为前面相关界定的简单的图形解释。

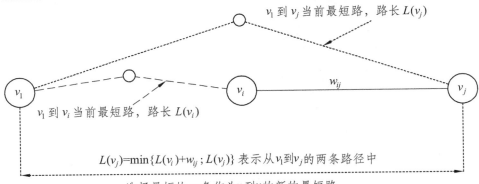

v_1到v_j当前最短路，路长$L(v_j)$

w_{ij}

v_1到v_i当前最短路，路长$L(v_i)$

$L(v_j)=\min\{L(v_i)+w_{ij}；L(v_j)\}$ 表示从v_1到v_j的两条路径中

选择最短的一条作为v_1到v_j的新的最短路

图 9.29

由 Dijkstra 算法思想及前面的相关界定，求 v_1 到 v_n 最短路的 Dijkstra 算法步骤如下：

第一步：设 $L(v_1)=0$，$L(v_i)=+\infty$，其中 $i=2,\cdots,n$。在网络图中，把起点 v_1 赋以标号$(L(v_1),v_1)$，即（$0,v_1$)，其余各点均标为$(+\infty,v_1)$。

第二步：检查起点 v_1，即将网络中 v_1 的标号变为$(0^*,v_1)$，表示 v_1 已被检查，同时设集合 $S=\{v_1\}$，$T=\{v_2,\cdots,v_n\}$。

第三步：针对其他点 v_i，若 v_1 与 v_i 没有直接连线，v_i 的标号就保持不变；若 v_1 与 v_i 有直接连线，则点 v_i 的标号就变为$(L(v_i),v_1)$，其中

$$L(v_i)=\min\{L(v_1)+W_{1i}；L(v_i)\}=\min\{0+W_{1i}；+\infty\}=W_{1i}$$

第四步：计算 $L(v_i)^*=\min\{L(v_i)$，其中 $v_i\in T\}$。将 $L(v_i)^*$对应点 v_i 的第一个标号 $L(v_i)$标上 $*$，即变为 $L(v_i)^*$，表示 v_i 已被检查，同时设集合 $S=\{v_1,v_i\}$，此时 $v_i\notin T$。

第五步：再依次求 v_j，若 v_i 与 v_j 没有直接连线，v_j 的标号就保持不变；若 v_i 与 v_j 有直接连线，则计算 $L(v_j)=\min\{L(v_i)+W_{ij}；L(v_j)\}$。若 $L(v_j)$来源于 $L(v_i)+W_{ij}$，则把 v_j 的标号修改为$(L(v_i)+W_{ij},v_i)$，否则点 v_j 的标号保持不变。

第六步：计算 $L(v_j)^*=\min\{L(v_j)$，其中 $v_j\in T\}$。将 $L(v_j)^*$对应点 v_j 的第一个标号 $L(v_j)$标上 $*$，即变为 $L(v_j)^*$，表示 v_j 已被检查，同时设集合 $S=\{v_1,v_i,v_j\}$，而 $v_j\notin T$。

第七步：返回第五步，直到所有的点都被检查，而且终点 v_n 进入到集合 S 中为止。

第八步：在网络中，从终点 v_n 的第二个标号开始反向追踪，从而找出最短路径；同时从终点 v_n 的第一个标号可以读出起点 v_1 到终点 v_n 最短路的路长。另外，从各个点的第一个标号也可以读出从起点 v_1 到该点的最短路路长。

3. 最短路算法应用示例

例 9.9 针对例 9.8 的网络,用 dijkstra 算法求点 v_1 到点 v_8 的最短路。

解 具体解题步骤如下:

第一步:设 $L(v_1)=0$,$L(v_i)=+\infty$,其中 $i=2,\cdots,8$。在网络中,把起点 v_1 赋以标号($L(v_1)$,v_1),即(0,v_1),其余各点均标为($+\infty$,v_1),检查起点 v_1,并将网络中 v_1 的标号变为(0^*,v_1),同时设集合 $S=\{v_1\}$,$T=\{v_2,\cdots,v_8\}$,如图 9.30 所示:

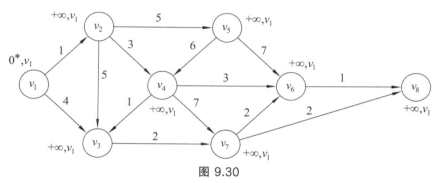

图 9.30

将此过程列成表格,如表 9.1 所示。

表 9.1 第一步计算结果

$L(v_i)$ \ k \ v_i	v_1	v_2	v_3	v_4	v_5	v_6	v_7	v_8
1	0^*	$+\infty$	$+\infty$	$+\infty$	$+\infty$	$+\infty$	$+\infty$	$+\infty$

第二步:v_1 与 v_2、v_3 有直接连线,则

$$L(v_2)=\min\{L(v_1)+W_{12};\ L(v_2)\}=\min\{0+1;\ +\infty\}=1$$

点 v_2 的标号变为(1,v_1)。同理

$$L(v_3)=\min\{L(v_1)+W_{13};\ L(v_3)\}=\min\{0+4;\ +\infty\}=4$$

点 v_3 的标号变为(4,v_1),其余点的标号保持不变。再计算:

$$L(v_i)^*=\min\{L(v_i)\}=\min\{L(v_2), L(v_3), L(v_4),\cdots, L(v_8)\}$$
$$=\min\{1, 4, +\infty,\cdots, +\infty\}=1=L(v_2)$$

将网络中 v_2 的标号变为(1^*,v_1),同时设集合 $S=\{v_1, v_2\}$,此时 $v_2 \notin T$,如图 9.31 所示。同时将表格 9.1 扩展为表 9.2。

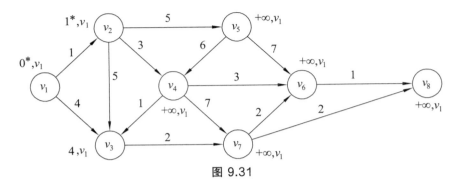

图 9.31

表 9.2 第二步计算结果

$L(v_i)$ v_i k	v_1	v_2	v_3	v_4	v_5	v_6	v_7	v_8
1	0*	$+\infty$	$+\infty$	$+\infty$	$+\infty$	$+\infty$	$+\infty$	$+\infty$
2		1_1*	4_1	$+\infty$	$+\infty$	$+\infty$	$+\infty$	$+\infty$

第三步：从 v_2 开始继续检查，v_2 与 v_3、v_4、v_5 有直接连线，

$$L(v_3)=\min\{L(v_2)+W_{23}；\ L(v_3)\}=\min\{1+5；\ 4\}=4$$

点 v_3 的标号保持不变；

$$L(v_4)=\min\{L(v_2)+W_{24}；\ L(v_4)\}=\min\{1+3；\ +\infty\}=4$$

点 v_4 的标号变为 $(4, v_2)$；

$$L(v_5)=\min\{L(v_2)+W_{25}；\ L(v_5)\}=\min\{1+5；\ +\infty\}=6$$

点 v_5 的标号变为（$6, v_2$），其余点的标号保持不变。再计算：

$$L(v_i)^*=\min\{L(v_i)\}=\min\{L(v_3), L(v_4), L(v_5),\cdots, L(v_8)\}$$
$$=\min\{4, 4, 6,\cdots, +\infty\}=4=L(v_3)=L(v_4)$$

对最小值 $L(v_3)$ 和 $L(v_4)$ 可以任意取一个，这里取 $L(v_3)$ 作为最小值，将网络中 v_3 的标号修改为（$4^*, v_1$），同时设集合 $S=\{v_1, v_2, v_3\}$，此时 $v_3\notin T$，如图 9.32 所示。同时将表格 9.2 扩展为表 9.3。

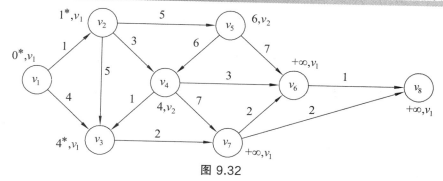

图 9.32

表 9.3　第三步计算结果

$L(v_i)$ 　k	v_1	v_2	v_3	v_4	v_5	v_6	v_7	v_8
1	0*	$+\infty$	$+\infty$	$+\infty$	$+\infty$	$+\infty$	$+\infty$	$+\infty$
2		1_1*	4_1	$+\infty$	$+\infty$	$+\infty$	$+\infty$	$+\infty$
3			4_1*	4_2	6_2	$+\infty$	$+\infty$	$+\infty$

第四步：从 v_3 开始继续检查，v_3 与 v_7 有直接连线，

$$L(v_7)=\min\{L(v_3)+W_{37}；L(v_7)\}=\min\{4+2；+\infty\}=6$$

点 v_7 的标号变为（6，v_3），其余点的标号保持不变。再计算：

$$L(v_i)^*=\min\{L(v_i)\}=\min\{L(v_4), L(v_5), L(v_6), L(v_7), L(v_8)\}$$
$$=\min\{4, 6, +\infty, 6, +\infty\}=4=L(v_4)$$

将网络中 v_4 标号改为(4^*，v_2)，设集合 $S=\{v_1, v_2, v_3, v_4\}$，此时 $v_4 \notin T$，如图 9.33 所示。同时将表格 9.3 扩展为表 9.4。

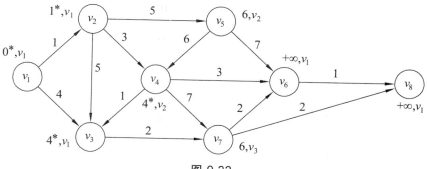

图 9.33

表 9.4　第四步计算结果

$L(v_i)$ \ v_i \ k	v_1	v_2	v_3	v_4	v_5	v_6	v_7	v_8
1	0*	$+\infty$	$+\infty$	$+\infty$	$+\infty$	$+\infty$	$+\infty$	$+\infty$
2		1_1*	4_1	$+\infty$	$+\infty$	$+\infty$	$+\infty$	$+\infty$
3			4_1*	4_2	6_2	$+\infty$	$+\infty$	$+\infty$
4				4_2*	6_2	$+\infty$	6_3	$+\infty$

第五步：从 v_4 开始继续检查，v_4 与 v_3、v_6、v_7 有直接连线，

$$L(v_3)=\min\{L(v_4)+W_{43};\ L(v_3)\}=\min\{4+1;\ 4\}=4$$

点 v_3 的标号保持不变；

$$L(v_6)=\min\{L(v_4)+W_{46};\ L(v_6)\}=\min\{4+3;\ +\infty\}=7$$

点 v_6 的标号变为$(7, v_4)$；

$$L(v_7)=\min\{L(v_4)+W_{47};\ L(v_7)\}=\min\{4+7;\ 6\}=6$$

点 v_7 的标号保持不变，其余点的标号保持不变。再计算：

$$L(v_i)^*=\min\{L(v_i)\}=\min\{L(v_5), L(v_6), L(v_7), L(v_8)\}$$
$$=\min\{6, 7, 6, +\infty\}=6=L(v_5)=L(v_7)$$

这里取 $L(v_7)$ 作为最小值，可将网络中 v_7 的标号修改为$(6^*, v_3)$，同时设集合 $S=\{v_1, v_2, v_3, v_4, v_7\}$，此时 $v_7\notin T$，如图 9.34 所示。同时将表格 9.4 扩展为表 9.5。

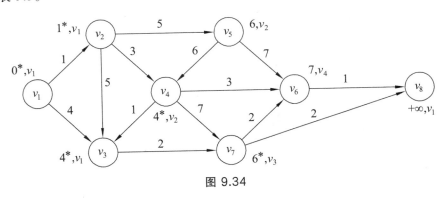

图 9.34

234

表 9.5 第五步计算结果

$L(v_i)$ \ v_i k	v_1	v_2	v_3	v_4	v_5	v_6	v_7	v_8
1	0^*	$+\infty$	$+\infty$	$+\infty$	$+\infty$	$+\infty$	$+\infty$	$+\infty$
2		1_1^*	4_1	$+\infty$	$+\infty$	$+\infty$	$+\infty$	$+\infty$
3			4_1^*	4_2	6_2	$+\infty$	$+\infty$	$+\infty$
4				4_2^*	6_2	$+\infty$	6_3	$+\infty$
5					6_2	7_4	6_3^*	$+\infty$

第六步：从 v_7 开始继续检查，v_7 与 v_6、v_8 有直接连线，

$$L(v_6)=\min\{L(v_7)+W_{76};\ L(v_6)\}=\min\{6+2;\ 7\}=7$$

点 v_6 的标号保持不变；

$$L(v_8)=\min\{L(v_7)+W_{78};\ L(v_8)\}=\min\{6+2;\ +\infty\}=8$$

点 v_8 的标号变为 $(8,\ v_7)$，再计算：

$$L(v_i)^*=\min\{L(v_5),\ L(v_6),\ L(v_8)\}=\min\{6,\ 7,\ 8\}=6=L(v_5)$$

将网络中 v_5 的标号修改为 $(6^*,\ v_2)$，同时设集合 $S=\{v_1,\ v_2,\ v_3,\ v_4,\ v_7,\ v_5\}$，此时 $v_5\notin T$，如图 9.35 所示。同时将表格 9.5 扩展为表 9.6。

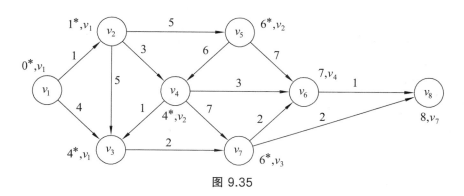

图 9.35

表 9.6 第六步计算结果

$L(v_i)$ \ v_i / k	v_1	v_2	v_3	v_4	v_5	v_6	v_7	v_8
1	0^*	$+\infty$	$+\infty$	$+\infty$	$+\infty$	$+\infty$	$+\infty$	$+\infty$
2		1_1^*	4_1	$+\infty$	$+\infty$	$+\infty$	$+\infty$	$+\infty$
3			4_1^*	4_2	6_2	$+\infty$	$+\infty$	$+\infty$
4				4_2^*	6_2	$+\infty$	6_3	$+\infty$
5					6_2	7_4	6_3^*	$+\infty$
6					6_2^*	7_4		8_7

第七步：再从 v_5 开始继续检查，v_5 与 v_6 有直接连线，

$$L(v_6)=\min\{L(v_5)+W_{56}；L(v_6)\}=\min\{6+7；7\}=7$$

点 v_6 的标号保持不变。再计算：

$$L(v_i)^*=\min\{L(v_6), L(v_8)\}=\min\{7, 8\}=7=L(v_6)$$

将网络中 v_6 的标号变为 $(7^*, v_4)$，同时设集合 $S=\{v_1, v_2, v_3, v_4, v_7, v_5, v_6\}$，此时 $v_6 \notin T$，如图 9.36 所示。同时将表格 9.6 扩展为表 9.7。

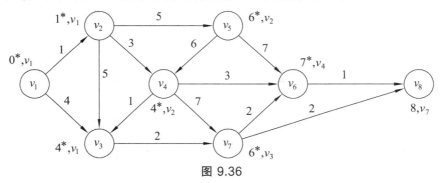

图 9.36

表 9.7 第七步计算结果

$L(v_i)$ \ v_i / k	v_1	v_2	v_3	v_4	v_5	v_6	v_7	v_8
1	0^*	$+\infty$	$+\infty$	$+\infty$	$+\infty$	$+\infty$	$+\infty$	$+\infty$
2		1_1^*	4_1	$+\infty$	$+\infty$	$+\infty$	$+\infty$	$+\infty$
3			4_1^*	4_2	6_2	$+\infty$	$+\infty$	$+\infty$
4				4_2^*	6_2	$+\infty$	6_3	$+\infty$
5					6_2	7_4	6_3^*	$+\infty$
6					6_2^*	7_4		8_7
7						7_4^*		8_7

第八步：从 v_6 开始继续检查，v_6 与 v_8 有直接连线，

$$L(v_8)=\min\{L(v_6)+W_{68}；L(v_8)\}=\min\{7+1；8\}=8$$

最小值 8 来自两处，点 v_8 的标号应该为 $(8, v_6)$ 和 $(8, v_7)$，点 v_8 的标号写为 $(8, v_6v_7)$。再计算：

$$L(v_i)^*=\min\{L(v_i)\}=\min\{L(v_8)\}=\min\{8\}=8=L(v_8)$$

将网络中 v_8 标号变为（ 8^*，v_6v_7），同时设集合 $S=\{v_1, v_2, v_3, v_4, v_7, v_5, v_6, v_8\}$，此时 $v_8\notin T$，如图 9.37 所示。同时将表格 9.7 扩展为表 9.8。

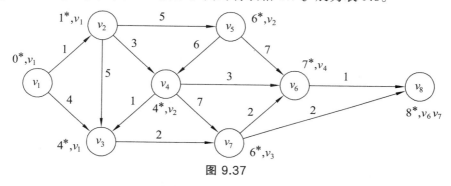

图 9.37

表 9.8　第八步计算结果

k \ $L(v_i)$ \ v_i	v_1	v_2	v_3	v_4	v_5	v_6	v_7	v_8
1	0^*	$+\infty$	$+\infty$	$+\infty$	$+\infty$	$+\infty$	$+\infty$	$+\infty$
2		1^*_1	4_1	$+\infty$	$+\infty$	$+\infty$	$+\infty$	$+\infty$
3			4^*_1	4_2	6_2	$+\infty$	$+\infty$	$+\infty$
4				4^*_2	6_2	$+\infty$	6_3	$+\infty$
5					6_2	7_4	6^*_3	$+\infty$
6					6^*_2	7_4		8_7
7						7^*_4		8_7
8								8_{67}^*

此时终点 v_8 已经被标识和检查，算法结束。从终点 v_8 的第一个标号可以读出起点 v_1 到终点 v_8 最短路的路长为 8，同时从终点 v_8 的第二个标号开始反

向追踪，找出最短路径为 $v_1 \to v_2 \to v_4 \to v_6 \to v_8$ 和 $v_1 \to v_3 \to v_7 \to v_8$，此网络有两条最短路。

另外，同样也可以读出从起点 v_1 到该网络中任意一点的最短路及路长。

特别提示

（1）网络中的最短路不止一条时，要注意进行多点标号，如上例的第八步。另外，上例是利用 dijkstra 算法对有向网络寻找最短路，对无向网络时，其使用原理也一样。

（2）dijkstra 算法只适用于网络中所有边的权 $W_{ij} \geqslant 0$ 的情况，当网络中出现负权边的时候，dijkstra 算法就不能保证得到正确的结果。针对含有负权边求最短路的算法很多，但因这类问题算法的复杂性较高，本教材不作介绍。

9.3.2 最小生成树问题

在第 9.1.4 节中，介绍了基于图的树以及生成树问题，针对具有权的网络，常常需要寻找基于权之和最小的生成树，这就是最小生成树问题。

研究最小生成树问题具有一定的实用意义，如常常需要以最短线路连接网络中若干个固定点，例如城市水网铺设、交通网规划、煤气管网建设等等。为了便于维护、管理，这些都涉及线网中总长度最短的问题，而这些问题需要在线网中找出一棵最小生成树。类似的问题还有：如何设计总长度最小的公交网或公路网把若干城镇连接起来等等。也就是说，许多网络问题会派生出最小生成树问题，因此，最小生成树问题也是网络极值的基本问题之一。

下面的示例就是在网络图中找出一棵最小生成树问题。

例 9.10　图 9.38 的点表示 10 个居住小区，边表示小区之间道路连接以及距离情况，问题是如何开通一条连接所有小区并使运行总路程最短的公交线路。

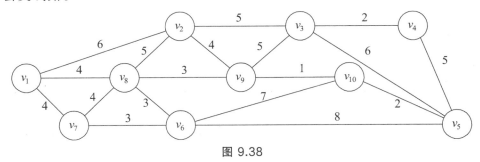

图 9.38

1. 最小生成树的数学描述

给定无向网络图 $G=(V, E)$，其中 $V=(v_1, v_2, \cdots, v_n)$，$E=(e_1, e_2, \cdots, e_m)$，针对边 e_i 的实数权为 $w(e_i)$，令 T 是 G 的生成树，则生成树 T 的权之和为

$$W(T) = \sum_{e \in E(T)} w(e)$$

若 T^* 也是 G 的生成树，并且有 $W(T^*)=\min\{W(T)|T$ 是 G 的一个生成树$\}$，则称 T^* 是无向网络图 G 的**最小生成树**。

2. 寻找最小生成树的方法

在第 9.1.4 节中，已经介绍了针对图寻找生成树的两种方法，即破圈法和避圈法。针对具有权的网络图，寻找最小生成树的方法仍然是基于破圈法和避圈法的思路，但需要考虑权的大小问题。

下面给出在网络中寻找最小生成树的破圈法和避圈法的思路。

（1）避圈法。

在连通的无向网络图 G 中，从所有边中选出一条权最小的边，并把它纳入树中；在 G 中余下的边中再选择一条权最小且与选进树中的边不构成回路的边，同样将其纳入树中；如此反复，直到找不出这样的边为止。

（2）破圈法。

在连通的无向图 G 中，任取一个回路，将该回路中权最大的边去掉；如果回路中含有两条及两条以上权最大的边，则任取一条，再在余下的回路中重复这一步骤，直到图 G 中不含有回路为止。

9.3.3　中国邮路问题

"一个邮递员每次送信，从邮局出发，必须至少一次地走过他负责投递范围的每一条街道，完成投递任务后再回到邮局。问他如何选择一条投递路线，使他所走的路程最短？"这个问题是我国管梅谷在 1962 年首先提出，所以称为**中国邮路问题**。

例如，图 9.39 为一街道示意图，每条边有一个权表示街道长度。如果 v_1 是邮局所在点，邮递员需从 v_1 出发，走遍每条街道递送邮件，最后再回到 v_1，他应选择什么路线才能使总的路程长度最短？

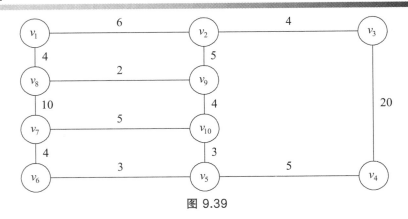

图 9.39

中国邮路问题现象在现实中很多，如警察巡查街道、农民巡视农田等问题就是中国邮路问题，或称中国邮递员问题。

1. 中国邮路问题的数学描述

给定一个连通的无向网络图 $G=(V, E, W)$，所有边 (v_i, v_j) 的权 $w_{ij}>0$，现在要求每条边至少通过一次的闭链 Q，使得总权 $\sum\limits_{(i,j)\in E(Q)} w_{ij}$ 最小。如果图 G 恰好是欧拉图，那么从邮局出发，恰好每边走一次可回到邮局，这时总权必定最小；如果图 G 不是欧拉图，则某些边必然要重复走，当然要求重复走过的边的总长度最小。

2. 中国邮路问题的一个算法

中国邮路问题的算法很多，不过大多是用奇偶点图上作业法来解决此问题，但该方法要验算每一个回路，计算量相当大，显得很不方便。这里主要介绍参考文献[2]中的另外一种比较有效的方法。算法思路如下：

第一步：若网络图 G 是一个欧拉图，即没有奇阶点（奇阶点指与点连接的边的数量为奇数），则该图可以一笔画出全部的边而无重复，此时，邮递员的最优路线就是一个欧拉环游，其总的行走长度为全部边长之和。但一般而言，街道图并非欧拉图，所以可以采用以下办法消除奇阶点，从而将非欧拉图变为欧拉图：

（1）找出全部奇阶点（全部奇阶点的顶点个数一定是偶数个）。

（2）将 $2m$ 个奇阶点构成 m 个奇阶点对，使每点都在一个点对中，找出每个点对中两个奇阶点之间的一条链；对应于链上的每条边都添加一条长度和该边相等的边，经过添加边的两点间的街道，邮递员需要两次经过。

现在的问题是，奇阶点怎样两两匹配，各匹配点对之间取哪条链将使添加边的总长度最短，或使邮递路线的总长度最短。无需证明便可指出，最优解中奇阶点对之间的添加链应为最短路，因此，首先用最短路算法找出全部奇阶点任一点对间的最短路，然后据此寻找点与点的最优匹配。求最短路问题这里不做讨论。

第二步：解奇阶点匹配问题最优解的分枝定界算法。设 $a_{u,v}$ 为奇阶点 u 至奇阶点 v 的最短路长度，将全部 $2m$ 个奇阶点的最短路长度构成一个 $2m \times 2m$ 矩阵：

$$A = \begin{bmatrix} a_{1,1} & \cdots & a_{1,j} & \cdots & a_{1,2m} \\ \vdots & & \vdots & & \\ a_{i,1} & \cdots & a_{i,j} & \cdots & a_{i,2m} \\ \vdots & & & & \\ a_{2m,1} & \cdots & a_{2m,j} & \cdots & a_{2m,2m} \end{bmatrix} \qquad (9.3)$$

将 A 视为一个指派问题的费用矩阵，并令主对角线各元素等于 ∞，现在，对这个指派问题求解，最优解用 $2m$ 个表中位置表示。

如果最优解在表中是关于主对角线对称（称为对称解），则这个角的右上角即为奇阶点匹配问题的最优解；如果指派问题最优解不是对称解，则解中必然存在由 n 个表位（$n>2$）构成的下标回路。例如，这样三个表位就构成一个下标回路：$(1,3)$、$(3,5)$、$(5,1)$。为了寻求对称解，这个回路必然打破，因此，可分别令表中这 n 个位置上的元素等于 ∞，将指派问题分枝成 n 个子问题，继续用指派问题的算法，计算出各子问题的目标值，并作为该子问题以后分枝的目标下界。这样不断分枝下去，直至没有任何一个子问题需要再分枝，即可确定奇阶点匹配问题的最优解。

任一子问题停止分枝的条件是：

（1）该子问题的解为对称解；

（2）其目标下界大于等于某一具有对称解的子问题的目标值。

计算步骤如下：

（1）找出全部奇阶点，用最短路算法计算全部奇阶点任一点对间的最短路长度。

（2）将奇阶点最短路长度矩阵 A 视为指派问题的费用矩阵，构成一个指派问题，形成初始子问题矩阵后，将某些不可能进入奇阶点匹配问题最优解的表位排除掉：

① 如果点 i 至点 j 的最短路由 3 个以上奇阶点组成，那么令 $a_{i,j}=\infty$，$a_{j,i}=\infty$；

② 检查所有 3 奇阶点最短路，设为 $i—j—k$，如果其中间点 j 与任何其他

奇阶点构成的最短路都包含一个端点 i 或 k，则令它们在初始子问题表中的元素 $a_{i,k}=\infty$，将该问题置入待分枝子问题集合 B，令奇阶点匹配问题的候选最优解目标 $T=\infty$。

（3）如果 B 为空，则停止计算，候选最优解 S 即为最优解；如果 B 非空，则从 B 中取出一个子问题 k，用指派问题算法解子问题 k。其目标值为 T_k，解为 S_k（以分配的表位集合表示）。

（4）若 $T_k > T$，则停止分枝，转第三步取另一子问题，否则转第五步。

（5）若 S_k 关于主轴对称，停止分枝，令候选最优解等于子问题 k 的解，令 $S=S_k$，$T=T_k$，然后转第三步取另一个子问题；若 S_k 为非对称解，转第六步。

（6）在 S_k 中找出一个点数为 n 的下标回路 (i_1,j_1)、(i_2,j_2)、$\cdots$、(i_n,j_n)，其中 $i_2=j_1$，$i_3=j_2,\cdots,i_n=j_{n-1}$，而且 $n>2$，分别令子问题 k 的矩阵 A_k 中的 $a_{i_1j_1}$，$a_{i_2j_2}$，$\cdots$，$a_{i_nj_n}=\infty$，构成 n 个子问题，并置入待分枝子问题集合 B，然后转第三步。

一般而言，采用分枝定界法解决一个邮路问题，计算量往往随问题规模的增大而急剧增大，本算法由于采用效率极高的指派问题算法，并对初始子问题作了简化处理，加速了问题向最优解的收敛，这对于解决一般的实际最短邮路问题，已经足够了。

3. 中国邮路问题应用示例

例 9.11 求图 9.39 所示的最短邮递路线。

解 图 9.39 有 6 个奇阶点，其对应的奇阶点之间的最短路矩阵如下：

$$A=\begin{bmatrix} \infty & \infty & \infty & 7 & 5 & 9 \\ \infty & \infty & 7 & \infty & 7 & 3 \\ \infty & 7 & \infty & 10 & 9 & 5 \\ 7 & \infty & 10 & \infty & 2 & 6 \\ 5 & 7 & 9 & 2 & \infty & 4 \\ 9 & 3 & 5 & 6 & 4 & \infty \end{bmatrix}$$

针对上述 A 矩阵，按照指派问题求解思路求对应的最优解，最优解矩阵如下所示：

$$\begin{bmatrix} \infty & \infty & \infty & (0) & 0 & 4 \\ \infty & \infty & 0 & \infty & 4 & (0) \\ \infty & (0) & \infty & 3 & 4 & 0 \\ 0 & \infty & 4 & \infty & (0) & 4 \\ (0) & 5 & 5 & 0 & \infty & 4 \\ 3 & 0 & (0) & 3 & 3 & \infty \end{bmatrix}$$

指派问题的解不对称，从而相对应的中国邮路问题的解不可行。解中存在如

下下标环 $(1,4)$、$(4,5)$、$(5,1)$，现在分别将 A 矩阵中下标环中 3 个位置及其对称位置的数值置为 ∞，从而构造出以下 3 个子问题。

子问题 1：将 A 矩阵中 $(1,4)$ 和 $(4,1)$ 处的元素置为 ∞，构造出如下指派问题：

$$\begin{bmatrix} \infty & \infty & \infty & \infty & 5 & 9 \\ \infty & \infty & 7 & \infty & 7 & 3 \\ \infty & 7 & \infty & 10 & 9 & 5 \\ \infty & \infty & 10 & \infty & 2 & 6 \\ 5 & 7 & 9 & 2 & \infty & 4 \\ 9 & 3 & 5 & 6 & 4 & \infty \end{bmatrix}$$

子问题 1 的最优解矩阵如下所示：

$$\begin{bmatrix} \infty & \infty & \infty & \infty & (0) & 0 \\ \infty & \infty & 0 & \infty & 8 & (0) \\ \infty & (0) & \infty & 0 & 8 & 0 \\ \infty & \infty & (0) & \infty & 0 & 0 \\ 0 & 8 & 8 & (0) & \infty & 7 \\ (0) & 0 & 0 & 0 & 7 & \infty \end{bmatrix}$$

最优解不对称，子问题 1 的解不可行，最优目标函数值为 36。

子问题 2：将 A 矩阵中 $(4,5)$ 和 $(5,4)$ 处的元素置为 ∞，构造出如下指派问题：

$$\begin{bmatrix} \infty & \infty & \infty & 7 & 5 & 9 \\ \infty & \infty & 7 & \infty & 7 & 3 \\ \infty & 7 & \infty & 10 & 9 & 5 \\ 7 & \infty & 10 & \infty & \infty & 6 \\ 5 & 7 & 9 & \infty & \infty & 4 \\ 9 & 3 & 5 & 6 & 4 & \infty \end{bmatrix}$$

子问题 2 的最优解矩阵如下所示：

$$\begin{bmatrix} \infty & \infty & \infty & 0 & (0) & 7 \\ \infty & \infty & 0 & \infty & 1 & (0) \\ \infty & 0 & \infty & (0) & 1 & 0 \\ 0 & \infty & (0) & \infty & \infty & 0 \\ (0) & 1 & 1 & \infty & \infty & 0 \\ 7 & (0) & 0 & 0 & 0 & \infty \end{bmatrix}$$

最优解对称，子问题 2 可行，最优目标函数值为 36，添加边方案：7-8、2-9、5-1，添加边总长 18。

子问题 3：将 A 矩阵中$(5,1)$ 和$(1,5)$ 处的元素置为 ∞，构造出如下指派问题：

$$\begin{bmatrix} \infty & \infty & \infty & 7 & \infty & 9 \\ \infty & \infty & 7 & \infty & 7 & 3 \\ \infty & 7 & \infty & 10 & 9 & 5 \\ 7 & \infty & 10 & \infty & 2 & 6 \\ \infty & 7 & 9 & 2 & \infty & 4 \\ 9 & 3 & 5 & 6 & 4 & \infty \end{bmatrix}$$

子问题 3 的最优解矩阵如下所示：

$$\begin{bmatrix} \infty & \infty & \infty & 0 & \infty & (0) \\ \infty & \infty & (0) & \infty & 1 & 0 \\ \infty & (0) & \infty & 7 & 1 & 0 \\ 0 & \infty & 7 & \infty & (0) & 7 \\ \infty & 1 & 1 & (0) & \infty & 0 \\ (0) & 0 & 0 & 7 & 0 & \infty \end{bmatrix}$$

最优解对称，子问题 3 可行，最优目标函数值为 36，添加边方案：5-6-7、8-9、2-9-10，添加边总长 18。

由停止分枝的条件可知，子问题都不再往下分枝，已得到此中国邮路问题的最优解，子问题 2 或子问题 3 都是该问题的最优解。

9.4　网络流问题

在上一节，把图中的边赋予权的数量指标后，研究了网络的极值问题，如果把图中的边赋予其他意义的数量指标，就可以产生网络流的问题。

研究网络流的问题有一定的现实意义，例如交通系统中的车流、金融系统中的现金流、控制系统中的信息流、供水系统中的水流等等。针对这些系统，有时需要考虑在既定的网络中能通过网络的最大流量是多少，这就产生了网络的最大流问题；有时需要考虑在满足成本最低的前提下，使网络承载一定的流量，这就产生了网络的最小费用流问题；有时也需要考虑在满足成本最低的前提下，使网络通过的流量达到最大，这就产生了网络的最小费用最大流问题。这些问题可以说是线性规划问题，用线性规划的方法也可以解决，但依据现实问题抽象出来的网络模型具有特殊的结构，而且网络模型也具有直观性，所以基于网络模型可以设计出比单纯形法更为有效的算法来解决这类问题。

9.4.1　网络流的相关知识

为了更形象地学习网络流的相关知识，下面给出一个引例。

例 9.12　某运输企业计划对物资进行调运，已知出发地 A_1、A_2 分别有物资 120 吨和 240 吨，接收地 B_1、B_2 需要物资分别为 180 吨和 200 吨。运输线路如图 9.40 所示，其中 F_1、F_2、F_3 为转运地，图中边旁的数字表示线路的运输能力。现在需要制定一个调运方案，使出发地 A_1、A_2 有尽可能多的物资调运到接收地 B_1 和 B_2。

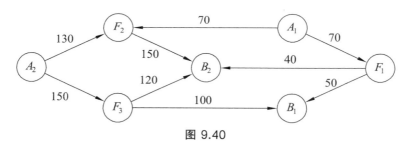

图 9.40

以上问题其实是受线路输送能力的限制，也称为**能力约束问题**。

为了使图 9.40 更直观，把出发地 A_1、A_2 用 x_1、x_2 表示，接收地 B_1、B_2 用 y_1、y_2 表示，转运地 F_1、F_2、F_3 用 v_1、v_2、v_3 表示，同时按照如下思路作图 9.40 的同构图：把出发地放置在左边，接收地放置在右边，转运地放置在中间，同时把出发地具有的物资数用正号标在 x_1、x_2 旁，把接收地需要的物资数用负号标在 y_1、y_2 旁，如图 9.41 所示。

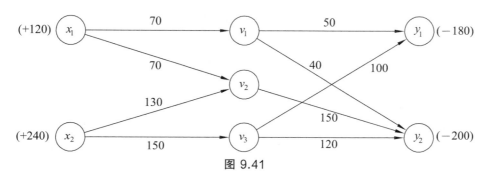

图 9.41

针对此问题，不妨给出一个可行的具体调运方案，如表 9.9 所示：

表 9.9　调运方案

运量 \ 接收 \ 发出	F_1	F_2	F_3	B_1	B_2
A_1	70	50			
A_2		100	130		
F_1				50	20
F_2					150
F_3				100	30

现在把以上调运方案的运量也标在网络图 9.41 中，如图 9.42 所示：

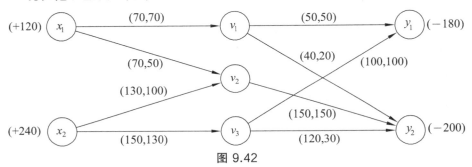

图 9.42

1. 基本概念

基于对例 9.12 中网络图的初步理解，给出如下定义：

给定有向图 $G=(V,E)$，其中 $V=(v_1,v_2,\cdots,v_n)$，$E=(e_1,e_2,\cdots,e_m)$，针对边 e_i 赋予两个非负的整数参数 $c(e_i)$、$f(e_i)$，把 $c(e_i)$ 称为边 e_i 的**容量**，有时把边 (v_i,v_j) 的容量写成 c_{ij}；把 $f(e_i)$ 称为边 e_i 的**流量**，有时把边 (v_i, v_j) 的流量写成 f_{ij}；针对顶点集合 V，取定两个非空子集 X 及 Y，其中 $X\cap Y=\varnothing$，则称 $G=(V, E, C, F, X, Y)$ 为**运输网络**，其中 C 为容量的集合，$C=(c(e_1), c(e_2),\cdots, c(e_m))$；$F$ 为流量的集合，$F=(f(e_1), f(e_2),\cdots, f(e_m))$；把 X 中的顶点 x 称为运输网络 G 的**源**；Y 中的顶点 y 称为运输网络 G 的**汇**；$I=V-(X\cup Y)$ 中的顶点为运输网络 G 的**中间点**；另外，把运输网络 G 的流量分布状态用 f 表示，f 称为 G 的**网络流**。

在例 9.12 中的图 9.42 中，出发地 x_1、x_2 称为源，接收地 y_1、y_2 称为汇，转运地 v_1、v_2、v_3 称为中间点，边旁表示运输能力和运量的数据分别称为容量和流量。

容量表示边所承载流量的最大能力，例如针对铁路网，边的容量可以表示区段间的最大通过能力；针对城市道路网，边的容量表示道路的通行能力。流量表示调运的分配方案，在不同的网络中所表示的内容也不一样，比如它可以表示实际中输送的物资量、道路上通过的车辆数（交通量）、网络中传送的信息量、水管中的水量等等。

特别提示

由定义可知，运输网络的源只发出流量，即源只有以它为起点的边，而没有以它为终点的边；汇只接收流量，即汇只有以它为终点的边，而没有以它为起点的边；中间点只转运流量，即中间点既有以它为起点的边又有以它为终点的边。

2. 基本性质

针对一般运输网络的网络流分布，需要满足一定的条件，即对运输网络的流量进行分配时，需要遵从以下两个性质：

性质 9.2　针对运输网络的任意一条边 e_i，均有 $0 \leq f(e_i) \leq c(e_i)$。

性质 9.2 说明，运输网络中每条边上的流量不超过该边承载流量的最大能力，即容量。此性质给出了边上流量的大小受限于该边的容量，所以性质 9.2 称为**容量约束条件**。

性质 9.3　针对运输网络中任意一个中间点 v_i，$v_i \in I$，定义 $f^+(v_i)$ 为以 v_i 为始点的所有有向边流量的函数和，$f^-(v_i)$ 为以 v_i 为终点的所有有向边流量的函数和，则 $f^+(v_i)$ 和 $f^-(v_i)$ 满足 $f^+(v_i) = f^-(v_i)$。

性质 9.3 说明，运输网络中每一个中间点接收的流量之和等于发出的流量之和，这也是中间点只转运流量的体现。因为此性质给出了中间点的流量是守恒的，所以性质 9.3 称为**流量守恒条件**。

另外，针对整个运输网络来说，所有源发出的流量之和与所有汇接收的流量之和也应该是相等的，这也是运输网络调运方案的总调运量。

性质 9.2 和性质 9.3 给出的容量约束条件和流量守恒条件，是对运输网络分配流量时需要遵从的两个原则，把运输网络中符合上述性质的流称为**可行流**。图 9.42 的流量分布均遵从以上两个性质。

在任意一个运输网络中，至少存在一个可行流，因为对于每一个边 e_i，都可以定义 $f(e_i)=0$。显然，这个定义满足上述性质，把这个网络流 f 称为**零流**或**平凡流**。图 9.41 中并没有给出各边的流量，此时各边的流量可以默认为 0，即图 9.41 所示的网络流为零流。

针对运输网络的网络流 f，其流值用 Val$f$ 表示，显然，Val$f = f^+(x) = f^-(y)$，

其中 x、y 分别是源和汇。在图 9.42 中，调运总量为 350 吨，网络流 f 的流值 $Valf=f^+(x)=f^-(y)=350$，即从出发地分别发出 120 吨和 230 吨，接收地分别接收 150 吨和 200 吨，在不同的运输线路上，有其各自的调运分量。

3. 割及最小割

给定有向网络图 $G=(V, E)$，设 S 是 V 的一个子集，其中源 $x \in S$，再设子集 $S^*=V-S$，其中汇 $y \in S^*$；另记 $K=(S, S^*)$ 是起点在子集 S 中，终点在子集 S^* 中的全部有向边的集合，即可表示为 $K=\{(u, v)|u \in S, v \in S^*\}$，把边的集合 K 称为网络图 G 的一个**割**。把割 K 中所有边的容量之和称为该**割的容量**（也称为**割值**），用 $CapK$ 表示。另外，把一个网络图 G 中割值最小的割 K^* 称为**最小割**，即有 $CapK^*=\min\{CapK|K$ 为网络图 G 的一个割$\}$。

例 9.13 给定运输网络图 9.43，边旁数据表示容量，试求不同的割及其容量。

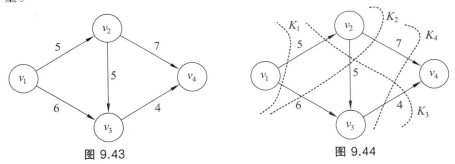

图 9.43　　　　　　　　　图 9.44

针对图 9.43，v_1 可以作为源，v_4 作为汇，下面通过表格 9.10 的形式，按照割的定义给出所有割、割中的边及其容量：

表 9.10　割的列表

割 K_i	S	S^*	$K_i=(S, S^*)$	割 K_i 容量
K_1	v_1	v_2, v_3, v_4	(v_1, v_2)；(v_1, v_3)	$CapK_1=5+6=11$
K_2	v_1, v_2	v_3, v_4	(v_1, v_3)；(v_2, v_3)；(v_2, v_4)	$CapK_2=6+5+7=18$
K_3	v_1, v_3	v_2, v_4	(v_1, v_2)；(v_3, v_4)	$CapK_3=5+4=9$
K_4	v_1, v_2, v_3	v_4	(v_2, v_4)；(v_3, v_4)	$CapK_4=7+4=11$

从表 9.10 可以看出，该运输网络的最小割为 K_3。

针对运输网络的割，从几何意义上解释就是，用一条割线将包含源的顶点和包含汇的顶点隔开，如例 9.13 中图 9.44 的虚线所示。

特别提示

如果把割的边从运输网络中移去，运输网络不一定分离成两部分，即不一定成为分割图，但是一定会把运输网络自源到汇的全部路都断开。也就是说，此时不能在运输网络上进行流的分配。所以从直观上可以理解为，运输网络上任意一个网络流 f 的流值 $\mathrm{Val}f$ 不能超过任意一个割的割值，即 $\mathrm{Val}f \leqslant \mathrm{Cap}K$。

4. 多源多汇运输网络的转换问题

基于实际问题所建立的运输网络，可能出现多个源或多个汇的情况，如例 9.12 的运输网络就有两个源两个汇。为了方便算法的运用，需要把多源多汇的运输网络转换为单源单汇的运输网络。

把多源多汇运输网络 G 转换为单源单汇运输网络 G^* 的方法如下：

（1）在运输网络 G 中添加两个新的顶点 x 和 y，分别成为 G^* 的源和汇，G 的顶点集合 V 成为 G^* 的中间点集合。

（2）针对 G 中的源 x_i，用有向边 (x, x_i) 连接顶点 x 和 x_i，边 (x, x_i) 的容量视具体情况设定为 $+\infty$ 或某一具体的数值。

（3）针对 G 中的汇 y_i，用有向边 (y_i, y) 连接顶点 y_i 和 y，边 (y_i, y) 的容量视具体情况设定为 $+\infty$ 或某一具体的数值。

（4）设 f 是 G 上的一个网络流，按照如下方法定义 G^* 上的网络流 f^*：

$$f^*(e_i) = \begin{cases} f(e_i), & \text{当} e_i \in E(G) \\ f^+(x_i) - f^-(x_i), & \text{当} x_i \in X, e_i = (x, x_i) \\ f^-(y_i) - f^+(y_i), & \text{当} y_i \in Y, e_i = (y_i, y) \end{cases}$$

现在把例 9.12 的图 9.42 转换为单源单汇运输网络，如图 9.45 所示。

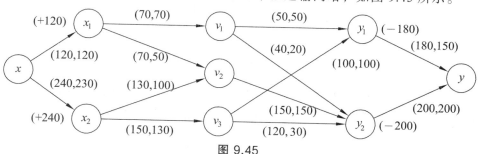

图 9.45

在此示例的转换中，原有网络中的顶点、边以及边上的容量和流量在新的网络中没有变化，新添加的边 (x, x_1)，视具体情况 x_1 处有物资 120 吨，容量设定为 120；因为原有的源 x_1 在新的网络图中成为中间点，按照流量守恒条件，边(x, x_1)的流量就为 120。同理，新添加的边(x, x_2)的容量、流量也如此设定。针对新添加的边(y_1, y)，视具体情况 y_1 需要物资 180 吨，容量就设定为 180；因为原有的汇 y_1 在新的网络图中成为中间点，按照流量守恒条件，边(y_1, y)的流量就为 150。同理，新添加的边(y_2, y)的容量、流量也如此设定。

另外需要说明的是，针对无源无汇的运输网络，转换为单源单汇运输网络时，新的源和汇可任意设定。如图 9.46 是无源无汇的运输网络，可以转换为图 9.47 的单源单汇运输网络，也可以转换为图 9.48 的单源单汇运输网络：

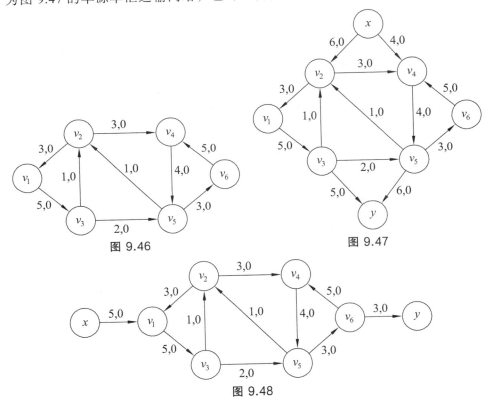

图 9.46

图 9.47

图 9.48

当然，图 9.46 还可以转换成其他形式的单源单汇运输网络，但需要注意的是，转换为不同形式的单源单汇运输网络后，在分配流量时，网络流的方案可能不同。

5. 顶点有容量约束的运输网络转换问题

在前面提到的运输网络中，对边给出了容量，但在实际问题中，往往顶点也具有容量。例如，针对铁路网，顶点所表示的车站也有接发能力的限制；

针对城市道路网，顶点所表示的交叉口也有交叉口通行能力的限制。这就需要对运输网络的顶点给出容量。在对运输网络分配流量时，可能受到顶点容量的约束，为了方便分配流量，可将顶点的容量转换为边的容量。转换的方法是：对运输网络中有容量约束的顶点 v，可以将该顶点拆分为 v 与 v' 两个顶点，原网络中以 v 为终点的边，仍然与顶点 v 连接，以 v 为起点的边，使其与顶点 v' 连接，令新边 (v, v') 的容量等于原来顶点 v 的容量，这样就可以把顶点有容量约束的运输问题，转换为只有边有容量约束的运输网络。

其实这种转换方法从直观上也可以理解为把点拉长，从而使点变成了直线。例如，在图 9.49 中，顶点 v_3 的容量为 4，按照上面的方法可以将图 9.49 转换为图 9.50。

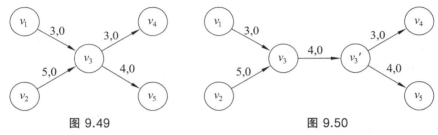

图 9.49　　　　　　　　　　　　　图 9.50

9.4.2　最大流及其算法

前面已经讲过，在既定的网络中，需要知道能通过网络的最大流量是多少，即在遵循性质 9.2（容量约束条件）和性质 9.3（流量守恒条件）的前提下，使网络的流值 Val$f$ 达到最大，从而最大限度地发挥网络的利用率。这就是网络的最大流问题，最大流问题也是图论的核心问题之一。

针对一个运输网络，分配流量的方案可能不止一个，即网络流 f 有多个。若 f^* 是满足条件 Val f^*=max{Val$f$ | f 为 G 的一个流}的网络流，称网络流 f^* 为运输网络 G 的**最大流**。

学习网络最大流的目的就是在遵从容量约束条件和流量守恒条件的前提下，通过一定的方法使网络的流量达到最大。

下面首先介绍相关概念，在此基础上，给出相关的定理和推论，然后学习最大流算法的思路和最大流算法的步骤。

1. 相关概念

（1）**基础概念**。

如图 9.51 所示，给定网络图 G 的边 e，设 f 为 G 上一个网络流，针对边 e 给出如下一些定义：

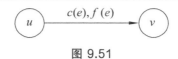

图 9.51

零边：若边的流量等于 0，即 $f(e)=0$，则称边 e 为网络流 f 的零边。

根据容量约束条件，零边意味着边的流量只能增加，不能减小，流量可以增加的最大量值为 $c(e)-f(e)$，即为 $c(e)$。

饱和边：若边的流量等于边的容量，即 $f(e)=c(e)$，则称边 e 为网络流 f 的饱和边。

根据容量约束条件，饱和边意味着边的流量不能增加，只能减小，流量可以减小的最大量值为 $f(e)$。

不饱和边：若边的流量小于边的容量，即 $f(e)<c(e)$，则称边 e 为网络流 f 的不饱和边。

根据容量约束条件，不饱和边意味着边的流量既可以增加，也可以减小，流量可以增加的最大量值为 $c(e)-f(e)$，流量可以减小的最大量值为 $f(e)$。

正边：若边的流量大于 0，即 $f(e)>0$，则称边 e 为网络流 f 的正边。

正边有可能是饱和边，即 $f(e)>0$，并且 $f(e)=c(e)$；也有可能是不饱和边，即 $f(e)>0$，并且 $f(e)<c(e)$。反过来说，饱和边一定是正边，因为饱和边 $f(e)>0$；不饱和边有可能是正边，如 $f(e)<c(e)$，并且 $f(e)>0$；也有可能是零边，如 $f(e)<c(e)$，并且 $f(e)=0$。

通过以上几个定义，可以知道哪类边的流量是可以增加的，哪类边的流量是可以减小的，同时也可以知道流量增加或减小的最大量值又是多少。

如图 9.52 中，零边 v_1v_2 的流量只能增加，可以增加的最大量值为 $6-0=6$；既为不饱和边又为正边的 v_3v_4，流量既可以增加也可以减小，流量可以增加的最大量值为 $6-4=2$，流量可以减小的最大量值为 4；既为饱和边又为正边的 v_5v_6，流量只能减小，可以减小的最大量值为 6。

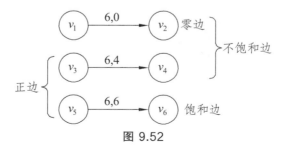

图 9.52

设 $Q=x, v_1, \cdots, v_i, u, v, v_j, \cdots, v_k, t$ 为 G 上网络流 f 的一条初等链，对初等链 Q 给定图形 9.53 所示：

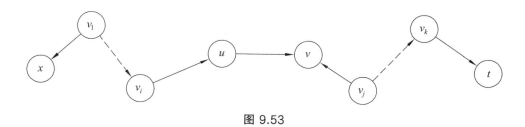

图 9.53

针对链 Q 给出如下一些定义：

前向边：若链 Q 中有 u 到 v 的有向边 (u, v)，则称边 (u, v) 为链 Q 的前向边。如图 9.53 中，边 (v_i, u)、(u, v)、(v_k, t) 为链 Q 的前向边。

后向边：若链 Q 中有 v 到 u 的有向边 (v, u)，则称边 (v, u) 为链 Q 的后向边。如图 9.53 中，边 (x, v_1)、(v, v_j) 为链 Q 的后向边。

简言之，若边的方向与链的走向一致，则该边称为链的前向边；若边的方向与链的走向相反，则该边称为链的后向边。

给出前向边和后向边定义的目的，就是对网络图的流量进行调整和分配时，确定哪类边的流量需要增加，哪类边的流量需要减少。为了解决这个问题，下面给出一个性质。

性质 9.4 给定初等链 Q，在遵从容量约束条件的前提下，假设需要给初等链 Q 增加一定的流量 $l(Q)$，把 $l(Q)$ 称为链 Q 的**调整量**，则初等链 Q 中的前向边要加上调整量 $l(Q)$，后向边要减去调整量 $l(Q)$。

下面通过一个示例来理解性质 9.4。

在一个具有可行流的网络图 G 中，假定有一条初等链 $Q_1=x, \cdots, v_3, v_4, v_5, \cdots, y$，如图 9.54 所示。针对中间点 v_4，接收的流量之和与发出的流量之和均为 7，满足流量守恒条件。针对链 Q_1，边 (v_3, v_4) 是中间点 v_4 接收流量的边，而边 (v_4, v_5) 是中间点 v_4 发出流量的边。若给初等链 Q_1 中的边 (v_3, v_4) 的流量增加 2 个，就会导致中间点 v_4 接收的流量之和为 9，为了满足流量守恒条件，中间点 v_4 发出的流量之和也应该为 9，所以需要把初等链 Q_1 中的边 (v_4, v_5) 的流量增加 2 个，这样才能满足流量守恒条件，调整后如图 9.55 所示。而边 (v_4, v_5) 恰恰是初等链 Q_1 的前向边，这就简单的解释了性质 9.4 中前向边要加上调整量的原因。

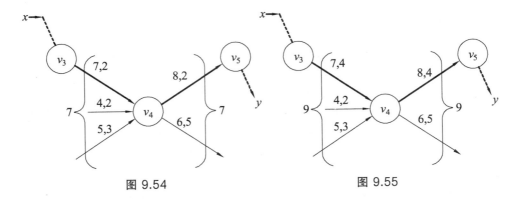

图 9.54   图 9.55

同样，在一个具有可行流的网络图 G 中，假定有一条初等链 $Q_2=x,\cdots,v_3$, v_4, $v_5,\cdots$, y，如图 9.56 所示。针对中间点 v_4 来说，接收的流量之和与发出的流量之和均为 8，满足流量守恒条件。针对链 Q_2，边 (v_3, v_4) 是中间点 v_4 接收流量的边，边 (v_4, v_5) 也是中间点 v_4 接收流量的边；若给初等链 Q_2 中的边 (v_3, v_4) 的流量增加 2 个，就会导致中间点 v_4 接收的流量之和为 10，而中间点 v_4 发出的流量之和仍为 8，为了满足流量守恒条件，就需要把初等链 Q_2 中的边 (v_4, v_5) 的流量减少 2 个，这样才能满足流量守恒条件，调整后如图 9.57 所示。而边 (v_4, v_5) 恰恰是初等链 Q_2 的后向边，这就简单的解释了性质 9.4 中为何后向边要减去调整量的原因。

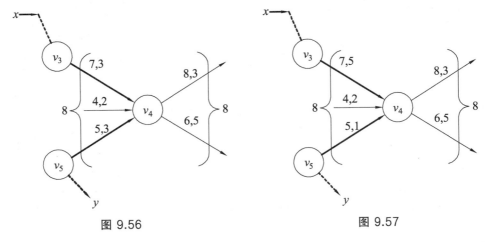

图 9.56   图 9.57

特别提示

基于性质 9.4 可知，前向边的流量只能增加，后向边的流量只能减少，需要注意的是，如果前向边是饱和边，流量就无法增加，如果后向边是零边，流量就无法减少。

（2）**核心概念。**

在性质 9.4 中，提到初等链 Q 的调整量 $l(Q)$，但如何确定 $l(Q)$ 的大小并没有解决，下面首先给出确定调整量 $l(Q)$ 大小的方法，然后给出几个核心概念。

给定网络图 G 中的一条初等链 Q，同时设 f 为 G 上的一个网络流，针对初等链 Q 中的边 e 给定一个量值 $l(e)$。由性质 9.4 可知，前向边的流量只能增加，后向边的流量只能减少，那么边 e 量值 $l(e)$ 的大小可按照如下确定：

$$l(e) = \begin{cases} c(e) - f(e), & \text{当 } e \text{ 是 } Q \text{ 的前向边时} \\ f(e), & \text{当 } e \text{ 是 } Q \text{ 的后向边时} \end{cases}$$

边的量值 $l(e)$ 表明，若边 e 是前向边时，$l(e)$ 就是边的流量可能增加的最大量值；若边 e 是后向边时，$l(e)$ 就是边的流量可能减少的最大量值。

基于初等链 Q 中所有边的 $l(e)$，初等链 Q 的调整量

$$l(Q) = \min\{l(e), e \in E(Q)\}$$

这个公式说明，初等链 Q 的调整量 $l(Q)$ 等于初等链 Q 中所有边的最小量值 $l(e)$。

基于确定出的调整量 $l(Q)$，其隐含的意义就是，若给整个链 Q 增加流量，则增加的量值最多是 $l(Q)$，否则会造成某些边的流量大于容量，或造成某些边的流量为负值，从而违背了容量约束条件。依据确定出的调整量 $l(Q)$，下面给出几个核心概念。

饱和链：当初等链 Q 的调整量 $l(Q)=0$ 时，称初等链 Q 为网络流 f 的饱和链。

不饱和链：当初等链 Q 的调整量 $l(Q)>0$ 时，称初等链 Q 为网络流 f 的不饱和链。

根据量值 $l(e)$ 的定义及调整量 $l(Q)$ 的确定方法，可以得出饱和链和不饱和链的性质：

性质 9.5　若 Q 为网络流 f 的饱和链，则链 Q 中至少有一条前向边是饱和边，或至少有一条后向边是零边。

性质 9.6　若 Q 为网络流 f 的不饱和链，则链 Q 中所有的前向边都是不饱和边，而且所有的后向边都是正边。

下面基于网络图 9.58，对饱和链、不饱和链以及相关性质进行示例说明。

① 取链 $Q_1 = xx_2v_2x_1v_1$，其中边 (x, x_2)、(x_2, v_2)、(x_1, v_1) 为 Q_1 的前向边，这些边的量值分别为

$l(x, x_2)=240-230=10$，$l(x_2, v_2)=130-100=30$，$l(x_1, v_1)=70-70=0$

边(v_2, x_1)为 Q_1 的后向边，其量值 $l(v_2, x_1)=50$，则链 Q_1 的调整量

$$l(Q_1)=\min\{10, 30, 0, 50\}=0$$

这说明链 Q_1 是饱和链，原因是链 Q_1 中的前向边(x_1, v_1)为饱和边。

② 取链 $Q_2=x_2v_3y_2v_1y_1y$，其中边(x_2, v_3)、(v_3, y_2)、(v_1, y_1)、(y_1, y)为链 Q_2 的前向边，这些边的量值分别为

$$l(x_2, v_3)=150-130=20，\quad l(v_3, y_2)=120-30=90$$
$$l(v_1, y_1)=60-50=10，\quad l(y_1, y)=180-150=30$$

边(y_2, v_1)为 Q_2 的后向边，其量值 $l(y_2, v_1)=20$，则链 Q_2 的调整量

$$l(Q_2)=\min\{20, 90, 10, 30, 20\}=10$$

这说明链 Q_2 是不饱和链，原因是链 Q_2 中所有的前向边都是不饱和边，而且后向边(y_2, v_1)是正边。

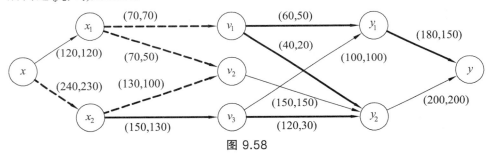

图 9.58

增流链：设 f 为网络图 G 的一个网络流，若初等链 Q 是一条从源 x 到汇 y 的不饱和链，则初等链 Q 称为网络流 f 的增流链。

显而易见，增流链一定是不饱和链，而不饱和链不一定是增流链，因为不饱和链必须同时包含源和汇才能称为增流链。如图 9.58 中的不饱和链 Q_2 就不是增流链，因为它不包含源 x。如果把不饱和链 Q_2 加上边(x, x_2)，即链 $Q_3=(x, x_2)+Q_2$，那么 Q_3 既是不饱和链也是增流链。依据前面的相关概念以及调整量的确定公式等，针对网络图 G 中存在的网络流 f，可以给出网络流量的调整公式：

$$\hat{f}(e)=\begin{cases} f(e)+l(Q), & \text{当}e\text{是}Q\text{的前向边时} \\ f(e)-l(Q), & \text{当}e\text{是}Q\text{的后向边时} \\ f(e), & \text{当}e\text{不是}Q\text{的边时} \end{cases} \qquad (9.4)$$

利用调整公式（9.4），可以把一条不饱和的增流链调整为饱和链，进而使整个网络图的流量得到了提高，从而把网络的网络流 f 调整成一个新的网络流 $\hat{f}$，此时网络的流值 Val $\hat{f}$ =Val f+$l(Q)$。称新的网络流 $\hat{f}$ 为原有网络流 f

的**基于 Q 的修改流**。对于新的网络流 $\hat{f}$ 而言，已经将不饱和的增流链 Q 调整为饱和链，那么链 Q 中至少有一条前向边变成了饱和边，或至少有一条后向边变成了零边。

在图 9.58 中，针对上面提到的链 $Q_3=xx_2v_3y_2v_1y_1y$，前向边的量值分别为 $l(x, x_2)=10$，$l(x_2, v_3)=20$，$l(v_3, y_2)=90$，$l(v_1, y_1)=10$，$l(y_1, y)=30$，后向边的量值为 $l(y_2, v_1)=20$，调整量

$$l(Q_3)=\min\{10, 20, 90, 10, 30, 20\}=10>0$$

则 Q_3 是增流链。利用调整公式（9.4），把增流链 Q_3 的所有前向边的流量加上 10，把所有后向边的流量减去 10，调整后的网络流如图 9.59 所示。

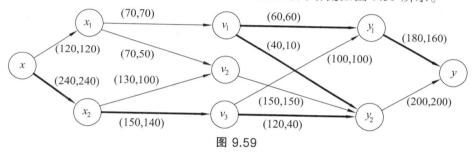

图 9.59

图 9.58 中不饱和的增流链 Q_3，在图 9.59 中变成了饱和链，因为边 (x, x_2)、(v_1, y_1) 变成了饱和边。在图 9.58 中，网络流 f 的流值 $\mathrm{Val}f=350$，而在图 9.59 中，新的网络流 $\hat{f}$ 的流值 $\mathrm{Val}\hat{f}=360$，从而使整个网络图提高了 10 个流量。

由此可知，通过增流链可以判断网络图的流量状态，同时增流链也是调整流量的依据，即通过增加增流链的流量，来提高整个网络图的流量。

2. 相关定理和推论

定理 9.1　对于网络图 G 中任意一个网络流 f 和任意割 $K=(S, S^*)$，有

$$\mathrm{Val}f = f^+(s) - f^-(s)$$

其中 $f^+(S)=\displaystyle\sum_{e\in(S,S^*)}f(e)$，$f^-(s)=\displaystyle\sum_{e\in(S^*,S)}f(e)$。

定理 9.1 表明，通过网络图 G 的任一横截面的净流值都为 $\mathrm{Val}f$，即 $\mathrm{Val}f$ 等于任意一个横截面的输入量与输出量的代数和。

定理 9.2　对于网络图 G 中任意一个网络流 f 和任意割 $K=(S, S^*)$，有：

（1）$\mathrm{Val}f \leqslant \mathrm{Cap}K$；

（2）$\mathrm{Val}f=\mathrm{Cap}K$ 的充要条件为：对任意的 $e\in(S, S^*)$，边 e 为 f 的饱和边；对任意的 $e\in(S^*, S)$，边 e 为 f 的零边。

定理 9.2 表明，G 上任意一个网络流的流值不会超过任意割的容量，同时表明，若 f 为最大流，K 为最小割，则二者是相等的。由此可以得出以下推论：

推论 9.1 在网络图 G 中，最大流的流值和最小割的割值是相等的。

推论 9.2 设 f 是网络图 G 的一个网络流，K 是一个割，若 $\text{Val}f=\text{Cap}K$，则 f 为 G 的最大流，K 是一个最小割。

定理 9.3 网络流 f 为网络图 G 的最大流的充要条件是 G 中不存在 f 的增流链。由此可以得出以下推论：

推论 9.3 如果网络 G 中不含有网络流 f 的增流链，则网络流 f 为最大流。

推论 9.4 如果网络 G 中含有网络流 f 的增流链，则网络的流值还可以增加。

特别提示

定理 9.2 以及由此得出的推论 9.1、推论 9.2，也称为最大流最小割定理。另外，可以得出一个求最小割的方法，即基于求出的网络图的最大流，把网络图从源或汇断开，即可得到一个最小割。

3. 寻找增流链的方法

至此可以说，利用定理 9.3 或推论 9.3、推论 9.4，解决了如何判断网络的流量是否达到最大的问题，同时也可以利用调整公式（9.4），解决了如何增加网络流量的问题。

另外，前面也给出了增流链的定义，增流链定义的思路如下（见图 9.60）：

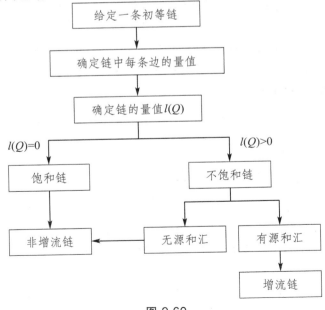

图 9.60

由图 9.60 可知,增流链的定义只是用来判定某一条初等链是否为增流链的。

另外,定理 9.3 只是直观地观察网络图是否存在增流链,而对一个顶点较多的运输网络,要通过观察的方法来找出所有的增流链是相当不容易的,所以最大流问题还没有彻底解决,因为还没有解决如何在网络图中寻找增流链的问题。

下面介绍在网络图中寻找增流链的方法——**标号法**。

用标号法寻找增流链的步骤:

第一步:对未检查的边 (u, v) 的顶点 v 进行标号,标号的方式为 $(u,$ 边的方向, $l(v))$,其中标号的各个部分可如下确定:

（1）u：表示被标号点 v 的前一个顶点。

（2）边的方向：当被标号点 v 为终点时,即边 (u, v) 为前向边时,用"+"标示；当被标号点 v 为始点时,即边 (u, v) 为后向边时,用"−"标示。

（3）$l(v)$：当被标号点 v 为终点时, $l(v)=\min\{l(u), c(u, v)-f(u, v)\}$；当被标号点 v 为始点时, $l(v)=\min\{l(u), f(u, v)\}$。

另外,默认源 x 的标号为 $(0, +, +\infty)$。

第二步:继续检查,判断顶点 v 后面的边 (v, z) 能否成为增流链的边。边 (v, z) 若成为增流链中的边所具备的条件如下:

（1）如果边 (v, z) 是前向边,则应该有 $f(v, z)<c(v, z)$。

由前面知识可知,前向边流量只能增加,所以边 (v, z) 不能是饱和边。

（2）如果边 (v, z) 为后向边,则必有 $f(v, z)>0$。

由前面知识可知,后向边流量只能减少,所以边 (v, z) 不能是零边。

第三步:若边 (v, z) 能够成为增流链的边,就使顶点 z 成为被标号的点,再对被标号点 z 按照第一步的标号方式进行标号。

第四步:返回第二步,不断循环,直至找不到被标号点。如果汇 y 没有被标号,说明不存在增流链；如果汇 y 被标号,说明存在增流链,此时按照标号方式的第一项,从汇 y 逆向追踪,即可得到增流链 Q,同时也可得到增流链 Q 的调整量 $l(Q)=l(y)$,即调整量 $l(Q)$ 的值为汇 y 标号的 $l(y)$ 值。

标号法中标号方式的第一项" u "和第二项"边的方向"容易理解,关键是第三项" $l(v)$ "值的确定,所以第一步中的第（3）点是标号法的核心。

为了更好地掌握和理解 $l(v)$ 值的确定公式,下面以一个示例来解释 $l(v)$ 值确定公式的合理性:

给定初等链 Q_1,如图 9.61 所示。按照调整量的定义,先确定边的量值, $l(v_1, v_2)=6-2=4$,则链 Q_1 的调整量

$$l(Q_1)=\min\{l(v_1, v_2)\}=\min\{4\}=4$$

现在用 $l(v_2)$ 表示 $l(Q_1)$，即 $l(v_2)=l(Q_1)=4$，将 $l(v_2)$ 标示在顶点 v_2 的旁边，标示如图 9.61 所示：

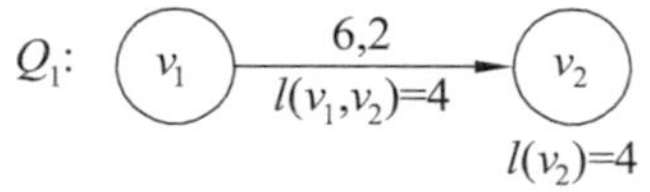

图 9.61

给定另一初等链 Q_2，$Q_2=Q_1+(v_2,v_3)$，如图 9.62 所示。按照调整量的定义，确定边的量值，$l(v_1,v_2)=6-2=4$，$l(v_2,v_3)=5-3=2$，链 Q_2 调整量

$$l(Q_2)=\min\{l(v_1,v_2),\ l(v_2,v_3)\}=\min\{4,\ 2\}=2$$

上式还可以写为

$$l(Q_2)=\min\{l(Q_1),\ l(v_2,v_3)\}=\min\{l(v_2),\ l(v_2,v_3)\}=\min\{4,\ 2\}=2$$

现在用 $l(v_3)$ 表示 $l(Q_2)$，即 $l(v_3)=l(Q_2)=2$，将 $l(v_3)$ 标示在顶点 v_3 的旁边，标示如图 9.62 所示：

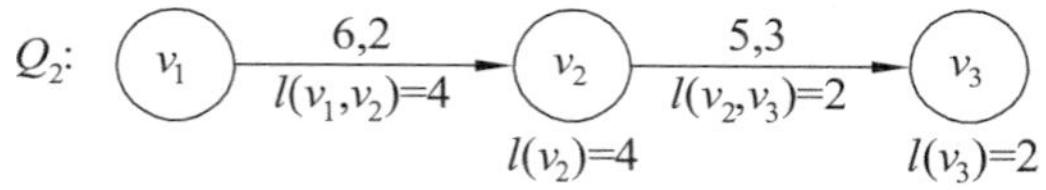

图 9.62

再给定另一初等链 Q_3，$Q_3=Q_2+(v_3,v_4)$，如图 9.63 所示。按照调整量的定义，确定这些边的量值，$l(v_1,v_2)=6-2=4$，$l(v_2,v_3)=5-3=2$，$l(v_3,v_4)=4-1=3$，那么链 Q_3 的调整量就为

$$l(Q_3)=\min\{l(v_1,v_2),\ l(v_2,v_3),\ l(v_3,v_4)=3\}=\min\{4,\ 2,\ 3\}=2$$

同样，上式还可以写为

$$l(Q_3)=\min\{l(Q_2),\ l(v_3,v_4)\}=\min\{l(v_3),\ l(v_3,v_4)\}=\min\{2,\ 3\}=2$$

现在用 $l(v_4)$ 表示 $l(Q_3)$，即 $l(v_4)=l(Q_3)=2$，将 $l(v_4)$ 标示在顶点 v_4 的旁边，标示如图 9.63 所示：

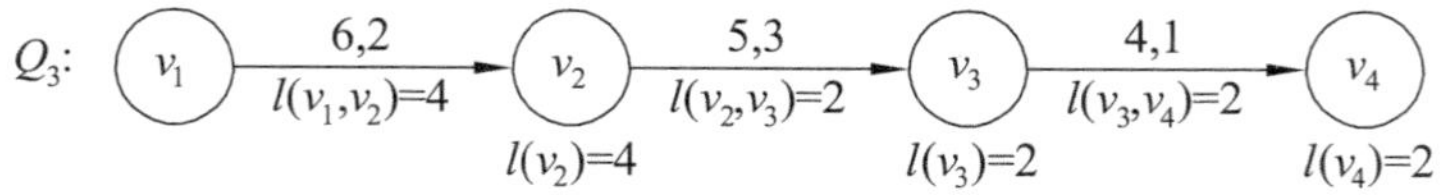

图 9.63

通过以上过程，可以得出一个规律：一条衍生的初等链，在计算它的调整量时，不必按照调整量的定义，对每一条边的量值进行重复计算，而衍生初等链的调整量就是在原有初等链的调整量和新加边的量值中取最小值即可。

比如，在求出初等链 Q_2 的调整量并在标示的基础上，可以直接计算出初

等链 Q_3 的调整量

$$l(Q_3)=\min\{l(v_3),\ l(v_3,\ v_4)\}=\min\{l(v_3),\ c(v_3,\ v_4)-f(v_3,\ v_4)\}=\min\{2,\ 4-1\}=2$$

再给定另一初等链 Q_4，$Q_4=Q_3+(v_4,\ v_5)$，如图 9.64 所示。在上一过程已经知道 $l(v_4)=2$，边 $(v_4,\ v_5)$ 为后向边，所以 $l(v_4,\ v_5)=f(v_4,\ v_5)=1$，则有

$$l(Q_4)=\min\{l(v_4),\ l(v_4,\ v_5)\}=\min\{2,\ 1\}=1$$

同样，现在用 $l(v_5)$ 表示 $l(Q_4)$，即 $l(v_5)=l(Q_4)=1$，将 $l(v_5)$ 标示在顶点 v_5 的旁边，标示如图 9.64 所示：

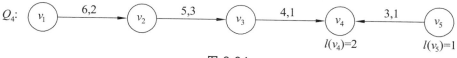

图 9.64

通过以上分析，不但解释了 $l(v)$ 值确定公式的合理性，也示例了标号的作用。

示例：给下面的网络图（见图 9.65）进行标号。

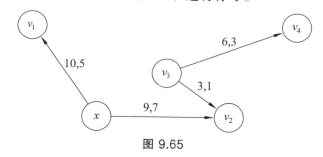

图 9.65

首先给起点 x 标号为（0, $+$, $+\infty$），边 $(x,\ v_1)$ 为前向边，$l(x,\ v_1)=10-5=5$，则

$$l(v_1)=\min\{l(x),\ l(x,\ v_1)\}=\min\{+\infty,\ 5\}=5$$

对 v_1 标号（x, $+$, 5），顶点 v_1 没有后续边，停止。边 $(x,\ v_2)$ 为前向边，$l(x,\ v_2)=9-7=2$，则

$$l(v_2)=\min\{l(x),\ l(x,\ v_2)\}=\min\{+\infty,\ 2\}=2$$

对 v_2 标号（x, $+$, 2）。顶点 v_2 有后续边，继续标号，边 $(v_2,\ v_3)$ 为后向边，$l(v_2,\ v_3)=1$，则有

$$l(v_3)=\min\{l(v_2),\ l(v_2,\ v_3)\}=\min\{2,\ 1\}=1$$

对 v_3 标号（v_2, $-$, 1）。顶点 v_3 有后续边，继续标号，边 $(v_3,\ v_4)$ 为前向边，$l(v_3,\ v_4)=6-3=3$，则

$$l(v_4)=\min\{l(v_3),\ l(v_3,\ v_4)\}=\min\{1,\ 3\}=1$$

对 v_4 标号 $(v_3, +, 1)$，顶点 v_4 没有后续边，停止，至此全部标号完毕。标号结果如图 9.66 所示。

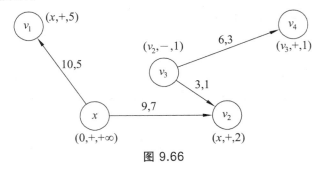

图 9.66

4. 最大流算法

利用定理 9.3 或推论 9.3、推论 9.4，解决了如何判断网络的流量是否达到最大的问题；同时可以利用调整公式 9.4，解决了如何增加网络流量的问题；另外，通过标号法也解决了如何在网络图中寻找增流链的问题。至此，可以给出网络图的最大流算法。

最大流的算法很多，这里主要介绍比较经典的 Ford-Fulkerson 算法。此算法是 1956 年由 Ford 提出，又由 Fulkerson 修改的最大流算法，算法的基本思路是利用标号法寻找增流链，然后在容量约束条件和流量守恒条件下，通过调整公式（9.4）给网络分配最大的流量。

（1）**最大流算法思路**。

给定网络图 G 一个初始的可行流 f（也可以是零流），判断或寻找网络图 G 中有无关于网络流 f 的增流链，如果没有 f 的增流链，则当前的网络流 f 即为最大流；如果有 f 的增流链 Q，则根据调整公式（9.4），得到 f 的基于 Q 的修改流 $\hat{f}$，即 $\mathrm{Val}\,\hat{f} = \mathrm{Val}f + l(Q)$，再将 $\hat{f}$ 视为网络流 f，继续迭代，直到没有增流链为止。

（2）**最大流算法**。

给定一个具有初始流的（可行流或零流）的网络图 G，最大流算法的过程如下：

第一步：给源 x 标号为 $(0, +, +\infty)$。

第二步：利用标号法寻找源 x 到汇 y 的增流链，若没有找到增流链，说明已经达到最大流，算法终止；若找到增流链，从终点汇 y 进行逆向追踪，即可得到增流链 Q 以及增流链的调整量 $l(Q)$，$l(Q)=l(y)$；再利用调整公式（9.4），对增流链 Q 所有前向边的流量都加上调整量 $l(Q)$，所有后向边的流量

都减去调整量 $l(Q)$，从而得到新的网络流。

第三步：返回第二步。

5. 最大流算法示例

下面通过一个例题说明最大流算法的具体过程。

例 9.14 给定网络图 9.67，边旁数据分别表示容量和流量，请分配最大流。

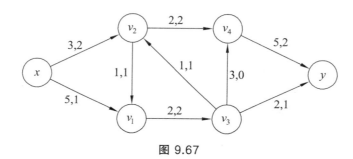

图 9.67

解 第一步：首先给源 x 标号（$0, +, +\infty$），如图 9.68 所示，此时源 x 是已经标号而未检查的点，其余都是未标识的点。

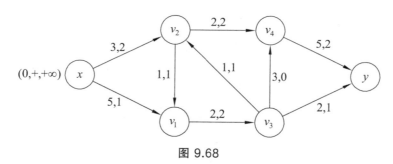

图 9.68

第二步：在网络图 G 中，利用标号法寻找增流链，寻找增流链的过程如下：

（1）对源 x 进行检查，从 x 出发有前向边 (x, v_1)、(x, v_2)，并且都为不饱和边，即 $f(x, v_1)=1<c(x, v_1)=5$，$f(x, v_2)=2<c(x, v_2)=3$，所以顶点 v_1 和 v_2 都可以进行标号。任选一个点进行标号，这里选择顶点 v_1 进行标号，

$$l(x, v_1)=5-1=4，\quad l(v_1)=\min\{l(x), l(x, v_1)\}=\min\{+\infty, 4\}=4，$$

对 v_1 标号为 $(x, +, 4)$。此时源 x 已被检查过，在 x 标号下添加横线，如图 9.69 所示：

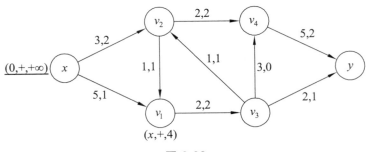

图 9.69

（2）对 v_1 进行检查，与 v_1 有关的边 (v_1, v_3) 为前向边，但 $f(v_1, v_3)=c(v_1, v_3)=2$，即边 (v_1, v_3) 为饱和边，所以 v_3 不能标号。与 v_1 有关的边 (v_1, v_2) 为后向边，且 $f(v_1, v_2)>0$，有

$$l(v_1, v_2)=f(v_1, v_2)=1, \quad l(v_2)=\min\{l(v_1), l(v_1, v_2)\}=\min\{4, 1\}=1$$

对 v_2 标号为 $(v_1, -, 1)$。此时顶点 v_1 已被检查过，在标号下添加横线，如图 9.70 所示：

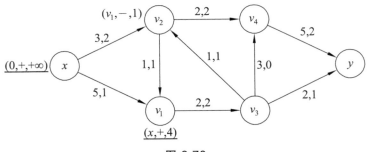

图 9.70

（3）对 v_2 进行检查，与 v_2 有关的边 (v_2, v_4) 为前向边，其中 $f(v_2, v_4)=c(v_2, v_4)=2$，即边 (v_2, v_4) 为饱和边，v_4 不能标号。与 v_2 有关的边 (v_2, v_3) 为后向边，又 $f(v_2, v_3)>0$，有

$$l(v_2, v_3)=f(v_2, v_3)=1, \quad l(v_3)=\min\{l(v_2), l(v_2, v_3)\}=\min\{1, 1\}=1$$

对 v_3 进行标号 $(v_2, -, 1)$。此时顶点 v_2 已被检查过，在标号下添加横线，如图 9.71 所示：

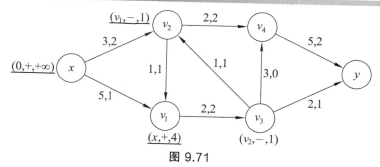

图 9.71

（4）对 v_3 进行检查，与 v_3 有关的边有 (v_3, v_4)、(v_3, y)，有 $f(v_3, v_4)=0<c(v_3, v_4)=3$，$f(v_3, y)=1<c(v_3, y)=2$，均为不饱和边，所以顶点 v_4 和 y 都可以进行标号，可以任选一个点进行标号。这里选择顶点 y 进行标号，

$$l(v_3, y)=2-1=1, \quad l(y)=\min\{l(v_3), l(v_3, y)\}=\min\{1, 1\}=1$$

对 y 进行标号 $(v_3, +, 1)$。此时源 v_3 已被检查过，在标号下添加横线，如图 9.72 所示：

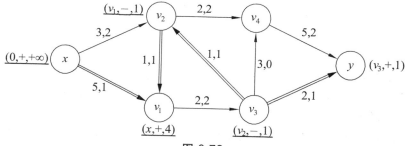

图 9.72

因为汇 y 已经被标号，逆向追踪即可找到增流链 Q，增流链 Q 如图 9.72 双箭头所示，同时得到调整量 $l(Q)=l(y)=1$。

第三步：由图 9.72 可知，增流链 $Q=xv_1v_2v_3y$。对增流链 Q 所有前向边的流量都加上调整量 $l(Q)=1$，所有后向边的流量都减去调整量 $l(Q)=1$，结果如图 9.73 所示：

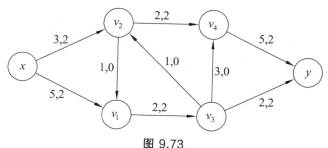

图 9.73

第四步：返回第一步重新寻找增流链，针对图 9.73，重复上述标号过程。先给源 x 标上 $(0, +, +\infty)$，检查源 x，给 v_1 标号为 $(x, +, 3)$。检查 v_1 发现后向边 (v_1, v_2) 的 $f(v_2, v_3)=0$，所以 v_2 不能标号；前向边 (v_1, v_3) 的 $f(v_1, v_3)=c(v_1, v_3)=2$，所以 v_3 也不能标号，此时说明 v_1 后续边不能构成增流链。返回源 x 重新标记，给 v_2 标号为 $(x, +, 1)$。检查 v_2，发现后向边 (v_2, v_3) 的 $f(v_2, v_3)=0$，所以 v_3 不能标记；前向边 (v_2, v_4) 的 $f(v_2, v_4)=c(v_2, v_4)=2$，所以 v_4 也不能标号。此时所有的顶点均不符合标号条件，标号过程无法进行，算法结束，标号结果如图 9.74 所示：

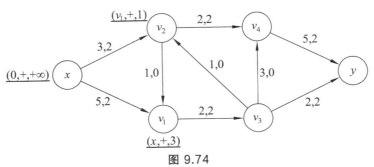

图 9.74

在图 9.74 中不能找出增流链，所以图 9.74 分配的可行流即为该网络图的最大流，最大流量的流值为 $f(x, v_1) + f(x, v_2) = f(v_4, y) + f(v_3, y)=2+2=4$。

特别提示

一个运输网络最大流的流值是一定的，但是最大流在网络中的分布状态是不同的，即最大流的分配方案可能多种多样。如例 9.14 第二步的（1）中，如果选择顶点 v_2 进行标号，最后会得出最大流流值为 4 的另外一种分配方案；或在第二步的（4）中，选择顶点 v_4 进行标号，也会得出最大流的流值为 4 的另外一种分配方案。

9.4.3　最小费用流及其算法

在第 9.3 节中，把图的边赋予实数的权，学习了网络的极值问题；在第 9.4.2 节中把图的边赋给容量和流量，学习了网络的最大流问题。而在实际问题中，不但需要考虑网络流量的分配问题，还要考虑费用或代价尽可能低，这就提出了网络最小费用流问题。最小费用流问题同样是图论的核心问题之一。

下面给出的引例就说明了实际问题中的网络最小费用流问题。

例 9.15　有一批货物需要从发送地 v_1 运送到接收地 v_6，发送地 v_1 有物资 8 吨，接收地 v_6 需要 6 吨。运输网络如图 9.75 所示，其中 v_2、v_3、v_4、v_5 为转运点，边旁数字分别表示线路的输送能力及在该线路上输送单位货物所需的成本，即所谓运输网络的容量和权。那么如何派送才能使一定数量的货物以尽可能低的费用从发送地 v_1 派送到接收地 v_6。

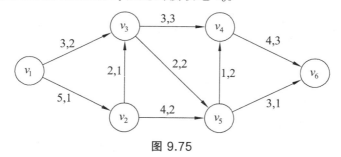

图 9.75

类似这样的问题，就是所谓的最小费用流问题，即在实际问题中，除了考虑网络的流量分配之外，还要考虑和输送成本有关的因素，如运输费用（与距离有关）等，这样在建立运输网络时，除了每条边赋予容量和流量外，同时也对应另外一个参数权。也就是说，在对运输网络分配流量时，除了考虑流量符合容量约束条件和流量守恒条件以外，还要考虑流程的大小。这些问题可以通过线性规划模型求解，但考虑到网络模型结构的直观性、形象性以及求解的整数性，建立最小费用流算法时就有其特定的优点。最小费用流算法是对运输网络分配一定的流值并使网络流费用最低的一种方法。

1. 相关概念

在运输网络中，除了把边赋予表示成本、时间、距离等实数权以外，还要把边赋予容量和流量，由此可以给出运输网络另外一个定义：有运输网络 $G=(V, E, C, F, W, X, Y)$，其中 W 表示费用，或仍称为权，可指距离、时间、成本等。在网络中用 w_{ij} 表示一个单位流量从顶点 v_i 沿着边 (v_i, v_j) 到顶点 v_j 时所需的费用。

如果设 f_A 为运输网络 G 流值为 A 的一个网络流，即 $\mathrm{Val}f{=}A$，则 $W(f_A)$ 表示在运输网络 G 内按照 f_A 的网络流从源到汇运送 A 个单位流量时所需的总费用，称 $W(f_A)$ 为**网络流 f_A 的费用**，其表达式为

$$W(f_A) = \sum_{e \in E} W(e) f(e)$$

一般地，在运输网络 G 中，流值为 A 的网络流可能不止一个。若 $f_A{*}$ 为流值为 A 的所有网络流中费用最小的一个流，即 $W(f_A{*}){=}\min\{W(f)\,|\,f$ 为 G 网络流，$\mathrm{Val}f{=}A\}$，则 $f_A{*}$ 称为运输网络 G 中流值为 A 的**最小费用流**。也就是说，

267

最小费用流是按照网络流 f_A* 从源到汇运送 A 个流量所花费的最小总费用。另外，当 A 为运输网络 G 的最大流的流值时，f_A* 称为运输网络 G 的**最小费用最大流**。

在最大流算法中，不考虑费用，通过寻找任意的增流链来增加网络的流量，而在最小费用流中，也是寻找增流链，但不能寻找任意的增流链，而是寻找关于费用最低的增流链来增加网络的流量。现在的问题就是，在运输网络中如何寻找关于费用最低的增流链。为了解决这个问题，下面给出构建增流网络的方法及相关知识。

2. 伴随网络流 f 的增流网络

设 f 为运输网络 $G=(V, E, C, F, W, X, Y)$ 的一个网络流，按照如下规则构建另外一个新的网络图 $G_f=(V, E, C', W', X, Y)$，该网络图称为**伴随 f 的增流网络**。

第一步：G_f 中的顶点仍然以 G 的顶点为顶点，即 $V(G_f)=V(G)$。

第二步：G_f 中的边按照如下规则构建：

（1）若 G 中边 (u, v) 的流量 $f(u, v)=0$，即为零边时，则针对 G_f 构建一条同向边 $e=(u, v)$，其中 $c'(u, v)=c(u, v)-f(u, v)=c(u, v)-0=c(u, v)$，$w'(u, v)=w(u, v)$，如图 9.76 所示：

图 9.76

这样构建新边的原因是，G 的边 (u, v) 是零边，所以在增流链中只能成为流量增加的前向边，流量增加的最大量值是 $c(u, v)-f(u, v)$，即 $c(u, v)$，而费用也会随着增加，则有 $w'(u, v)=w(u, v)$，如图 9.77：

图 9.77

（2）若 G 中边 (u, v) 的流量 $f(u, v)=c(u, v)$，即为饱和边时，则针对 G_f 构建一条反向边 $e=(v, u)$，其中 $c'(v, u)=f(u, v)$，$w'(v, u)=-w(u, v)$，如图 9.78 所示：

图 9.78

这样构建新边的原因是，G 的边 (u, v) 是饱和边，所以在增流链中只能成为流量减少的后向边，流量减少的最大量值是 $f(u, v)$，而费用也随着减小，则有 $w'(v, u) = -w(u, v)$，如图 9.79 所示：

图 9.79

（3）若 G 中边 (u, v) 的流量 $f(u, v) < c(u, v)$，即为不饱和边时，则针对 G_f 分别构建一条同向边 $e_1 = (u, v)$ 和一条反向边 $e_2 = (v, u)$。其中针对边 e_1 有 $c'(u, v) = c(u, v) - f(u, v)$，$w'(u, v) = w(u, v)$；针对边 e_2 有 $c'(v, u) = f(u, v)$，$w'(v, u) = -w(u, v)$，如图 9.80 所示：

图 9.80

这样构建新边的原因是，G 的边 (u, v) 是不饱和边，所以在增流链中既能做流量增加的前向边，也能做流量减少的后向边。在成为前向边时，流量增加的最大量值是 $c(u, v) - f(u, v)$，费用也随着增加，即有 $w'(u, v) = w(u, v)$；在成为后向边时，流量减少的最大量值是 $f(u, v)$，费用也随着减小，即 $w'(v, u) = -w(u, v)$，如图 9.81 所示：

图 9.81

按照上述规则，就可以基于运输网络 G 构建出它的增流网络 G_f。在增流网络 G_f 中，如果 P 为一条基于 w' 的从源 x 到汇 y 的路径，则路径 P 在 G_f 中关于 w' 的长度为

$$W'(P) = \sum_{e \in P} W'(e)$$

根据构建增流网络的规则可以看出，在 G_f 中每一条关于 w' 的路径 P 都对应运输网络 G 中的一条增流链。若在 G_f 所有路径 P 中，选择最短的路径 P^*，即 $W(P^*) = \min\{W(P)\}$，则路径 P^* 对应运输网络 G 中的增流链就是关于费用

最低的增流链；如果在该增流链上增加流量，就是在满足费用最低的要求下增加网络的流量，这也正是最小费用流算法的核心思路。

下面给出负回路和增流圈的概念：

在增流网络 G_f 中，如果存在基于 w' 的回路 C，把满足以下条件的回路称为**负回路**：

$$W(C) = \sum_{e \in C} W'(e) < 0$$

即负回路 C 中所有边的权之和小于 0。

负回路对应运输网络 G 中一个圈，在这个圈中，如果方向与负回路方向一致的所有边都为不饱和边，同时，方向与负回路方向相反的所有边都为正边，那么这个圈称为**增流圈**。

特别提示

在增流网络 G_f 中，c' 可以看做是边的流量变化的最大量值，w' 前面的符号可以表示该边是作为增流链的前向边还是后向边。

例 9.16　图 9.82 给出了网络流 f 流值为 4 的网络图，边旁数字分别表示容量、流量、费用，试构建伴随 f 的增流网络。

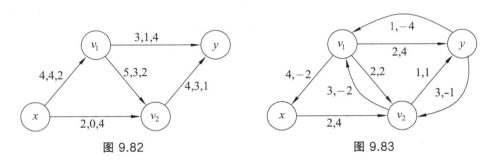

图 9.82　　　　　　　　　　　图 9.83

解　边 (x, v_1) 是饱和边，构建一条反向边；边 (x, v_2) 是零边，构建一条同向边；其余边为非零的不饱和边，分别构建一条同向边和一条反向边。增流网络 G_f 如图 9.83 所示。

在图 9.83 的增流网络中，从源 x 到汇 y 的路径有 $P_1 = xv_2y$ 和 $P_2 = xv_2v_1y$，其中路长分别为

$$W(P_1) = w'(x, v_2) + w'(v_2, y) = 4 + 1 = 5$$
$$W(P_2) = w'(x, v_2) + w'(v_2, v_1) + w'(v_1, y) = 4 - 2 + 4 = 6$$

路径 P_1、P_2 分别对应图 9.82 中的增流链 xv_2y 和 xv_2v_1y。又知最短路径是 P_1，

那么费用最低的增流链即是 xv_2y 。

另外，在图 9.83 的增流网络中，存在负回路。例如，逆时针走向的负回路 $C = v_1v_2yv_1$ ，其中 $W(C)=w'(v_1, v_2)+w'(v_2, y)+w'(y, v_1)=2+1-4=-1<0$ ，此负回路对应于图 9.82 中的圈 $v_1v_2yv_1$ 。在这个圈中，边 (v_1, v_2) 和边 (v_2, y) 的方向与负回路方向一致，并且均为不饱和边，同时，边 (v_1, y) 方向与负回路方向相反，并且为正边，所以此圈也为增流圈。

3. 相关定理

定理 9.4　网络流 f_A 为运输网络 G 中流值为 A 的最小费用流的充要条件是，在增流网络 G_f 中无负回路，即 G_f 中的任意一个回路 C 都有

$$W(C) = \sum_{e \in C} W(e) \geqslant 0$$

定理 9.5　设运输网络 G 中流值为 A 的网络流为 f_A ，若增流网络 G_f 中存在负回路，对 G 分配流值为 A 的最小费用流的方法是：

（1）取 $\delta=\min\{c'(e), e$ 为 G_f 中负回路的边$\}$ 。

（2）判断负回路对应 G 中的圈是否为增流圈；如果是增流圈，需对增流圈的流量进行调整，即把方向与负回路方向一致的所有不饱和边的流量加上 δ ，把方向与负回路方向相反的所有正边的流量减去 δ 。

定理 9.5 说明，可以在保持运输网络 G 的流值 A 不变的前提下，对运输网络 G 的网络流 f 的分布状态进行调整，从而得到流值 A 的最小费用流。

定理 9.6　设运输网络 G 中流值为 A 的网络流为 f_A ，若路径 P 为增流网络 G_f 中从源 x 到汇 y 的最短路径，令 $\delta=\min\{c'(e), e$ 为路径 P 中的边$\}$ ，可知路径 P 对应 G 中的增流链 Q 的调整量 $l(Q)=\delta$ ，则 f_A 的修改流 $\hat{f}$ 为

$$\hat{f}(e) = \begin{cases} f(e)+l(Q), & \text{当} e \text{是} Q \text{的前向边时} \\ f(e)-l(Q), & \text{当} e \text{是} Q \text{的后向边时} \\ f(e), & \text{当} e \text{不是} Q \text{的边时} \end{cases}$$

则 $\hat{f}$ 为 G 中流值等于 $A+\delta$ 的最小费用流。

定理 9.6 说明，在运输网络 G 中已经有初始最小费用流 f_A 的基础上，进一步寻求流值大于原流值 A 的最小费用流的方法。

定理 9.7　网络流 f 为运输网络 G 的最大流的充要条件是，伴随 f 的增流网络 G_f 中不含有从源 x 到汇 y 的路径。

从以上几个定理可知，构造增流网络的目的就是为了判断网络的流是否

为最小费用流，或者网络的流值是否在满足费用最低的条件下达到所要求的目标流，这就为判断最小费用流提供了依据。

基于给出的相关概念、伴随网络流 f 的增流网络以及相关的定理等，可以给出最小费用流的算法。

4. 最小费用流算法

常用的最小费用流算法有网络单纯形算法（Graph Simplex Algorithm）、连续最短路算法（Successive Shortest Path Algorithm）、松弛算法（Relaxation Algorithm）、消圈算法(Cycle-canceling Algorithm)、原始-对偶算法（Primal-dual Algorithm）、瑕疵算法(Out-of-Kilter Algorithm)等等，下面主要介绍Ford-Fulkerson 的最小费用流算法。

（1）最小费用流算法 I。

此算法主要适用于：

① 初始流的流值已经达到给定的目标值，判定网络流 f 的分布是否满足总费用最小，若不满足，就调整流量的分布状态，从而使总的费用达到最低。

② 目标流的流值 A 给定，在初始流（或者是零流）的基础上，先把流量调整到流值 A，然后再调整流量的分布状态，从而使总的费用最低。

算法的具体步骤如下：

第一步：如果运输网络 G 的流值没有达到 A，先用最大流算法把流值调到 A；如果运输网络 G 的流值达到 A，则不对网络流进行调整。

第二步：针对流值为 A 的运输网络 G，构建伴随网络流 f 的增流网络 G_f。

第三步：针对增流网络 G_f，查看是否存在基于 w' 的负回路；如果不存在负回路，说明当前的网络流已经是最小费用流，算法终止，否则转到下一步。

第四步：针对存在的负回路 C，令 $\delta=\min\{c'(e), e$ 为 G_f 中负回路的边$\}$。

第五步：针对负回路 C 对应运输网络 G 中的圈，判断该圈是否为增流圈；如果不是增流圈，转到第三步继续寻找负回路，否则转到下一步。

第六步：针对运输网络 G 中的增流圈，按照定理 9.5，把增流圈中方向与负回路方向一致的所有不饱和边的流量加上 δ；把增流圈中方向与负回路方向相反的所有正边的流量减去 δ。

第七步：继续寻找负回路，如果有负回路，继续调整，否则返回第二步。

下面通过例题来具体了解最小费用流算法 I 的求解过程。

例 9.17 图 9.84 是网络流 f 的流值为 5 的（或者说已经把流值调整到 5）网络图，边旁数字分别表示容量、流量、费用。判断是否为流值为 5 的最小费用流，如果不是，将当前的费用流调整成为最小费用流。

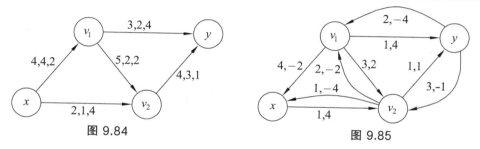

图 9.84　　　　　　　　　　　　　图 9.85

解　构建图 9.84 的增流网络 G_f，如图 9.85 所示。

图 9.85 中，有负回路 $C = v_1 v_2 y v_1$，$W(C) = 2 + 1 - 4 = -1 < 0$，取 $\delta = \min\{c'(e)\} = \min\{3, 1, 2\} = 1$。

图 9.85 中的负回路 $v_1 v_2 y v_1$ 对应图 9.84 中圈 $v_1 v_2 y v_1$，可以看出，该圈为增流圈。按照定理 9.5，对图 9.84 中增流圈 $v_1 v_2 y v_1$ 的边 (v_1, v_2)、(v_2, y) 加上 $\delta = 1$，边 (y, v_1) 减去 $\delta = 1$，结果如图 9.86 所示。再对图 9.86 构建增流网络 G_f，如图 9.87 所示。

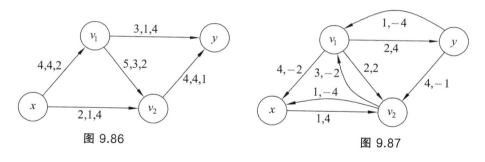

图 9.86　　　　　　　　　　　　　图 9.87

在图 9.87 中已经不存在负回路，说明图 9.86 已经是流值为 5 的最小费用流。在图 9.84 最初的网络流中，总费用 $W(f_5) = 4 \times 2 + 1 \times 4 + 2 \times 2 + 2 \times 4 + 3 \times 1 = 27$，而在图 9.86 中，总费用 $W(f_5) = 4 \times 2 + 1 \times 4 + 3 \times 2 + 1 \times 4 + 4 \times 1 = 26$，费用降低了 1。

另外，如果此问题需要求解将流值调整到 6 的最小费用流，也可用此算法求解，即利用最大流算法，先将图 9.84 的流值调整到 6，然后再利用该算法调整流的分布状态。

特别提示

该算法的最大问题是，在增流网络中寻找负回路相对困难，尤其是对于节点或边较多的运输网络，寻找负回路的困难会更大。

（2）**最小费用流算法** Ⅱ。

此算法主要适用于：目标流的流值 A 给定，在初始流（或者是零流）的基础上，同时在满足费用最低的前提下，把流量逐步调整到流值 A。

算法的具体步骤如下：

第一步：初始时运输网络 G 已给定网络流 f，或者是零流。

第二步：构建伴随网络流 f 的增流网络 G_f。

第三步：在增流网络 G_f 中，判断是否存在关于 w' 的从源 x 到汇 y 的路径 P，若不存在路径 P，说明无法调整最小费用流，算法停止；否则利用标号法找出从源 x 到汇 y 关于 w' 的代数和最小的路径 P^*，令流的增加量 $\delta=\min\{c'(e)$，$e\in P^*$；$A-\mathrm{Val}f\}$。

第四步：最短路径 P^* 对应运输网络 G 中的链即为一条由源 x 到汇 y 的增流链，和求最大流算法一致，对增流链中所有前向边的流量加上 δ，所有后向边的流量减去 δ，其他边的流量不变。

第五步：可知新的网络流为 $\mathrm{Val}\hat{f}=\mathrm{Val}f+\delta$。若 $\mathrm{Val}\hat{f}=A$，说明当前的网络流已经是流值为 A 的最小费用流，算法终止；否则将 $\hat{f}$ 视为网络流 f，转到第二步。

下面通过例题来具体了解最小费用流算法 II 的求解过程。

例 9.18 图 9.88 是网络流 f 的流值为 4 的网络图，边旁数字分别表示容量、流量、费用，试求将流值调整到 6 的最小费用流。

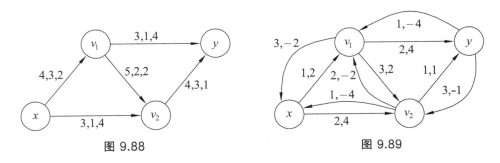

图 9.88   图 9.89

解 下面利用最小费用流算法 II 对此问题求解。

构建图 9.88 的增流网络 G_f，如图 9.89 所示。在图 9.89 中，有从源 x 到汇 y 关于 w' 的路径 P，利用标号法可找出最短路径为 xv_2y 和 xv_1v_2y。任意选择一个作为 P^*，这里选择 $P^*=xv_1v_2y$，流的增加量 $\delta=\min\{1,3,1;6-4\}=1$。最短路径 P^* 对应图 9.88 中的增流链为 xv_1v_2y，对此增流链进行流量调整，结果如图 9.90 所示。图 9.90 的流值为 5，还没有达到问题所要求的流值 6，继续对图 9.90 构建增流网络 G_f，如图 9.91 所示。

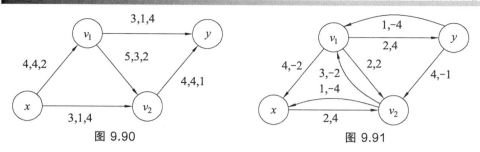

图 9.90   图 9.91

在图 9.91 中，从源 x 到汇 y 只有一条路径 xv_2v_1y，流的增加量 $\delta=\min\{2, 3, 2；6-5\}=1$，对应图 9.90 中的增流链为 xv_2v_1y，对增流链进行流量调整，结果如图 9.92 所示。

针对图 9.92，尽管流量还可以增加，但流值已经达到了要求的目标流 6，说明已经得到将流值调整到 6 的最小费用流，总的最小费用为 $W(f_6)=4\times2+2\times4+2\times2+2\times4+4\times1=32$。

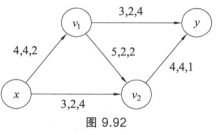

图 9.92

下面对例 9.18 再用最小费用流算法 I 求解一下，看看会有什么结果。

先利用最大流算法的思路，将图 9.88 的流值调整到 6，如图 9.93 所示。然后利用最小费用流算法 I 调整最小费用流的分布状态（过程省略），最终结果如图 9.94 所示。

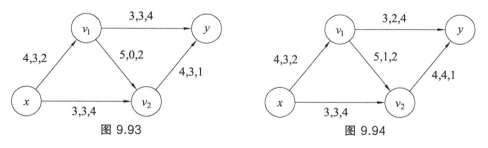

图 9.93   图 9.94

在图 9.94 中，流值为 6 的最小费用为 $W(f_6)=3\times2+3\times4+1\times2+2\times4+4\times1=32$，而图 9.92 中流值为 6 的最小费用也为 32，但仔细观察图 9.92 和图 9.94，可以看出，两个网络图中流的分布状态不一样。

这也说明，在同样的最小费用流下，有可能出现流的分布状态是不同的。出现此类现象的原因是，在增流网络中，会同时出现两个以上权值一样的负回路（算法一）或两个以上的最短路径（算法二）。如在例 9.18 求解时，就同时出现过 xv_2y 和 xv_1v_2y 两个最短路径，选择不一样的最短路径调整流量，也

275

就出现了不同的流的分布状态。

为了更好地说明最小费用流算法Ⅰ和算法Ⅱ的差别,下面给出一个例题。

例 9.19 图 9.95 是网络流 f 的流值为 4 的网络图,边旁数字分别表示容量、流量、费用。① 用最小费用流算法Ⅰ求流值为 7 的最小费用流。② 用最小费用流算法Ⅱ求将流值调整到 7 的最小费用流。

解 ① 用最小费用流算法Ⅰ求流值为 7 的最小费用流。

首先将图 9.95 的流值调整到 7,结果如图 9.96 所示。

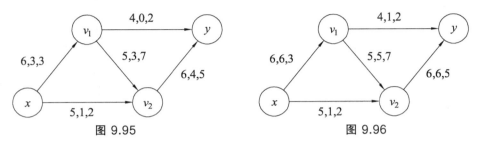

图 9.95　　　　　　　　　　　图 9.96

构造图 9.96 的增流网络,如图 9.97 所示。在图 9.97 中有负回路 xv_2v_1x 和 $v_1yv_2v_1$,这里取 $W(C)$ 最小的负回路 $v_1yv_2v_1$,其中 $W(C)=2-5-7=-10$,$\delta=\min\{c'(e)\}=\min\{3,6,5\}=3$,此负回路对应图 9.96 中的圈 $v_1yv_2v_1$ 为增流圈。按照定理 9.5,对图 9.96 中增流圈 $v_1yv_2v_1$ 的流量进行调整,结果如图 9.98 所示。

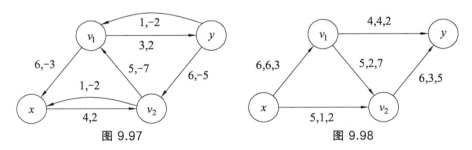

图 9.97　　　　　　　　　　　图 9.98

继续对图 9.98 构造增流网络,如图 9.99 所示。

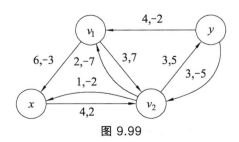

图 9.99

在图 9.99 中有负回路 xv_2v_1x，其中 $W(C)=2-7-3=-8$，$\delta=\min\{c'(e)\}=\min\{4,2,6\}=2$，此负回路对应图 9.98 中的圈 xv_2v_1x 为增流圈。按照定理 9.5，对图 9.98 中增流圈 xv_2v_1x 的流量进行调整，结果如图 9.100 所示。继续对图 9.100 构造增流网络，如图 9.101 所示。

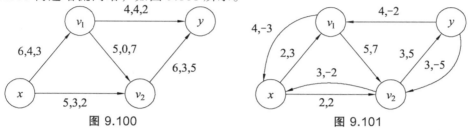

图 9.100　　　　　　　　　　　图 9.101

在图 9.101 中已经不存在负回路，说明图 9.100 已经是流值为 7 的最小费用流，总费用 $W(f_7)=4\times3+3\times2+0\times7+4\times2+3\times5=41$。

② 用最小费用流算法 Ⅱ 求将流值调整到 7 的最小费用流。

首先构造图 9.95 的增流网络，如图 9.102 所示。

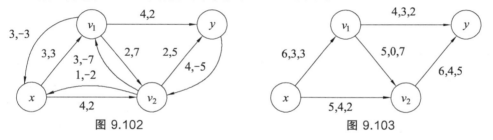

图 9.102　　　　　　　　　　　图 9.103

在图 9.102 中，存在从源 x 到汇 y 关于 w' 的最短路径 xv_2v_1y，其中流的增加量 $\delta=\min\{4,3,4;7-4\}=3$。最短路径对应图 9.95 中的增流链为 xv_2v_1y，对此增流链进行流量调整，结果如图 9.103 所示。

图 9.103 中的流值已经达到了要求的目标流 7，说明已经得到将流值调整到 7 的最小费用流，总的最小费用为 $W(f_7)=3\times3+4\times2+0\times7+3\times2+4\times5=43$。

对上例两种算法的求解结果进行比较可以看出，在图 9.100 中，流值为 7 的最小费用为 41；而图 9.103 中，流值为 7 的最小费用为 43。这说明最小费用流算法 Ⅱ 求出的并不是流值为 7 的最小费用流。

造成这种结果的原因是，最小费用流算法 Ⅰ 就是使整个网络流的费用达到最低，而最小费用流算法 Ⅱ 是在初始流 4 的基础上，在满足费用最低的要求下，将流量由 4 调整到 7，而图 9.95 中流值 4 本身就不是最小费用流。

这种现象也说明，最小费用流算法 Ⅱ 求出的不一定是流值为 A 的最小费用流，而是基于给定的初始流，在满足费用最低的要求下，将初始流调整到目标流，即最小费用流算法Ⅱ对给出的初始流是不是最小费用流不做考虑。

另外，如果想利用最小费用流算法Ⅱ求出流值为 A 的最小费用流，处理的思路就是先将给出的初始流修改为零流，然后在零流的基础上，利用最小费用流算法Ⅱ去求流值为 A 的最小费用流。如针对例 9.19，可以先把图 9.95 的初始流修改为零流，然后再利用最小费用流算法Ⅱ求流值为 7 的最小费用流，这样求出的最小费用流和图 9.101 的结果一样。

特别提示

（1）针对运输网络，无论是最小费用流算法Ⅰ还是最小费用流算法Ⅱ，都可以先将给出的初始流修改为零流，然后在零流的基础上求解最小费用流。

（2）针对运输网络，有时求出的流值以及总的最小费用会一样，即最小费用流是一样的，但网络流的分布状态可能不同。

（3）最大流算法和最小费用流算法的最大区别是，最大流算法是寻找任意的增流链来调整分配流量，而最小费用流算法则是通过构建增流网络，然后来调整分配最小费用流。

9.4.4　最小费用最大流及其算法

上节讨论了寻找网络中最小费用流的问题，但有时还要求在满足最小费用的同时，流量要求达到最大，这就是所谓的**最小费用最大流问题**。最小费用最大流可以说是最小费用流问题的特殊情况，即最小费用最大流的目标流的流值为网络的最大流。

最小费用最大流的算法与最小费用流算法基本相似，把最小费用流算法作适当的变动即得到最小费用最大流的算法。

1. 最小费用最大流算法Ⅰ

此算法是基于最小费用流算法Ⅰ而产生的，主要思路如下：

首先利用最大流算法的思路，判断网络的流值是否达到最大，然后做如下处理：

（1）如果已经达到最大流，可利用最小费用流算法Ⅰ，对流量的分布状态进行调整，使总费用达到最小。

（2）如果没有达到最大流，先利用最大流算法，把网络的流量调整为最大流，然后再利用最小费用流算法Ⅰ，对流量的分布状态进行调整，使总费用达到最小。

例 9.20　求图 9.104 的最小费用最大流，边旁数字分别表示容量、流量、费用。

解　在图 9.104 中，存在几条增流链，说明网络的流量还没有达到最大，利用最大流算法，求出最大流，最大流的流值为 6，如图 9.105 所示。

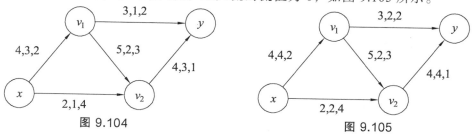

图 9.104　　　　　　　　　　　　图 9.105

构建图 9.105 的增流网络 G_f，如图 9.106 所示。在图 9.106 中，经检查，存在负回路 $C=v_1yv_2v_1$，$W(C)=2-1-3=-2<0$，$\delta=\min\{1,4,2\}=1$，此负回路对应图 9.105 中的圈 $v_1yv_2v_1$ 为增流圈。按照定理 9.5，对图 9.105 中增流圈 $v_1yv_2v_1$ 的边 (v_1,y) 加上 $\delta=1$，边 (y,v_2)、(v_2,v_1) 减去 $\delta=1$，结果如图 9.107 所示。

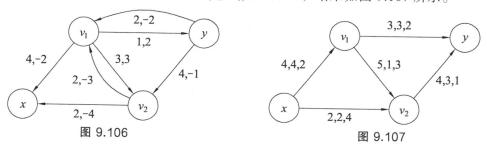

图 9.106　　　　　　　　　　　　图 9.107

对图 9.107 构建增流网络 G_f，如图 9.108 所示。图 9.108 不存在负回路，说明图 9.107 已经是最大流值为 6 的最小费用最大流，总费用为 $W(f_6)=4\times2+2\times4+1\times3+3\times2+3\times1=28$。

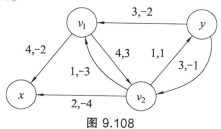

图 9.108

2. 最小费用最大流算法 II

此算法是基于最小费用流算法 II 而产生的，唯一的差别是，把最小费用流算法Ⅱ中第四步的增加量 δ 的计算公式改为 $\delta=\min\{c'(e), e\in P^*\}$ 即可，即不考虑目标流 A 的限制。

例 9.21 求图 9.109 的最小费用最大流，边旁数字分别表示容量、流量、费用。

解 构建图 9.109 的增流网络 G_f，如图 9.110 所示。

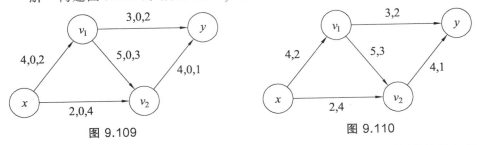

图 9.109　　　　　　　　　图 9.110

对图 9.110 用标号法找出最短路 $P^*=xv_1y$，$W'(P^*)=2+2=4$，取流的增加量 $\delta=\min\{c'(e), e\in P^*\}=\min\{4, 3\}=3$。最短路径 P^* 对应图 9.109 中的增流链为 xv_1y，对此增流链进行流量调整，结果如图 9.111 所示。继续对图 9.111 构建增流网络 G_f，如图 9.112 所示。

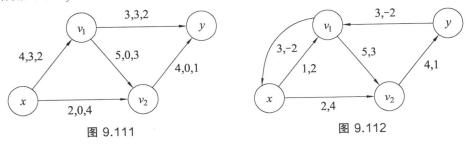

图 9.111　　　　　　　　　图 9.112

在图 9.112 中，找出最短路 $P^*=xv_2y$，$W'(P^*)=4+1=5$，流的增加量 $\delta=\min\{c'(e), e\in P^*\}=\min\{2, 4\}=2$，最短路径 P^* 对应图 9.111 中的增流链为 xv_2y，对此增流链进行流量调整，结果如图 9.113 所示。继续对图 9.113 构建增流网络 G_f，如图 9.114 所示。

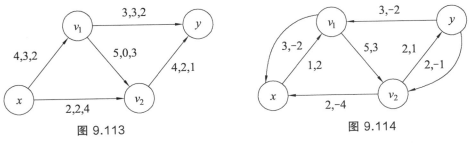

图 9.113　　　　　　　　　图 9.114

图 9.114 中只有一条路径 xv_1v_2y，取流的增加量 $\delta=\min\{c'(e), e\in P^*\}=\min\{1, 5,$

2}=1。最短路径 P^* 对应图 9.113 中的增流链为 xv_1v_2y,对此增流链进行流量调整,结果如图 9.115 所示。继续对图 9.115 构建增流网络 G_f,如图 9.116 所示。

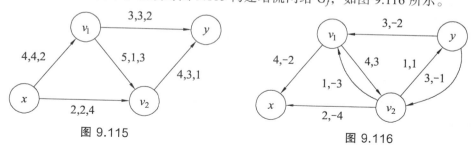

图 9.115　　　　　　　　　　图 9.116

在图 9.116 中,不存在从源 x 到汇 y 关于 w' 的路径 P,说明图 9.115 已经达到最大流值为 6 的最小费用最大流,总费用 $W(f_A)=4\times2+2\times4+1\times3+3\times2+3\times1=28$。

特别提示

（1）最小费用最大流两个算法的特性差异和最小费用流两个算法的差异基本相同。

（2）通过上面两节的几个例题可以看出,追求的流量越大,付出的成本就越高。

3. 最小费用最大流应用示例

例 9.22　供销不平衡的运输问题。

有一个运输问题,有三个供应点 x_1、x_2、x_3,有三个需求点 y_1、y_2、y_3,供应量、需求量及单位运价如表 9.11 所示,在三个供应点 x_1、x_2、x_3 处的储存费分别为 2,3,1,请建立使运费和存储费之和最小的最大流网络模型。

表 9.11　单位产品运价表

需求点 供应点	y_1	y_2	y_3	供应量
x_1	4	5	3	10
x_2	6	8	3	6
x_3	5	2	6	8
需求量	5	6	7	

解　供应量之和为 24,需求量之和为 18,供应量剩余 6,供需不平衡,即供大于求。由问题可知,剩余的物资需要支出储存费,问题的目标是运费

和存储费之和最小，所以不但要考虑运输的最小费用最大流，还要考虑使存储费多的供应点尽可能剩余的物资少。

网络流是针对边讨论，这就需要把供应点存储费转化为边的问题。因此可假设剩余物资存储费相当于这些物资的运输费用，再虚设一个需求点 y_4，每个供应点均可以往 y_4 运输，供应点到虚设需求点 y_4 的边的费用分别是各个供应点的存储费；边的容量是剩余物资数量，其余边的容量为对应供应点需求量，费用分别是各个供应点运价。初始流量为 0，这样就可以构建图 9.117 所示的网络图，边旁数字分别表示需求量、运输量、运输费用。

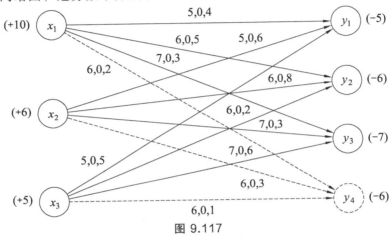

图 9.117

图 9.117 是多源多汇的网络，按照规则转换为单源单汇的网络，然后再利用最小费用最大流算法求解即可。

例 9.23 有转运点的运输问题。

在第 5.3.3 节中，给出了转运点的运输问题，此问题也可以用最小费用最大流求解。例题 5.5 的描述如下：某公司有三个产地 A_1、A_2、A_3，产量分别为 7 吨、4 吨、9 吨；有四个销售地 B_1、B_2、B_3、B_4，销售量分别为 3 吨、6 吨、5 吨、6 吨；同时还有一个转运地 F。

运输过程有如下要求：

可知产地 A_1 只能通过转运地 F 把物资转运出去；产地 A_2 既可以直接把物资运送到销售地，也可以通过转运地 F 把物资运送到销售地；产地 A_3 直接把物资运送到销售地而不通过转运地 F；另外，转运地 F 只能把物资发送到销售地 B_2 和 B_4。

运输过程中的单位产品运价如下：

产地 A_1 和转运地 F 之间的运价为 3；产地 A_2 和转运地 F 之间的运价为 6；

转运地 F 和销售地 B_2 之间的运价为 8;转运地 F 和销售地 B_4 之间的运价为 4;
产地 A_2 和 A_3 到各个销售地的运价如表 9.12 所示:

表 9.12　产地 A_2 和 A_3 到各个销售地的单位产品运价表

产地 　　　销地	B_1	B_2	B_3	B_4
A_2	1	9	2	8
A_3	7	4	10	5

该公司应该如何调运才能使产品的总运费最少?

解　针对产地和销地是否有供求关系来构建运输网络的边，边的容量确
定如图 9.118 所示，边的流量设为零流，边的费用为给出的运价，同时化为
单源单汇。然后利用最小费用最大流算法求解即可。

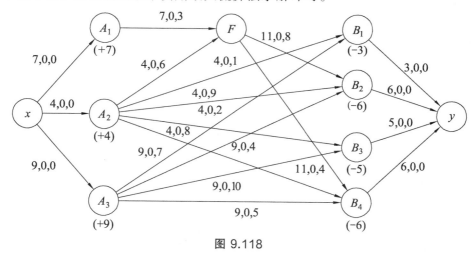

图 9.118

例 9.24　产品多样性的运输问题。

在第 5.3.4 节的例题 5.7 中，给出了产品多样性的运输问题，此问题也可
以用最小费用最大流求解。例题 5.7 的描述如下：某集团公司有 A_1、A_2、A_3
三个加工厂，A_1 生产 Ⅰ 和 Ⅱ 两种产品，产量分别为 6 吨和 5 吨;A_2 生产 Ⅰ 产
品，产量为 8 吨;A_3 生产 Ⅱ 和 Ⅲ 两种产品，产量分别为 4 吨和 12 吨。有 B_1、
B_2、B_3 三个销售地，B_1 需要 Ⅰ 和 Ⅱ 两种产品，销量分别为 6 吨和 5 吨;B_2 只
需要 Ⅱ 产品，销量为 4 吨;B_3 需要 Ⅰ 和 Ⅲ 两种产品，销量分别为 8 吨和 12
吨。从各工厂到销售地的单位产品的运价如表 9.13 所示，该公司应该如何调
运才能使产品的总运费最少。

表 9.13　单位产品运价表

产地＼销地	B_1	B_2	B_3
A_1	2	9	10
A_2	1	3	4
A_3	8	4	2

解　产地总产品数量为 35 吨，销售地需求产品总量也为 35 吨，在产品总量上供销平衡。同时产品Ⅰ、Ⅱ和Ⅲ的产量和销量也分别相等，即每个单一产品也是供销平衡的。在思路上要把产品种类有多种的产地和销地拆分，针对 A_1 生产Ⅰ和Ⅱ两种产品，用 A_1 表示生产Ⅰ产品，用 A_1^* 表示生产Ⅱ产品；针对 A_3 生产Ⅱ和Ⅲ两种产品，用 A_3 表示生产Ⅱ产品，用 A_3^* 表示生产Ⅲ产品。同理，用 B_1 表示需要Ⅰ产品，用 B_1^* 表示需要Ⅱ产品；用 B_3 表示需要Ⅰ产品，用 B_3^* 表示需要Ⅲ产品。针对产地和销地是否有供求关系来构建运输网络的边，边的容量确定如图 9.119 所示，边的流量设为零流，边的费用为给出的运价，同时化为单源单汇。然后利用最小费用最大流算法求解即可。

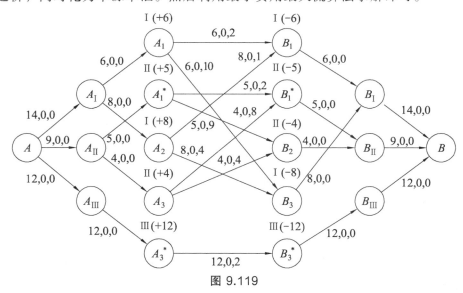

图 9.119

9.5　复杂问题的网络应用

前面介绍的基本是网络的理论算法，而现实的网络问题复杂多样，这就面临着如何用理论方法灵活地解决现实中复杂的网络问题。本节主要针对有条件限制的网络极值问题、网络流应用问题以及网络扩展问题进行初步介绍。

9.5.1 有条件限制的网络极值应用

尽管求最短路的算法很多，但主要是对网络进行无条件求解。面对实际应用中复杂多样的具体要求，往往对最短路有附加的限制条件，这种情况下，再单纯地使用这些算法，就不能对有限制条件的最短路问题进行有效计算，因此有必要在经典算法的基础上，构造满足限制条件的最短路算法。

下面针对 5 种限制条件，在 Dijkstra 算法基础上，给出相应的算法思路。

1. 最短路必须经过顶点 v_i

求解最短路时，先用 Dijkstra 算法求出起点到顶点 v_i 的最短路，再用 Dijkstra 算法求出顶点 v_i 到终点的最短路，然后将两个最短路合二为一即可。

2. 最短路不能经过顶点 v_j

求解最短路时，将网络图 G 转换为不包含约束顶点 v_j 的新网络图 G''，即将约束顶点 v_j 以及关联的边从网络图 G 中去掉，然后用 Dijkstra 算法求出新网络图 G'' 中起点到终点的最短路即可。

3. 最短路必须经过顶点 v_i 但不能经过顶点 v_j

求解最短路时，将网络图 G 转换为不包含顶点 v_j 的新网络图 G''，先用 Dijkstra 算法求出 G'' 中起点到顶点 v_i 的最短路，再用 Dijkstra 算法求出 G'' 中顶点 v_i 到终点的最短路，最后将两个最短路合二为一即可。

4. 最短路如果经过顶点 v_i 就不能经过顶点 v_j

针对要求，有两种可能：

（1）最短路如果没有经过顶点 v_i，那么经过或不经过顶点 v_j 都没有关系；

（2）最短路径如果经过了约束顶点 v_i，就不能经过约束顶点 v_j。

求解最短路的思路是：

针对第（1）种可能，将网络图 G 转换为不包含顶点 v_i 的新网络图 G''，然后用 Dijkstra 算法求出新网络图 G'' 中起点到终点的最短路。

针对第（2）种可能，将网络图 G 转换为不包含顶点 v_j 的新网络图 G''，先用 Dijkstra 算法求出 G'' 中起点到顶点 v_i 的最短路，再用 Dijkstra 算法求出 G'' 中顶点 v_i 到终点的最短路，然后将两个最短路合二为一。

最后对第（1）种可能和第（2）种可能的最短路选择最短的一个即可。

5. 最短路如果经过顶点 v_i 就必须经过顶点 v_j

针对要求，有两种可能：

（1）最短路径如果没有经过约束顶点 v_i，那么经过或不经过顶点 v_j 都没关系；

（2）最短路径如果经过了顶点 v_i，就必须经过顶点 v_j。

求解最短路的思路是：

针对第（1）种可能，将网络图 G 转换为不包含顶点 v_i 的新网络图 G''，然后用 Dijkstra 算法求出新网络图 G'' 中起点到终点的最短路。

针对第（2）种可能，用 Dijkstra 算法求出网络图 G 中起点到顶点 v_i 的最短路，再用 Dijkstra 算法求出网络图 G 中顶点 v_i 到顶点 v_j 的最短路，再用 Dijkstra 算法求出顶点 v_j 到终点的最短路，然后将三个最短路径合并。

最后对第（1）种可能和第（2）种可能的最短路选择最短的一个即可。

下面通过两个示例，介绍以上所述限制条件下的最短路求解问题。

例 9.25 某公共交通区域网如图 9.120 所示，边的数据表示距离，现在需要在站点 v_1 和站点 v_{10} 之间开通一条关于距离最短的新公交线路，要求新公交线路如果经过站点 v_6 就不能经过站点 v_9。

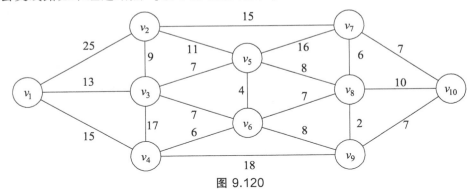

图 9.120

解 用 G 表示图 9.120 的公共交通区域网，求解步骤如下：

（1）将网络图 G 转换为不包含约束顶点 v_6 的新网络图 G''，然后用 Dijkstra 算法求出新网络图 G'' 中 v_1 到 v_{10} 的最短路（求解过程省略），可得最短路为 $v_1 v_3 v_5 v_8 v_{10}$，长度为 38。

（2）再将网络图 G 转换为不包含约束顶点 v_9 的新网络图 G''，先用 Dijkstra 算法求出 G'' 中 v_1 到约束顶点 v_6 的最短路（求解过程省略），可得最短路为 $v_1 v_3 v_6$，长度为 20；再用 Dijkstra 算法求出 G'' 中约束顶点 v_6 到 v_{10} 的最短路（求解过程省略），可得最短路为 $v_6 v_8 v_{10}$，长度为 17；将两个最短路合二为一，那么 G 中

必须经过 v_6 但不能经过 v_9 的最短路径为 $v_1v_3v_6v_8v_{10}$，总长度为 20+17=37。

（3）对两种可能的最短路取最短的一个，则在此问题的公共交通区域网中，如果经过站点 v_6 就不能经过站点 v_9 的新公交线路为 $v_1 \to v_3 \to v_6 \to v_8 \to v_{10}$，最短路的长度为 37。

例 9.26　某市一自来水规划管网如图 9.121 所示，边的数据表示距离，现在需要在顶点 v_1 和 v_{10} 之间铺设一条关于距离最短的新的自来水管路，要求新铺设的自来水管路如果经过顶点 v_6，就必须经过顶点 v_9。

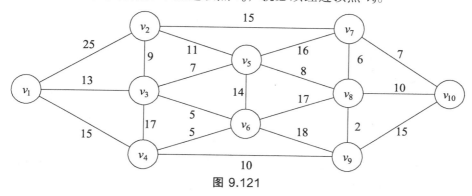

图 9.121

解　用 G 表示图 9.121 的自来水规划管网，求解步骤如下：

（1）将网络图 G 转换为不包含约束顶点 v_6 的新网络图 G''，然后用 Dijkstra 算法求出新网络图 G'' 中 v_1 到 v_{10} 的最短路（求解过程省略），可得最短路为 $v_1v_3v_5v_8v_{10}$，长度为 38。

（2）用 Dijkstra 算法求出网络图 G 中 v_1 到 v_6 的最短路（求解过程省略），可得最短路为 $v_1v_3v_6$，长度为 18；再用 Dijkstra 算法求出网络图 G 中 v_6 到 v_9 的最短路（求解过程省略），可得最短路为 $v_6v_4v_9$，长度为 15；再用 Dijkstra 算法求出 v_9 到 v_{10} 的最短路（求解过程省略），可得最短路为 $v_9v_8v_{10}$，长度为 12；将三个最短路合并，那么 G 中必须经过 v_6 又必须经过 v_9 的最短路径为 $v_1v_3v_6v_4v_9v_8v_{10}$，总长度为 18+15+12=45。

（3）对两种可能的最短路取其短的一个，则在此问题的自来水规划管网中，如果经过顶点 v_6 就必须经过顶点 v_9 的新自来水管为 $v_1 \to v_3 \to v_5 \to v_8 \to v_{10}$，最短路长度为 38。

特别提示

通过上面两个示例，简单说明了解决有限制条件的最短路应用问题。针对最短路要求经过某个边或某个链路等问题，可以不必建立复杂的算法，只在以上算法思路的基础上，进行相应的扩展应用即可。

9.5.2　有条件要求的网络流应用

有关流量分配的算法是在遵从容量约束条件和流量守恒条件下，只追求流量的分配，这样势必造成以下两个问题：

（1）过于理论化，即算法在理论上合理，但不一定符合实际现象。假设网络图 9.122 表示城市交通路网，利用理论算法分配的最大流如图中所示，但是实际路网中车流量的分布状态并不一定和图所示的理论分配相一致。

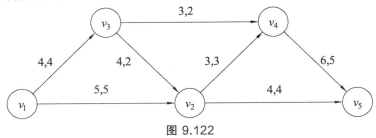

图 9.122

（2）只考虑流量量值大小的调整，而不考虑网络中流向的分布状态，这样就有可能造成网络流的分布不均衡，即有些边的流量过于接近容量而趋于饱和，有些边的流量很小，造成边的利用率很低。仍然假设网络图 9.123 表示城市交通路网，利用理论算法分配的最大流如图中所示，而边(v_3, v_4)的流量为 0，没有被利用。另外，边(v_2, v_4)和边(v_2, v_5)相比，边(v_2, v_4)的利用率偏低，而边(v_2, v_5)过于饱和。

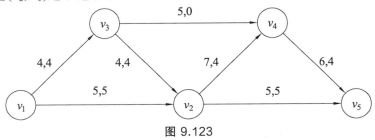

图 9.123

鉴于既要考虑流量量值大小的调整，又要考虑网络中流量的分布状态即流的流向，也就产生了网络图流量均衡分配的研究。

另外，最大流算法、最小费用流算法以及最小费用最大流算法在调整分配流量时，只要满足容量约束条件和流量守恒条件即可。但现实中的一些具体问题，往往会对流量的分配有其他的条件要求，这种情况下，再单纯地使用这些算法，就不能够很好地解决有其他条件要求的流量分配问题，所以有必要在传统算法基础上，构造可行的满足其他条件要求的流量分配算法。

下面介绍三种有条件要求的网络流问题，即边的流量有要求的最大流问题、边的流量有要求的最小费用最大流问题、转运顶点有流量需求的最大流问题。

1. 边的流量有要求的最大流问题

网络图中边的流量有要求的最大流问题主要有三种情况：流量不能超过限制值、流量不能低于限制值、流量在一定范围之内。

下面针对三种条件要求，在 Ford-Fulkerson 算法的基础上，给出边的流量有要求的最大流算法思路。

（1）**边的流量不能超过限制值。**

算法的思路是，在进行最大流调整分配时，只要将边的原有容量用限制值 Z 替代即可。因为流量的调整分配必须满足容量约束条件，所以在计算过程中，边的流量不会超过新的容量值，即限制值 Z。

（2）**边的流量不能低于限制值。**

假设要求边(v_i, v_j)的流量不能低于限制值 Z，算法的基本思路如下：

① 先按照标记法寻找从起点 x 到顶点 v_i 的不饱和链 Q_1，再按照标记法寻找从顶点 v_j 到终点 y 的不饱和链 Q_2，然后确定增流链 $Q_1+(v_i, v_j)+Q_2$ 的调整量，最后对此增流链按照调整公式（9.4）进行流量调整。反复进行，直到边(v_i, v_j)的流量大于等于限制值 Z。

② 继续用 Ford-Fulkerson 算法对网络图进行最大流分配，但是如果寻找到的增流链中包含边(v_i, v_j)，并且边(v_i, v_j)为前向边，那么在确定增流链的调整量时，边(v_i, v_j)的调整量即为容量减去流量，目的是使边(v_i, v_j)的流量在限制值 Z 的基础上有所增加；如果寻找到的增流链中包含边(v_i, v_j)，并且边(v_i, v_j)为后向边，那么在确定增流链的调整量时，边(v_i, v_j)的调整量为流量减去限制值 Z，目的是当边(v_i, v_j)的流量减少时，保证流量不能低于限制值 Z。

③ 对以上过程反复进行，直到网络的流量不能增加为止。

（3）**边的流量在一定范围之内。**

假设要求边(v_i, v_j)的流量在限制值 Z_1 和 Z_2 之间，算法的基本思路如下：

首先将边(v_i, v_j)的原有容量用最大限制值 Z_2 替代，然后利用上面第（2）种情况边的流量不能低于限制值的思路，对网络图进行最大流分配即可。

下面通过示例，介绍边的流量有要求的最大流问题。

例 9.27 已知某网络图如图 9.124 所示，边的数据表示容量，试对网络图分配最大流量，其中要求边(v_6, v_5)的流量在 8 和 10 之间。

解 如果不考虑边(v_6, v_5)之间的流量要求，直接用 Ford-Fulkerson 算法即可，针对边(v_6, v_5)的流量要求，需要利用前面讨论的算法求解。求解步骤如下：

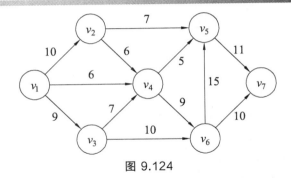

图 9.124

（1）将边(v_6, v_5)的流量限制值用 Z_1 和 Z_2 表示，即 $Z_1=8$，$Z_2=10$，给网络图一个初始的零流，同时用限制值 Z_2 值 10 替代边(v_6, v_5)的原有容量 15，如图 9.125 所示。

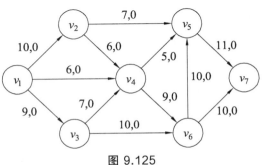

图 9.125

（2）因为边(v_6, v_5)的流量不能小于限制值 Z_1，所以要先寻找从起点 v_1 到顶点 v_6 的不饱和链。假设寻找到的不饱和链 Q_1 为 $v_1 v_4 v_6$，其调整量 $l(Q_1)=\min\{6-0, 9-0\}=6$，再假设寻找到从顶点 v_5 到终点 v_7 的不饱和链 Q_2 为 $v_5 v_7$，其调整量 $l(Q_2)=\min\{11-0\}=11$，那么增流链 $Q_1+(v_6, v_5)+Q_2$ 的调整量为 $\min\{6, 10-0, 11\}=6$。然后利用修改流性质进行流量调整，反复进行，直到边(v_6, v_5)的流量大于等于限制值 Z_1，结果如图 9.126 所示。

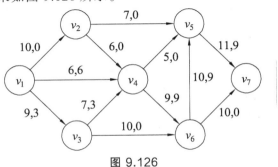

图 9.126

（3）继续寻找增流链。假设寻找到的增流链 Q 为 $v_1v_3v_6v_5v_7$，链 Q 中包含边 (v_6, v_5)，并且为前向边，那么链 Q 的调整量 $l(Q)=\min\{9-3,10-0,10-9,11-9\}=1$。利用修改流性质进行调整，即对网络图用 Ford-Fulkerson 算法分配最大流，结果如图 9.127 所示。

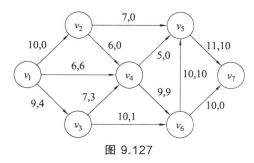

图 9.127

（4）对图 9.127 继续寻找增流链。假设寻找到的增流链 Q 为 $v_1v_2v_5v_6v_7$，链 Q 中包含边 (v_6, v_5)，并且为后向边，那么 Q 的调整量为

$$l(Q)=\min\{c(v_1, v_2)-f(v_1, v_2), c(v_2, v_5)-f(v_2, v_5), f(v_6, v_5)-Z_1, c(v_6, v_7)-f(v_6, v_7)\}$$
$$=\min\{10-0, 7-0, 10-8, 10-0\}=2$$

利用修改流性质进行调整，结果如图 9.128 所示。如此反复进行，最终的最大流如图 9.129 所示。

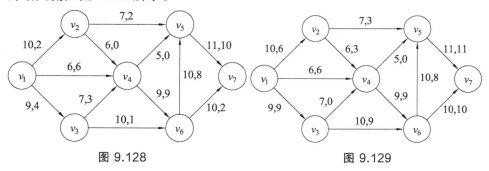

图 9.128   图 9.129

在图 9.128 中，尽管还可以继续找到增流链，但如果继续进行流量调整，就会造成边 (v_6, v_5) 的流量小于 8，这样就不满足问题给出的要求，所以基于边 (v_6, v_5) 的流量在 8 和 10 之间的最大流方案如图 9.129 所示。

2. 边的流量有要求的最小费用最大流问题

网络图中边的流量有要求的最小费用最大流问题主要有三种情况：流量不能超过限制值、流量不能低于限制值、流量在一定范围之内。下面针对三种条件要求，在 Ford-Fulkerson 算法的基础上，给出边的流量有要求的最小费用最大流算法思路。

（1）**边的流量不能超过限制值**。

算法的思路是，在进行最小费用最大流调整分配时，只要将边的原有容量用限制值替代即可。因为流量的调整分配必须满足容量约束条件，所以在计算过程中，边的流量不会超过新的容量值，即限制值。

（2）**边的流量不能低于限制值**。

假设要求网络图 G 中边(v_i, v_j)的流量不能低于限制值 Z，算法的基本思路如下：

① 如果边(v_i, v_j)的流量小于限制值 Z，先将边的流量按照最小费用流算法调整到大于等于限制值 Z。过程如下：构建伴随网络流 f 的增流网络 G_f，在增流网络 G_f 中寻找从起点 x 到顶点 v_i 关于 w' 的最短路 Q_1，再寻找从顶点 v_j 到终点 y 的关于 w' 的最短路 Q_2，然后按照最小费用流算法，对网络图 G 中的增流链 $Q_1+(v_i, v_j)+Q_2$ 的流量进行调整。反复进行，直到边(v_i, v_j)的流量大于等于限制值 Z。

② 按照最小费用流算法规则，继续构建伴随网络流 f 的增流网络 G_f，但针对边(v_i, v_j)，构建增流网络的方法为：

如果 $f(v_i, v_j)=c(v_i, v_j)$并且 $f(v_i, v_j)>Z$，则构建一条反向边(v_j, v_i)，其中 $c'(v_j, v_i)=c(v_i, v_j)-Z$，$w'(v_j, v_i)=-w(v_i, v_j)$，目的是保证边$(v_i, v_j)$的流量在减少时，不能低于限制值 Z。

如果 $f(v_i, v_j)<c(v_i, v_j)$且 $f(v_i, v_j)=Z$，则只构建一条同向边(v_i, v_j)，其中 $c'(v_i, v_j)=c(v_i, v_j)-f(v_i, v_j)$，$w'(v_i, v_j)=w(v_i, v_j)$，目的是保证边$(v_i, v_j)$的流量在限制值 Z 的基础上只能增加，否则就会低于限制值 Z。

如果 $f(v_i, v_j)<c(v_i, v_j)$且 $f(v_i, v_j)>Z$，则需要构建一条同向边(v_i, v_j)和一条反向边(v_j, v_i)。针对同向边(v_i, v_j)，$c'(v_i, v_j)=c(v_i, v_j)-f(v_i, v_j)$，$w'(v_i, v_j)=w(v_i, v_j)$；针对反向边$(v_j, v_i)$，$c'(v_j, v_i)=f(v_i, v_j)-Z$，$w'(v_j, v_i)=-w(v_i, v_j)$，目的是保证边$(v_i, v_j)$的流量在限制值 Z 和容量间变动。

③ 按照最小费用流算法反复进行即可。

（3）**边的流量在一定范围之内**。

假设要求边(v_i, v_j)的流量在限制值 Z_1 和 Z_2 之间，算法的基本思路如下：

首先将边(v_i, v_j)的原有容量用最大限制值 Z_2 替代，然后用上面第 2 种情况边的流量不能低于限制值的思路，对网络图进行最小费用最大流分配即可。

下面通过示例，介绍边的流量有要求的最小费用最大流问题。

例 9.28 已知某网络图如图 9.130 所示，边的数据表示容量和费用，试对网络图分配最小费用最大流，其中要求边(v_6, v_5)的流量在 8 和 12 之间。

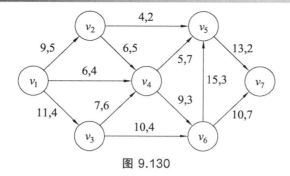

图 9.130

解　如果不考虑边 (v_6, v_5) 之间的流量要求，直接用最小费用最大流算法即可，针对边 (v_6, v_5) 的流量要求，需要利用前面讨论的算法求解。求解步骤如下：

（1）将边 (v_6, v_5) 的流量限制值用 Z_1 和 Z_2 表示，即 $Z_1=8$，$Z_2=12$，给网络图一个初始的零流，同时用限制值 Z_2 值 12 替代边 (v_6, v_5) 的原有容量 15，如图 9.131 所示。

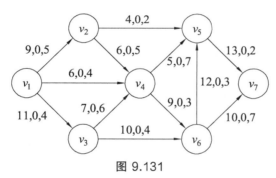

图 9.131

（2）因为边 (v_6, v_5) 的流量不能小于限制值 Z_1，那么先将边 (v_6, v_5) 的流量按照最小费用流算法调整到大于等于限制值 Z_1，具体过程省略，结果如图 9.132 所示。

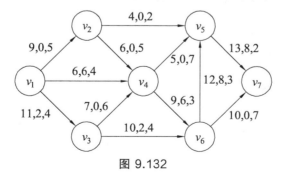

图 9.132

（3）边 (v_6, v_5) 的流量已经满足限制值 Z_1 的要求，对图 9.132 做增流网络，因为边(v_6, v_5)的流量不能小于8，所以在增流网络中只能构造同向边(v_6, v_5)，如图9.133所示。在图9.133中找出从起点v_1到终点v_7的最短路径为$v_1 v_2 v_5 v_7$，按照最小费用流算法对流量调整，结果如图9.134所示。

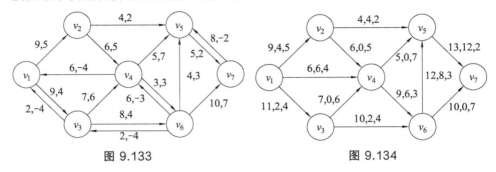

图9.133　　　　　　　　　　　图9.134

（4）对图9.134继续做增流网络，尽管边(v_6, v_5)为不饱和边，但因为边(v_6, v_5)的流量不能小于8，所以在增流网络中不能构造它的反向边，结果如图9.135所示。

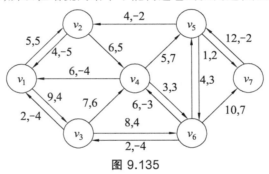

图9.135

（5）在图9.135中找出从起点v_1到终点v_7的最短路径为$v_1 v_3 v_6 v_5 v_7$，按照最小费用流算法对流量调整，结果如图9.136所示。进一步做增流网络，因为边(v_6, v_5)的流量不能小于8，所以增流网络中它的反向边$c'(v_5, v_6) = f(v_6, v_5) - Z = 9 - 8 = 1$，如图9.137所示。

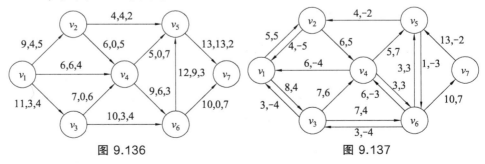

图9.136　　　　　　　　　　　图9.137

（6）在图 9.137 基础上，按照前面的算法思路反复进行，结果如图 9.138 所示。对图 9.138 进一步做增流网络，如图 9.139 所示。

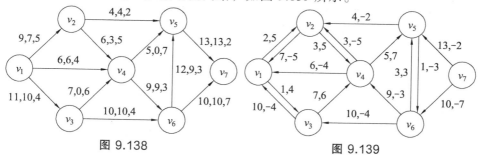

图 9.138　　　　　　　　　　　　　　　　图 9.139

图 9.139 中，不能找到起点 v_1 到终点 v_7 的路径，同时图 9.138 中边 (v_6, v_5) 的流量已经在 8 和 12 之间，所以图 9.138 就是边 (v_6, v_5) 的流量在 8 和 12 之间的最小费用最大流。

特别提示

通过上面的示例，简单地验证和说明了基于 Ford-Fulkerson 算法，对边的流量有要求的最大流问题以及最小费用最大流问题。对有同类约束条件的流量分配问题，可以进行相应的应用，但有许多问题尤其是流量的不确定问题，需要进行更加完善的处理。

9.5.3　网络的扩展应用问题

前面介绍的网络流问题，在分配调整流量时，都要遵循容量约束条件和流量守恒条件，而且给出的网络图容量也是确定的，但在实际问题中，往往需要突破容量约束条件或流量守恒条件。另外，有的实际问题恰恰需要对网络的输送能力进行改善，即对容量进行提高，以满足流量不断增加的需要。解决这些问题有一定的现实意义。

下面简单介绍两方面的网络扩展应用问题，从而拓展解决现实问题的思路。

1. 转运点有流量需求的最大流问题

针对网络图的最大流分配问题，常用的 Ford-Fulkerson 算法等都是在容量约束条件和流量守恒条件下，将顶点分为源、汇及中间点三类。其中，中间点只具有转运作用而没有流量需求，然后基于寻找增流链的方法，使流量的分配达到最大化。但在实际的运输网络应用中，转运顶点往往有流量需求，这类问题可以说是普遍存在，那么这类的转运顶点就不能简单地按照源、汇或中间点来归类。有流量需求的顶点具有中间点的转运属性，但不遵循流量守恒条件，而 Ford-Fulkerson 算法是在容量约束条件和流量守恒条件下进行最大流分配的，Ford-Fulkerson 算法不能对此问题分配最大流，所以单纯使用传统的算法就不能够很好地解决这类最大流分配问题。

下面针对转运顶点有流量需求的情况，在基于 Ford-Fulkerson 算法基础上，介绍一种转运顶点有流量需求的最大流分配算法，从而为解决实际运输网络应用问题提供基础。

假设运输网络 G 的顶点 v_i 需求流量为 Z，算法的基本思路如下：

（1）基于运输网络 G，按照如下方法构建新的网络图 G'：G 中顶点 v_i 以外的点和边在 G' 中保持原来的状态；将 G 中顶点 v_i 在 G' 中一分为二，拆分为 v_i 和 v_i' 两个顶点，顶点 v_i 作为中间点角色转运流量；顶点 v_i' 作为汇角色接收需求的流量 Z；G' 中的顶点 v_i 和 G 中的顶点 v_i 保持同样的连接状态；G 中以顶点 v_i 为终点的边，在 G' 中仍然与顶点 v_i' 连接，G 中以顶点 v_i 为起点的边，在 G' 中不再与顶点 v_i' 连接，最后把网络图 G' 化为单源单汇的网络图。

（2）在 G' 中，利用标号法思路寻找包含顶点 v_i' 的增流链，再按照最大流算法，把顶点 v_i' 接收的流量之和调整到需求的流量 Z。

（3）为了保证运输网络 G 满足容量约束条件，把 G' 中以顶点 v_i 为终点的边 (v_j, v_i) 的容量 $c(v_j, v_i)$ 修改为新的容量 $c'(v_j, v_i)$，即 $c'(v_j, v_i) = c(v_j, v_i) - f(v_j, v_i')$。

（4）在 G' 中，利用标号法思路寻找不包含顶点 v_i' 的增流链，再按照最大流算法，进行最大流分配。

（5）按照上面步骤对 G' 分配完最大流以后，再将 v_i 和 v_i' 两个顶点合二为一即可。

下面通过示例，介绍转运点有流量需求的最小费用最大流问题。

例 9.29 某运输网络如图 9.140 所示，图中边的数据表示容量和零流，要求在满足顶点 v_6 需求流量为 5 的条件下，对该运输网络分配最大流。

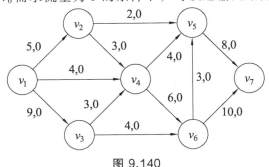

图 9.140

解 （1）将图 9.140 顶点 v_6 拆成 v_6 和 v_6'，并化为单源单汇网络，如图 9.141 所示。

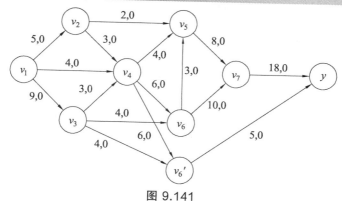

图 9.141

（2）在图 9.141 中，利用标号法思路寻找包含顶点 v_6' 的增流链，再按照最大流算法，把顶点 v_6' 接收的流量之和调整到需求的流量 5，结果如图 9.142 所示。

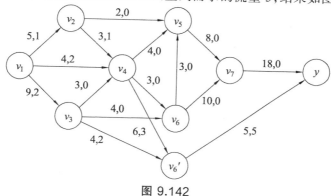

图 9.142

（3）为了保证图 9.140 满足容量约束条件，需要把图 9.142 中以顶点 v_6 为终点的边的容量均修改为新的容量，结果如图 9.143 所示。

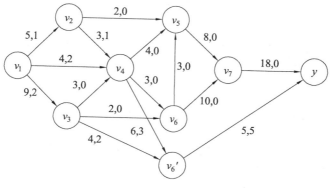

图 9.143

（4）在图 9.143 中，利用标号法思路寻找不包含顶点 v_6' 的增流链，再按照最大流算法，进行最大流分配，反复进行，最终结果如图 9.144 所示。

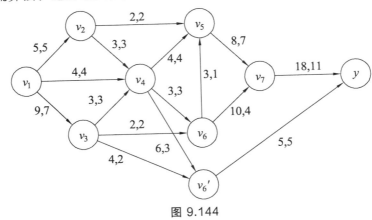

图 9.144

（5）图 9.144 中尽管还存在增流链，但包含了顶点 v_6'，所以流量调整结束，将顶点 v_6 和 v_6' 合二为一，则顶点 v_6 需求流量为 5 的最大流如图 9.145 所示。

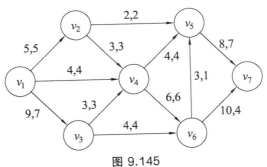

图 9.145

特别提示

上述示例只给出了一个顶点有流量需求的处理方法，对多个顶点有流量需求时，这种算法仍然可以对多个顶点一分为二，在此基础上进行流量分配即可。

2. 网络的扩能问题

前面介绍的网络流应用中，都是基于容量是确定的，但在网络图的实际应用中，随着时间的推移，流量的发展态势往往超出网络图的最大输送能力，这就需要考虑如何提高网络的输送能力，以满足流量发展态势的需要，这就是网络的扩能问题。网络扩能在现实中普遍存在，如道路网、水网、信息网等改建扩建问题就是网络扩能。

　　针对整个网络的扩能，有时既要考虑流量的发展态势，又要考虑网络扩能的代价，同时还需要考虑网络流的均衡问题，所以网络扩能问题是相当复杂的问题。鉴于网络扩能的复杂性，这里不给出相应的算法，只给出一个以供扩展思路的简单例题的描述。

　　例 9.30　有一个网络图如图 9.146 所示，图中边的数据表示容量和流量。已知该网络的流量状态已经达到最大流，最大流流值为 21，根据预测可知，在一定的预测期内，网络流量的流值可能达到 30。鉴于目前的网络能力和未来流量的发展态势，需要对该网络进行扩能，已知各个边的单位扩能成本如表 9.14 所示，试设计最优的扩能方案。

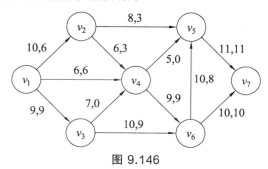

图 9.146

表 9.14　各边的单位扩能成本

顶点\成本\顶点	v_1	v_2	v_3	v_4	v_5	v_6	v_7
v_1	$+\infty$	9	4	6	$+\infty$	$+\infty$	$+\infty$
v_2	$+\infty$	$+\infty$	$+\infty$	11	10	$+\infty$	$+\infty$
v_3	$+\infty$	$+\infty$	$+\infty$	11	$+\infty$	5	$+\infty$
v_4	$+\infty$	$+\infty$	$+\infty$	$+\infty$	8	9	$+\infty$
v_5	$+\infty$	$+\infty$	$+\infty$	$+\infty$	$+\infty$	$+\infty$	3
v_6	$+\infty$	$+\infty$	$+\infty$	$+\infty$	5	$+\infty$	7
v_7	$+\infty$	$+\infty$	$+\infty$	$+\infty$	$+\infty$	$+\infty$	$+\infty$

本章小结

　　本章首先介绍了图的相关概念及其相关知识，然后给出了网络的相关知识，在此基础上，介绍了网络极值问题、网络流问题。为了拓展解决实际问题的思路，也介绍了复杂问题的网络应用问题。

本章要点

网络的概念及属性；寻找增流链的方法；增流网络的构建方法。

本章重点

最短路算法；最大流算法；最小费用流算法；最小费用最大流算法。

本章难点

复杂问题的网络应用。

本章术语

本章的术语较多，主要的术语有：图；树；生成树；网络；权；最短路；Dijkstra 算法；标号法；最小生成树；中国邮路问题；运输网络；容量；流量；网络流；容量约束条件；流量守恒条件；割；最大流；零边；饱和边；不饱和边；正边；前向边；后向边；饱和链；不饱和链；增流链；基于 Q 的修改流；最大流算法；最小费用流；最小费用最大流；伴随 f 的增流网络增流圈；最小费用流算法；最小费用最大流算法。

习　题

1. 有向图 $G=(V, G)$ 的关联矩阵 A 如下所示，请画出有向图 G 并写出 G 的邻接矩阵。

$$A = \begin{array}{c} \\ v_1 \\ v_2 \\ v_3 \\ v_4 \end{array} \begin{array}{cccccccc} e_1 & e_2 & e_3 & e_4 & e_5 & e_6 & e_7 \\ \begin{bmatrix} 1 & -1 & -1 & 0 & 0 & 0 & 0 \\ -1 & 1 & 0 & 1 & -1 & 1 & 0 \\ 0 & 0 & 1 & -1 & 1 & 0 & 1 \\ 0 & 0 & 0 & 0 & 0 & -1 & -1 \end{bmatrix} \end{array}$$

2. 分别用避圈法和破圈法求网络图 9.147 的最小生成树。

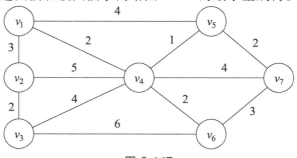

图 9.147

3. 快递公司某业务员投递范围如图 9.148 所示，请设计最优的投递路线并求其长度。

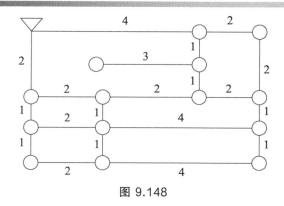

图 9.148

4. 给定有向图 G 如图 9.149 所示，用 Dijkstra 算法求 x 到 y 的最短路，如果最短路径不唯一，写出另外的最短路。

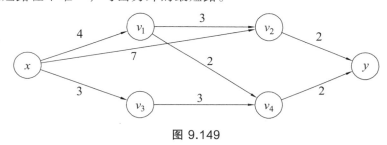

图 9.149

5. 图 9.150 为一个公路运输网，边旁数据表示公路的路程。某物流公司计划将货物从 v_1 地运送到 v_{10} 地，因为 v_9 地有分公司，要求运输车辆必须经过 v_9 地装卸货物，请设计一条运输货物的最短路程。

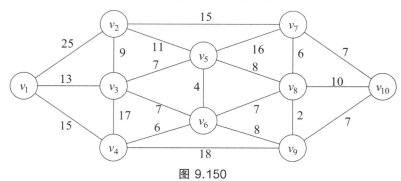

图 9.150

6. 给定有向图 G 如图 9.151 所示，边旁数值表示容量，对有向图 G 分配最大流。

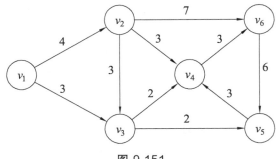

图 9.151

7. 给定有向图 G 如图 9.152 所示，边旁数值为容量、流量，试对有向图 G 分配最大流并求出最大流的流值，同时找出最小割。

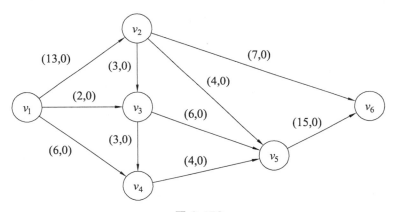

图 9.152

8. 有网络图 9.153，边旁数字表示容量、费用，求流值为 6 的最小费用流，并计算总的最小费用。

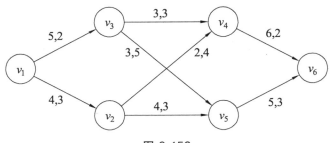

图 9.153

9. 网络图 9.154 给定了初始流，边旁数字表示容量、流量、费用。

（1）用最小费用流算法 I 求流值为 6 的最小费用流，并计算总的最小费用。

（2）用最小费用流算法 II 求将流调整到 6 的最小费用流，并计算总的最小费用。

（3）比较（1）、（2）两个结果中流的分布状态及最小费用是否一样，并解释原因。

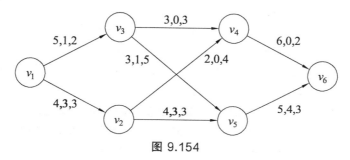

图 9.154

10. 针对第 8 题的网络图，求最小费用最大流，并计算总的最小费用。

11. 针对第 9 题的网络图，分别用最小费用最大流算法 I、最小费用最大流算法 II 求最小费用最大流并计算总的最小费用，另外比较两个结果。

第 10 章　统筹方法

用网络图分析、计算和编制大型工程的进度计划，以达到决策的目的，这样的方法就是**统筹方法**。统筹方法是一种计划管理的科学方法，是编制大型工程进度计划的有效工具。对于工程管理者和计划人员来讲，运用统筹方法，可以清楚地掌握整个工程的进度状态，预见可能发生的问题，同时协调和控制各项活动，从而合理组织、统筹安排，使工程任务能顺利地按期或提前完成。

早在 1900 年，Gantt 就提出了横道图，也称为甘特图。利用横道图编制工程计划，对工程进度的控制起到了很好的作用。随着社会的发展，这个方法对于现代的复杂大型工程，已经不实用，但在借鉴横道图方法的基础上，人们研究了一些新的方法。

在 20 世纪 50 年代后期，美国提出了**关键路线法**（Critical Path Method，简称 CPM）和**计划评审技术**（Program Evaluation and Review Technique，简称 PERT）。关键路线法是美国杜邦公司和兰德公司针对企业不同业务部门的系统规划，制定的第一套总进度最优的网络计划，这种方法主要用于以往在类似工程中已经取得一定经验的承包工程上。计划评审技术是美国海军部门在制定北极星导弹研制计划时，为了对各项工作安排的评价和审查，使用了网络分析的方法，这种方法主要用于研究与开发项目上。这两种方法得到推广使用后，也出现了许多类似的方法，这些方法尽管侧重的目标不同，但它们都是基于关键路线法和计划评审技术的基本原理和方法而发展起来的。

我国在 20 世纪 60 年代初期，由钱学森教授倡导，在国防科研领域开始引入和使用关键路线法和计划评审技术。在 1965 年，由数学家华罗庚教授首先推广了这种方法。鉴于这两种方法具有统筹兼顾、合理安排的主要思想，所以我国称为统筹方法。随着科学和技术的发展，统筹方法很快在国防、工业、农业、交通和科研等方面得到了广泛的应用。

在这一章，首先介绍统筹图的概念及绘制规则，然后介绍关键路线问题，并在此基础上，介绍关键路线的确定方法即时间参数法。另外，为了拓展解决现实问题的思路，最后介绍最少工程费用方案的制订以及非确定型的统筹问题。

10.1　统筹图及其绘制规则

使用统筹方法进行计划安排和组织管理时，需要绘制特定的网络图，可以说统筹方法是网络图的另外一种应用。但这里用到的网络图有其特殊的要求，也就是说，在网络图的绘制上要有一些特有的规定，在统筹方法中，把这种特定的网络图称为**统筹图**。本节主要介绍统筹图的基本概念以及统筹图的绘制规则。

10.1.1　统筹图基本概念

统筹图是自左至右表示一项工程从开工到完工的整个计划的网络图，是由顶点、边及权构成的有向赋权图，统筹图可以直观地体现出组成工程的各项活动以及各项活动相互间的内在关系。

针对一项工程，根据工艺技术和组织管理等需要，将工程分为按照一定顺序执行而又相对独立的若干项活动，这些若干项活动称为**工序**。在统筹图中，工序 k 用"→"表示，即统筹图的一条有向边对应一道工序，所以统筹图有时也称为**工序流程图**。显然，工序的完成需要一定的时间、人力或物力等资源，那么完成一道工序所花费的"时间"称为**工序时间**，即统筹图的权对应的是工序时间。对于相邻的工序，如果工序 a 与工序 b、c 相邻，那么工序 b、c 都需要在工序 a 完工以后才能开工，则工序 a 称为工序 b、c 的**紧前工序**，工序 b、c 称为工序 a 的**紧后工序**。

表示一道或多道工序开工或完工的特定时间点称为**事项**。在统筹图中，具有编号的节点对应的就是事项。事项只是工序的连接点，是相邻工序的分界点，所以它不对应时间等资源。工序开始的事项称为**开工事项**，工序结束的事项称为**完工事项**，同时规定开工事项节点的编号要小于完工事项节点的编号。如图 10.1 中，边 k 表示对应的工序 k，工序 k 也可以用事项（i, j）表示；图中节点 i 与节点 j 分别表示开工事项和完工事项，同时 $i<j$；用 $t(i, j)$ 表示工序（i, j）的工序时间，或用 $t(k)$ 表示。

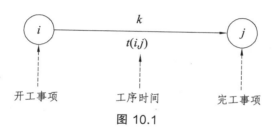

图 10.1

在统筹图中，表示整个工程开工的最左端节点称为**始点事项**，显然它没有前工序；表示整个工程完工的最右端节点称为**终点事项**，它没有后工序；其余的事项均表示某一道工序的开工又表示某一道工序的完工。

在编制工程计划前，必须通过分析、论证和研究，把整个的一项工程分解为若干道工序，然后确定出各个工序之间的前后顺序以及相互的关系，同时确定出完成各道工序所需要的时间，从而生成工序一览表。

把具备上述特征的统筹问题称为**确定型统筹问题**；不具备上述特征的称为**非确定型统筹问题**，非确定型统筹问题将在第 10.5 节进行介绍。

如表 10.1 是某公司进行预算分析时，得出的一个简单的工序一览表，最后可以根据得出的工序一览表，按照一定的规则即可绘制出统筹图。

表 10.1　某公司预算过程的工序一览表

工　序	工序代号	紧前工序	工序时间(天)
预测销售量	a	–	14
调查市场价格	b	–	3
确定销售价格	c	a, b	3
编制生产计划	d	b	7
核算生产成本	e	d	4
编制预算	f	c, e	10

10.1.2　统筹图绘制规则

下面给出绘制统筹图的相关规则：

规则 10.1　在统筹图中，工序必须用唯一意义的节点组合来表示，即一条有向边和与其相关联的节点，只能表示一道工序及该工序的开工和完工，不能用同一节点组合表示两道或两道以上的工序。

如图 10.2 就违反了规则 10.1，因为节点对 (i, j) 表示了两道工序 a 和 b，即事项 i 和事项 j 之间出现了两道工序。

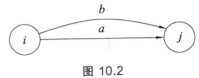

图 10.2

例 10.1　针对某工程的资料分析，得出了工序一览表，如表 10.2 所示，按照规则 10.1 绘制的统筹图如图 10.3 所示。

表 10.2　某工程工序一览表

工序代号	紧前工序
a	−
b	−
c	a, b
d	c

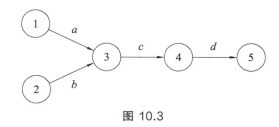

图 10.3

规则 10.2　为了不违反规则 10.1，需要引入**虚工序**。虚工序是虚设的，是非实际存在的工序，只是用来表示相邻工序之间的衔接关系或者其他的需要，所以虚工序是不花费时间和资源的，虚工序在统筹图中用"--▸"表示。

有了虚工序，就能在统筹图中准确地建立相关联工序的逻辑关系，如果没有虚工序，有些问题就违背了规则 10.1。以下例题说明了这个问题。

例 10.2　基于某工序一览表 10.3，绘制了没有引入虚工序的统筹图 10.4，此时事项 2 和事项 3 之间出现了 b 和 c 两道工序，显然违反了规则 10.1。而图 10.5 是引入虚工序绘制的统筹图，这样在引入虚工序以后，就解决了图 10.4 违反规则 10.1 的问题。

表 10.3　某工程工序一览表

工序代号	紧前工序
a	−
b	a
c	a
d	b, c

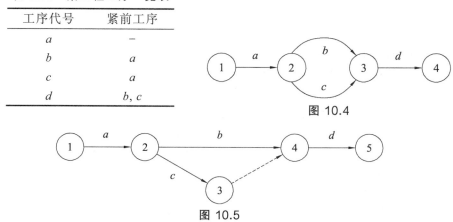

图 10.4

图 10.5

规则 10.3　始点事项表示总工程的开工，终点事项表示总工程的完工，因此始点事项和终点事项应该只能各有一个。除此以外，其他事项的节点必须前后都要与表示工序的有向边相连接。

图 10.3 有两个始点事项，显然违反了规则 10.3。为了既满足规则 10.3 又不违反规则 10.1，需要利用规则 10.2 引入虚工序。图 10.6 就是例 10.1 符合全部规则的统筹图。

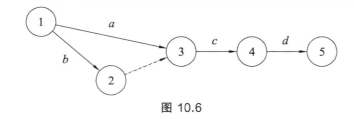

图 10.6

可以看出，虚工序的另外一个作用就是，可以保证始点事项和终点事项各有一个。

有了上述三个规则，就可以根据工序一览表绘制出完备的统筹图。图 10.7 就是表 10.1 的统筹图。

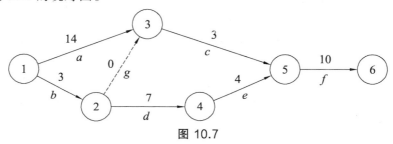

图 10.7

另外，在缩短工程的工期方面，有两种作业方法：

平行作业：使一些工序同时进行，以达到缩短整个工期的目的，在统筹图中一般利用虚工序表示这种关系。如例题 10.1 的统筹图 10.6 以及例题 10.2 的统筹图 10.5，就体现了平行作业的方式。另外规定，当某道工序的紧前工序是几道平行作业时，选择工序时间最长的工序与该工序直接连接，其他工序通过虚工序与该工序连接。如表 10.1 的统筹图 10.7 中，工序 c 的紧前工序有 a 和 b，工序 a 的工序时间为 14，大于工序 b 的工序时间 3，所以工序 a 直接与工序 c 连接，而工序 b 则通过虚工序 g 与工序 c 连接。

交叉作业：为了缩短工期，对需要较长时间才能完成的相邻几道工序，可采用分段平行作业的方式，即相邻两道工序在前一道工序未全部完成时，就开始后续工序的作业，这就是交叉作业。例如，修建公路时，大体需要平整路基（a）、铺道渣（b）、铺沥青（c）三道工序，如果不采用交叉作业，统筹图就如图 10.8 所示。显然，这是等前一项工序完工后才开始下一道工序，但这样会使整个工程的工期变得相当长。如果采用交叉作业，可以将每道工序分为两段或多段，如设 $a=a_1+a_2$，$b=b_1+b_2$，$c=c_1+c_2$，就可绘制出图 10.9 所示的统筹图，这样可使整个工期缩短许多。当然，针对图 10.8，还可以有其他形式的交叉作业方式，但统筹图会变得复杂一些。

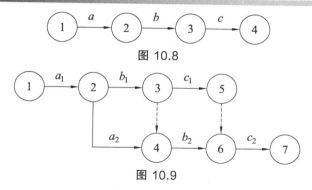

图 10.8

图 10.9

10.2 统筹图的关键路线

将工程任务分解为若干道工序,并按照规则绘制出统筹图以后,就应当确定完成整个工程所需的最少时间,而这个最少时间是由对整个工程影响最大、所需时间最长、从始点事项至终点事项的一连串工序决定。这就是掌握工程完工的关键所在,同时,可以对整个工程的工序进行控制,以便使工程能够按期完工。另外,还可以通过控制某些工序的开工时间,或者是通过改进工艺、提高管理措施等手段,使某些工序的工序时间缩短,从而使整个工程提前完工。

1. 相关概念

为了达到以上的目的,下面依次给出相关概念。

在统筹图中,从始点事项出发,经过一组按同一方向依次连接的箭线(有向边)和事项(节点)到达终点事项的路线称为**路**;一条路中各道工序的工序时间总和称为该路的**路长**;统筹图中路长最大的路称为**关键路线**,或称为**主要矛盾线**;关键路线上的工序称为**关键工序**;其他工序称为**非关键工序**。

例 10.3 图 10.10 是某项工程的统筹图。

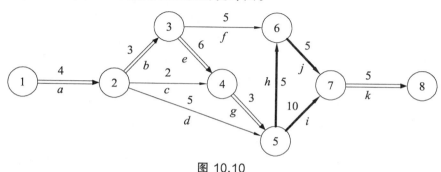

图 10.10

下面用全枚举法列出图 10.10 的所有路，共 7 条：

第 1 条路：①→②→③→⑥→⑦→⑧，路长 L_1=4+3+5+5+5=22。

第 2 条路：①→②→③→④→⑤→⑥→⑦→⑧，路长 L_2=4+3+6+3+5+5+5=31。

第 3 条路：①→②→③→④→⑤→⑦→⑧，路长 L_3=4+3+6+3+10+5=31。

第 4 条路：①→②→④→⑤→⑥→⑦→⑧，路长 L_4=4+2+3+5+5+5=24。

第 5 条路：①→②→④→⑤→⑦→⑧，路长 L_5=4+2+3+10+5=24。

第 6 条路：①→②→⑤→⑥→⑦→⑧，路长 L_6=4+5+5+5+5=24。

第 7 条路：①→②→⑤→⑦→⑧，路长 L_7=4+5+10+5=24。

通过比较可知，第 2 条与第 3 条的路长最大，所以第 2 条与第 3 条均为关键路线，路长为 31，即该工程的工期为 31 天。关键工序为 a、b、e、g、h、i、j、k，其中工序 a、b、e、g、k 为第 2 条与第 3 条关键路线的**共有关键工序**。另外，该统筹图有两条关键路线，这意味着统筹图中，关键路线可能不止一条。

绘制统筹图的目的就是全面掌握和控制工程的进度。在统筹图中，关键路线一般用粗线、双线或颜色线标示出来，关键路线的路长即为整个工程的工期。如果某任意一道关键工序超期完成，将会导致整个工程延期，所以要保证关键工序按时或提前完成，这样才能保证整个工程按期或提前完工。

2. 相关性质

基于前面的相关概念以及对例题 10.3 的了解，给出如下的性质：

（1）非关键路线上非关键工序的时间缩短，不会使整个工期提前，因为关键路线并没有发生变化；当非关键路线上非关键工序的时间延长时，如果没有使非关键路线的路长超过关键路线的路长，就不会影响整个工期；如果使非关键路线的路长超过了关键路线的路长，就会造成整个工程延期，同时关键路线也发生了变化。

（2）当关键路线只有一条时，只要有关键工序的工序时间发生变化，就会影响整个工期，即任意一道或几道关键工序超期完成，都会造成整个工程延期；反之，只要有关键工序提前完成，就会使整个工程提前完工。

（3）当关键路线只有一条时，如果关键工序的工序时间缩短，那么关键路线的路长也会随之缩短。当路长仍然不小于任意一条非关键路线的路长时，关键路线没有变化，但整个工程会提前完工；当路长小于任意一条非关键路线的路长时，那么原来的关键路线就变成了非关键路线，而原来某一条或几条非关键路线就成为关键路线，当然关键工序随之发生变化，同时整个工程也会提前完工。

（4）当关键路线不止一条时，只有共有的关键工序的工序时间缩短，才会使整个工程提前完工；另外，任意一个关键工序超期，都会造成整个工程延期。

（5）当关键路线不止一条时，非共有的关键工序的工序时间缩短，不会使整个工程提前完工，但关键路线少了一条或几条；非共有的关键工序的工序时间延长，关键路线就发生变化，并造成整个工程延期。

特别提示

（1）上述性质也说明，在统筹图中关键路线是相对的。

（2）另外还有其他性质。比如，尽管缩短非关键工序的时间不会使整个工期提前，但并不是说缩短非关键工序的时间没有意义，因为缩短非关键工序的时间，可以直接或间接的节省相应的资源，或者可以将节省下来的时间做其他利用。

10.3　统筹图关键路线的确定方法—时间参数法

在上一节的例 10.3 中，用全枚举法找出了关键路线。对于比较简单的小型统筹图，可以采用全枚举法寻找关键路线，但对大型工程的统筹图来说，工序数目繁多，工序关联关系复杂，再采用全枚举法寻找关键路线实属不易，因此需要建立一种方法来寻找关键路线。本节将介绍寻找关键路线的一种方法，即**时间参数法**。

1. 相关参数及其计算

为了利用时间参数法寻找关键路线，需要给出相关参数的概念，也需要把时间参数计算出来，同时把时间参数值标在统筹图上，或列在相应的表格中，从而方便技术人员或管理人员合理组织、统筹安排，保证工程顺利进行。

（1）事项的参数及其计算。

① 事项最早时间。

一个事项 j 所能发生的最早时间称为**事项最早时间**。所谓事项 j 的最早时间，是指用事项 j 表示完工事项的那些工序都完工的时间。也就是说，以事项 j 为起点的任意一道工序的最早可能开工时间，即是指从始点事项开始到此事项 j 的最长路线的时间。用 $t_E(j)$ 表示事项 j 的最早时间，E 是英文 Early 的第一个字母。

图 10.11 所示的示例中，只有当 a、b、c

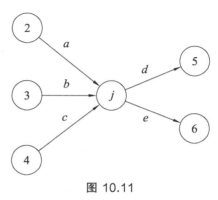

图 10.11

三道工序全部完工以后，事项 j 的后续工序 d、e 才可以开工，也就是说，事项 j 才可以发生。由此可见，事项 j 的最早时间 $t_E(j)$ 可由下式计算出：

$$t_E(j)=\max\{t_E(2)+t(2, j), t_E(3)+t(3, j), t_E(4)+t(4, j)\}$$

其中 $t(2, j)$、$t(3, j)$、$t(4, j)$ 分别是工序 a、b、c 的工序时间，$t_E(2)$、$t_E(3)$、$t_E(4)$ 分别是事项 2、事项 3、事项 4 的最早时间。

由上式可以看出，如果按照这个思路推算的话，计算事项的最早时间应该从始点事项开始，依次自左向右对逐个事项进行顺推计算，直至终点事项为止。

事项 j 最早时间的通用推算公式如下：

$t_E(1)=0$，$t_E(1)$ 为始点事项最早时间，从零算起，也可从某一个具体时间或日期算起。

$$t_E(j)=\max\{t_E(i)+t(i, j) \mid j=2,\cdots, n\}$$

其中 n 为终点事项编号，i 为与事项 j 相关联工序 (i, j) 的开工事项。

按照上述推算公式，计算出事项的最早时间以后，写在统筹图中相应事项的左下方，并用方框"□"标识起来。

针对例 10.3 的统筹图 10.10，计算各个事项的最早时间如下：

$t_E(1)=0$

$t_E(2)=\max\{t_E(1)+t(1, 2)\}=\max\{0+4\}=4$

$t_E(3)=\max\{t_E(2)+t(2, 3)\}=\max\{4+3\}=7$

$t_E(4)=\max\{t_E(2)+t(2, 4), t_E(3)+t(3, 4)\}=\max\{4+2, 7+6\}=13$

$t_E(5)=\max\{t_E(2)+t(2, 5), t_E(4)+t(4, 5)\}=\max\{4+5, 13+3\}=16$

$t_E(6)=\max\{t_E(3)+t(3, 6), t_E(5)+t(5, 6)\}=\max\{7+5, 16+5\}=21$

$t_E(7)=\max\{t_E(5)+t(5, 7), t_E(6)+t(6, 7)\}=\max\{16+10, 21+5\}=26$

$t_E(8)=\max\{t_E(7)+t(7, 8)\}=\max\{26+5\}=31$

把计算出的各个事项最早时间，写在统筹图 10.10 中相应事项的左下方，并用方框"□"标识起来，如图 10.12 所示。

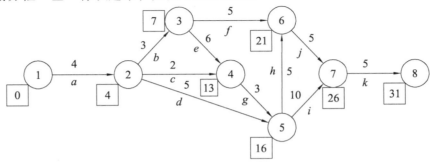

图 10.12

② 事项最迟时间。

一个事项 i 最迟可以在何时发生而不会推迟工程的最早完工时间，这个时间就称为**事项最迟时间**。所谓事项 i 的最迟时间，是指事项 i 开始的最迟时间，即是指以事项 i 为终点的任意一个工序的最迟允许结束时间。也就是说，以事项 i 为终点的工序，如果迟于这个时间结束，就会造成以事项 i 为起点的后续工序推迟开工，从而可能会导致整个工程推迟。用 $t_L(i)$ 表示事项 i 的最迟时间，L 是英文 Latest 的第一个字母。

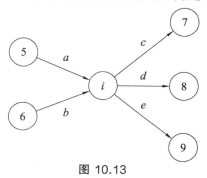

图 10.13

图 10.13 所示的示例中，如果三道工序 c、d、e 能分别在 $t_L(7)$、$t_L(8)$、$t_L(9)$ 以前完成，就不会使事项 7、事项 8、事项 9 的后续工序推迟开工，这样也就不会推迟整个工程的最早完工时间。由此可见，事项 i 的最迟时间 $t_L(i)$ 需要满足下列条件：

$$t_L(i)+t(i, 7) \leqslant t_L(7)$$
$$t_L(i)+t(i, 8) \leqslant t_L(8)$$
$$t_L(i)+t(i, 9) \leqslant t_L(9)$$

即有　　　　　$t_L(i) \leqslant \{t_L(7)-t(i, 7), t_L(8)-t(i, 8), t_L(9)-t(i, 9)\}$

则得出　　　　$t_L(i)=\min\{t_L(7)-t(i, 7), t_L(8)-t(i, 8), t_L(9)-t(i, 9)\}$

其中 $t(i, 7)$、$t(i, 8)$、$t(i, 9)$ 分别是工序 c、工序 d、工序 e 的工序时间，$t_L(7)$、$t_L(8)$、$t_L(9)$ 分别是事项 7、事项 8、事项 9 的最迟时间。

由上式可以看出，如果按照这个思路推算的话，计算事项的最迟时间应该从终点事项开始，依次自右向左对逐个事项进行逆推计算，直至始点事项为止。

事项 i 最迟时间的通用推算公式如下：

$$t_L(n)=t_E(n)=T_E$$

其中 n 为终点事项编号，$t_L(n)$ 为终点事项最迟时间，等于终点事项最早时间 $t_E(n)$，即等于工程的最早完工期 T_E。

$$t_L(i)=\min\{t_L(j)-t(i, j)|i=n-1, n-2, \cdots, 1\}$$

其中 j 为与事项 i 相关联工序 (i, j) 的完工事项。

按照上述推算公式，计算出事项的最迟时间以后，写在统筹图中相应事项的右下方，并用三角框"△"标识起来。

针对例 10.3 的统筹图 10.10，计算各个事项的最迟时间如下：

$t_L(8)=t_E(8)=T_E=31$

$t_L(7)=\min\{t_L(8)-t(7, 8)\}=\min\{31-5\}=26$

$t_L(6)=\min\{t_L(7)-t(6, 7)\}=\min\{26-5\}=21$

$t_L(5)=\min\{t_L(6)-t(5, 6), t_L(7)-t(5, 7)\}=\min\{21-5, 26-10\}=16$

$t_L(4)=\min\{t_L(5)-t(4, 5)\}=\min\{16-3\}=13$

$t_L(3)=\min\{t_L(4)-t(3, 4), t_L(6)-t(3, 6)\}=\min\{13-6, 21-5\}=7$

$t_L(2)=\min\{t_L(3)-t(2, 3), t_L(4)-t(2, 4), t_L(5)-t(2, 5)\}=\min\{7-3, 13-2, 16-5\}=4$

$t_L(1)=\min\{t_L(2)-t(1, 2)\}=\min\{4-4\}=0$

把计算出的各个事项最迟时间，写在统筹图 10.12 中相应事项的右下方，并用三角框 "△" 标识起来，如图 10.14 所示。

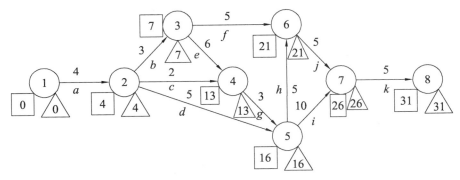

图 10.14

有了事项的最早时间和最迟时间，就可以计算出关于工序的时间参数。

（2）**工序的参数及其计算。**

工序的时间参数包括工序最早可能开工时间、工序最早可能完工时间、工序最迟必须开工时间、工序最迟必须完工时间，其表示方式分别由 Earliest、Latest 的第一个字母和 Start、Finish 的第一个字母组合而成，即有 $t_{ES}(i, j)$、$t_{EF}(i, j)$、$t_{LS}(i, j)$、$t_{LF}(i, j)$。

① 工序最早可能开工时间 $t_{ES}(i, j)$。

任何一道工序都必须在它的所有紧前工序都结束以后才能开工，这个开工的时间称为工序最早可能开工时间。实际上，工序(i, j)的最早可能开工时间就等于事项 i 的最早时间，即有 $t_{ES}(i, j)=t_E(i)$。

② 工序最早可能完工时间 $t_{EF}(i, j)$。

一道工序的最早可能完工时间，就是该工序最早可能开工时间加上该工序的工序时间，即有 $t_{EF}(i, j)=t_{ES}(i, j)+t(i, j)=t_E(i)+t(i, j)$。

③ 工序最迟必须开工时间 $t_{LS}(i,j)$。

在不影响紧后工序按期开工的前提下，工序最迟必须开工的时间称为工序最迟必须开工时间。实际上，工序(i,j)的最迟必须开工时间可以由事项 j 的最迟时间减去该工序的工序时间，即有 $t_{LS}(i,j)=t_L(j)-t(i,j)$。

④ 工序最迟必须完工时间 $t_{LF}(i,j)$。

在不影响整个工程工期的前提下，工序最迟必须完工的时间，称为工序最迟必须完工时间。实际上，工序(i,j)的最迟必须完工时间就是事项 j 的最迟时间，即有 $t_{LF}(i,j)=t_L(j)$。

特别提示

工序最迟必须完工时间就是工序最迟必须开工时间加上该工序的工序时间，即有 $t_{LF}(i,j)=t_{LS}(i,j)+t(i,j)$；

工序最迟必须开工时间也是工序最迟必须完工时间减去工序的工序时间，即有 $t_{LS}(i,j)=t_{LF}(i,j)-t(i,j)$。

（3）时差。

基于以上的时间参数，还可以给出时差的概念：

① 工序总时差。

在不影响工程最早完工期的前提下，工序完工期可以推迟的时间称为**工序总时差**，用 $R(i,j)$ 表示，其计算公式为

$$R(i,j)=t_{LF}(i,j)-t_{EF}(i,j)=t_{LS}(i,j)-t_{ES}(i,j)=t_L(j)-t_E(i)-t(i,j)$$

工序总时差是以不影响整个工程的工期为前提的。如果工序(i,j)的总时差 $R(i,j)>0$，说明该工序从最早可能开工到最迟必须完工这段时间内，除了完成本工序的工序时间外，还有一段机动的时间，也就是说，该工序的开工时间可以适当调整。但是如果总时差 $R(i,j)=0$，说明该工序的最早可能开工时间与最迟必须开工时间是相等的，同时最早可能完工时间、最迟必须完工时间也是相等的，即有 $t_{ES}(i,j)=t_{LS}(i,j)$，$t_{EF}(i,j)=t_{LF}(i,j)$，这种情况说明该工序没有机动时间，这样的工序就是关键工序，或者说，关键路线上的关键工序的总时差均为 0。

② 工序单时差。

在不影响紧后工序最早可能开工时间的前提下，工序最早可能完工时间可以推迟的时间量称为**工序单时差**，用 $r(i,j)$ 表示，其计算公式为

$$r(i,j)=t_E(j)-t_E(i)-t(i,j)$$

③ 基于时差的相关性质。

根据工序总时差、工序单时差的定义和计算公式，可以得出以下性质：

- 关键工序的总时差一定为 0，总时差为 0 的工序一定是关键工序；非关键工序的总时差一定不为 0，总时差不为 0 的工序一定是非关键工序。

- 关键工序的单时差一定为 0，但单时差为 0 的工序不一定是关键工序，也就是说，非关键工序的单时差也可能为 0。

- 关键工序的总时差和单时差均为 0，反之，总时差和单时差都为 0 的工序一定是关键工序。

- 基于总时差公式及关键工序总时差一定为 0 的结论，可以推出，在关键线路上，每一个事项的最早时间和最迟时间是相等的。

- 针对关键工序，开工的时间和完工的时间既不能提前也不能推迟，所以关键线路上各道工序的总时差必须保持为 0。

- 在工程管理中，可以利用非关键工序的时差来协助关键工序，这样可以使整个工程提前完工。

2. 关键路线的确定

由上述可知，关键路线的确定可以从两个方面进行：

（1）从标有事项最早时间和最迟时间的统筹图上确定关键路线。

根据事项最早时间的推算公式可知 $t_E(j) = t_E(i) + t(i, j)$，那么总时差 $R(i, j)$ 就有更简洁的公式

$$R(i, j) = t_L(j) - [t_E(i) + t(i, j)] = t_L(j) - t_E(j)$$

这个公式说明，工序 (i, j) 的总时差 $R(i, j)$ 即为该工序的完工事项 j 的最迟时间减去它的最早时间；同时又根据时差的相关性质可知，关键工序总时差一定为 0，因此关键路线上每一个事项的最早时间和最迟时间是相等的，就可以通过寻找事项的最早时间和最迟时间相等的那些事项来确定关键路线。

这种方法能快速地确定关键路线，但只能是确定出关键路线而已，因为没有计算其他的参数，也就无法掌握其他的相关信息，同时也不利于对相应的工序和整个工程进行管理和控制。

（2）通过寻找总时差为零的工序形成的路确定关键路线。

根据给出的统筹图及其工序时间，可以计算出事项的最早时间和最迟时间，由此可以计算出工序的参数，同时也能计算出工序的总时差 $R(i, j)$ 及工序单时差 $r(i, j)$，再根据时差的相关性质，就可以通过寻找总时差为零的工序形成的路来确定关键路线。

为了便于确定关键路线，一般将相关的信息和参数的计算结果列在一定的表格中，表格的形式如表 10.4 所示：

表 10.4　确定关键路线的参数表

工序	相关事项	$t(i,j)$	$t_{ES}(i,j)$	$t_{EF}(i,j)$	$t_{LS}(i,j)$	$t_{LF}(i,j)$	$R(i,j)$	$r(i,j)$	关键工序

这种方法在只进行关键路线的确定时，相对繁琐一些，但这种方法将所有的相关参数都计算出来，这样就可以利用这些参数的信息进行分析和决策，从而更合理、系统地对相应的工序和整个工程进行管理和控制。

例 10.4　确定统筹图 10.15 的关键路线。

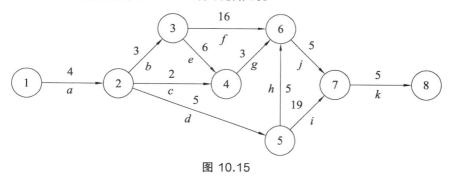

图 10.15

解　（1）从标有事项最早时间和最迟时间的统筹图上确定关键路线。

先计算事项最早时间和最迟时间，然后标在统筹图上，如图 10.16 所示。事项最早时间和最迟时间相等的事项有①、②、③、⑤、⑥、⑦、⑧。可以看出，关键路线有两条，分别为①→②→③→⑥→⑦→⑧和①→②→⑤→⑦→⑧，路长为 33；关键工序是 a、b、d、f、i、j、k，共有的关键工序是 a、k。在图 10.16 中，关键工序用粗实线标出，共有的关键工序用双实线标出。

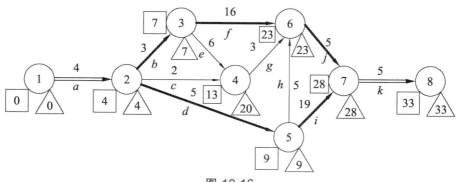

图 10.16

（2）通过寻找总时差为零的工序形成的路确定关键路线。

计算出的事项参数已经标在图 10.16 中，再将计算出的工序参数、总时差、单时差列在表 10.5 中，确定出的关键工序也列在表 10.5 中。

表 10.5　确定例题 10.4 关键路线的参数表

工序	相关事项	$t(i,j)$	$t_{ES}(i,j)$	$t_{EF}(i,j)$	$t_{LS}(i,j)$	$t_{LF}(i,j)$	$R(i,j)$	$r(i,j)$	关键工序
a	1, 2	4	0	4	0	4	0	0	是
b	2, 3	3	4	7	4	7	0	0	是
c	2, 4	2	4	6	18	20	14	7	否
d	2, 5	5	4	9	4	9	0	0	是
e	3, 4	6	7	13	14	20	7	0	否
f	3, 6	16	7	23	7	23	0	0	是
g	4, 6	3	13	16	20	23	7	7	否
h	5, 6	5	9	14	18	23	9	9	否
i	5, 7	19	9	28	9	28	0	0	是
j	6, 7	5	23	28	23	28	0	0	是
k	7, 8	5	28	33	28	33	0	0	是
路长	—	—	—	33	—	33	—	—	—

特别提示

需要说明的是，工序时间 $t(i,j)$、总时差 $R(i,j)$ 以及工序单时差 $r(i,j)$ 表示的是时间，而其他的时间参数表示的是时间点，即时刻。

10.4　最少工程费方案的制订

在前面的章节中，通过时间参数的方法，求出了统筹图的关键工序和关键路线，目的是保证工程按期或提前完成。而这个思路是只考虑时间而制定工程计划，即针对一项工程只考虑工期进度最优。但在制定工程计划时，不仅要把时间进度最优作为目标，有时还要考虑其他的目标最优。

编制统筹图计划的目标大体上有：

（1）在费用限制下完工时间最少；

（2）在完工时间限制下费用最少；

（3）完工时间及费用均最少。

针对一项工程，采取一定的组织措施，安排合理、调度得当就可以保证工程按期完成。如果为了使特定的工序或整个工程提前完成，就需要通过改进技术或改善管理等措施，来缩短相应的工序时间。这些措施和方法主要有：

（1）利用非关键工序的人力、物力和财力，去协助关键工序，通过这样的协作缩短关键工序的作业时间。

（2）可以调整统筹图的网络结构，改变工序之间的关联关系。

（3）作业方式上采用平行作业或交叉作业的方法，以缩短工期。

（4）优先给关键工序提供所需的条件。

（5）缩短最经济的关键工序。

为了使特定工序或整个工程提前完成，需要采取一定的措施和手段，而这些都可能增加一定的费用。如果提前完成产生的收益超过所增加的费用，采取的措施和手段还是划算的，尽管如此，还需要考虑哪些工序需要采取措施缩短工时、工时又缩短多少。

这一节将针对工程费用和时间一起考虑时，制定最少工程费用的方案。

任何一项工程的总费用基本是由直接费用和间接费用两大类组成。

直接费用是与完成工序有直接关系的费用，如人力、机械、原材料等费用。在一定条件和一定范围内，工序的作业时间越短，直接费用就越多，所以缩短工序的作业时间，会增加直接费用。

间接费用是指完成工序所产生的管理费、设备租金等等。间接费用是根据各道工序的工序时间来分配的，由此可知，工序时间越少，间接费用就越低，反之，工序时间越多，间接费用就越高。因此缩短工序的作业时间，加快工程进度，可以节省管理费、设备租金等间接费用。

工程费用与完工时间之间的关系，可用图 10.17 描绘。缩短工期的最低限度称为**最短工期**，即赶工时间。从图 10.17 中可以看出，在正常工期和最短工期之间，存在一个最优的工期，此时总费用最少，那么目标就是要找出总费用最少和最优的工期，即最低成本工期。从关键路线入手，找出总费用最少的最优工期就是关键路线法(CPM)。

一般来说，间接费用与工期近似呈正比关系，而直接费用与工期的关系则是一种反比关系，但这种关系只在一定范围内存在。为了方便起见，可以近似假设直接费用与工期也呈线性关系，如图 10.18 所示。

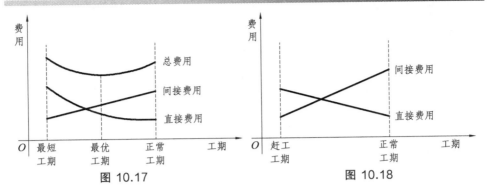

图 10.17   图 10.18

设工序 k 每赶工一天所需要增加的费用为 $w(k)$，则其费用斜率的计算公式为

$$w(k) = \frac{w_t - w}{n - n_t}$$

式中，$w(k)$ 为费用斜率，w_t 为赶工所需费用，w 为正常完工所需费用，n 为正常完工所需时间，n_t 为赶工时间。

显然，费用斜率越大的工序，每缩短一单位的时间，所花的费用就会越高。在考虑缩短工程的工期时，当然是要缩短关键工序中的某一道或几道工序的工序时间，而究竟选择缩短哪道工序的工序时间，要以总费用最省为原则，所以应当选择关键工序中费用斜率最低的那道工序，从而使总费用最少。

正常完工时，总费用是直接费用与间接费用的总和，即

$$W = U + V$$

式中，W 为总费用，U 为直接费用，V 为间接费用。

赶工完工时，总费用变为

$$W = U + (w_t - w) + V$$

式中，W 为总费用，U 为直接费用，$(w_t - w)$ 为赶工增加的费用，V 为间接费用。

下列通过一个例题，对最少工程费用方案的制订问题加以说明。

例 10.5 根据某项工程的有关资料，分析出的有关工序信息、相应的费用、时间以及费用斜率见表 10.6，试制定该工程最少工程费用的计划方案。

表 10.6　例题 10.5 相关数据表

工序	紧前工序	正常时间完工（天）	正常完工直接费用（百元）	赶工时间完工（天）	费用斜率（百元/天）
a	—	10	30	7	4
b	—	5	10	4	2
c	b	3	15	2	2
d	a, c	4	20	3	3
e	a, c	5	25	3	3
f	d	6	32	3	5
g	e	5	8	2	1
h	f, g	5	9	4	4
直接费用合计			149（百元）		
间接费用			5（百元/天）		

解　根据表 10.6，绘制统筹图并计算事项参数，结果如图 10.19 所示。

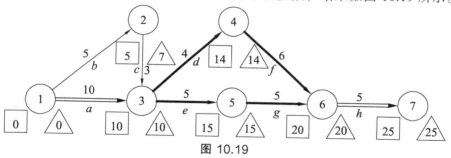

图 10.19

可知关键路线的路长为 25，即按正常时间完工的工期是 25 天，所需要的总费用 $W=14\,900+500\times25=27\,400$ 元。

如果使工程工期最短，可先将所有工序的工序时间都压缩到赶工时的完工时间，统筹图如图 10.20 所示。

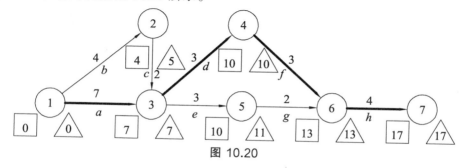

图 10.20

可知赶工的关键路线的路长为 17，即赶工时的完工工期是 17 天，此时赶工增加的费用 $(w_t - w)$ 为 $3×400+1×200+1×200+1×300+2×300+3×500+3×100+1×400=4\,700$ 元，那么所需要的总费用 $W=U+(w_t-w)+V=14\,900+\,4\,700+500×17=28\,100$ 元。

赶工节省了 8 天，但总费用也很高，这就需要寻找更优一点的方案。

下面分析如果按照正常时间完工，最少工程费用方案如何确定。由图 10.19 可以看出，在按正常时间完工的统筹图中，有两条关键路线，第一条是 a、d、f、h，第二条是 a、e、g、h，其中工序 a、h 为两条关键路线所共有。另外，两条关键路线在事项 3 和事项 6 之间有并联的关键工序，如果要缩短工期，就需要缩短关键工序的时间，所以在上述有两条关键路线的情况下，首先考虑缩短共有的关键工序。

在此先考虑缩短关键工序 h。工序 h 每缩短 1 天，就增加费用 400 元，但节省的间接费用为 500 元，所以会有 100 元的净节省费用。因此，可以把工序 h 压缩到赶工时间的最低限度 4 天，那么总费用变为 $W=27\,400-100=27\,300$ 元。

现在再考虑缩短关键工序 a。与压缩工序 h 一样，每压缩 1 天，同样有 100 元的净节省费用，但此时需注意，工序 a 不能压缩到赶工时间的最低限度 7 天。因为当工序 a 压缩 2 天时，工序时间就变为 8 天，如果再压缩，原来的非关键路线就变成了关键路线，这样工序 b 和工序 c 就变成了关键工序。在事项 1 和事项 3 之间，也出现了并联的关键工序，所以若继续单独压缩工序 a，已经不能缩短整个工程的工期，因此，只能把工序 a 的工序时间压缩到 8 天，所需要的总费用变为 $W=27\,300-(100×2)=27\,100$ 元。

现在，还需要继续压缩工期。在还可以压缩的关键工序中，可以进行如下考虑：

如果将工序 a 和工序 b 各缩短 1 天，虽然可以达到缩短工期的要求，但使费用增加 600 元，大于间接费用节省的 500 元，总费用反而增加，这样就不符合要求。同理，同时压缩工序 a 和工序 c，总费用也会增加。

再来考虑事项 3 和事项 6 之间的各关键工序 d、e、f 和 g。根据它们之间的并联情况，要想缩短工程的工期，必须在工序 d、f 中和工序 e、g 中各压缩一道工序的时间，这样，就会出现下列 4 种可能的组合，如表 10.7 所示。

表 10.7　压缩工序的 4 种可能组合

工序	每赶一天进度增加的费用(百元)	间接费用减少(百元)	总费用净变化(百元)
d 和 e	3+3=6	5	+1
d 和 g	3+1=4	5	−1
f 和 e	5+3=8	5	+3
f 和 g	5+1=6	5	+1

从表 10.7 中可见，除了压缩工序 d 和 g 的组合能使总费用减少外，如果压缩其他三组，均会使总费用增加，因此，将工序 d 和工序 g 各压缩 1 天，所需要的总费用变为 W=27 100−100=27 000 元，由于工序 d 的限制，不能再进一步压缩了。

综合起来，此例题的最少工程费计划方案，应该按照下列方式进行：

将工序 a 压缩为 8 天，将工序 d 压缩为 3 天，将工序 g 压缩为 4 天，将工序 h 压缩为 4 天，其他工序 b、c、e 和 f 仍按照正常时间进行，这样得到工程的工期为 21 天，总费用为 27000 元，其最终的统筹图如图 10.21 所示。

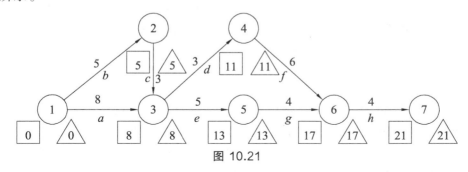

图 10.21

以上所介绍的这种找最少工程费用方案的方法，其实是全枚举法。这种方法只适用小型工程项目，而对于庞大的工程项目，就会包含许多并联的关键工序，而每一条路线又含有大量的工序，如果再利用全枚举法，就需要检查并联线路中一切可能的工序组合，这样做会使工作量很庞大。例如，有两条关键路线，其中并联部分各有 20 道工序，那么必须将 400 种工序组合逐个进行检查，所以，针对大型工程，需要采用数学规划等其他方法。

还需要指出的是，在编制工程进度计划时，除考虑时间和费用以外，有时还需要考虑合理安排人力、物力等有限的资源。尤其在资源较为紧张时，要合理调配，以保证急需的关键工序正常进行，必要时甚至要适当推迟工程的完工时间。这些都需要计划人员或工程管理人员等进行宏观控制，根据实际情况灵活掌握。

特别提示

从已了解的统筹方法可知，统筹图优化的思路、方法、分析等贯穿于统筹图的绘制、调整以及执行的全过程。

10.5 非确定型统筹问题

前面介绍的统筹问题，都是根据给出的详细资料，如劳动分配资料、投资资料等等，得出明确的工序一览表，从而绘制统筹图，再基于统筹图来解决问题。也就是说，到目前为止，统筹图中各工序的工序时间，是根据已有的资料，或者对以往的历史数据进行分析，最终确定的已知数，即统筹图中所考虑的工序时间都是确定的，把这类问题称为**确定型统筹问题**。针对现有的工程项目，如果由于资料不完备等原因，可能会造成工序时间不确定；针对一个未来的项目，许多工序的时间没有什么可供参考的资料，这时工序时间也就不能是确定的已知数；另外，在实际的工程项目中，各道工序的实际劳动生产率常常是一个变动的量，它要受人力、物力、财力等各种因素的影响，因此每道工序的工序时间都会出现随机性，这时就产生了不确定性问题，把这类问题称为**非确定型统筹问题**。

为了编制进度计划和绘制统筹图，需要把非确定型统筹问题转化为确定型统筹问题，这样就用前面所讲的方法来编制工程进度计划和绘制统筹图，即所谓的计划评审技术(PERT)。计划评审技术(PERT)和关键路线法(CPM)都是工程计划编制和管理的有效工具，所不同的是处理方式和解题技巧有所差别。

用计划评审技术(PERT)解决非确定型统筹问题，首先必须确定全部工序的工序时间。对于非确定型问题的工序时间，需要相关的技术人员、管理者等估计**最可能时间**、**乐观时间**和**悲观时间**。

所谓最可能时间，就是在正常情况下，完成该工序所需要的时间，一般用 m 表示；所谓乐观时间，就是在一切都顺利的情况下，完成该工序所需要的最短时间，一般用 a 表示；所谓悲观时间，就是在最坏的情况下，完成该工序所需要的最长时间，一般用 b 表示，但悲观时间的估计，不考虑像地震、火灾、洪水、战争或其他非常少见的大灾等特殊情况。上面这种方法称为"**三时估计法**"。

在 PERT 方法中，对工序时间的"三时估计法"，就是将上述三种时间的

加权平均数作为完成该工序时所需的估计时间，用 $t_e(i,j)$ 表示，计算公式为

$$t_e(i,j) = \frac{a+4m+b}{6}$$

针对某项工程，如果对各道工序作了三时估计，将估计值 $t_e(i,j)$ 作为期望值，当做实际的工序时间看待，可绘出统筹图，这样就可以把非确定型统筹问题当做确定型统筹问题来处理，从而找出关键路线。

由于工序时间的不确定性，使工序时间成为一个随机变量，不过乐观时间 a 和悲观时间 b 这两个估计值发生的概率较小，而最可能时间 m 发生的概率较大。可以设想，工序时间这个随机变量服从一个单峰分布，也有许多人认为，工序时间是服从单峰点在 m、端点在 a 和 b 之间的 β 分布，如图 10.22 所示。在图 10.22 中，$t_e(i,j)$ 即为工序时间的估计值，其实也为期望的近似值。设端点 a、b 均在距离期望值的 6 个标准差 $\sigma(i,j)$ 之内，即有 $6\sigma(i,j)=b-a$，因此工序 (i,j) 的工序时间的方差可以近似为

$$\sigma^2(i,j) = \left(\frac{b-a}{6}\right)^2$$

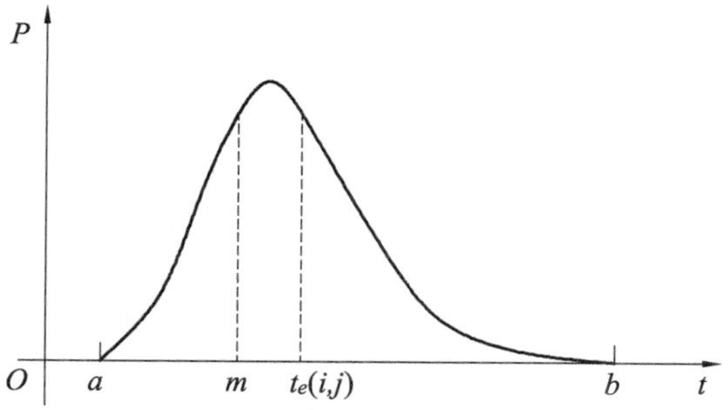

图 10.22

在关键路线法 (CPM) 中，整个工程的完工期 T_E 是由关键路线中所有关键工序的工序时间之和得出的，但这里的工序时间都是随机变量，因此工程完工期 T_E 也是随机变量，也存在期望值 $E(T_E)$ 与方差 $D(T_E)$。

因为定义的工序是相互独立的，所以工程完工期 T_E 的期望值 $E(T_E)$ 就等于关键路线中所有关键工序的工序时间的期望值总和，整个工程的完工期 T_E 的方差就等于关键路线中所有关键工序的工序时间的方差总和，即有

$$E(T_E) = \sum_{(i,j)\in E(P)} t_e(i,j), \quad D(T_E) = \sum_{(i,j)\in E(P)} \sigma^2(i,j), \quad （P \text{ 为关键路线}）$$

其实，事项的最早时间 $t_E(j)$ 也是一个随机变量，同样也有方差和标准差。为了方便计算，在统筹图的标识上，和确定型统筹问题不同，即把确定型统

筹图中的工序时间，用 $t_e(i,j)$ 和 $\sigma^2(i,j)$ 的分数形式标识，分子表示 $t_e(i,j)$，分母表示 $\sigma^2(i,j)$。另外，把确定型统筹图中方框 "□" 内的事项最早时间的标识，用期望的事项最早时间 $Et_E(j)$ 和方差 $D(j)$ 以分子分母的形式替代。事项最迟时间 $t_L(j)$ 的标识不变，即仍标识在节点右下角的三角框内，如图 10.23 所示。

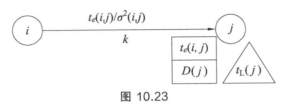

图 10.23

针对非确定型统筹问题，当关键路线不止一条时，取其中方差最大的作为关键路线。那么现在的问题就是，在求得的期望完工期内，整个工程完成的可能性即完成的概率究竟有多大，根据中心极限定理，大量的随机变量相加而成的随机变量服从正态分布。而针对非确定型统筹问题，整个工程的完工时间是由关键路线中各道关键工序的期望完成时间相加而成，而工序的期望完成时间又是相互独立的随机变量，因此当工

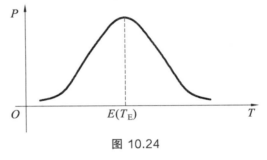

图 10.24

序足够多时，工程完工期 T_E 近似地服从均值为 $E(T_E)$ 和方差为 $D(T_E)$ 的正态分布，如图 10.24 所示。

由概率论知识可知，工程在期望完工期内完工的概率可由概率分布曲线下的面积积分求得，所以可利用标准正态分布的数值表查找；对于服从非标准正态分布的随机变量，标准化后，可利用标准正态分布的数值表求算，因为完工期 T_E 是服从非标准正态分布的，所以需要标准化，设新的随机变量为 X，则

$$X = \frac{T_E - E(T_E)}{\sigma(T_E)}$$

X 服从标准正态分布，即 $X \sim N(0,1)$，则有

$$P(T_E \leqslant t_e) = P\left(X \leqslant \frac{t_e - E(T_E)}{\sigma(T_E)} \right)，（ t_e 为要求的完工工期 ）$$

这样就可以根据规定的工期和标准正态分布表，计算出整个工程在要求的完工工期内完成的概率。

需要指出的是，计划评审技术(PERT)中的工序完成时间是随机变量，即在工程实施过程中，工序完成时间有可能出现各种不同的值，那么统筹图的关键路线也会随之发生变化。因此，工程技术人员和管理人员等需要随着工程的进展，根据实际完工的情况，不断的调整或更新统筹图的网络计划，从而使整个工程始终不偏离最有效地利用各种资源、使工程总费用最低的预定的目标。

下列通过一个例题，对非确定型统筹问题进行具体的说明。

例 10.6 某项工程的工序关系以及三时估计值如表 10.8 所示。

（1）试求该工程的 $E(T_E)$、$D(T_E)$ 和标准差 $\sigma(T_E)$。

（2）如果该工程的完工期 T_E 服从正态分布，那么要求该工程在 49 天之内完成的概率是多少？

（3）如果该工程的完工期 T_E 服从正态分布，那么要求该工程在 44 天之内完成的概率是多少？

表 10.8 例题 10.6 的数据表

工序	紧前工序	三种时间估计			平均时间 $t_e(i,j)$	方差 $\sigma^2(i,j)$
		a	m	b		
a	—	5	10	13	9.67	1.78
b	—	10	12	14	12	0.44
c	a	5	5	5	5	0
d	a	4	7	8	6.67	0.44
e	a	9	15	20	14.83	3.36
f	b, c	10	11	12	11	0.11
g	b, c	3	7	10	6.83	1.36
h	d, f	8	10	14	10.33	1
i	d, f	18	21	25	21.17	1.36
j	g, h	6	9	11	8.83	0.69

解 利用前面的相关公式，计算出工序时间的估计值 $t_e(i,j)$ 及工序时间的方差 $\sigma^2(i,j)$，并列于表 10.8 的右边。根据表 10.8，绘制统筹图，并计算事项参数，如图 10.25 所示。

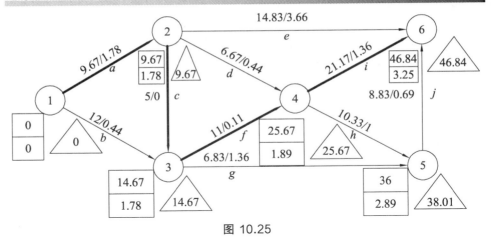

图 10.25

（1）根据计算出的时间参数，确定的关键工序是 a、c、f、i，由关键工序的工序时间的期望值，求出工程完工期的期望值：

$$E(T_E)=t_e(1,\ 2)+t_e(2,\ 3)+t_e(3,\ 4)+t_e(4,\ 6)=9.67+5+11+21.17=46.84(天)$$

工程完工期的方差为

$$D(T_E)=\sigma^2(1,\ 2)+\sigma^2(2,\ 3)+\sigma^2(3,\ 4)+\sigma^2(4,\ 6)=1.78+0+0.11+1.36=3.25$$

工程完工期的标准差为

$$\sigma(T_E)=\sqrt{D(T_E)}=\sqrt{3.25}=1.80$$

（2）如果此工程的完工期 T_E 服从正态分布，则由上面的概率公式得

$$P(T_E\leqslant 49)=P\left(X\leqslant\frac{t_e-E(T_E)}{\sigma(T_E)}\right)=P\left(X\leqslant\frac{49-46.84}{1.8}\right)=P(X\leqslant 1.2)$$

根据标准正态分布表 $P(T_E\leqslant 1.2)=0.88$，可知此工程在 49 天之内完成的概率是 88%。

（3）再由上面的概率公式得

$$P(T_E\leqslant 44)=P\left(X\leqslant\frac{44-46.84}{1.8}\right)=P(X\leqslant -1.58)=0.06$$

即此工程在 44 天之内完成的概率是 6%，说明在 44 天内完工的可能性很小。

本章小结

本章首先介绍了统筹图的概念以及统筹图的绘制规则，然后给出了关键路线的相关知识。在此基础上，介绍了如何用时间参数法确定关键路线，同时也介绍了制定最少工程费方案的统筹方法。另外，针对非确定型统筹问题也作了一定的介绍。

本章要点

统筹图的概念；统筹图的绘制规则；关键路线的相关知识。

本章重点

事项的时间参数；工序的时间参数；时间参数法。

本章难点

最少工程费方案的制订；非确定型统筹问题。

本章术语

关键路线法；计划评审技术；统筹方法；统筹图；工序；工序流程图；工序时间；紧前工序；紧后工序；事项；开工事项；完工事项；始点事项；终点事项；平行作业；交叉作业；路；路长；关键路线；主要矛盾线；关键工序；非关键工序；事项最早时间；事项最迟时间；工序最早可能开工时间；工序最早可能完工时间；工序最迟必须开工时间；工序最迟必须完工时间；工序总时差；工序单时差；直接费用；间接费用；确定型统筹问题；非确定型统筹问题；最可能时间；乐观时间；悲观时间；三时估计法。

习　　题

1. 找出统筹图 10.26、10.27 画法上的错误，并将其改正。

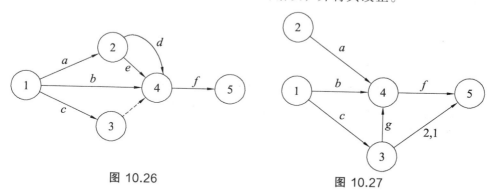

图 10.26　　　　　　　　　　　图 10.27

2. 某工程的工序一览表如表 10.9 所示，试绘制统筹图。

表 10.9

工序	紧前工序	工序	紧前工序	工序	紧前工序
a	—	c	—	e	c
b	a	d	a, c	f	b, d, e

3. 某工序一览表如表 10.10 所示：

表 10.10　工序一览表

工序代号	紧前工序	工序时间(天)
a	—	3
b	—	1
c	a	4
d	a, b	2
e	c, d	5

（1）绘制统筹图并确定关键路线、关键工序及总工期。

（2）假设使工序 c 的工序时间减少了 1 天，是否对工程总工期有影响？为什么？

（3）使工序 b 的工序时间延长了 2 天，是否对工程总工期有影响？为什么？

（4）使工序 b 的工序时间延长 2 天，工序 d 的工序时间延长 3 天，是否对工程总工期有影响？为什么？

（5）因为进度的需要，要求整个工程的工期缩短 4 天，表 10.11 给出了各个工序的赶工代价，请利用线性规划的知识，建立赶工代价最低的缩短工程工期的线性规划模型。

表 10.11　赶工代价表

工序	a	b	c	d	e	f
赶工代价	3	1	4	8	3	0

4. 某工程的统筹图如图 10.28 所示，请按照时间参数法在统筹图中标出参数，把计算出的相关信息填入表 10.12 中，并确定关键路线及工程的总工期。

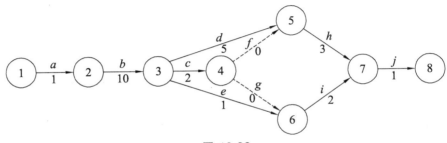

图 10.28

表 10.12

工序	相关事项	$t(i,j)$	$t_{ES}(i,j)$	$t_{EF}(i,j)$	$t_{LS}(i,j)$	$t_{LF}(i,j)$	$R(i,j)$	$r(i,j)$	关键工序
a	1, 2	1							
b	2, 3	10							
c	3, 4	2							
d	3, 5	5							
e	3, 6	1							
f	4, 5	0							
g	4, 6	0							
h	5, 7	3							
i	6, 7	2							
j	7, 8	1							
路 长	—	—	—	—	—	—	—	—	—

5. 已知某工程的工序及费用等相关的信息资料如表 10.13 所示：

表 10.13

工序	紧前工序	工序时间(天)	正常完工直接费用(百元)	赶工费用(百元/天)
a	—	4	20	5
b	—	8	30	4
c	b	6	15	3
d	a	3	5	2
e	a	5	18	4
f	a	7	40	7
g	b, d	4	10	3
h	e, f, g	3	15	6
工程间接费用	5(百元/天)			

（1）绘制统筹图并确定关键路线、关键工序及总工期。

（2）制定该工程的最少工程费用的计划方案。

6. 表 10.14 列出了某工程工序之间的关联关系，同时也给出了各个工序的乐观时间 a、悲观时间 b、最可能时间 m 的数值。求工序的平均时间及方

331

差，并求 29 周完工的概率。

表 10.14

工序	紧前工序	三种时间估计（周）			平均时间 $t_e(i,j)$	方差 $\sigma^2(i,j)$
		a	m	b		
a	—	7	9	8		
b	—	5	8	7		
c	a	6	12	9		
d	b	4	4	4		
e	b	7	10	8		
f	b	10	19	13		
g	d	3	6	4		
h	e, g	4	7	5		
i	e, g	7	11	9		
j	c, f, h	3	8	4		

第 11 章　排队论

　　排队现象在日常生活中随处可见，如到医院看病、到售票处买票、到商场购物等。形成排队的不一定是人，也可以是物、信息等，例如，等待加工组装的零件、等待装卸的车辆船只、等待处理的信息流等。为了通用方便，排队者无论是人还是物，统称为"**顾客**"。提供服务的一方可以是人，也可以是物，例如，为等待装卸的车辆船只提供服务的可能是装卸设备，为等待处理的信息流提供服务的可能是计算机或其他电子设备，同样为了通用方便，提供服务的服务者无论是人还是物，统称为"**服务员**"。

　　另外，出现在各个领域的排队现象，有的是有形排队，如购票排队、物流排队、车流排队等，也有的是无形排队，如信息排队、电流排队等。

　　排队现象是我们不希望出现的现象，因为人的排队，至少意味着时间资源的浪费，物的排队则意味着物资的积压，但是排队现象却是无法完全消除的。

　　下面通过一个例子来初步了解排队现象。

　　假定乘客以每隔 6 min 的固定时间间隔到火车站售票厅购票，售票员的售票时间为固定的 4 min，乘客一到售票员立即为其售票。这不难看出，售票员在为一个乘客售票后，有 2 min 的空闲时间，然后再为下一个乘客售票，如此循环的工作下去。在这种情况下，是不会出现购票排队现象的，此时售票员的时间利用率为 2/3，空闲率为 1/3。如果假定乘客到达的时间间隔减少到 5 min，那么售票员的时间利用率为 5/6，空闲率为 1/6，此时也不会出现排队。如果再假定乘客到达的时间间隔减少到 4 min，尽管售票员的时间利用率达到了 1，但也不会有排队现象产生。

　　如果乘客到达的时间间隔和售票员的售票时间不是固定的，而是随机的，看一下会出现什么现象。

　　假定乘客到达的平均时间间隔仍然是 6 min，即乘客到达的时间间隔是随机的，售票员售票的时间仍然为固定的 4 min，由于到达是随机的，如果出现连续两个乘客的到达间隔小于 4 min，就一定会产生排队现象。过了一段时间后，如果乘客到达的时间间隔变大，超过 4 min，因为乘客到达的平均间隔时间是 6 min，排队的队伍就会缩短，甚至可能消除，但以后又有可能发生排队现象。再假定乘客到达的时间间隔为固定的 6 min，而售票员售票的平均时间为 4 min，即售票员售票的时间是随机的，如果售票员对某一乘客售票的时间超过了 6 min，必然会产生排队现象。另外，如果乘客的到达时间间隔和售票员售票时间都是随机的，也会产生排队，而且排队会更严重一些。

另外需要说明的是，在乘客到达的时间间隔和售票员售票的时间都是固定的情况下，如果前者大于后者，就不可能出现排队现象；如果后者大于前者，尽管初期会有排队现象，但随着排队队伍的越来越长，会出现"爆炸"现象，严格来说不能称为排队。

由此可以得出，排队现象产生的原因，主要是因为顾客的到达时间存在随机性，或者是服务员的服务时间存在随机性，也可能是二者同时存在随机性。

如果增加系统的服务设施，就需要增加投资，这样有可能出现空闲浪费的现象，但是如果系统的服务设施过少，会加重排队的代价，给顾客等带来不良后果，所以研究排队问题就是在这两者之间找出最优的平衡点。

排队论（Queueing Theory）也称为**随机服务系统理论**，是 1909 年由丹麦工程师爱尔朗（A. K. Erlang）在研究电话系统时创立的。在一百多年来，排队论的应用越来越广泛，理论也日渐完善，特别自 20 世纪 60 年代以来，由于计算机的飞速发展，更为排队论的应用开拓了宽阔的前景。

排队论主要是在研究到达随机规律性和服务随机规律性的情况下，研究排队现象的规律性，其目的是运用排队理论对实际排队系统进行设计或进行最优决策。

11.1 排队论相关知识

顾客由顾客源（或称为顾客总体）出发，到达有服务台或服务员的服务机构前接受服务，若不能立即得到服务就加入到排队等待的队列，获得服务后立刻离开系统。图 11.1 就是排队系统的一般过程。

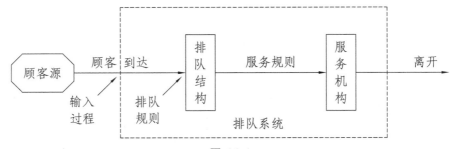

图 11.1

在图 11.1 中，排队结构指排队的数目和排队的队列形式；排队规则和服务规则指顾客以什么样的规则和顺序接受服务。排队论所指的排队系统是指虚线所包含的部分。

11.1.1　排队系统的组成和特征

实际的排队系统千差万别，一般的排队系统分为三个基本组成部分：**输入过程**、**排队规则**和**服务机构**。为了对排队系统有深入的了解，有必要按照排队系统的几个组成对其主要特征加以说明。

1. 输入过程

输入指顾客到达排队系统，输入过程是指顾客以什么样的形态到达排队系统。输入和输入过程的特征主要有：

（1）顾客或来自有限的总体（顾客源），或来自无限的总体（顾客源）。

（2）顾客的到达或者独立于其他任何因素，或者和某些因素（如系统的队列长度、运行时间等）有关。

（3）顾客或单个到达，或成批到达。

（4）顾客的到达无相互干扰性，即顾客的到达是相互独立的，也就是说，以前的到达状态对以后的顾客到达没有关联性。

（5）顾客到达的时间间隔可以是确定的，也可以是随机的。

（6）输入过程的最基本特征是，顾客到达的时间间隔要么服从这种概率分布，要么服从那种概率分布，总之，顾客到达的时间间隔一定服从某一种概率分布。

实际的输入过程是多种多样的，在本教材中只讨论两种概率分布的输入：指数分布（用 M 表示）和 k 阶爱尔朗分布（用 E_k 表示）。

2. 排队规则

排队规则是指服务员按什么样的顺序为排队的顾客服务。排队规则的特征主要有：

（1）顾客到达时，如果不能立刻得到服务，顾客可以随即离开，也可以排队等待。

（2）排队的队列可以是单列，也可以是多列。

（3）队列所占有的空间可以是有形的具体处所，也可以是无形的抽象空间。

一般的排队规则有：

（1）先到先服务，用 FCFS 表示。

（2）后到先服务，用 LCFS 表示。

（3）随机服务，即选取等待队列中任意一个顾客进行服务，用 SIRO 表示。

（4）优先服务，即对有较高优先权的顾客提前服务，用 PR 表示。

在后面的章节中会知道，一般而言，采用不同的排队规则，并不影响排队系统的一些主要描述指标，如系统平均顾客数、顾客在系统的平均停留时间等，但是会对顾客停留时间的方差有影响，先到先服务原则将使这个方差达到最小。另外，针对优先服务的情况，有不同优先权的顾客，在系统中的平均停留时间是有差别的。

3. 服务机构

从机构的形式及服务的情况来看，服务机构的特征主要有：

（1）服务员数目。

（2）有多个服务员时，服务员是串联服务还是并联服务，或者是混合服务。

（3）服务员对单个顾客进行服务，还是对成批顾客进行服务。

（4）服务员的服务时间可以是确定的，也可以是随机的。

（5）服务时间一定服从某一种概率分布。

在以上的特征中，最主要的是服务员的数目和服务时间的分布。

排队模型所涉及的服务时间是多种多样的，在本教材中只讨论以下服务时间的分布：

（1）定长分布，用 D 表示。

（2）指数分布，用 M 表示。

（3）k 阶爱尔朗分布，用 E_k 表示。

（4）一般分布，用 G 表示。

特别提示

针对顾客的到达时间间隔以及服务员的服务时间，如果二者都是固定的，则不属于排队论范畴，在排队论的研究中，二者至少应该有一个是随机的。

11.1.2 排队系统的模型表示及符号定义

1. 排队系统的模型表示

根据上述排队系统的特征，会出现许许多多的组合，从而形成不同的排队模型，这就需要排队系统有模型的表示方法。

为了简明地表示排队系统的主要特征，国际通用的排队系统模型表示方式是：

$$(A/B/C):(d/e/f)$$

式中，A 为顾客到达时间间隔的概率分布；B 为服务员服务时间的概率分布；C 为服务员数，或服务通道数；d 为排队系统的容量，即系统允许的最多顾客数；e 为顾客来源总体的数目；f 为服务规则。

例如，（M/M/1):(∞/∞/FCFS）排队模型表示的是，顾客到达时间间隔和服务员服务时间都服从指数分布；该系统有一个服务员；系统可以容纳无限多个顾客，即系统容量是无限制的；顾客源即顾客来源的总体数目也是无限多；排队规则即服务的顺序是先到先服务。

另外，有时为了表示方便，如果($d/e/f$)为(∞/∞/FCFS)情况，可全部省去，或者省去后两项，如上述模型可以简写为（M/M/1)的形式，或者 M/M/1/∞ 的形式。

2. 排队系统的符号定义

在讨论排队模型时，需要用一些符号，这些符号的定义如下：

N——系统瞬时的顾客数，也称为**系统状态**，用 $N(t)$ 表示系统在时刻 t 的状态。

λ_n——当系统顾客数为 n 时的顾客**平均到达强度**，也称为**期望到达强度**，用单位时间内到达的顾客数来计算。

μ_n——当系统顾客数为 n 时的服务员**平均服务强度**，也称为**期望服务强度**，用单位时间内服务的顾客数表示。

$P_n(t)$——系统在时刻 t 有 n 个顾客的概率。

C——服务员数目。

衡量排队系统的几个主要运行指标定义如下：

L——系统期望的顾客数，也称为**队长**。

L_q——系统期望排队的顾客数，也称为**排队长**。

W——顾客在系统内**期望的停留时间**。

W_q——顾客在系统内**期望的等待时间**。

解决排队问题，首先要根据相关的统计资料，确定顾客到达时间间隔和服务员服务时间服从哪种分布，然后确定相应的参数值。

以下章节首先介绍基于泊松分布和指数分布的马尔可夫排队模型，然后介绍基于爱尔朗分布的爱尔朗排队模型，最后介绍两个其他的排队模型。

11.2　马尔可夫排队模型

在一个排队系统中，系统状态即系统中顾客数会随着时间的推移而变化。它是一个随机过程，若以 $N(t)$ 表示系统在时刻 t 的状态，那么随机变量组 $\{N(t),$

$t \geqslant 0$}可以表示状态变化这一随机过程。

本节介绍的几个排队系统，其特点是顾客到达时间间隔和服务员的服务时间都服从指数分布，而其状态变化的过程都属于一种特定的随机过程——生灭过程，所以首先要对生灭过程进行分析，在得到输入过程的稳态解以后，再分析泊松分布和指数分布，最后应用到具体的排队模型中去。

11.2.1 随机过程问题

1. 生灭过程

（1）生灭过程定义。

设有某种生物构成的一个群体，最初由 i 个细菌组成，随着时间的推移，由于细菌的增生，一个分裂为两个，也有细菌的死亡，那么经过一段时间之后，细菌的数量就会发生变化。这是一个典型的生灭过程的例子，不少排队过程和这个生灭过程有相仿之处。

设某个系统，具有状态集 $S = \{0,1,2,\cdots,i\}$ 或 $S = \{0,1,2,\cdots\}$，令 $N(t)$ 表示系统在时刻 $t(t \geqslant 0)$ 所处的状态，如果系统的状态随时间 t 变化的过程满足下述条件，则称这一变化过程为**生灭过程**。

设在时刻 t，系统状态处于 n 的情况，在经过足够短的时间 Δt 内：

① 系统状态由 n 转移到 $n+1$ 的概率为 $\lambda_n(\Delta t)$。

② 系统状态由 n 转移到 $n-1$ 的概率为 $\mu_n(\Delta t)$。

③ 系统状态由 n 转移到其他状态，即增加一个以上或减少一个以上，总的概率为可以忽略不计的高阶无穷小 $o(\Delta t)$。

由以上定义可知，如果把状态的变化理解为排队系统顾客的到达和离去，那么在足够短的时间增量 δt 内，只会有一个到达，或者只有一个离去，或者既无到达也无离去。出现既无到达也无离去情况的概率为 $1 - \lambda_n(\Delta t) - \mu_n(\Delta t) - o(\Delta t)$。另外，到达一个或离去一个的概率与 Δt 的长短有关，而和起始时刻 t 无关，即和系统的运行时间无关；到达一个或离去一个的概率还和系统时刻 t 的状态 n 有关，即 λ_n 是 n 的函数，而和以前的状态即状态的演变过程无关。

把过程状态变化的这个特性称为**马尔可夫性质**，把具有生灭过程特征的排队模型称为**马氏过程排队模型**。

下面分两种情况推导系统状态概率分布的微分方程：在时刻 $(t+\Delta t)$ 时状态 $n=0$ 的概率、在时刻 $(t+\Delta t)$ 时状态 $n \neq 0$ 的概率。

① 在时刻 $(t+\Delta t)$ 时状态 $n=0$ 的概率。

时刻 t 的状态和 Δt 时间内发生的事件组合，需要使时刻 $(t+\triangle t)$ 时的状态 $n=0$，即表格 11.1 所列的情况：

表 11.1　时刻 $(t+\Delta t)$ 时状态 $n=0$ 的情况

时刻 t 的状态	概率	Δt 内发生的事件	发生的概率
0	$P_0(t)$	无到达、无离开	$1-\lambda_0(\Delta t)-o(\Delta t)$
1	$P_1(t)$	离开一个	$\mu_1(\Delta t)$
其他	$1-P_0(t)-P_1(t)$	离开一个以上	$o(\Delta t)$

在表 11.1 中，因为 $n=0$ 时 Δt 内不会有顾客离去，所以 $\mu_0(\Delta t)=0$。根据全概率公式有

$$P_0(t+\Delta t)=P_0(t)(1-\lambda_0(\Delta t)-o(\Delta t))+P_1(t)\mu_1(\Delta t)+o(\Delta t) \qquad (11.1)$$

式中，$o(\Delta t)$ 与一个未知概率相乘，得到的仍然是可以略而不计的 $o(\Delta t)$。将式（11.1）两边减去 $P_0(t)$，再除以 Δt，然后取 Δt 趋于 0 的极限，于是有

$$\lim_{\Delta t \to 0}\frac{P_0(t+\Delta t)-P_0(t)}{\Delta t}=\lim_{\Delta t \to 0}\left\{P_0(t)\left[-\lambda_0-\frac{o(\Delta t)}{\Delta t}\right]+P_1(t)\mu_1+\frac{o(\Delta t)}{\Delta t}\right\} \qquad (11.2)$$

显然，式（11.2）定义了 $P_0(t)$ 关于时间的导数，则有

$$\frac{\mathrm{d}P_0(t)}{\mathrm{d}t}=\mu_1 P_1(t)-\lambda_0 P_0(t) \ (n=0) \qquad (11.3)$$

② 在时刻 $(t+\Delta t)$ 时状态 $n \neq 0$ 的概率。

时刻 t 的状态和 Δt 时间内发生的事件组合，需要使时刻 $(t+\triangle t)$ 时的状态 $n \neq 0$，即表格 11.2 所列的情况：

表 11.2　时刻 $(t+\Delta t)$ 时状态 $n \neq 0$ 的情况

时刻 t 的状态	概　率	Δt 内发生的事件	发生的概率
$n-1$	$P_{n-1}(t)$	到达一个	$\lambda_{n-1}(\Delta t)$
$n+1$	$P_{n+1}(t)$	离开一个	$\mu_{n+1}(\Delta t)$
n	$P_n(t)$	无到达、无离开	$1-\lambda_n(\Delta t)-\mu_n(\Delta t)-o(\Delta t)$
其他	$1-P_{n-1}(t)-P_{n+1}(t)-P_n(t)$	到达或离开一个以上	$o(\Delta t)$

同样根据全概率公式有：

$$P_n(t+\Delta t)=P_{n-1}(t)\lambda_{n-1}(\Delta t)+P_{n+1}(t)\mu_{n+1}(\Delta t)+$$
$$P_n(t)(1-\lambda_n(\Delta t)-\mu_n(\Delta t)-o(\Delta t))+o(\Delta t) \qquad (11.4)$$

式中，$o(\Delta t)$与一个未知概率相乘，得到的仍然是可以略而不计的$o(\Delta t)$，将式（11.4）两边减去$P_n(t)$，再除以Δt，然后取Δt趋于 0 的极限，于是有

$$\lim_{\Delta t \to 0} \frac{P_n(t+\Delta t) - P_n(t)}{\Delta t} = \lim_{\Delta t \to 0} \left\{ P_{n-1}(t)\lambda_{n-1} + P_{n+1}(t)\mu_{n+1} + \frac{o(\Delta t)}{\Delta t} + P_n(t)\left[-\lambda_n - \mu_n - \frac{o(\Delta t)}{\Delta t} \right] \right\} \tag{11.5}$$

显然，式（11.5）定义了$P_n(t)$关于时间的导数，则有

$$\frac{\mathrm{d}P_n(t)}{\mathrm{d}t} = \lambda_{n-1}P_{n-1}(t) + \mu_{n+1}P_{n+1}(t) - (\lambda_n + \mu_n)P_n(t) \quad (n > 0) \tag{11.6}$$

（2）生灭过程的稳态解。

根据两个关于时间的导数方程（11.3）和（11.6），可以求出系统初始状态为n、运行时间t以后达到各种状态的概率分布情况，即**瞬态解**。

针对瞬态解的两个方程求解相当复杂，而且也不便于应用，所以需要找出**稳态解**，即系统运行的时间t充分大时所得到的解。此时，系统状态的概率分布已经不再随着时间的变化而变化，基本达到统计上的平衡。也就是说，系统在运行充分长的时间以后，在任意一个时刻，系统状态n的概率为常数。

需要指出的是，虽然在理论上系统需要经过无限长的时间才会进入稳态，但在实际中，一般总是很快就会达到稳态，所以计算系统在稳态下的一些运行指标，如队长L、排队长L_q、顾客期望停留时间W、顾客期望等待时间W_q等，基本能反应系统的正常情况。

既然在稳态状况下概率分布$P_n(t)$与时间t无关，那么$P_n(t)$关于时间的变化率应该等于零，所以对于一切n有$\dfrac{\mathrm{d}P_n(t)}{\mathrm{d}t} = 0$。

因为稳态和时间无关，所以可以将符号简化，用P_n代替$P_n(t)$，于是方程（11.3）和（11.6）变换为

$$\mu_1 P_1 - \lambda_0 P_0 = 0 \tag{11.7}$$

$$\lambda_{n-1}P_{n-1} + \mu_{n+1}P_{n+1} - (\lambda_n + \mu_n)P_n = 0 \quad (n > 0) \tag{11.8}$$

对公式（11.8）进行整理，有

$$\mu_n P_n - \lambda_{n-1}P_{n-1} = \mu_{n+1}P_{n+1} - \lambda_n P_n \quad (n > 0) \tag{11.9}$$

令$g_n = \mu_n P_n - \lambda_{n-1}P_{n-1}$，再结合公式（11.7），即有$g_n = g_{n-1} = \cdots = 0$，其中$n > 0$，所以有：

$$P_n = \frac{\lambda_{n-1}}{\mu_n} P_{n-1} \tag{11.10}$$

从有
$$P_n = \left(\frac{\lambda_{n-1}}{\mu_n}\right)\left(\frac{\lambda_{n-2}}{\mu_{n-1}}\right)\cdots\left(\frac{\lambda_0}{\mu_1}\right)P_0 = \frac{\prod\limits_{i=0}^{n-1}\lambda_i}{\prod\limits_{i=1}^{n}\mu_i} P_0 \tag{11.11}$$

现在把 P_0 的计算式推导出来。当状态为无限集时，有

$$P_0 = 1 - \sum_{n=1}^{\infty} P_n \quad \text{及} \quad \sum_{n=1}^{\infty} P_n = \sum_{n=1}^{\infty} \frac{\prod\limits_{i=0}^{n-1}\lambda_i}{\prod\limits_{i=1}^{n}\mu_i} P_0$$

于是有
$$P_0 = \frac{1}{1 + \sum\limits_{n=1}^{\infty} \frac{\prod\limits_{i=0}^{n-1}\lambda_i}{\prod\limits_{i=1}^{n}\mu_i}} \tag{11.12}$$

当状态集为有限集，即 $S = \{1, 2, \cdots, k\}$ 时，有

$$P_0 = \frac{1}{1 + \sum\limits_{n=1}^{k} \frac{\prod\limits_{i=0}^{n-1}\lambda_i}{\prod\limits_{i=1}^{n}\mu_i}} \tag{11.13}$$

公式（11.11）、（11.12）和（11.13）给出了稳态下系统的概率分布。

2. 泊松分布

对于到达过程的随机性，可以换一个等价方式来表述，即在给定的时间内，系统到达顾客数（随机变量）服从泊松分布。下面对这一问题进行讨论。

用 $N(t)$ 表示系统在时间区间 $[0, t)$ 内到达的顾客数，$P_n(t)$ 表示在时间 t 内到达 n 个顾客的概率，遵从以下三个性质的分布过程称为**泊松分布过程**。

（1）**平稳性**。

在时间 t 内平均到达的顾客数只与时间 t 的长短有关，而与时间的起点无关。

（2）**无后效性**。

在时间 t 内到达 n 个顾客这一事件，与起始时刻以前发生的事件是相互独立、互不关联的。

（3）**普通性**。

在充分小的时间间隔中，最多有一个到达发生，有两个或两个以上到达的概率很小，以至可以忽略。

根据以上性质，可以推导泊松分布的形式。这里把输入过程作为一个没有离去的排队过程来分析。假设系统的初始状态为零，将 t 分为 m 个区间。当 m 充分大时，基于普通性的性质，在区间 t/m 内，最多只有一个到达发生，那么在区间 t/m 内平均到达的个数即为 $\lambda t/m$；基于平稳性的性质，λ 为常数，因此平均到达个数 $\lambda t/m$ 可以作为区间 t/m 内发生一个到达的概率。现在把到达过程设想为做 m 次独立试验，若在 t/m 内有一个到达发生，则试验成功，若无到达，则试验失败。基于无后效性的性质，每次试验成功的概率都是 $\lambda t/m$，那么在时间 t 内成功 n 次（$n \leqslant m$）的概率，即在时间 t 内有 n 个顾客到达或经过时间 t 系统内有 n 个顾客的概率为二项分布：

$$P_n(t) = \lim_{m \to \infty} \frac{m!}{n!(m-n)!} \left(\frac{\lambda t}{m}\right)^n \left(1 - \frac{\lambda t}{m}\right)^{m-n} = \lim_{m \to \infty} \frac{m(m-1)\cdots(m-n+1)}{n!} \left(\frac{\lambda t}{m}\right)^n \left(1 - \frac{\lambda t}{m}\right)^{m-n}$$

$$= \lim_{m \to \infty} \frac{m(m-1)\cdots(m-n+1)}{n!m^n} (\lambda t)^n \left(1 - \frac{\lambda t}{m}\right)^{m-n} = \lim_{m \to \infty} \frac{(\lambda t)^n}{n!} \left(1 - \frac{\lambda t}{m}\right)^m \left(1 - \frac{\lambda t}{m}\right)^{-n}$$

$$= \lim_{m \to \infty} \frac{(\lambda t)^n}{n!} \left(1 - \frac{\lambda t}{m}\right)^m$$

因为 $\lim\limits_{m \to \infty} \left(1 - \frac{\lambda t}{m}\right)^m = \mathrm{e}^{-\lambda t}$，所以有

$$P_n(t) = \frac{(\lambda t)^n \mathrm{e}^{-\lambda t}}{n!} \tag{11.14}$$

公式（11.14）就是参数为 λt 的泊松分布。

可以证明，上述泊松分布的期望值，也就是在时间 t 内到达顾客数的平均值，即 $E(N(t)) = \lambda t$，方差 $V(N(t)) = \lambda t$。现在很容易理解常数 λ 的物理意义了，即 λ 表示顾客平均到达强度。

特别提示

对于其他形式的到达分布，不能一概地认为在任意一个时间间隔 t 内，平均到达的顾客数一定等于 λt。

3. 指数分布

设 T 表示从一个顾客至下一个顾客到达的时间间隔，由公式（11.14）可知，在时间 t 内，系统到达顾客数为 0 的概率为 $P_0(t) = \mathrm{e}^{-\lambda t}$。$T$ 小于等于 t 的概率 $P(T \leqslant t)$ 用 $F(t)$ 表示，则有

$$F(t) = 1 - e^{-\lambda t} \tag{11.15}$$

概率 $P(T \leqslant t)$ 也称为 T 的**累积分布函数**。根据此函数，可以求出 T 的密度函数：

$$f_T(t) = F'(t) = \frac{d}{dt}(1 - e^{-\lambda t}) = \lambda e^{-\lambda t} \tag{11.16}$$

这就是参数为 $1/\lambda$ 的指数分布，$1/\lambda$ 也是平均到达的时间间隔，即有 $E(T) = 1/\lambda$。因此，对于可以用参数 λt 描述的泊松分布的输入过程，也可以用参数 $1/\lambda$ 的指数分布来描述。反之亦然，这就是泊松输入过程与到达时间间隔服从指数分布的**等价性**，对此结论不做证明。

指数分布有以下两个主要特性：

（1）**无记忆性**。

例如，顾客到达时间间隔服从指数分布，平均时间为 8 min。如果在某一任意时刻考察这个到达过程，发现最后一个顾客已到达了 5 min，那么下一个顾客平均还需要 8 min，似乎已过去的 5 min 被忘却，所以称"无记忆性"。

下面证明这一特性。

令 R 表示任一时刻，利用公式（11.16），可以求出 T 大于等于 R 的概率：

$$P(T \geqslant R) = \int_R^\infty \lambda e^{-\lambda t} dt = e^{-\lambda R} \tag{11.17}$$

那么 T 大于等于 R 和 T 大于等于 $R+h$ 的联合概率就等于 T 大于等于 $R+h(h \geqslant 0)$ 的概率：

$$P(T \geqslant R, T \geqslant R+h) = \int_{R+h}^\infty \lambda e^{-\lambda t} dt = e^{-\lambda(R+h)} \tag{11.18}$$

给定 $T \geqslant R$，则 $T \geqslant R+h$ 的条件概率为

$$P(T \geqslant R+h \mid T \geqslant R) = \frac{P(T \geqslant R+h, T \geqslant R)}{P(T \geqslant R)} = \frac{e^{-\lambda(R+h)}}{e^{-\lambda R}} = e^{-\lambda h} \tag{11.19}$$

这个条件概率和 R 无关。也就是说，无论在什么时刻，考察至下一个顾客到达所经过的时间，其概率分布即 $P(T \geqslant R+h \mid T \geqslant R)$ 与此刻之前的最后一个顾客是什么时候到达无关，它和顾客相继到达间隔的时间都服从参数为 $1/\lambda$ 的指数分布。

（2）**可加性**。

设 $\{N_1(t), t \geqslant 0\}$ 和 $\{N_2(t), t \geqslant 0\}$ 是两个相互独立的泊松输入过程，平均到达强度分别为 λ_1 和 λ_2，则 $\{N_1(t)+N_2(t), t \geqslant 0\}$ 仍然是一个泊松输入过程，其平均到达强度为各平均到达强度之和，即 $\lambda = \lambda_1 + \lambda_2$。

以上讨论了服从泊松分布的输入过程,依据指数分布和泊松分布等价性,这些讨论显然对具有指数分布服务时间的服务过程也是有意义的,因此不必再讨论服务机构。

泊松到达和指数服务的服务员的排队模型显然是一个生灭过程,因为泊松分布的特性恰好满足了生灭过程的几个条件。但这个模型显然是一个特殊情况下的生灭过程,即对所有 n,有 $\lambda_n=\lambda$、$\mu_n=\mu$,即系统具有不变的到达强度 λ 和服务强度 μ。对于其他具有泊松到达和指数服务的模型,例如,多服务员模型、系统容量有限模型等,可以根据已介绍的有关泊松分布特性进行判断,它们都是某种特殊情况下的生灭过程,这可以利用已得到的生灭过程结果,方便地求得各个模型的一些有用的运行指标。

下面依次对以下排队模型进行介绍:

$(M/M/1):(\infty/\infty/FCFS)$ $(M/M/C):(\infty/\infty/FCFS)$

$(M/M/1):(N/\infty/FCFS)$ $(M/M/C):(N/\infty/FCFS)$

$(M/M/1):(N/N/FCFS)$ $(M/M/C):(N/N/FCFS)$

针对其他的马尔可夫排队模型,如$(M/M/1):(\infty/N/FCFS)$、$(M/M/C):(\infty/N/FCFS)$、$(M/M/1):(\infty/\infty/LCFS)$、$(M/M/C):(\infty/\infty/SIRO)$等,本书不予介绍。

11.2.2 $(M/M/1):(\infty/\infty/FCFS)$排队模型

$(M/M/1):(\infty/\infty/FCFS)$排队模型是顾客到达间隔时间为泊松分布,服务时间为指数分布,系统容量和顾客来源无限,先到先服务,只有一个服务员,即 $C=1$。设顾客到达强度为 λ,服务员服务强度为 μ。

1. $(M/M/1):(\infty/\infty/FCFS)$排队模型的相关指标

（1）状态概率分布 P_n。

利用公式（11.11）和公式（11.12）,先计算系统状态的概率分布。由前面的分析有 $\begin{cases} \lambda_n = \lambda, \text{对一切} n \\ \mu_n = \mu, \text{对一切} n \end{cases}$。设 $\rho=\lambda/\mu$ 表示服务员的**繁忙时间**,也称为**繁忙度**,即意味着服务设施的利用系数,于是有

$$P_n = \frac{\lambda^n}{\mu^n} P_0 = \rho^n P_0 \quad (n>0) \tag{11.20}$$

$$P_0 = \left(1+\sum_{n=1}^{\infty}\rho^n\right)^{-1} = \left(\sum_{n=0}^{\infty}\rho^n\right)^{-1} \tag{11.21}$$

到达强度 λ 必须小于服务强度 μ，否则系统排队长度将会越来越大，以至出现"爆炸"现象，此时就不是排队问题了，因此有 $0 < \rho < 1$。

根据几何级数求和公式有

$$\sum_{n=0}^{\infty} \rho^n = \frac{1}{1-\rho} \tag{11.22}$$

将上式带入公式（11.21）得

$$P_0 = 1 - \rho = 1 - \frac{\lambda}{\mu} \tag{11.23}$$

将公式（11.23）带入式（11.20）得

$$P_n = \rho^n (1-\rho) \ (\text{对一切} n) \tag{11.24}$$

（2）队长 L。

队长 L 是指系统期望的顾客数，结合公式（11.24）有

$$L = \sum_{n=0}^{\infty} n P_n = \sum_{n=0}^{\infty} n \rho^n (1-\rho) = \rho(1-\rho) \sum_{n=0}^{\infty} n \rho^{n-1} = \rho(1-\rho) \frac{\mathrm{d}}{\mathrm{d}\rho} \sum_{n=0}^{\infty} \rho^n$$

$$= \rho(1-\rho) \frac{\mathrm{d}}{\mathrm{d}\rho} \left(\frac{1}{1-\rho} \right) = \rho(1-\rho) \left[\frac{1}{(1-\rho)^2} \right] = \frac{\rho}{1-\rho} \tag{11.25}$$

利用繁忙度公式，还有

$$L = \frac{\rho}{1-\rho} = \frac{\dfrac{\lambda}{\mu}}{1 - \dfrac{\lambda}{\mu}} = \frac{\lambda}{\mu - \lambda} \tag{11.26}$$

（3）排队长 L_q。

排队长 L_q 是指系统期望排队的顾客数，结合公式（11.25）有

$$L_q = \sum_{n=1}^{\infty} (n-1) P_n = \sum_{n=1}^{\infty} n P_n - \sum_{n=1}^{\infty} P_n = \sum_{n=0}^{\infty} n P_n - \left(\sum_{n=0}^{\infty} P_n - P_0 \right) = L - (1 - P_0) \tag{11.27}$$

将公式（11.23）代入式（11.27），有

$$L_q = L - [1 - (1-\rho)] = L - \rho = L - \frac{\lambda}{\mu} \tag{11.28}$$

将公式（11.26）代入式（11.28），并利用繁忙度公式，则有

$$L_q = L - \rho = \frac{\lambda}{\mu - \lambda} - \frac{\lambda}{\mu} = \frac{\lambda^2}{\mu(\mu - \lambda)} \tag{11.29}$$

公式（11.28）也说明了排队长和队长的关系。

（4）**顾客平均停留时间 W。**

顾客平均停留时间 W 是指顾客在系统内期望的停留时间，有

$$W = \frac{L}{\lambda} \tag{11.30}$$

利用公式（11.26）有

$$W = \frac{L}{\lambda} = \frac{\frac{\lambda}{\mu - \lambda}}{\lambda} = \frac{1}{\mu - \lambda} \tag{11.31}$$

（5）**顾客平均等待时间 W_q。**

顾客平均等待时间 W_q 是指顾客在系统内期望的等待时间，有

$$W_q = \frac{L_q}{\lambda} \tag{11.32}$$

利用公式（11.29）有

$$W_q = \frac{L_q}{\lambda} = \frac{\frac{\lambda^2}{\mu(\mu - \lambda)}}{\lambda} = \frac{\lambda}{\mu(\mu - \lambda)} \tag{11.33}$$

公式（11.30）和公式（11.32）称为 Little 公式。

将公式（11.28）代入公式（11.32），并利用繁忙度公式，则有

$$W_q = \frac{L_q}{\lambda} = \frac{L - \rho}{\lambda} = \frac{L}{\lambda} - \frac{1}{\mu} = W - \frac{1}{\mu} \tag{11.34}$$

公式（11.34）也说明了顾客平均等待时间 W_q 和顾客平均停留时间 W 的关系。

通过上述这些公式可以看出，由到达强度 λ 和服务强度 μ 就可求出这些指标值。

（6）**停留时间的概率分布。**

设 T 表示系统中第 $n+1$ 个顾客停留时间的随机变量，既然 T 是第 $n+1$ 个顾客的停留时间，也就是当顾客到达时系统已经有 n 个顾客，所以停留时间 T 的密度函数 $f_T(t)$ 应该是条件密度函数 $f(t|n)$，其中 t 表示 T 的具体值。不难理解，第 $n+1$ 个顾客在系统内停留的时间等于已在系统内的 n 个顾客停留时间的总和再加上自身的服务时间。当第 $n+1$ 个顾客到达时，若 $n \neq 0$，那么总有一个顾客正在接受服务，并已服务了一段时间，根据指数分布的无记忆性，这个正在接受服务的顾客的剩余服务时间和其他还在等待的顾客的服务时间一样，也服从同样的指数分布。所以完成 $n+1$ 个顾客的服务所需时间 T 的概

率分布恰好是 $n+1$ 阶爱尔朗分布，参数为 $1/\mu$ 和 $n+1$，其条件密度函数为

$$f(t\,|\,n) = \frac{t^n \mathrm{e}^{-\mu t} \mu^{n+1}}{n!}$$

T 和 N 的联合密度函数应等于条件概率密度函数 $f(t|n)$ 和 N 的概率分布 $P_N(n)$（或者记为 P_n）的乘积：

$$f_{T,N}(t,n) = \frac{\mu(\mu t)^n \mathrm{e}^{-\mu t}}{n!} P_n$$

根据公式（11.24）有

$$f_{T,N}(t,n) = \frac{\mu(\mu t)^n \mathrm{e}^{-\mu t}}{n!} \rho^n (1-\rho)$$

T 的概率密度等于 $f_{T,N}(t, n)$，对所有 n 的总和为

$$f_T(t) = \sum_{n=0}^{\infty} \frac{\mu(\mu t)^n \mathrm{e}^{-\mu t}}{n!} \rho^n(1-\rho) = \mu(1-\rho)\mathrm{e}^{-\mu t} \sum_{n=0}^{\infty} \frac{(\mu t)^n \rho^n}{n!}$$

因为 $\displaystyle\sum_{n=0}^{\infty} \frac{(\mu t)^n \rho^n}{n!} = \sum_{n=0}^{\infty} \frac{(\lambda t)^n}{n!} = \mathrm{e}^{\lambda t}$，所以

$$f_T(t) = \mu(1-\rho)\mathrm{e}^{-(\mu-\lambda)t} = \mu(1-\rho)\mathrm{e}^{-\mu(1-\rho)t} \qquad （11.35）$$

可见 $f_T(t)$ 是指数分布，参数为 $1/\mu(1-\rho)$，据此可以求出期望停留时间 W：

$$W = E(T) = \frac{1}{\mu(1-\rho)} = \frac{1}{\mu-\lambda} \qquad （11.36）$$

可以看出，关于期望停留时间 W 的公式（11.36）和公式（11.31）是一致的。

（7）顾客到达后必须等待 k 个以上顾客的概率 $P(n>k)$。

利用概率论知识，顾客到达后必须等待 k 个以上顾客的概率为

$$P(n>k) = \sum_{n=k+1}^{\infty} P_n = 1 - \sum_{n=0}^{k} P_n \qquad （11.37）$$

如果利用此公式求必须等待 k 个以上顾客的概率 $P(n>k)$，当 k 较大时，计算量较大。如果利用公式（11.23）和（11.24），可得概率 $P(n>k)$ 的更简明公式：

$$P(n > k) = 1 - \sum_{n=0}^{k} P_n$$

$$= 1 - [(1-\rho) + \rho(1-\rho) + \rho^2(1-\rho) + \cdots + \rho^k(1-\rho)] = \rho^{k+1} \quad (11.38)$$

（8）顾客停留时间超过给定时间 t 的概率 $P(T>t)$。

根据顾客停留时间 T 的密度函数公式（11.35），可得到 T 的累积分布函数：

$$F(t) = P(T \leqslant t) = \int_0^t f_T(t)\mathrm{d}t = 1 - \mathrm{e}^{-(\mu-\lambda)t} \quad (11.39)$$

那么 T 大于 t 的概率为

$$P(T > t) = 1 - P(T \leqslant t) = \mathrm{e}^{-(\mu-\lambda)t} \quad (11.40)$$

2. (M/M/1):(∞/∞/FCFS)排队模型的示例

下面用售票排队问题，对(M/M/1):(∞/∞/FCFS)排队模型相关运行指标进行计算。

例 11.1 某铁路售票厅，假设有一个售票窗口，经过统计和分析可知，在一天的高峰期内，购票乘客平均每小时到达 20 名，购票乘客的到达服从泊松分布。售票员给一个乘客的售票时间平均为 2 min，售票时间服从指数分布。计算此排队系统的有关运行指标。

解 由题可知，购票乘客平均到达强度 $\lambda=20$ 人/h，售票员平均服务强度 $\mu=30$ 人/h，那么服务员的繁忙度 $\rho=\lambda/\mu=20/30=2/3$。

相关运行指标如下：

（1）队长 L：
$$L = \frac{\rho}{1-\rho} = \frac{\frac{2}{3}}{1-\frac{2}{3}} = 2 \text{（人）}$$

说明此排队系统期望的购票乘客数为 2 人。

（2）排队长 L_q：
$$L_q = L - \rho = 2 - \frac{2}{3} = \frac{4}{3} \approx 1.33 \text{（人）}$$

说明此排队系统期望排队的乘客数为 1.33 人。

（3）购票乘客平均停留时间 W：
$$W = \frac{L}{\lambda} = \frac{2}{20} = 0.1 \text{ h} = 6 \text{ min}$$

说明购票乘客的平均停留时间为 6 min。

（4）购票乘客平均等待时间 W_q：

$$W_q = \frac{L_q}{\lambda} = \frac{\frac{4}{3}}{20} = \frac{1}{15} \approx 0.067\,\text{h} = 4\,\text{min}$$

说明购票乘客的平均等待时间为 4 min。

（5）购票乘客不排队的概率 P_0。

只有当购票乘客到达时，恰好售票厅内也没有购票的乘客，到达的购票乘客才能不必排队而立即购票，则

$$P_0 = 1 - \rho = 1 - \frac{2}{3} = \frac{1}{3} \approx 0.33$$

说明购票乘客到达售票厅后马上能购票的可能性是 33%，那么购票乘客不得不排队购票的可能性就是 67%。

（6）购票乘客到达后必须等待 4 个以上购票乘客的概率 $P(n>4)$。

先利用公式（11.37）计算 $P(n>4)$：

$$P_0 = 1 - \rho = \frac{1}{3}, \quad P_1 = \rho(1 - \rho) = \rho P_0 = \frac{2}{3} \times \frac{1}{3} = \frac{2}{9}, \quad P_2 = \rho^2 P_0 = \left(\frac{2}{3}\right)^2 \times \frac{1}{3} = \frac{4}{27}$$

$$P_3 = \rho^3 P_0 = \left(\frac{2}{3}\right)^3 \times \frac{1}{3} = \frac{8}{81}, \quad P_4 = \rho^4 P_0 = \left(\frac{2}{3}\right)^4 \times \frac{1}{3} = \frac{16}{243}$$

则有

$$P(n > 4) = 1 - \sum_{n=0}^{4} P_4 = 1 - (P_0 + P_1 + P_2 + P_3 + P_4) \approx 1 - 0.868 = 0.132$$

前面在公式（11.37）处已经提到，当 k 较大时，计算量较大，这里如果假设计算购票乘客到达后必须等待 15 个以上购票乘客的概率，计算起来会很麻烦，所以利用公式（11.38）计算 $P(n>4)$：

$$P(n > 4) = \rho^{k+1} = \rho^5 = \left(\frac{2}{3}\right)^5 \approx 0.132$$

说明购票乘客到达售票厅后，售票厅内有 4 个以上购票乘客的概率为 13.2%。

（7）购票乘客停留时间超过 12 分钟，即 0.2 h 的概率 $P(T>0.2)$。

利用公式（11.40）可得

$$P(T > 0.2) = \text{e}^{-(\mu - \lambda)t} = \text{e}^{-(30-20)0.2} = \text{e}^{-2} \approx 0.135$$

说明购票乘客停留时间超过 12 min 的可能性是 13.5%。

由前面知道，购票乘客期望的平均停留时间为 6 min，超过 6 min 的可能性是

$$P(T > 0.1) = \text{e}^{-(\mu - \lambda)t} = \text{e}^{-(30-20)0.1} = \text{e}^{-1} \approx 0.368 = 36.8\%$$

这就是说，购票乘客在本购票排队系统中，停留时间超过平均停留时间 6 min

的概率是 36.8%，那么小于平均停留时间 6 min 的概率就是 63.2%。

11.2.3 (M/M/C):(∞/∞/FCFS)排队模型

(M/M/C):(∞/∞/FCFS)排队模型和(M/M/1):(∞/∞/FCFS)排队模型在结构上的区别是服务员的个数为 C 个，即 $C>1$。特点是一个服务员在同一时间只为一个顾客服务，当顾客到达后，如果有空闲服务员，就立刻接受服务，否则参加排队。但无论排队的队列形式如何，在服务时的队列只有一个队列。服务员在服务结束后，如果队列中有等待的顾客，就按照先到先服务的原则为下一个顾客服务，其中每个服务员的服务时间都服从均值为 $1/\mu$ 的指数分布。

以上关于(M/M/C):(∞/∞/FCFS)排队模型的特点描述十分重要，不具备这些特点中的任何一个特点，都不是(M/M/C):(∞/∞/FCFS)排队模型。假如顾客是在每个服务员前形成一个单独的排队队列，并且服务员只为对应队列中的顾客提供服务，那么就不是所谓的(M/M/C):(∞/∞/FCFS)排队模型，而是 C 个(M/M/1):(∞/∞/FCFS)排队模型。

根据(M/M/C):(∞/∞/FCFS)排队模型的特点可知，当顾客数 n 小于 C 时，系统的服务强度为 $n\mu$，当顾客数 n 大于等于 C 个时，系统的服务强度应该为 $C\mu$，即有

$$\mu_n = \begin{cases} n\mu, & \text{当}\, 0 \leqslant n < C \\ C\mu, & \text{当}\, C \leqslant n < \infty \end{cases}$$

基于泊松分布的可加性，系统的服务强度无论是 $n\mu$ 还是 $C\mu$，其仍然服从泊松分布，即可以利用生灭过程的稳态结果来研究本模型的相关运行指标。

1. (M/M/C):(∞/∞/FCFS)排队模型的相关指标

（1）状态概率分布 P_n。

根据式（11.11）有

$$P_n = \begin{cases} \dfrac{\lambda^n}{\prod\limits_{i=1}^{n} i\mu} P_0, & \text{当}\, 1 \leqslant n < C \\[4mm] \dfrac{\lambda^n}{\prod\limits_{i=1}^{C} i\mu \prod\limits_{i=C+1}^{n} C\mu} P_0, & \text{当}\, C \leqslant n < \infty \end{cases}$$

上式的分母分别为

$$\prod_{i=1}^{n} i\mu = \mu^n n!$$

$$\prod_{i=1}^{C} i\mu \cdot \prod_{i=C+1}^{n} C\mu = \prod_{i=1}^{C} i \cdot \prod_{i=1}^{n} \mu \cdot \prod_{i=C+1}^{n} C = \mu^n C! C^{n-C}$$

因而有
$$P_n = \begin{cases} \dfrac{\lambda^n}{\mu^n n!} P_0, & \text{当 } 1 \leqslant n < C \\[3mm] \dfrac{\lambda^n}{\mu^n C! C^{n-C}} P_0, & \text{当 } C \leqslant n < \infty \end{cases} \tag{11.41}$$

根据式（11.12）有

$$P_0 = \left(1 + \sum_{n=1}^{\infty} \frac{\prod_{i=0}^{n-1} \lambda_i}{\prod_{i=1}^{n} \mu_i}\right)^{-1} = \left(1 + \sum_{n=1}^{C-1} \frac{\lambda^n}{\mu^n n!} + \sum_{n=C}^{\infty} \frac{\lambda^n}{\mu^n C! C^{n-C}}\right)^{-1}$$

$$= \left[\sum_{n=0}^{C-1} \frac{\lambda^n}{\mu^n n!} + \frac{1}{C!}\left(\frac{\lambda}{\mu}\right)^C \sum_{n=C}^{\infty} \left(\frac{\lambda}{C\mu}\right)^{n-C}\right]^{-1}$$

对于多个服务员模型，服务员的繁忙度应该为 $\rho = \dfrac{\lambda}{C\mu} < 1$，则有

$$\sum_{n=C}^{\infty} \left(\frac{\lambda}{C\mu}\right)^{n-C} = \sum_{n=C}^{\infty} \rho^{n-C} = \sum_{n=0}^{\infty} \rho^n = \frac{1}{1-\rho}$$

所以
$$P_0 = \left[\sum_{n=0}^{C-1} \frac{\lambda^n}{\mu^n n!} + \frac{1}{C!}\left(\frac{\lambda}{\mu}\right)^C \left(\frac{1}{1-\rho}\right)\right]^{-1} \tag{11.42}$$

（2）排队长 L_q。

当系统有 $n+C$ 个顾客时，有 C 个在接受服务，有 n 个顾客在排队等待，所以

$$L_q = \sum_{n=0}^{\infty} n P_{n+C} = \sum_{n=0}^{\infty} n \frac{\lambda^{n+C}}{\mu^{n+C} C! C^n} P_0 = \frac{\lambda^C}{\mu^C C!} P_0 \sum_{n=0}^{\infty} n \frac{\lambda^n}{\mu^n C^n} = \frac{\lambda^C}{\mu^C C!} P_0 \sum_{n=0}^{\infty} n \rho^n$$

$$= \frac{\lambda^C}{\mu^C C!} P_0 \rho \sum_{n=0}^{\infty} n \rho^{n-1} = \frac{\lambda^C}{\mu^C C!} P_0 \rho \sum_{n=0}^{\infty} \frac{\mathrm{d}\rho^n}{\mathrm{d}\rho} = \frac{\lambda^C}{\mu^C C!} P_0 \rho \frac{\mathrm{d}}{\mathrm{d}\rho}\left(\frac{1}{1-\rho}\right)$$

最终有
$$L_q = \frac{\rho \lambda^C}{\mu^C C!(1-\rho)^2} P_0 \tag{11.43}$$

（3）顾客平均等待时间 W_q。

把公式（11.43）代入 Little 公式有

$$W_q = \frac{L_q}{\lambda} = \frac{\rho \lambda^{C-1}}{\mu^C C!(1-\rho)^2} P_0 \tag{11.44}$$

（4）**顾客平均停留时间 W：**

基于公式（11.34）和公式（11.44）有

$$W = W_q + \frac{1}{\mu} = \frac{L_q}{\lambda} + \frac{1}{\mu} = \frac{\rho \lambda^{C-1}}{\mu^C C!(1-\rho)^2} P_0 + \frac{1}{\mu} \tag{11.45}$$

（5）**队长 L。**

基于 Little 公式和公式（11.28）有

$$L = \lambda W = L_q + \frac{\lambda}{\mu} = \frac{\rho \lambda^C}{\mu^C C!(1-\rho)^2} P_0 + \frac{\lambda}{\mu} \tag{11.46}$$

需要说明的是，可以把(M/M/1):(∞/∞/FCFS)排队模型看做是(M/M/C):(∞/∞/FCFS)排队模型的特例，即当(M/M/C):(∞/∞/FCFS)排队模型的 $C=1$ 时即为(M/M/1):(∞/∞/FCFS)排队模型。另外，$C=\infty$ 时，即为(M/M/∞):(∞/∞/FCFS)排队模型。这是一个典型的服务员为无穷多的系统，相当于每个顾客都是随到随服务，所以系统始终不会出现排队现象。利用(M/M/C):(∞/∞/FCFS)排队模型的相关公式，不难得到(M/M/∞):(∞/∞/FCFS)排队模型的相关公式。

特别提示

在(M/M/C):(∞/∞/FCFS)排队系统中，因为服务员数量为 C 个，所以当系统内顾客数 $n<C$ 时，新到顾客不需要排队，当系统内顾客数 $n \geq C$ 时，新到顾客就需要排队等待。

2. (M/M/C):(∞/∞/FCFS)排队模型的示例

下面基于例 11.1 售票排队问题，对(M/M/C):(∞/∞/FCFS)排队模型的相关运行指标进行具体计算。

例 11.2 在例 11.1 的基础上，考虑为了减少购票乘客排队等待的时间，现增设一个售票窗口，即多增加一个售票员。售票员给一个乘客的平均售票时间仍然为 2 min，服务时间服从指数分布，现在计算此排队系统的有关运行指标。

解 购票乘客平均到达强度 $\lambda=20$ 人/h，售票员平均服务强度 $\mu=30$ 人/h，服务员数目 $C=2$，那么服务员的繁忙度 $\rho=\lambda/(C\mu)=20/(2\times30)=1/3$。

相关运行指标如下：

（1）售票厅内没有购票乘客的概率 P_0：

$$P_0 = \left[\sum_{n=0}^{C-1} \frac{\lambda^n}{\mu^n n!} + \frac{1}{C!} \left(\frac{\lambda}{\mu} \right)^C \left(\frac{1}{1-\rho} \right) \right]^{-1}$$

$$= \left[\sum_{n=0}^{2-1} \frac{20^n}{30^n \times n!} + \frac{1}{2!} \times \left(\frac{20}{30} \right)^2 \times \left(\frac{1}{1-\frac{1}{3}} \right) \right]^{-1} = \left(1 + \frac{2}{3} + \frac{1}{3} \right)^{-1} = 2^{-1} = 0.5$$

说明购票乘客到达售票厅后，没有购票乘客即不需要排队的可能性是 50%。

（2）排队长 L_q：

$$L_q = \frac{\rho \lambda^C}{\mu^C C! (1-\rho)^2} P_0 = \frac{\frac{1}{3} \times 20^2}{30^2 \times 2! \times \left(1 - \frac{1}{3} \right)^2} \times 0.5 = \frac{1}{12} \approx 0.083 \text{（人）}$$

说明此排队系统期望排队的购票乘客数为 0.083 人。

（3）购票乘客平均等待时间 W_q：

$$W_q = \frac{L_q}{\lambda} = \frac{\frac{1}{12}}{20} = \frac{1}{240} \approx 0.004\, 2 \text{ h} \approx 0.25 \text{ min}$$

说明购票乘客的平均等待时间为 0.25 min。

（4）购票乘客平均停留时间 W：

$$W = W_q + \frac{1}{\mu} = \frac{1}{240} + \frac{1}{30} = 0.037\, 5 \text{ h} = 2.25 \text{ min}$$

说明购票乘客的平均停留时间为 2.25 min。

（5）队长 L：

$$L = \lambda W = 20 \times 0.037\, 5 = 0.75 \text{（人）}$$

说明此排队系统期望的购票乘客数为 0.75 人。

（6）购票乘客到达后必须等待 4 个以上购票乘客的概率 $P(n>4)$。

首先计算出 P_1、P_2、P_3、P_4，再计算 $P(n>4)$，基于公式（11.41）有：

$n=1$ 时，有

$$P_1 = \frac{\lambda^n}{\mu^n n!} P_0 = \frac{20^1}{30^1 \times 1!} \times 0.5 = \frac{1}{3}$$

$n=2,3,4$ 时，分别有

$$P_2 = \frac{\lambda^n}{\mu^n C! C^{n-C}} P_0 = \frac{20^2}{30^2 \times 2! \times 2^{2-2}} \times 0.5 = \frac{1}{9}$$

$$P_3 = \frac{\lambda^n}{\mu^n C! C^{n-C}} P_0 = \frac{20^3}{30^3 \times 2! \times 2^{3-2}} \times 0.5 = \frac{1}{27}$$

$$P_4 = \frac{\lambda^n}{\mu^n C! C^{n-C}} P_0 = \frac{20^4}{30^4 \times 2! \times 2^{4-2}} \times 0.5 = \frac{1}{81}$$

那么有
$$P(n > 4) = 1 - P(n \leqslant 4) = 1 - (P_0 + P_1 + P_2 + P_3 + P_4)$$
$$= 1 - \left(\frac{1}{2} + \frac{1}{3} + \frac{1}{9} + \frac{1}{27} + \frac{1}{81} \right) = \frac{1}{162} \approx 0.006\,2$$

说明购票乘客到达售票厅后，售票厅内有 4 个以上购票乘客的概率为 0.62%。

（7）购票乘客不排队的概率 $P(n \leqslant 1)$。

购票乘客到达后不排队，说明售票厅内么么没有购票乘客，么么只有一个购票乘客，据此可计算购票乘客无需排队的概率 $P(n \leqslant 1)$。基于公式（11.41）有

$$P(n \leqslant 1) = P_0 + P_1 = 0.5 + \frac{1}{3} = \frac{5}{6} \approx 0.833$$

说明购票乘客到达售票厅后，马上能购票的可能性是 83.3%，购票乘客不得不排队购票的可能性是 16.7%。

现在假设将两个售票窗口分设在两个不同的地点，并假设每个地点的到达强度为原来到达强度的一半，即 10 人/h，仍然服从泊松分布，在这种情况下，我们不难计算出它的队长以及购票乘客的平均停留时间：

$$L = \frac{\lambda}{\mu - \lambda} = \frac{10}{30 - 10} = 0.5 \text{（人）}, \quad W = \frac{L}{\lambda} = \frac{0.5}{10} = 0.05 \text{ h} = 3 \text{ min}$$

这种情况下购票乘客平均停留时间要比两个售票窗口集中设置时大，可见尽管都是设置了两个售票窗口，但采用不同的排队模型，效果就不一样。采用集中使用的方案优于采用分散使用方案（当然包括形式上在一起，实际上是分散使用的方案），这种现象在经济学中称为"规模效益"，所以在考虑服务设施的布局与使用时，需要考虑这一原则。

另外，通过例 11.1 和例 11.2，从排队的角度看，这个铁路售票厅采用 (M/M/2):(∞/∞/FCFS)排队模型比采用两个 (M/M/1):(∞/∞/FCFS)排队模型要优一些，但铁路售票部门需要增加售票员，这也增加了成本。所以针对一个排队系统，评价它的优劣不能只从顾客角度或服务机构角度来单一考虑，至于如何使排队系统最优，在后面章节的排队论在决策中的应用中再分析。

11.2.4 (M/M/1):(N/∞/FCFS)排队模型

(M/M/1):(N/∞/FCFS)排队模型和 (M/M/1):(∞/∞/FCFS)排队模型在结构上的区别是系统的容量有限，即系统最多容纳的顾客数为 N 个。其特点是系

统排队的顾客数最多只能有 $N-1$ 个，因为有一个服务员，即有一个顾客在接受服务。另外，当系统的顾客数达到 N 时，新到达的顾客就不能进入系统而自动消失，比如一个停车场没有停车位时，新到达的车辆只能离开而去寻找新的停车场。

如果令 r 表示希望进入系统的顾客到达强度，则此系统服务员的繁忙度 $\rho=r/\mu$。另外需要说明的是，这个 r 并非是实际进入系统的顾客到达强度，所以

$$\lambda_n = \begin{cases} r, & \text{当} 0 \leqslant n \leqslant N-1 \\ 0, & \text{当} n = N \end{cases}$$

服务强度 $\mu_n=\mu$，其中 $0 \leqslant n \leqslant N$。

1. (M/M/1):(N/∞/FCFS)排队模型的相关指标

（1）系统内有 0 个顾客的概率 P_0。

基于生灭过程的稳态结果公式（11.13），有

$$P_0 = \left(1 + \sum_{n=1}^{N} \frac{\prod_{i=0}^{n-1} \lambda_i}{\prod_{i=0}^{n} \mu_i}\right)^{-1} = \left[\sum_{n=0}^{N} \left(\frac{r}{\mu}\right)^n\right]^{-1} \tag{11.47}$$

基于此系统的繁忙度 ρ 有

$$P_0 = \left(\frac{1-\rho^{N+1}}{1-\rho}\right)^{-1} = \frac{1-\rho}{1-\rho^{N+1}} \ (\rho \neq 1) \tag{11.48}$$

（2）状态概率分布 P_n。

根据式（11.11）有

$$P_n = \begin{cases} \dfrac{\sum_{i=0}^{n-1} \lambda_i}{\sum_{i=1}^{n} \mu_i} P_0 = \rho^n \left(\dfrac{1-\rho}{1-\rho^{N+1}}\right), & \text{当} 0 \leqslant n \leqslant N \text{且} \rho \neq 1 \\ 0, & \text{当} n > N \end{cases} \tag{11.49}$$

（3）队长 L。

根据状态概率分布，可以推导出队长的计算公式：

$$L = \frac{\rho}{1-\rho} - \frac{(N+1)\rho^{N+1}}{1-\rho^{N+1}} \ (\rho \neq 1) \tag{11.50}$$

（4）排队长 L_q：

$$L_q = \sum_{n=1}^{N}(n-1)P_n = L-(1-P_0) \tag{11.51}$$

（5）顾客平均停留时间 W。

因为 r 只是系统中顾客数少于 N 时的到达强度，为了利用 Little 公式求 W 和 W_q，需要先求出系统的平均到达强度 λ：

$$\lambda = r\sum_{n=0}^{N-1}P_n + 0 \times P_N = r(1-P_N)$$

于是有
$$W = \frac{L}{r(1-P_N)} \tag{11.52}$$

（6）顾客平均等待时间 W_q：

$$W_q = W - \frac{1}{\mu} \tag{11.53}$$

需要说明的是，对于系统容量有限的排队模型，不需要有 $\rho<1$ 的限制，其原因是当系统的顾客数达到 N 时，新到达的顾客会自动消失，不可能出现无限制的排队情况。所以以上公式只适用于 $\rho \neq 1$ 的情况，当 $\rho=1$ 时，根据公式(11.47)很容易证明：

$$P_0 = P_1 = P_2 = \cdots = P_N = \frac{1}{N+1} \tag{11.54}$$

同时有
$$L = \frac{N}{2} \tag{11.55}$$

2. (M/M/1):(N/∞/FCFS)排队模型的示例

下面以一个例题，对(M/M/1):(N/∞/FCFS)排队模型的相关运行指标进行计算。

例 11.3 假设某高校内有一个理发店，有 8 把椅子接待学生理发。该店只有一个理发员，理发员理发的平均时间为 12 min，服从指数分布；理发学生的到达强度为 4 人/h，服从泊松分布。如果学生到达时发现 8 把椅子已经坐满，就不进入该店而去隔壁的理发店理发，现在计算此排队系统的有关运行指标。

解 由已知条件可知，除有 8 把椅子接待学生之外，还有一个正在理发，所以 $N=9$，另外，$r=4$ 人/h，$\mu=5$ 人/h，理发员的繁忙度 $\rho=r/\mu=4/5=0.8$。

（1）学生一到就能理发的概率 P_0：

$$P_0 = \frac{1-\rho}{1-\rho^{N+1}} = \frac{1-0.8}{1-0.8^{10}} \approx 0.224$$

这说明学生到达理发店后，不需要排队等待的可能性是 22.4%。

（2）队长 L，即理发学生的平均数。

因为属于 $\rho \neq 1$ 的情况，根据公式（11.50）有

$$L = \frac{\rho}{1-\rho} - \frac{(N+1)\rho^{N+1}}{1-\rho^{N+1}} = \frac{0.8}{1-0.8} - \frac{(9+1)0.8^{9+1}}{1-0.8^{9+1}} \approx 2.8 \ (\text{人})$$

（3）排队长 L_q，即正在等待理发的学生平均数。

$$L_q = L - (1-P_0) = 2.8 - (1-0.224) \approx 2 \ (\text{人})$$

（4）理发学生损失率 P_N。

理发学生损失率即为学生到达理发店后，发现理发店满员转而离去的概率，根据公式（11.49）有

$$P_N = \rho^N \left(\frac{1-\rho}{1-\rho^{N+1}} \right) = \rho^N P_0 = 0.8^9 \times 0.224 \approx 0.03$$

这说明顾客损失率即学生离去的概率为 3%。

（5）理发学生平均停留时间 W。

根据公式（11.52）有

$$W = \frac{L}{r(1-P_N)} = \frac{2.8}{4 \times (1-0.03)} = 0.722 \ \text{h} = 43.32 \ \text{min}$$

（6）理发学生平均等待时间 W_q。

根据公式(11.53)有

$$W_q = W - \frac{1}{\mu} = 0.722 - \frac{1}{5} = 0.522 \ \text{h} = 31.32 \ \text{min}$$

11.2.5 (M/M/C):(N/∞/FCFS)排队模型

(M/M/C):(N/∞/FCFS)排队模型和(M/M/1):(N/∞/FCFS)排队模型在结构上的区别是服务员的个数为 C 个，即 $C>1$，同时系统的容量有限，即系统最多容纳的顾客数为 N 个。其特点是系统排队的顾客数最多只能有 $N-C$ 个，因为有 C 个服务员即有 C 个顾客接受服务。另外，当系统的顾客数达到 N 时，新到达的顾客就不能进入系统而自动消失。

如果令 r 表示希望进入系统的顾客到达强度，当然这个 r 仍然不是实际进入系统的顾客到达强度，此系统服务员的繁忙度 $\rho = r/C\mu$，则有

$$\lambda_n = \begin{cases} r, & \text{当} 0 \leqslant n \leqslant N-1 \\ 0, & \text{当} n = N \end{cases}$$

$$\mu_n = \begin{cases} n\mu, & \text{当} 0 \leqslant n < C \\ C\mu, & \text{当} n \geqslant C \end{cases}$$

1. (M/M/C):(N/∞/FCFS)排队模型的相关指标

（1）系统内有 **0** 个顾客的概率 P_0。

由公式（11.11）和公式（11.13）可得

$$P_0 = \begin{cases} \left[\sum_{n=0}^{C} \dfrac{r^n}{\mu^n n!} + \dfrac{1}{C!} \left(\dfrac{r}{\mu} \right)^C \sum_{n=C+1}^{N} \rho^{n-C} \right]^{-1}, & \text{当} 0 \leqslant C < N \\[3mm] \left(\sum_{n=0}^{C} \dfrac{r^n}{\mu^n n!} \right)^{-1}, & \text{当} C = N \end{cases} \tag{11.56}$$

（2）状态概率分布 P_n：

$$P_n = \begin{cases} \dfrac{r^n}{\mu^n n!} P_0, & \text{当} 0 \leqslant n < C \\[3mm] \dfrac{r^n}{\mu^n C! C^{n-C}} P_0, & \text{当} C \leqslant n \leqslant N \end{cases} \tag{11.57}$$

（3）排队长 L_q：

$$L_q = \frac{\rho r^C P_0}{C! \mu^C (1-\rho)^2} \left[1 - \rho^{N-C} - (N-C)\rho^{N-C}(1-\rho) \right] \tag{11.58}$$

（4）队长 **L**。

顾客平均到达强度 λ 可按下式计算：

$$\lambda = r(1 - P_N) \tag{11.59}$$

则有

$$L = L_q + \frac{\lambda}{\mu} \tag{11.60}$$

（5）顾客平均停留时间 **W**：

$$W = \frac{L}{\lambda} \tag{11.61}$$

（6）顾客平均等待时间 W_q：

$$W_q = \frac{L_q}{\lambda} \tag{11.62}$$

2. (M/M/C):(N/∞/FCFS)排队模型的示例

下面以一个例题，对(M/M/C):(N/∞/FCFS)排队模型的相关运行指标进行计算。

例 11.4 某旅游景区有一旅店，共有房间 8 个。在旅游高峰期，游客平均入住房间 3 天，服从指数分布；平均每天有 6 个房间入住，服从泊松分布，现在计算此排队系统的有关运行指标。

解 这是一个(M/M/C):(N/∞/FCFS)排队模型，但是 N=C=8；另外 r=6，μ=3，房间的入住率，即繁忙度 ρ=r/Cμ=6/(8×3)=1/4。

（1）状态概率分布 P_n。

根据公式（11.56）和 N=C 的条件，旅店内没有游客入住的概率 P_0：

$$P_0 = \left(\sum_{n=0}^{8} \frac{6^n}{3^n n!} \right)^{-1} \approx 0.135 = 13.5\%$$

再根据公式（11.57）和 N=C 的条件，分别有以下概率：

$$P_1 = \frac{6^n}{3^n n!} P_0 = \frac{6^1}{3^1 1!} P_0 = 0.27 = 27\%, \quad P_2 = \frac{6^2}{3^2 2!} P_0 = 0.27 = 27\%$$

$$P_3 = \frac{6^3}{3^3 3!} P_0 = 0.18 = 18\%, \quad P_4 = \frac{6^4}{3^4 4!} P_0 = 0.09 = 9\%$$

$$P_5 = \frac{6^5}{3^5 5!} P_0 = 0.036 = 3.6\%, \quad P_6 = \frac{6^6}{3^6 6!} P_0 = 0.012 = 1.2\%$$

$$P_7 = \frac{6^7}{3^7 7!} P_0 \approx 0.003 = 0.3\%, \quad P_8 = \frac{6^8}{3^8 8!} P_0 \approx 0.0009 = 0.09\%$$

其中，P_8 为旅店没有空房间后游客入住其他旅店的的损失率。

（2）排队长 L_q。

因为旅店容量 N 有限，当旅店没有空房间后，游客在现实中不会排队等待，所以排队长 L_q 为 0。

（3）队长 L。

基于公式（11.59），游客的平均到达强度 λ 为

$$\lambda = r(1-P_N) = 6 \times (1-P_8) \approx 5.995$$

则有

$$L = L_q + \frac{\lambda}{\mu} = 0 + \frac{5.995}{3} \approx 1.998$$

（4）游客平均停留时间 W：

$$W = \frac{L}{\lambda} = \frac{1.998}{5.995} = \frac{1}{\mu} = \frac{1}{3} \approx 0.333$$

（5）游客平均等待时间 W_q：

$$W_q = \frac{L_q}{\lambda} = \frac{0}{5.995} = 0$$

游客平均等待时间 W_q 为 0 的原因和排队长 L_q 为 0 的原因一样。

11.2.6 (M/M/1):(N/N/FCFS)排队模型

(M/M/1):(N/N/FCFS)排队模型和(M/M/1):(∞/∞/FCFS)排队模型在结构上的区别是系统的容量有限，即系统最多容纳的顾客数为 N 个；顾客的来源有限，即顾客源的总体为 N 个；另外，每个顾客到达并经过服务以后，仍然回到原来的顾客源，所以这个顾客仍然可以再来。

下面以技术人员维修机器问题来引出相关的参数。

假设一名技术人员负责维修一定数量的机器，当某台机器坏的时候，可能因为已经有机器正在修理，机器不得不排队等待。在正常情况下，技术人员负责维修机器的数目一般不能太多，即不能把机器当成是无限的顾客来源，否则会造成不切实际的偏差。另外，这个系统的容量是有限的，因为有限的顾客源会自动地形成系统的容量。显然，这是一个生灭过程，即典型的(M/M/1):(N/N/FCFS)排队模型。

现在假定一名技术人员负责 N 台机器的维修，每一台机器从维修好到再次损坏时的平均周转时间为 $1/r$，服从指数分布，因为指数分布有"无记忆性"的特性，所以 r 即为一台机器维修时的到达强度。如果有 $N-1$ 台机器进入维修状态，即只有一台机器正在工作，那么到达强度为 r；如果有两台机器正在工作，由泊松分布的可加性可知，那么到达强度为 $2r$。正在工作的机器数等于服务机器总数 N 与进入维修状态的机器数 n 之差，所以系统在状态为 n 时的到达强度为

$$\lambda_n = \begin{cases} (N-n)r, & \text{当} 0 \leqslant n < N \\ 0, & \text{当} n = N \end{cases}$$

假定对一切 n，服务强度 $\mu_n = \mu$。

1. (M/M/1):(N/N/FCFS)排队模型的相关指标

（1）状态概率分布 P_n：

$$P_n = \frac{\prod_{i=0}^{n-1} \lambda_i}{\prod_{i=0}^{n} \mu_i} P_0 = \frac{\prod_{i=0}^{n-1}(N-i)r}{\mu^n} P_0 = \left(\frac{r}{\mu}\right)^n \cdot \prod_{i=0}^{n-1}(N-i) P_0 = \left(\frac{r}{\mu}\right)^n \frac{N!}{(N-n)!} P_0 \quad （11.63）$$

由公式（11.63）可得

$$\frac{\prod\limits_{i=0}^{n-1}\lambda_i}{\prod\limits_{i=1}^{n}\mu_i} = \frac{\prod\limits_{i=0}^{n-1}(N-i)r}{\mu^n} = \left(\frac{r}{\mu}\right)^n \frac{N!}{(N-n)!}$$

于是有 $\qquad P_0 = \left[1+\sum\limits_{n=1}^{N}\left(\frac{r}{\mu}\right)^n \cdot \frac{N!}{(N-n)!}\right]^{-1} = \left[\sum\limits_{n=0}^{N}\left(\frac{r}{\mu}\right)^n \cdot \frac{N!}{(N-n)!}\right]^{-1}$　（11.64）

（2）队长 L：

为了推导 L、L_q、W 和 W_q，需要求出系统的平均到达强度 λ。由于机器总数为 N，系统内的平均队长为 L，所以系统外的平均数为 $N-L$，于是有

$$\lambda = (N-L)r \qquad （11.65）$$

可以把 λ/μ 理解为服务员的占用率，则有

$$\frac{\lambda}{\mu} = 1-P_0$$

即有

$$\frac{r(N-L)}{\mu} = 1-P_0$$

于是有

$$L = N - \frac{\mu}{r}(1-P_0) \qquad （11.66）$$

（3）排队长 L_q：

$$L_q = L - \frac{\lambda}{\mu} = L - \frac{(N-L)r}{\mu} \qquad （11.67）$$

（4）顾客平均停留时间 W：

$$W = \frac{L}{\lambda} = \frac{L}{(N-L)r} \qquad （11.68）$$

（5）顾客平均等待时间 W_q：

$$W_q = \frac{L_q}{\lambda} = \frac{L_q}{(N-L)r} \qquad （11.69）$$

2. (M/M/1):(N/N/FCFS)排队模型的示例

下面以一个例题，对(M/M/1):(N/N/FCFS)排队模型的相关运行指标进行计算。

例 11.5　一名机修工人负责 4 台机器的维修工作。假设每台机器在维修

之后平均可运转 5 天，服从泊松分布，而平均修理一台机器的时间为 2 天，服从指数分布，现在计算此排队系统的有关运行指标。

解 这是一个(M/M/1):(N/N/FCFS)排队模型，依题意有 $N=4$，$r=1/5=0.2$，$\mu=1/2=0.5$。

（1）没有机器维修的概率 P_0。

根据公式（11.64）有

$$P_0 = \left[\sum_{n=0}^{N} \left(\frac{r}{\mu} \right)^n \cdot \frac{N!}{(N-n)!} \right]^{-1} = \left[\sum_{n=0}^{4} \left(\frac{0.2}{0.5} \right)^n \cdot \frac{4!}{(4-n)!} \right]^{-1} \approx 0.15 = 15\%$$

（2）2 台机器处于维修状态的概率 P_2。

根据公式（11.63）有

$$P_2 = \left(\frac{r}{\mu} \right)^n \frac{N!}{(N-n)!} P_0 = \left(\frac{0.2}{0.5} \right)^2 \frac{4!}{(4-2)!} \times 0.15 = 0.288 = 28.8\%$$

（3）4 台机器全部处于维修状态的概率 P_4。

根据公式（11.63）有

$$P_4 = \left(\frac{r}{\mu} \right)^n \frac{N!}{(N-n)!} P_0 = \left(\frac{0.2}{0.5} \right)^4 \frac{4!}{(4-4)!} \times 0.15 \approx 0.092\,2 = 9.22\%$$

（4）队长 L。

根据公式（11.66）有

$$L = N - \frac{\mu}{r}(1-P_0) = 4 - \frac{0.5}{0.2}(1-0.15) = 1.875$$

（5）排队长 L_q。

根据公式（11.67）有

$$L_q = L - \frac{(N-L)r}{\mu} = 1.875 - \frac{(4-1.875) \times 0.2}{0.5} = 1.025$$

（6）机器维修的平均停留时间 W。

根据公式（11.68）有

$$W = \frac{L}{(N-L)r} = \frac{1.875}{(4-1.875) \times 0.2} \approx 4.4 \text{ （天）}$$

（7）机器维修的平均等待时间 W。

根据公式（11.69）有：

$$W_q = \frac{L_q}{(N-L)r} = \frac{1.025}{(4-1.875) \times 0.2} \approx 2.4 \ (\text{天})$$

11.2.7　(M/M/C):(N/N/FCFS)排队模型

(M/M/C):(N/N/FCFS)排队模型和(M/M/1):(∞/∞/FCFS)排队模型在结构上的区别是服务员的个数为 C 个，即 C>1，同时系统的容量和顾客源为有限的 N，其服务强度为

$$\mu_n = \begin{cases} n\mu, & \text{当 } 0 \leqslant n < C \\ C\mu, & \text{当 } C \leqslant n \leqslant N \end{cases}$$

1. (M/M/C):(N/N/FCFS)排队模型的相关指标

令 r 表示希望进入系统的顾客到达强度，下面给出相关运行指标的公式。

（1）**系统内有 0 个顾客的概率 P_0：**

$$P_0 = \left[\sum_{n=0}^{C} \frac{N!}{(N-n)!n!} \left(\frac{r}{\mu}\right)^n + \sum_{n=C+1}^{N} \frac{N!}{(N-n)!C!C^{n-C}} \left(\frac{r}{\mu}\right)^n \right]^{-1} \quad （11.70）$$

（2）**状态概率分布 P_n：**

$$P_n = \begin{cases} \dfrac{N!}{(N-n)!n!} \left(\dfrac{r}{\mu}\right)^n P_0, & \text{当 } 0 \leqslant n < C \\[4mm] \dfrac{N!}{(N-n)!C!C^{n-C}} \left(\dfrac{r}{\mu}\right)^n P_0, & \text{当 } C \leqslant n \leqslant N \end{cases} \quad （11.71）$$

（3）**队长 L：**

$$L = \sum_{n=0}^{N} nP_n \quad （11.72）$$

（4）**排队长 L_q：**

顾客平均到达强度 λ 仍按式 $\lambda = (N-L)r$ 计算，则有

$$L_q = L - \frac{\lambda}{\mu} = L - \frac{(N-L)r}{\mu} \quad （11.73）$$

（5）**顾客平均停留时间 W：**

$$W = \frac{L}{\lambda} = \frac{L}{(N-L)r} \quad （11.74）$$

（6）顾客平均等待时间 W_q：

$$W_q = \frac{L_q}{\lambda} = \frac{L - \frac{\lambda}{\mu}}{\lambda} = \frac{L}{\lambda} - \frac{1}{\mu} = W - \frac{1}{\mu} \qquad （11.75）$$

2. (M/M/C):(N/N/FCFS)排队模型的示例

下面以一个例题，对(M/M/C):(N/N/FCFS)排队模型的相关运行指标进行计算。

例 11.6　3 名维修工负责 18 台机器的维修。机器维修好后的平均运转时间为 5 h，服从指数分布；机器坏了之后，只要 3 名工人中有人空闲，就可以得到维修；每台机器平均维修的时间为 0.5 h，服从指数分布。现在计算此排队系统的有关运行指标。

解　这是一个(M/M/3):(18/18/FCFS)排队模型，$r=1/5=0.2$，$\mu=1/0.5=2$。

（1）状态概率分布 P_n。

根据公式（11.70），没有机器维修的概率 P_0：

$$P_0 = \left[\sum_{n=0}^{3} \frac{18!}{(18-n)!n!} \left(\frac{0.2}{2} \right)^n + \sum_{n=4}^{18} \frac{18!}{(18-n)!3!3^{n-3}} \left(\frac{0.2}{2} \right)^n \right]^{-1} = 0.170\,1$$

根据公式（11.71），下面求机器维修的概率状态分布。

当 $n \leqslant C=3$ 时有

$$P_1 = \frac{N!}{(N-n)!n!} \left(\frac{r}{\mu} \right)^n P_0 = \frac{18!}{(18-1)!1!} \left(\frac{0.2}{2} \right)^1 P_0 = 0.306\,2$$

$P_2 = 0.260\,3$，$P_3 = 0.138\,8$

当 $n > C=3$ 时有

$$P_4 = \frac{18!}{(18-4)!3!3^{4-3}} \left(\frac{0.2}{2} \right)^4 P_0 = 0.069\,4$$

其余概率求解省略。

（2）队长 L。

根据公式（11.72）有

$$L = \sum_{n=0}^{N} nP_n = \sum_{n=0}^{18} nP_n = 1.83$$

（3）排队长 L_q。

根据公式（11.73）有

$$L_q = L - \frac{(N-L)r}{\mu} = 1.83 - \frac{(18-1.83) \times 0.2}{2} = 0.213$$

（4）机器维修的平均停留时间 W。

根据公式（11.74）有

$$W = \frac{L}{(N-L)r} = \frac{1.83}{(18-1.83) \times 0.2} \approx 0.566 \text{ h} \approx 34 \text{ min}$$

（5）机器维修的平均等待时间 W_q。

根据公式（11.75）有

$$W_q = W - \frac{1}{\mu} = 0.566 - \frac{1}{2} = 0.066 \text{ h} = 3.96 \text{ min}$$

另外，现在假定这 18 台机器分为 3 组，每组 6 台，各由一名维修工负责，显然，这形成了 3 个(M/M/1):(6/6/FCFS)的排队系统，现在看看这个模型的有关运行指标：

$$P_0 = \left[\sum_{n=0}^{N} \left(\frac{r}{\mu} \right)^n \frac{N!}{(N-m)!} \right]^{-1} = \left[\sum_{n=0}^{6} \left(\frac{0.2}{2} \right)^n \frac{6!}{(6-n)!} \right]^{-1} = 0.484\,5$$

队长为

$$L = N - \frac{\mu}{r}(1-P_0) = 6 - \frac{2}{0.2}(1-0.484\,5) = 0.845$$

机器维修的平均停留时间为

$$W = \frac{L}{r(N-L)} = \frac{0.845}{0.2 \times (6-0.845)} = 0.82 \text{ h} = 49.2 \text{ min}$$

比较这两种排队模型的结果可以看出，多服务员形式的排队模型中，维修机器耽误的时间少于单服务员形式的排队模型，这也可以说又是"规模受益"的例证。

11.3　爱尔朗排队模型

在前面的 11.2 节，基于生灭过程介绍了到达服从泊松分布、服务时间服从指数分布的马尔可夫排队模型，然后利用生灭过程的稳态解问题，得到了各个排队模型的运行指标计算公式。但在实际中，有些排队问题并非都是马尔可夫排队模型，所以本节主要介绍(M/E_k/1):(∞/∞/FCFS)、(E_k/M/1):(∞/∞/FCFS)两个爱尔朗排队模型，至于其他形式的爱尔朗排队模型这里不予介绍。

11.3.1 爱尔朗分布

如果服务员的服务工作可以分解成 k 个子工作，每个子工作所花费的时间均服从指数分布，而这些指数分布的参数都是相同的，那么服务员的服务时间就服从 **k 阶爱尔朗分布**，其中 $k=1,2,\cdots$。

需要说明的是，当服务员的服务时间服从 k 阶爱尔朗分布时，并不是说实际的服务工作一定必须分解成 k 个子工作，而是指平均完成时间的概率分布与 k 个相同指数分布的子工作平均完成时间的概率分布相同，即如果服务员的服务时间为 $1/\mu$，那么 k 项子工作期望完成的时间也是 $k/(k\mu)$；同时第 k 个子工作完成的时间也是 $k/(k\mu)$，即为 $1/\mu$，其实这就是整个服务工作的期望完成时间。

用 T 表示服从 k 阶爱尔朗分布的服务时间，其密度函数为

$$f_T(t) = \frac{t^{k-1}\mathrm{e}^{-k\mu t}(k\mu)^k}{(k-1)!} \tag{11.76}$$

其均值和方差分别为

$$E(T) = k\frac{1}{k\mu} = \frac{1}{\mu} \tag{11.77}$$

$$V(T) = k\frac{1}{(k\mu)^2} = \frac{1}{k\mu^2} \tag{11.78}$$

爱尔朗分布有两个参数 k 和 μ，不同的 k 和 μ 组合，表示不同的分布形式。如图 11.2 所示，这个分布族有着更为广泛的模型类别，尤其对实际问题，比指数分布的形式更为广泛。也就是说，许多实际分布，无论是到达时间间隔分布还是服务时间分布，都可以近似地用某阶爱尔朗分布来表示。当 $k=1$ 时为指数分布，方差为 $1/\mu^2$；当 $k=\infty$ 时为定长分布，方差为 0；当 k 为其他值时，分布形式介于指数分布与定长分布之间，方差为 $\frac{1}{k\mu^2}$。当到达时间间隔或服务时间为爱

图 11.2

尔朗分布时，排队过程就不再是生灭过程。既然爱尔朗分布和指数分布密切相关，那么指数分布的"无记忆性"仍然可以利用。

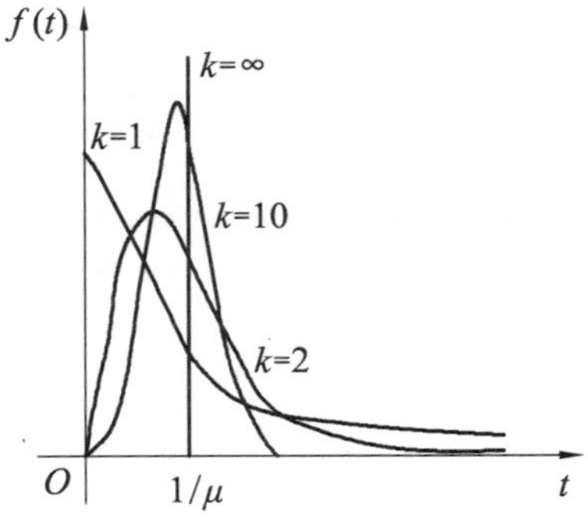

系统的状态概率分布 P_n 的推导过程比较复杂，另外求 L、L_q、W 和 W_q 也很困难，所以这里只给出$(M/E_k/1):(\infty/\infty/FCFS)$和$(E_k/M/1):(\infty/\infty/FCFS)$两个排队模型的稳态结果。

11.3.2　(M/E$_k$/1):(∞/∞/FCFS)排队模型

(M/E$_k$/1):(∞/∞/FCFS)排队模型的特点是，服务员数目为一个，顾客到达过程服从泊松分布，服务员的服务时间服从 k 阶爱尔朗分布。仍然用 λ 表示到达强度，μ 表示服务强度为，繁忙度 $\rho=\lambda/\mu$。

1. (M/E$_k$/1):(∞/∞/FCFS)排队模型的相关指标

（1）顾客不排队的概率 P_0：

$$P_0 = 1 - \rho = 1 - \frac{\lambda}{\mu} \tag{11.79}$$

（2）队长 L：

$$L = \frac{\rho}{1-\rho} - \frac{(k-1)\rho^2}{2k(1-\rho)} = \frac{\lambda}{\mu-\lambda} - \frac{k-1}{2k}\left(\frac{\lambda^2}{\mu(\mu-\lambda)}\right) \tag{11.80}$$

（3）排队长 L_q：

$$L_q = L - \rho \tag{11.81}$$

（4）顾客平均停留时间 W：

$$W = \frac{L}{\lambda} = \frac{1}{\mu-\lambda} - \frac{k-1}{2k}\left(\frac{\lambda}{\mu(\mu-\lambda)}\right) \tag{11.82}$$

（5）顾客平均等待时间 W_q：

$$W_q = \frac{L_q}{\lambda} = \frac{L-\rho}{\lambda} = \frac{L}{\lambda} - \frac{1}{\mu} = W - \frac{1}{\mu} \tag{11.83}$$

2. (M/E$_k$/1):(∞/∞/FCFS)排队模型的示例

下面以一个例题，对(M/E$_k$/1):(∞/∞/FCFS)排队模型相关运行指标进行计算。

例 11.7　汽车以每小时 3 辆呈泊松分布到达仓库卸货，然后由一台起重机进行卸车作业。根据对实际卸车的时间统计可知，平均一辆车卸车时间为 15 min，方差为 0.030 6 h^2，推测其服从爱尔朗分布。现在计算此排队系统的有关运行指标。

解　这是一个(M/E$_k$/1):(∞/∞/FCFS)的排队模型。由已知条件可知，汽车平均到达强度 $\lambda=3$ 辆/h，起重机的平均服务强度 $\mu=4$ 辆/h，起重机的繁忙度 $\rho=\lambda/\mu=3/4$，方差 $V(T)=0.030\ 6$ h^2。根据式（11.78）有

$$k = \frac{1}{V(T)\mu^2} = \frac{1}{0.030\ 6 \times 4^2} = 2.04 \approx 2$$

于是有
$$P_0 = 1 - \rho = 1 - \frac{3}{4} = \frac{1}{4}$$

$$L = \frac{\rho}{1-\rho} - \frac{(k-1)\rho^2}{2k(1-\rho)} = \frac{0.75}{1-0.75} - \frac{(2-1)0.75^2}{2\times 2\times(1-0.75)} \approx 2.438$$

$$L_q = L - \rho = 2.438 - 0.75 = 1.688$$

$$W = \frac{L}{\lambda} = \frac{2.438}{3} \approx 0.813\ \text{h} \approx 48.8\ \text{min}$$

$$W_q = \frac{L_q}{\lambda} = \frac{1.688}{3} \approx 0.563\ \text{h} \approx 33.8\ \text{min}$$

特别提示

如果顾客成批到达，每批到达 k 个，批与批相继到达的时间间隔服从指数分布；单个服务员单个服务，服务时间也服从指数分布；当同一批顾客都接受服务之后，再同时离开系统。把成批到达的这种情况可以看作 $(M/E_k/1)$:$(\infty/\infty/FCFS)$ 排队模型中的一个顾客，这样就可利用 $(M/E_k/1)$:$(\infty/\infty/FCFS)$ 排队模型求解。

11.3.3　$(E_k/M/1)$:$(\infty/\infty/FCFS)$排队模型

$(E_k/M/1)$:$(\infty/\infty/FCFS)$ 排队模型的特点是，顾客到达时间间隔服从 k 阶爱尔朗分布，服务员服务时间服从指数分布的单服务员模型。仍然用 λ 表示到达强度，μ 表示服务强度，繁忙度 $\rho = \lambda/\mu$。

1. $(E_k/M/1)$:$(\infty/\infty/FCFS)$排队模型的相关指标

（1）任一时刻系统空闲的概率 P_0：

$$P_0 = 1 - \rho = 1 - \frac{\lambda}{\mu} \qquad (11.84)$$

（2）任一时刻系统状态为 n 的概率 P_n：

$$P_n = \rho(1-r^k)r^{(n-1)k} \quad (n \geqslant 1, 0 < r < 1) \qquad (11.85)$$

式中，r 为方程

$$u^k + u^{k-1} + \cdots + u - k\rho = 0 \qquad (11.86)$$

的一个根。

（3）顾客到达后必须等待 m 个以上顾客的概率 $P(n>m)$：

$$P(n > m) = (1-r^k)r^{km} \qquad (11.87)$$

（4）队长 L：

$$L = \frac{\rho}{1-r^k} = \frac{\lambda}{\mu(1-r^k)}$$

（11.88）

（5）排队长 L_q：

$$L_q = \frac{\rho r^k}{1-r^k} = \frac{\lambda r^k}{\mu(1-r^k)} = Lr^k$$

（11.89）

（6）顾客平均停留时间 W：

$$W = \frac{L}{\lambda} = \frac{1}{\mu(1-r^k)}$$

（11.90）

（7）顾客平均等待时间 W_q：

$$W_q = \frac{L_q}{\lambda} = \frac{r^k}{\mu(1-r^k)} = Wr^k$$

（11.91）

2. $(E_k/M/1):(\infty/\infty/FCFS)$排队模型的示例

下面以一个例题，对$(E_k/M/1):(\infty/\infty/FCFS)$排队模型相关运行指标进行计算。

例 11.8　一台机器加工某种零件，零件到达的时间间隔服从 2 阶爱尔朗分布，均值 $1/\lambda=15$ min，即 $\lambda=4$ 件/h；加工时间服从指数分布，均值 $1/\mu=12$ min，即 $\mu=5$ 件/h。现在计算此排队系统的有关运行指标。

解　这是一个$(E_k/M/1):(\infty/\infty/FCFS)$排队模型。由已知条件可知，加工的繁忙度 $\rho=\lambda/\mu=4/5=0.8$，根据公式（11.86）列出如下方程：

$$u^2 + u - k\rho = 0$$

即

$$u^2 + u - 2\times0.8 = 0$$

此方程的根分别为 $u=0.86$ 和 $u=-1.86$，取 $u=0.86$，那么 $r=0.86$。

（1）机器空闲的概率 P_0：

$$P_0 = 1 - \rho = 1 - 0.8 = 0.2 = 20\%$$

（2）零件需要排队的概率 $P(n>0)$：

$$P(n>0) = (1-r^k)r^{km} = (1-0.86^2)0.86^{2\times0} \approx 0.26 = 26\%$$

（3）队长 L：

$$L = \frac{\rho}{1-r^k} = \frac{0.8}{1-0.86^2} \approx 3.07$$

（4）排队长 L_q：

$$L_q = Lr^k = 3.07 \times 0.86^2 \approx 2.27$$

（5）零件的平均停留时间 W：

$$W = \frac{L}{\lambda} = \frac{3.07}{4} = 0.767\ 5\ \text{h} = 46.05\ \text{min}$$

（6）零件的平均等待时间 W_q：

$$W_q = Wr^k = 0.767\ 5 \times 0.86^2 \approx 0.567\ 6\ \text{h} = 34.05\ \text{min}$$

11.4　其他两个排队模型

前面介绍了基于泊松分布和指数分布的马尔可夫排队模型，也介绍了两个基于泊松分布和爱尔朗分布的爱尔朗排队模型，下面介绍两个其他排队模型。

11.4.1　(M/D/1):(∞/∞/FCFS)排队模型

(M/D/1):(∞/∞/FCFS)排队模型的特点是，顾客到达时间间隔服从泊松分布，服务员服务时间服从定长分布，即服务员的服务时间是确定的常数。

仍然用 λ 表示到达强度，μ 表示服务强度，繁忙度 $\rho = \lambda/\mu$。因为服务员服务时间服从定长分布，则有期望平均值 $E(T) = 1/\mu$，方差 $V(T) = 0$。

下面直接给出(M/D/1):(∞/∞/FCFS)排队模型的相关运行指标。

$$L = \frac{\lambda}{\mu} + \frac{\lambda^2}{2\mu(\mu - \lambda)} = \rho + \frac{\rho^2}{2(1-\rho)} \tag{11.92}$$

$$L_q = L - \rho = L - \frac{\lambda}{\mu} = \frac{\lambda^2}{2\mu(\mu - \lambda)} = \frac{\rho^2}{2(1-\rho)} \tag{11.93}$$

$$W = \frac{L}{\lambda} = \frac{1}{\mu} + \frac{\lambda}{2\mu(\mu - \lambda)} \tag{11.94}$$

$$W_q = \frac{L_q}{\lambda} = \frac{\lambda}{2\mu(\mu - \lambda)} = W - \frac{1}{\mu} \tag{11.95}$$

特别提示

通过公式（11.93）可知，(M/D/1):(∞/∞/FCFS)排队模型的排队长恰为 (M/M/1):(∞/∞/FCFS)排队模型排队长的一半。

下面以一个例题，对(M/D/1):(∞/∞/FCFS)排队模型相关运行指标进行计算。

例 11.9　某大学医院对教职工进行体检，其中有一台体检设备。检查一个人所需的时间为 6 min，来检查的教职工服从泊松分布到达，平均每小时到达 5 个人，现在计算此排队系统的有关运行指标。

解 因为体检设备检查一个人所需时间为 6 min，所以这是一个 (M/D/1):(∞/∞/FCFS)排队模型。由已知条件可知 $\lambda=5$，$\mu=10$，即 $E(T)=\dfrac{1}{\mu}=\dfrac{1}{10}$，繁忙度 $\rho=\lambda/\mu=5/10=0.5$，$V(T)=0$。

（1）队长 L：

$$L = \rho + \frac{\rho^2}{2(1-\rho)} = 0.5 + \frac{0.5^2}{2(1-0.5)} = 0.75$$

（2）排队长 L_q：

$$L_q = \frac{\rho^2}{2(1-\rho)} = \frac{0.5^2}{2(1-0.5)} = 0.25$$

（3）平均停留时间 W：

$$W = \frac{L}{\lambda} = \frac{0.75}{5} = 0.15\,\text{h} = 9\,\text{min}$$

（4）平均等待时间 W_q：

$$W_q = \frac{L_q}{\lambda} = \frac{0.25}{5} = 0.05\,\text{h} = 3\,\text{min}$$

11.4.2　(M/G/1):(∞/∞/FCFS)排队模型

假设将服务员服务时间的分布不进行限制，即服务时间的分布可以服从任何一种形式，这就是所谓的服务时间服从一般服务，排队模型的形式为 (M/G/1):(∞/∞/FCFS)。

仍然用 λ 表示到达强度，μ 表示服务强度，繁忙度 $\rho=\lambda/\mu$，$E(T)$ 表示期望平均值，$V(T)$ 表示方差，下面直接给出稳态下任意一个时刻系统的平均顾客数，即队长的公式：

$$L = \lambda E(T) + \frac{\lambda^2\{V(T)+[E(T)]^2\}}{2[1-\lambda E(T)]} \tag{11.96}$$

排队长为

$$L_q = L - \frac{\lambda}{\mu} = L - \lambda E(T) \tag{11.97}$$

再利用 Little 公式，平均停留时间 W 和平均等待时间 W_q 分别为

$$W = \frac{L}{\lambda} = E(T) + \frac{\lambda\{V(T)+[E(T)]^2\}}{2[1-\lambda E(T)]} \quad (11.98)$$

$$W_q = \frac{L_q}{\lambda} = W - \frac{1}{\mu} \quad (11.99)$$

假设服务时间 G 服从指数分布,则期望平均值 $E(T)=1/\mu$,方差 $V(T)=1/\mu^2$,代入公式(11.96)中,得到各个运行指标的结果和前面第 11.2.2 节中 (M/M/1):(∞/∞/FCFS)排队模型一样。

假设服务时间 G 服从 k 阶爱尔朗分布,则期望平均值 $E(T)=1/\mu$,方差 $V(T)=1/k\mu^2$,也代入公式(11.96)中,得到各个运行指标的结果和前面第 11.3.2 节中(M/E$_k$/1):(∞/∞/FCFS)排队模型一样。

假设服务时间 G 服从定长分布,则期望平均值 $E(T)=1/\mu$,方差 $V(T)=0$,同样代入公式(11.96)中,得到各个运行指标的结果和前面第 11.4.1 节中 (M/D/1):(∞/∞/FCFS)排队模型一样。

特别提示

在服务时间服从一般分布时的 L_q、W_q 中,以定长分布形式的服务时间是最小的,这说明了一个常识,即服务时间越有规律,等待的时间就越短。

下面以一个例题,对(M/G/1):(∞/∞/FCFS)排队模型相关运行指标进行计算。

例 11.10 针对相交叉的 A、B 两条铁路线,假定两条铁路线上车辆到达交叉点都服从泊松分布。其中 A 方向车辆平均到达强度为 5 次/h,B 方向车辆平均到达强度为 10 次/h;A 方向车辆通过交叉点时间为 5 min,B 方向车辆通过交叉点时间为 2 min。现在计算此排队系统的有关运行指标。

解 由已知条件可知,λ=5+10=15 次/h=0.25 次/min,通过交叉点时间的概率分布,可分别按照 A、B 两条铁路线的平均到达强度与总平均到达强度之比来确定,即分别为 5/15、10/15,那么期望的平均服务时间为 $E(T)$=5×(5/15)+ 2×(10/15)=3 min,方差为 $V(T)$=$(5-3)^2$×(5/15)+$(2-3)^2$×(10/15)=2。

(1)队长 L:

将 λ、$E(T)$、$V(T)$ 代入公式(11.96)中,有

$$L = \lambda E(T) + \frac{\lambda^2\{V(T)+[E(T)]^2\}}{2[1-\lambda E(T)]} = 0.25 \times 3 + \frac{0.25^2(2+3^2)}{2(1-0.25\times3)} = 2.125$$

(2)排队长 L_q:

$$L_q = L - \lambda E(T) = 2.125 - 0.25 \times 3 = 1.375$$

(3)平均停留时间 W:

$$W = \frac{L}{\lambda} = \frac{2.125}{0.25} = 8.5 \text{ min}$$

（4）平均等待时间 W_q：

$$W_q = \frac{L_q}{\lambda} = \frac{1.375}{0.25} = 5.5 \text{ min}$$

11.5 排队系统的最优决策问题

11.5.1 费用模型

前面几节介绍了若干排队模型，解决了（当然还没有也不可能完全解决）排队论模型的数学描述问题，但作为一个管理或决策人员，仅仅知道怎样描述排队系统、计算有关运行指标是不够的。研究的真正目的并不在这些，而是要在掌握排队模型的基础上，进一步将它作为决策工具；或者说，当遇到一个实际的排队系统时，而且这个系统的某些参数又有可能改变，例如，服务人员数、服务强度等，那么怎样作出抉择、作出什么样的抉择使系统达到最优，这才是掌握排队系统的最终目的，即所谓的排队系统最优化问题。排队系统的最优化标准，通常是指经济上获得的最大效益。一般而言，减少了顾客在系统中的停留时间，也就减少了停留费用，而这需要提高服务水平，即提高服务强度。还可以通过缩短每个服务员的服务时间或增加服务员的数目来达到这个目的，但这将增加服务机构的成本，所以排队系统最优化的主要目的在于使服务费用和顾客停留费用之和达到最小，图 11.3 为一个排队系统总费用图。

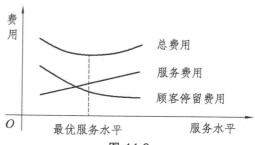

图 11.3

服务机构的费用是容易确定的，而顾客的停留费用就不一定能确切知道。例如，若顾客是等待修理的机器，一旦修好即可生产，所以它的停留费用可以计算出来。再如，等待卸货的车辆，减少因排队而产生的停留时间，就相当于增加了用于运输货物的时间，因而其停留费用也比较容易确定。而对于一个企业的排队系统，如果排队的是企业内部的工人，那么可以根据工人的工资或者工人因排队而耽误生产的损失来计算停留损失，如果顾客是企业外部的人，则不好计算其停留费用。停留费用是必须考虑的，如果不考虑这个费用，就有可能为了使总费用最小而降低服务水平。但这意味着排队时间的增加，会导致企业顾客的减少，最终导致利润的减少，这可以看作是一种机会损失费用。所以顾客的停留时间费用必须要以某种方式加以计算，只是我们现在还缺少适用的计算方法，这不能不说是费用模型的一个缺陷。有些时候，可以把机会损失费用作为停留时间的函数进行计算，但是建立这样的函数，需要有足够的统计资料，有的时候，就不得不对停留时间给出最大容许值来确定系统的有关参数。

1. (M/M/1):(∞/∞/FCFS)排队模型的最优 μ 值（μ 值可连续取值）

假定模型的服务强度 μ 可以在 $[\lambda, \infty)$ 的范围内连续变动，显然，μ 越高，服务费用就越高。假定 μ 和费用的关系是线性的，例如，如果服务员是由 1 台或 2 台甚至是更多的机器联合起来为一个顾客服务，那么 μ 与服务费用之间的线性关系是明显的，甚至可以假定增加的机器数为小数（理解这台机器部分时间工作）。当然，在很多情况下，这种假定只是实际情况的近似。

设 s 为每增大 1 单位的 μ 所需要的单位时间服务费用，w 为每个顾客在系统中停留单位时间的费用，则系统单位时间期望总费用

$$c(\mu)=s\mu+wL$$

其中，L 是系统视为始终保持的顾客数，即系统的期望顾客数。

可以看出，L 是 μ 的函数，那么系统的单位时间顾客停留费用即为 wL，根据公式（11.26）有

$$c(\mu) = s\mu + w\left(\frac{\lambda}{\mu-\lambda}\right) = s\mu + \frac{w\lambda}{\mu-\lambda}$$

因为 μ 连续，为了求极小值，先求出导数，令它等于零，则有

$$\frac{\mathrm{d}c(\mu)}{\mathrm{d}\mu} = s - w\lambda(\mu-\lambda)^{-2} = 0$$

因为 $\mu>\lambda$，$\mu-\lambda$ 应该取正值，则有

$$\mu-\lambda = \sqrt{\frac{w\lambda}{s}}$$

从而最优的 μ 值为

$$\mu^* = \lambda + \sqrt{\frac{w\lambda}{s}} \tag{11.100}$$

2. 单服务员模型的最优 μ 值（μ 是离散的）

上述关于 μ 可以连续取值的假定往往与实际不符，所以现在讨论 μ 有 m 个

离散值的情形，此时不能用求导的方法求最优值。这里介绍另一种方法，即假定可能的服务强度从小到大依次为 $\mu_1, \mu_2, \cdots, \mu_m$。这类模型分 3 种情况考虑：

（1）为了提供 μ_i，所需费用为 $s\mu_i$。

（2）提供 μ_i 的费用是 μ_i 的非线性函数 $s(\mu_i)$，对一切 i 有

$$\frac{s(\mu_{i+2})-s(\mu_{i+1})}{\mu_{i+2}-\mu_{i+1}} \geqslant \frac{s(\mu_{i+1})-s(\mu_i)}{\mu_{i+1}-\mu_i} \qquad （11.101）$$

式（11.101）表明，随着 μ_i 的增大，费用的增长速度会越来越快。

（3）提供 μ_i 的费用为 $s(\mu_i)$，但 $s(\mu_i)$ 不具备式（11.101）所具有的特点。

如果是情况（1），则 $s(\mu_i)=s\mu_i$。这种情况和 μ 连续取值的模型类似，所以可以按照如下步骤求最优：

（1）按前面介绍的方法求出 μ^*；

（2）如果第一步求出的 μ^* 存在于可能的 μ_i 序列中，则 μ^* 就是最优解，否则转入下面的第（3）步。

（3）在可能的 μ_i 序列中找出 μ_i^* 值两边的两个 μ_i，最优解一定是其中一个。可以证明，顾客停留费用 wL 是凸函数。又因为 $s\mu_i$ 是线性的，所以各项费用之和是凸函数，因此可以断言，最优 μ_i 就是两个当中费用较小的一个。

如果是情况（2），总费用也是凸函数，式（11.101）成立。这意味着对于任何 i，点 $(\mu_{i+2}, s(\mu_{i+2}))$ 和点 $(\mu_{i+1}, s(\mu_{i+1}))$ 连线的斜率大于点 $(\mu_{i+1}, s(\mu_{i+1}))$ 和点 $(\mu_i, s(\mu_i))$ 连线的斜率，因而用直线将相邻点连起来的曲线是凸的。再考虑其他费用，也是凸函数，所以总费用就是凸函数。

例 11.11　假定有 6 台机器能用来提供某项服务，这些机器类型、服务强度及每小时费用见表 11.3。这是一个 (M/M/1):(∞/∞/FCFS) 排队系统，$w=8$ 元/h，$\lambda=5$/h，要求找出最优 μ。

表 11.3　机器类型、服务强度及每小时费用表

机器类型(i)	μ_i	$s(\mu_i)$
1	6.0	60
2	6.5	66
3	7.0	73
4	7.3	78
5	8.0	90
6	9.0	108

解　计算每一种 μ_i 下的总费用，以寻找最优 μ_i，这当然是可以的，但在

μ_i 的可能值较多时就比较麻烦。由于表 11.3 中的数据能满足式(11.101)，因而费用是凸函数。现在从最小的 μ_i 计算费用，一旦发现某一个 $c(\mu_{i+1})$ 大于 $c(\mu_i)$，就停止计算，并得到 $\mu^* = \mu_i$。表 11.4 列出了计算出的所有 μ_i 值。

表 11.4 计算结果表

机器类型(i)	μ_i	L_i	$s(\mu_i)$	wL_i(元)	总费用(元)
1	6.0	5.000 0	60	40.00	100.00
2	6.5	3.333 3	66	26.67	92.67
3	7.0	2.500 0	73	20.00	93.00
4	7.3	2.173 9	78	17.39	95.39
5	8.0	1.666 7	90	13.33	103.33
6	9.0	1.250 0	108	10.00	118.00

实际上，计算出 $c(\mu_3)$ 时就可以停止计算，因为 $c(\mu_3) > c(\mu_2)$，并得到最优服务强度 $\mu^* = \mu_2 = 6.5$。

至于第（3）种情况，因为不满足式(11.101)，总费用不是凸函数，所以就需要对每一个 μ_i 计算总费用，才能找出最优的 μ。

3. 多服务员模型最优 C 值

以(M/M/C):(∞/∞/G)排队模型为例来进行讨论。模型中，G 表示排队规则不限。在多服务员模型中，服务员数目一般是一个可控因素，增加服务员会提高服务水平，但也会增加与它相关联的费用。假定这个费用是线性的，即与服务员的数目成正比，设 h 为提供一个服务员每单位时间的费用，则对于(M/M/C):(∞/∞/G)排队模型来说，费用函数即为

$$c(C) = hC + wL \qquad （11.102）$$

其中，C 是离散的，并且在任何情况下必须有($\lambda/C\mu$)<1，即必须有 $C > \lambda/\mu$。

为了求出最优的 C，可以计算每个可行 C 值的总费用，费用最小者为 C^*，即最优的 C，或者当 C 的可行值很多时，可以利用下面的关系式找出最优的 C：

$$\begin{cases} c(C^*) < c(C^* - 1) \\ c(C^*) < c(C^* + 1) \end{cases} \qquad （11.103）$$

在确定 C^* 时，如果上面两式成为充分条件，式(11.102)就必须是凸函数，即构成费用函数的各点必须是一凸集的顶点。因为式(11.102)的第一项是线性

的，此外还能证明 L 是 C 的凸函数，wL 也是 C 的凸函数，因而式(11.102)是凸函数。

如果式(11.103)对最优解一定成立，则有

$$[(C^*-1)h + wL\{C^*-1\}] > [hC^* + wL\{C^*\}] < [(C^*+1)h + wL\{C^*+1\}]$$

式中，$L\{C^*\}$ 表示按照 C^* 求出的 L 值。上式整理后为

$$[L\{C^*-1\} - L\{C^*\}] > \frac{h}{w} > [L\{C^*\} - L\{C^*+1\}] \qquad （11.104）$$

按照式（11.104）即可求出 C^*。

例 11.12 某公司要确定其实验室的最优实验设备套数，已知平均每天来做实验的有 48 人，服从泊松分布，每个实验人的损失费用 $w=12$，实验时间服从指数分布，平均服务强度为 25 人/天，提供一套实验设备的费用合计为每天 5 元。试决定该公司配置的最优实验设备套数。

解 这是一个 $(M/M/C):(\infty/\infty/G)$ 排队模型，$\lambda=48$，$\mu=25$，$\rho = \frac{\lambda}{\mu C} = \frac{48}{25C} = 1.92/C$，为了使 $\rho<1$，就应该有 $C>1$。

根据式(11.42)有

$$P_0 = \left[\sum_{n=0}^{C-1} \frac{48^n}{25^n n!} + \frac{1}{C!}\left(\frac{48}{25}\right)^C \left(\frac{1}{1-\rho}\right)\right]^{-1}$$

再根据式(11.43)和式(11.46)有

$$L\{C\} = \frac{48^C \rho P_0}{25^C C!(1-\rho)^2} + \frac{48}{25}$$

对不同的 C 值分别计算 $L\{C\}$，结果如表 11.5 所示。

表 11.5　计算结果表

C	$L\{C\}$	$L\{C\} - L\{C+1\}$	$L\{C-1\} - L\{C\}$
2	23.490	20.845	∞
3	2.645	0.582	20.845
4	2.063	0.111	0.582
5	1.952		0.111

因为 $h/w=5/12=0.417$，根据式(11.104)和表 11.5，可配置最优的实验设备套数 $C^*=4$。

4. 多服务员模型最优 C、μ 值

仍以 $(M/M/C):(\infty/\infty/G)$ 排队模型为例进行讨论。

（1）μ 的费用是线性的。

假定 C 和 μ 都是离散的，所有服务员具有相同的服务强度 μ，s 的定义同前，则提供服务的总费用为 $Cs\mu$，其中 C 和 μ 都是变量。如果设 $L\{C\}$ 为使用 C 个服务员的队长，那么费用函数为

$$c(C,\mu) = sC\mu + wL\{C\} \qquad (11.105)$$

式(11.105)中有两个变量，需要对其求最优值。

先令 μ 保持不变，按照前面讲述的方法求最优 C，然后改变 μ 值。用同样的方法再求最优 C，这样一直做下去，直至所有的 μ 都考虑到，即可得到这个模型的最优 C。

（2）μ 的费用为非线性函数。

如果设 $s\{\mu,C\}$ 为提供 C 个服务员的费用，每个服务员的服务强度为 μ，那么总费用函数就为

$$c(C,\mu) = s\{C,\mu\} + wL\{C\} \qquad (11.106)$$

在这种情况下，一般需对全部 μ 和 C 的组合逐个进行计算，才能求得最优的 μ 和 C。

下面对服务费用是一个特殊非线性情况进行讨论：

设有 m 种机器可以选来作为服务设备，其服务强度分别为 $\mu_1, \mu_2, \cdots, \mu_m$。提供服务的费用包括两部分，即机器购置费和机器运转费用。令 v_i 表示第 i 种机器运转一个单位时间的费用，假定仅当机器运转即为顾客服务时才有这个费用，可以理解为燃料或电能的消耗等。为了计算平均运转费用，需要知道服务设备的时间利用系数，不难证明，总服务能力的利用系数为 $\lambda/C\mu$。如果令 C_i 表示第 i 种服务设备的选定数目，则 C_i 个设备实际运转一个单位时间的费用为 v_iC_i，再乘以利用系数即为平均运转费用：

$$v_iC_i\left(\frac{\lambda}{C_i\mu_i}\right) = \frac{v_i\lambda}{\mu_i}$$

可见单位时间的运转费用是 μ 的非线性函数。若令 h_i 表示得到一个第 i 种服务设备的单位时间费用，令 $L\{C_i\}$ 表示采用 C_i 个第 i 种服务设备时的队长，则本模型费用为

$$c(C_i, \mu_i) = h_i C_i + \frac{v_i \lambda}{\mu_i} + wL\{C_i\} \qquad （11.107）$$

一般情况下，μ 和 C 的数目有限，费用最低的 μ 和 C 的组合是能够找到的。

例 11.13　某车站正在计划配备卸车机械，市场上有 4 种类型可供选择，有关资料如表 11.6 所示。可配备 1 台、2 台或 3 台机械。多于 1 台时，要求为同一型号，卸货车辆的到达为泊松分布，平均每小时到达 0.071 43 辆，卸车时间服从指数分布，车辆每小时停留费用为 20 元。要求决定选用何种类型的机械和设置台数。

表 11.6　卸车机械资料

类型	卸车能力（辆/h）	每小时固定成本(元)	每小时运营费用(元)
A	0.062 50	8.59	10.25
B	0.071 48	9.64	11.50
C	0.083 33	11.20	13.00
D	0.100 00	13.28	15.75

解　这是一个 $(M/M/C):(\infty/\infty/FCFS)$ 排队模型，要求同时决定最优 μ 和 C。可以利用式（11.107）对不同 μ 和 C 的组合进行计算。需要注意的是，任何情况下，都应保证 $C > \lambda/\mu$，计算结果见表 11.7。由表中 $c(C, \mu)$ 栏数字可知，$\mu^* = 0.100\ 00$，$C^* = 2$，即最优方案是选用 D 型机械 2 台。

表 11.7　计算结果表

μ	C	h	v	w	L	$c(C, \mu)$
0.062 50	2	8.59	10.25	20	1.697 0	62.834 5
0.062 50	3	8.59	10.25	20	1.220 2	61.888 5
0.071 48	2	9.64	11.50	20	1.331 8	57.408 0
0.071 48	3	9.64	11.50	20	1.044 6	61.304 0
0.083 33	1	11.20	13.00	20	6.002 5	124.393 5
0.083 33	2	11.20	13.00	20	1.050 1	54.545 5
0.083 33	3	11.20	13.00	20	0.882 0	62.383 5
0.010 00	1	13.28	15.75	20	2.500 2	74.534 2
0.010 00	2	13.28	15.75	20	0.818 7	54.184 2
0.010 00	3	13.28	15.75	20	0.726 5	65.620 2

5. 费用模型其他示例

例 11.14 某小旅馆要确定合适的床位数，旅客平均每天到 4 人，服从泊松分布，每个旅客平均住宿 1 天，服从指数分布。旅客到达时如发现床位已满就离去，旅馆床位数最多为 10 个，旅客住宿 1 天，旅馆获利 5 元。提供不同床位的每天费用如表 11.8 所示，那么该旅馆应该设置多少床位最好。

表 11.8　旅馆床位费用表

床位数	费用(元/天)	床位数	费用(元/天)
1	2	6	8.5
2	3.2	7	9.5
3	4.2	8	10.4
4	5	9	11.3
5	7.3	10	12.2

解　这是一个多服务员、系统容量有限的模型，服务员数与最大容许顾客相等，是(M/M/N):(N/∞/G)模型。希望进入系统的到达强度 $r=4$/天，服务强度 $\mu=1$/天，拒绝 1 个旅客损失 $\pi=5$ 元。利用式(11.56)和式(11.57)计算，单位时间总费用包括拒绝旅客的损失费用 $r\pi P_N$ 和提供床位的费用 d。计算结果如表 11.9 所示，由该表可知，最优床位数是 7。

表 11.9　计算结果表

N	P_N	$r\pi P_N$	d	$r\pi P_N+d$
1	0.8	16	2	18
2	0.615	12.3	3.2	15.5
3	0.451	9.02	4.2	13.04
4	0.311	6.22	5	11.22
5	0.199	3.98	7.3	11.28
6	0.177	2.34	8.5	10.84
7	0.063	1.26	9.5	10.76
8	0.03	0.6	10.4	11
9	0.013	0.26	11.3	11.56
10	0.005	0.1	12.2	12.3

例 11.15　某工厂生产一项产品，其加工的某些工序有两种方案：若采用设备 A，平均加工时间为 4 min，服从指数分布，设备费用为每小时 2 元；若采用设备 B，加工时间为 5 min，设备费用为每小时 1.8 元。产品以每小时 8 件的速率到达这一工序，产品在加工过程中每延误 1 h，对工厂将有 3 元的损失，应该选择哪一种设备更合理。

解　对两个方案分别分析。

（1）采用设备 A。

这是一个 $(M/M/C):(\infty/\infty/G)$ 排队系统，$\lambda=8$，$\mu=15$，$L=\lambda/(\mu-\lambda)=1.143$，

$$总费用=设备费用+产品停留损失=2+3L=5.429$$

（2）采用设备 B。

这是一个 $(M/D/1):(\infty/\infty/G)$ 排队系统，$\lambda=8$，$\mu=12$，

$$L=\frac{\lambda}{\mu}+\frac{\lambda^2}{2\mu(\mu-\lambda)}=1.333$$

那么总费用为 $1.8+3L=5.799$。

因为设备 A 的费用低于设备 B 的费用，所以选用设备 A。

例 11.16　某商店出售一种昂贵商品，单位时间的需求量为 λ，服从泊松分布。每当有一个需求时，商店就向生产此商品的工厂定一个货，工厂的加工时间服从指数分布，参数为 μ，显然这将出现有需求而无货的情况。设缺一个货的单位时间损失为 h 元，为了减少这种缺货状况，商店拟存放 m 个产品以作调剂，但库存量也不宜过多，因为存储也有费用。设单位产品存放单位时间的费用为 e 元，问题是如何确定库存容量 m，才使单位时间期望总费用 $c(m)$ 最小？

解　如果把生产商品的工厂看作服务机构，订货（即需求）的发生看作顾客的达到，则构成一个 $(M/M/1):(\infty/\infty/FCFS)$ 排队系统，P_n 表示在稳定状态下，工厂有 n 个订货未交出的概率。

平均缺货数为

$$E_1=\sum_{n=m}^{\infty}(n-m)P_n=\sum_{n=m}^{\infty}nP_n-m\sum_{n=m}^{\infty}P_n=\sum_{n=m}^{\infty}n(1-\rho)\rho^n-m\rho^m$$

平均存货数为

$$E_2=\sum_{n=0}^{m-1}(m-n)P_n=m\sum_{n=0}^{m-1}P_n-\sum_{n=0}^{m-1}nP_n=m(1-\rho^m)-\sum_{n=0}^{m-1}n(1-\rho)\rho^n$$

将 E_1、E_2 两式代入总费用的计算式有

$$c(m)=eE_2+hE_1$$

最终得
$$c(m) = em - \frac{e\rho(1-\rho^m)}{1-\rho} + h\frac{\rho^{m+1}}{1-\rho}$$

据此，可求出使得 $c(m)$ 达到最小的 m 值。

11.5.2 愿望模型

从以上费用模型的讨论可以看出，要根据费用模型得到最优解，关键是正确地估算模型所涉及的有关费用。正如前面所指出的那样，这种估算有时是很困难的，甚至是不可能的，这种情况下，可以考虑用愿望模型来代替费用模型。这里举几个例子予以说明。

例 11.17 某车站的一个车场办理接进列车的作业。列车接进后，即可由机车推顶通过驼峰而分解车辆，分解完毕后，该列车离开车场。设列车达到强度平均每小时 3 列，机车推顶列车可视为列车接受服务，平均服务时间即从推顶开始至整个列车离开车场为 15 min，假定服从指数分布。推顶机车仅有一台，车场设有一定数量的股道以停放列车，当股道无空闲时，到达的列车就要暂时被拒绝接入车站。如果管理人员考虑到维持铁路线上列车运行的正常秩序，希望拒绝接车的概率小于 10%，那么车场至少应该配备几条股道比较合理？

解 这是一个 (M/M/1):(∞/∞/FCFS) 排队系统，$\lambda=3$，$\mu=4$。设车场设置股道数为 m，拒绝接车率为 α，则有

$$\alpha = \sum_{n=m}^{\infty} P_n = 1 - \sum_{n=0}^{m-1} P_n$$

要求 $\alpha<0.1$，即 $\rho^m<0.1$，得 $m=9$，所以车场至少应配备 9 条股道。

例 11.18 某矿山为保证生产正常运行，要求参加运输的卡车数不少于 12 辆的概率达到 0.97 以上，每辆卡车平均连续运输时间为 3 个月，服从指数分布。有两个修理班负责卡车的修理工作，修理时间服从指数分布，平均修复时间为 5 天。为满足上述参加运输卡车数的要求，至少应该配备几辆卡车？

解 由问题分析可知，这是一个 (M/M/C):(N/N/G) 模型，即是多服务员的机器看管问题，$r=1/3$，$\mu=6$，$C=2$。可利用式（11.70）以及式（11.71）分别对不同的 N（$N=13,14,\cdots$）计算出在该卡车配备数 N 的条件下，正在修理或者等待修理的卡车数的概率分布 P_n，其中 $n=0,1,2,\cdots,N-12$，并用下式计算参加运输的卡车数 $Q\geqslant12$ 的概率：

$$P(Q \geqslant 12) = \sum_{n=0}^{N-12} P_n$$

当计算到某个 N 满足 $P(Q \geqslant 12) > 0.97$ 时，即得到所求的卡车配备数量，计算结果如表 11.10 所示。

表 11.10 计算结果表

N	P_0	P_1	P_2	P_3	...	$\sum_{n=0}^{N-12} P_n$
...	...	...	...	...	...	...
14	0.456 3	0.354 9	0.128 2			0.939 4
15	0.429 2	0.357 7	0.139 1	0.050 2		0.976 2

计算结果表明，该矿山至少应该配备 15 辆卡车。

例 11.19 假定有某个 (M/M/C):(∞/∞/G) 排队系统，$\lambda=10$ 人/h，$\mu=3$ 人/h。管理人员的愿望就是使得设备空闲率不大于 0.4，要求选定 C，使一个顾客平均排队等待时间小于 5 min。

解 因为设备利用率为 $\lambda/(C\mu)$，所以第一个目标转化为

$$1 - \frac{\lambda}{C\mu} = 1 - \frac{10}{3C} \leqslant 0.40$$

因而有 $C \leqslant 5.56$。为了达到第一个目标，必须令 C 等于或小于 5，但为了保证 $\lambda/(C\mu) < 1$，C 必须等于或大于 4，所以 C 只能取 4 或 5。

至于第二个目标，算出各 C 值条件下的 W_q 即可。确定 C 的取值范围，W_q 的计算结果如表 11.11 所示。

表 11.11 计算结果表

C	W_q(h)	W_q(min)
4	0.328 860	19.73
5	0.065 334	3.92
6	0.018 527	1.11

由表 11.11 可知，5 以上的 C 值只满足第二个目标，5 以下的值只满足第一个目标，使两个目标都能满足的唯一 C 值是 5。如果不存在能同时满足这两个要求的 C 值，则需要修正某个目标。

本章小结

本章首先介绍了排队论相关知识，在介绍随机过程的基础上，给出了几个主要的马尔可夫排队模型，然后介绍了服从爱尔朗分布的爱尔朗排队模型。另外介绍了关于定长分布和一般分布的两个排队模型，最后针对排队系统的最优决策问题进行了相应的介绍。

本章要点

排队系统的组成和特征；排队系统的模型表示及符号定义。

本章重点

主要模型的相关运行参数及其计算。

本章难点

随机过程中生灭过程的理解；泊松分布、指数分布、爱尔朗分布的理解。

本章术语

顾客；服务员；输入过程；排队规则；服务机构；生灭过程；马尔可夫性质；马氏过程排队模型；瞬态解；稳态解；泊松分布过程；指数分布；系统状态；顾客平均到达强度；服务员平均服务时间强度；服务员的数目；队长；排队长；期望停留时间；期望等待时间；繁忙度；k 阶爱尔朗分布。

习　　题

1. 某机场计划设置电话亭，已知顾客到达强度 30 人/h，服从泊松分布，平均使用电话的时间为 4 min，服从指数分布。

（1）在顾客排队等待概率小于 0.1 的要求下，至少应设置几个电话亭？

（2）顾客不排队的概率是多少？

（3）顾客到达后必须等待 4 个顾客的概率是多少？

2. 汽车以泊松分布到达，$\lambda=8$ 辆/h，用吊车卸货，一台吊车卸一辆汽车的平均时间为 12 min，服从指数分布。用两台吊车同时卸一辆汽车和用两台吊车各卸一辆汽车，这两种作业方式哪一种更好？为什么？

3. 一个铁路列车编组站，设待编列车到达时间间隔服从负指数分布，平均到达率为 2 列/h，编组时间服从负指数分布，平均 20 min 可编一组。已知编组站共有 2 条股道，当都被占用时就不能接车，再来的列车只能停在站外或在前方站等待，依次求平稳状态下系统中的列车平均数、等待编组的列车平均数、列车的平均停留时间、等待编组的时间。

另外，如果列车因站中的 2 条股道均被占用而停在站外或在前方站等待时，每列车的等待费用为 a 元/h，那么每天由于列车在站外等待而造成的损失为多少。

4. 某公司的客服中心最多有 6 个服务人员同时保持通话，每次通话时间平均为 0.5 min，服从指数分布，这个客服中心的呼叫强度为平均每小时 15 次，服从泊松分布。求此排队模型的相关指标。

5. 某车间有 5 台机器，每台机器的连续运转时间服从泊松分布，平均连续运转时间为 15 min，该车间有一个修理工，平均每次修理需要 12 min，服从指数分布。试求：

（1）修理工空闲的概率。

（2）五台机器都出故障的概率。

（3）出故障的平均台数。

（4）等待修理的平均台数。

（5）平均等待修理时间。

6. 某大学教师单身宿舍楼，一个楼层有 2 台自助洗衣机为该楼层的 5 个房间服务。平均每小时有 1 个老师到达，到达服从泊松分布，1 台洗衣机 1 h 为 4 个老师服务，服从指数分布，求该洗衣系统的 L、L_q、W、W_q。

7. 某工厂有一条生产线，平均每小时有 10 件产品以指数分布的方式到达。而生产线每加工一件产品需要 5 道工序，若 5 道工序的工作时间相互独立，且服从平均一分钟一件产品的指数分布，试求该生产线各相关的运行指标。

8. 某公司计划聘用若干设备维修员。已知设备送修为泊松过程，平均 4 台/h，平均修理时间为 20 min，服从指数分布，每个维修员的费用为 50 元/h，故障设备每小时造成的损失为 100 元，问应该聘用几个维修员合适？

9. 已知某工厂的设备送修为泊松过程，平均 4 台/h，平均修理时间为 6 min，服从指数分布。如果增加一个维修员可以使每个设备的维修时间减为 5 min，而新聘用一个维修员的费用为 10 元/min，故障设备每分钟造成的损失为 5 元，那么新聘用一个维修员是否划算？

10. 某运输公司售票处开展了电话订票业务。据统计分析，电话到达过程服从泊松分布，平均到达率为每小时 20 个，平均每个业务员每小时可以处理 10 个电话订票业务。该公司计划安装一个电话自动交换台，来电可以接到任何一个空闲的业务员电话上。那么该公司应该安装多少台电话，才能使因电话占线而损失的概率小于 10%？

第 12 章　存储论

在实际的生产、经营等活动中，人们往往会遇到以下问题：

（1）商场为了满足销售需求，需要有足够的商品库存。

如果存储的商品数量不足，就会发生缺货现象，从而导致商场利润减少；如果存储的数量过多，就会造成商品积压，这样不仅可能造成资金正常周转困难，还需要支付由于积压造成的费用。

（2）水电站为了保证居民用电需求，在雨季到来前需要对水库进行蓄水。

如果蓄水量过多，雨季降雨量很大时，将会导致水位线猛涨，可能会破坏水电站设备，或者给下游带来巨大损失；如果蓄水量过少，降雨量又很少时，就会导致发电量不足，无法满足居民正常用电需求。

（3）工厂为了保证生产正常进行，需要存储一定数量的原料。

如果没有存储原料或存储过少，就会发生停工待料现象；如果存储原料过多，除了占用资金外，还会支付一定的储存费，甚至还会出现其他风险。

（4）国家为了对货币进行宏观调控，央行需要对货币资金进行储备。

如果央行储备增多，则银行存款准备金率将上调，用于放贷的资金将减少，从而抑制投机行为，但同时贷款利率将上升，给人们带来一定的压力；如果央行储备减少，则存款准备金率将下调，银行将放出更多的贷款，从而导致热钱流入市场，引起通货膨胀，货币贬值，物价飞涨。

由类似以上问题可知，在生产、经营等活动中，有时会出现"供过于求"造成产品积压方面的损失，有时会出现"供不应求"造成缺货方面的损失。

为了使生产和经营有条不紊地进行，更为了解决经常出现的需求与供应等方面的矛盾，人们常常把所需物资等暂时储存起来，以备将来使用。为了利用存储手段缓解需求与供应等方面的不协调性，人们开始研究怎样控制存储量和存储时间，使损失最小而效益达到最大。经过长期的探索和研究，逐渐形成了运筹学的一个重要分支，即**存储论**。

存储论又称**库存理论**（inventory theory），是运筹学理论体系中发展较早的一个分支，它主要考虑两个基本问题，即需要供应多少和什么时候开始供应。把供应的多少称为"量"的问题，把什么时候供应称为"期"的问题，所以存储论的基本方法就是将一个现实的存储问题转化为一种数学模型，然后通过成本分析，解决"**量**"和"**期**"的问题，从而得出最佳的方案。

本章主要介绍存储论基本概念以及一些典型的存储模型，以便在解决实际问题时运用这一数学工具。

12.1　存储论的基本概念

在存储论中，涉及如下几个主要基本概念：

1. 需　求

对一个存储系统而言，需求就是输出，即从存储系统中取出一定数量的物资来满足消费的需要，需求的方式可以是间断成批的，也可以是连续均匀的。图 12.1 和图 12.2 是两种输出状态，二者在时间 t 内输出量都为 $S\text{-}W$，但图 12.1 为间断输出，图 12.2 为连续输出。

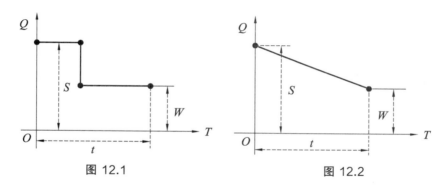

图 12.1　　　　　　　　　　图 12.2

单位时间内的需求称为**需求量**。有些需求量是确定的，比如汽车生产厂商按照订单合同每月卖给消费者多少辆汽车等；有些需求量是随机的，比如书店每月卖出的书可能是 1 500 本，也有可能是 800 本，对于诸如此类的需求，需要长期统计才能得出每月销售数量的规律。

2. 补　充

存储系统由于需求而使存储量不断减少，因此必须加以补充才能满足求的需要。补充就是存储系统的输入过程，指定周期内订货的数量或生产的数量称为**订购量**或**生产量**。补充主要是通过订货和生产来实现，而从订货到货物进入存储状态往往需要一段时间，因此为了在既定时间内能及时得到补充，必须提前订货，这段时间称为**提前时间**。提前时间可能是确定的，也可能是随机的，当然提前时间可以很长，也可以很短。

3. 费　用

费用包含的比较多，其中影响最大的有订货费、生产费、存储费、缺货费。

（1）**订货费**。

对外采购货物的费用，主要包括两项：一是订货费用，如手续费、交通费、电信往来、人员外出采购的成本等，订货费用是比较固定的费用，与订货的次数有关，但与订货的数量无关；二是货物成本费用，如货物本身的价格、运费等，货物成本费用是可变的费用，与订货的数量有关。

（2）**生产费**。

补充存储时，不需要对外采购而由本厂自行生产所产生的费用，主要包括两项：一是基本固定的装配费用；二是可变的材料费、人工费等与生产产品数量有关的费用。

（3）**存储费**。

由于货物占用资金所产生的利息、使用仓库、保管货物以及货物损坏变质造成的损失等费用的总和。这笔费用随着存储量的增加而增加，每件存储物单位时间内所分摊的费用通常用 C_1 表示。

（4）**缺货费**。

由于存储不足所造成的损失，如供不应求失去销售机会、停工待料等造成的损失，每件短缺物品单位时间内损失的费用常用 C_2 表示。另外，如果不允许缺货，那么缺货费认为是无穷大。

由以上存储费、订货费和缺货费的意义可知，为了保持一定的库存，要付出存储费；为了补充库存，要付出订货费；当存储不足发生缺货时，要付出缺货损失的费用。这三项费用之间是相互矛盾、相互制约的。存储费与所存储物资的数量和时间成正比，如降低存储量，缩短存储周期自然会降低存储费，但缩短存储周期，就要增加订货次数，进而增加订货费支出。为了防止缺货现象的发生，就要增加安全的库存量，但这样在减少缺货损失费的同时，也增大了库存费的开支，因此，要从存储系统总费用最小的前提出发，进行综合分析，从而寻求一个最佳的订购量和补充时机。

4. 存储策略

在存储系统中，往往需要把握每次的订购量和补充时机，所以存储论要解决的问题就是多少时间补充一次和每次补充的数量是多少，即指定所谓的**最优存储策略**。存储策略的优劣取决于该策略所耗费的费用，因此有必要对费用进行分析。

常见的存储策略有三种：

（1）t_0 循环型策略，即每隔 t_0 时间就补充一个固定的存储量 Q。

（2）(s, S) 型策略，即经常检查库存量 I，当库存量 $I \geqslant s$ 时，不补充；当 $I < s$ 时，就进行补充，补充的数量 $Q = S - I$，其中 s 指最低的库存量，也称**订货点**、**安全存储量**或**警戒线**等，S 指**最大库存量**。

（3）(t, s, S) 型混合策略，即每经过时间 t 检查库存量 I，若 $I \geqslant s$ 时，不补充；若 $I < s$ 时，使存储量达到 S。

无论哪种存储策略，最优存储策略就是既可以使总费用最少，又能避免因缺货而产生的影响。

5. 目标函数

要在一些策略中选择一个最优的策略，就需要有一个衡量优劣的标准，即**目标函数**。在存储问题中，通常把目标函数取为平均费用函数或平均利润函数，选择的策略应该使平均费用达到最小，或者使平均利润达到最大。

综上所述，在确定最优的存储策略时，首先要把实际的问题抽象为数学模型。在形成模型的过程中，对一些复杂的条件要尽量加以简化，只要模型能基本反映实际问题的本质就可以。然后对模型用数学的方法加以研究，从而得出数量的结论，而这些结论是否正确，还要拿到实践中加以检验，如结论与实际不符，就需要对模型重新分析、研究和修改。

存储模型大体上可分为两类：

（1）确定型存储模型，即模型中的数据都是确定的数值。

（2）随机型存储模型，即模型中的数值不是确定的，而是含有随机变量。

下面将按照确定型存储模型和随机型存储模型，分别介绍一些常见的存储模型。

12.2　确定型存储模型

这里介绍的确定型存储模型中的"量"和"期"的参数都是确定的，而且一种存储货物的"量"和"期"不与另一种存储货物的"量"和"期"发生关系或相互影响。

下面从简单经济订货存储模型、经济生产批量存储模型和具有附加条件的存储模型三个方面，分别介绍几个常见的确定型存储模型。

12.2.1　简单经济订货存储模型

为了使模型便于描述、分析、计算以及易于理解，在建立模型时，对模型都给出相应的假设条件。

1. 不允许缺货，补充时间很短的存储模型（模型一）

（1）**假设条件**。

① 缺货费用无穷大。

② 当存储量降低为零时，可以立即得到补充，即把提前时间近似地看做零。

③ 需求是连续和均匀的，设单位时间的需求量即需求速度 R 为常量，则 t 时间的需求量为 Rt。

④ 每次订货量不变，订货费不变。

⑤ 单位存储费不变。

（2）**存储状态图**。

存储状态的变化如图 12.3 所示。

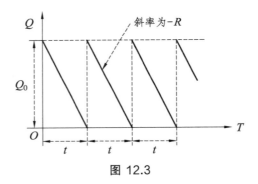

图 12.3

（3）**模型建立**。

由于此模型是可以得到立即补充，因此不会缺货，所以此模型不再考虑缺货的费用。此时用总平均费用来衡量存储策略的优劣，即此问题的目标函数可用总平均费用最小来建立。

由图 12.3 看出，每隔时间 t 就补充一次存储，那么订货量必须满足 t 时间的需求 Rt，则订货量 $Q=Rt$。设一次订货费为 C_3，货物单价为 K，那么订货费为 C_3+KRt，同时 t 时间的平均订货费为 $\dfrac{C_3}{t}+KR$。对图 12.3 利用几何知识可以得出，平均存储量为三角形高的二分之一，那么 t 时间内平均储存量为

$$\frac{1}{t}\int_0^t RT\mathrm{d}t = \frac{1}{2}Rt$$

设单位存储费用为 C_1，则 t 时间内的平均存储费用为 $\frac{1}{2}RtC_1$，那么 t 时间内总平均费用为

$$C(t) = \frac{C_3}{t} + KR + \frac{1}{2}RtC_1 \qquad (12.1)$$

问题是 t 取什么值时 $C(t)$ 能达到最小。现在将公式（12.1）两端对时间 t 求导，并令其等于 0，即有

$$\frac{\mathrm{d}C(t)}{\mathrm{d}t} = -\frac{C_3}{t^2} + \frac{1}{2}RC_1 = 0$$

解以上方程得最佳订货周期：

$$t_0 = \sqrt{\frac{2C_3}{C_1 R}} \qquad (12.2)$$

即每隔时间 t_0 就订货一次可使 $C(t)$ 能达到最小，其最佳订货量为

$$Q_0 = Rt_0 = R\sqrt{\frac{2C_3}{C_1 R}} = \sqrt{\frac{2C_3 R}{C_1}} \qquad (12.3)$$

公式（12.3）为存储论中著名的**经济订货批量**（Economic Ordering Quantity）**公式**，简称为 EOQ 公式，也称平方根公式，或经济批量（Economic lot size）公式。

在总平均费用公式（12.1）中，Q_0、t_0 都与货物单价 K 无关。为了分析和计算的方便，如无特殊需要，可以不再考虑此项费用，因此公式（12.1）可以改写为

$$C(t) = \frac{C_3}{t} + \frac{1}{2}RtC_1 \qquad (12.4)$$

再将 t_0 代入公式（12.4）中，可以得出最佳平均费用公式：

$$C_0 = C(t_0) = C_3\sqrt{\frac{C_1 R}{2C_3}} + \frac{1}{2}RC_1\sqrt{\frac{2C_3}{C_1 R}} = \sqrt{2C_1 C_3 R} \qquad (12.5)$$

例 12.1　某单位对某产品的需求量是 1 000 件/月，每批的订货费是 10 元，不允许缺货，货物到达后存入仓库，每月每件产品的存储费是 0.5 元，怎样组织进货最划算？

解　由题意可得到 $R=1\,000$ 件/月，$C_3=10$ 元/批，$C_1=0.5$ 元/月件，根据公式（12.2）、公式（12.3）和公式（12.5）计算如下：

最佳订货周期为

$$t_0 = \sqrt{\frac{2C_3}{C_1 R}} = \sqrt{\frac{2 \times 10}{0.5 \times 1\,000}} = 0.2 \text{（月）}$$

最佳订货量为

$$Q_0 = \sqrt{\frac{2C_3 R}{C_1}} = \sqrt{\frac{2 \times 10 \times 1\,000}{0.5}} = 200 \text{（件）}$$

最佳平均费用为

$$C_0 = \sqrt{2C_1 C_3 R} = \sqrt{2 \times 0.5 \times 10 \times 1\,000} = 100 \text{（元）}$$

由此可以知道，应该每隔 0.2 个月即 6 天进货一次，每次进货的数量为 200 件，这样就能使总平均费用达到最小，为每个月 100 元。

例 12.2 在例 12.1 的基础上，对某产品的需求量提高四倍，即 4 000 件/月，其他条件不变，那么最佳订货量是否也提高到四倍，即 800 件？

解 此时 $R = 4\,000$ 件/月，可以分别求出以下各量：

最佳订货周期为

$$t_0 = \sqrt{\frac{2C_3}{C_1 R}} = \sqrt{\frac{2 \times 10}{0.5 \times 4\,000}} = 0.1 \text{（月）}$$

最佳订货量为

$$Q_0 = \sqrt{\frac{2C_3 R}{C_1}} = \sqrt{\frac{2 \times 10 \times 4\,000}{0.5}} = 400 \text{（件）}$$

最佳平均费用为

$$C_0 = \sqrt{2C_1 C_3 R} = \sqrt{2 \times 0.5 \times 10 \times 4\,000} = 200 \text{（元）}$$

由此可知，应该每隔 0.1 个月即 3 天进货一次，每次进货的数量为 400 件，总平均最小费用为每个月 200 元。此种情况尽管对某产品的需求量提高了四倍，但最佳订货量却不是提高到四倍。

特别提示

通过以上两例可见，需求速度与订货量并不是同步增加的，这也说明了对每个问题建立存储模型的必要性。

2. 允许缺货，补充时间很短的存储模型（模型二）

在某些情况下，允许缺货也可能有利，允许缺货是指企业可以在存储量为零时，再过一段时间进货。这意味着企业可以少付几次订货费及存储费，但缺货会造成一定损失，因此需要在量化方面对缺货损失加以研究。

（1）**假设条件**。

① 设单位产品的缺货损失费为 C_2，顾客需求在进货后供应。

② 其他假设与模型一相同。

（2）**存储状态图**。

存储状态的变化如图 12.4 所示。

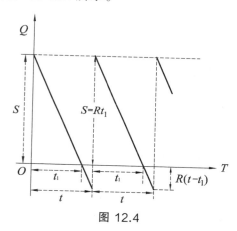

图 12.4

（3）**模型建立**。

设单位存储费用为 C_1、单位产品缺货损失费为 C_2；每一次订购费为 C_3，需求速度为 R。再假设最初的存储量为 S，可以满足时间 t_1 的需求，那么 t_1 时间的平均储存量为 $\frac{1}{2}S$，在 $(t-t_1)$ 的时间内存储量为零，平均的缺货量为：$\frac{1}{2}R(t-t_1)$。

在（$t-t_1$）时间内，由于 S 仅能满足 t_1 时间的需求，则有 $S=Rt_1$ 或 $t_1=\dfrac{S}{R}$。

在 t 时间内所需的存储费为

$$\frac{1}{2}St_1C_1 = \frac{1}{2}C_1\frac{S^2}{R}$$

在 t 时间内所需的缺货费为

$$\frac{1}{2}R(t-t_1)^2C_2 = \frac{1}{2}C_2\frac{(Rt-S)^2}{R}$$

t 时间内总平均费用为

$$C(t,S) = \frac{1}{t}\left(C_1\frac{S^2}{2R} + C_2\frac{(Rt-S)^2}{2R} + C_3\right)$$

式中有两个变量，可利用多元函数求极值的方法求 $C(t, S)$ 的最小值。令：

$$\frac{\partial C}{\partial S} = \frac{1}{t}\left(C_1 \frac{S}{R} - C_2 \frac{Rt-S}{R} \right) = 0$$

解上式可以得到

$$S = \frac{C_2 Rt}{C_1 + C_2} \tag{12.6}$$

再令

$$\frac{\partial C}{\partial t} = -\frac{1}{t^2}\left(C_1 \frac{S^2}{2R} + C_2 \frac{(Rt-S)^2}{2R} + C_3 \right) + \frac{1}{t}\left[C_2(Rt-S) \right] = 0$$

将公式（12.6）代入上式消去 S 后，得到最佳订货周期：

$$t_0 = \sqrt{\frac{2C_3(C_1+C_2)}{C_1 C_2 R}} = \sqrt{\frac{2C_3}{C_1 R}}\sqrt{\frac{C_1+C_2}{C_2}} \tag{12.7}$$

再将公式（12.7）代入公式（12.6），可以得到最佳存储量：

$$S_0 = \sqrt{\frac{2C_2 C_3 R}{C_1(C_1+C_2)}} = \sqrt{\frac{2C_3 R}{C_1}}\sqrt{\frac{C_2}{C_1+C_2}} \tag{12.8}$$

将公式（12.7）和公式（12.8）代入 t 时间内总平均费用公式，可以得出相应的平均最小费用公式：

$$C_0 = C(t_0, S_0) = \sqrt{\frac{2C_1 C_2 C_3 R}{C_1(C_1+C_2)}} = \sqrt{2C_1 C_3 R}\sqrt{\frac{C_2}{C_1+C_2}} \tag{12.9}$$

当缺货损失费 C_2 趋近于无穷大时，$C_2/(C_1+C_2)$ 趋近于 1，同样 $(C_1+C_2)/C_2$ 也趋近于 1，因此公式（12.7）、公式（12.8）和公式（12.9）就与模型一的三个公式对应相同。

通过对比发现，模型二的最佳周期 t_0 是不允许缺货最佳周期的 $\sqrt{\frac{C_1+C_2}{C_2}}$ 倍，因为 $(C_1+C_2)/C_2>1$，所以相当于模型一是两次订货周期的延长；同理，因为 $C_2/(C_1+C_2)<1$，所以缺货时的平均最小费用比不允许缺货时要低一些。

在不允许缺货的情况下，为了满足 t_0 时间内的需求，订货量 $Q_0=Rt_0$，即有

$$Q_0 = Rt_0 = R\sqrt{\frac{2C_3}{C_1 R}}\sqrt{\frac{C_1+C_2}{C_2}} = \sqrt{\frac{2C_3 R}{C_1}}\sqrt{\frac{C_1+C_2}{C_2}} \tag{12.10}$$

显然，$Q_0 \geqslant S_0$，它们的差值即为 t_0 时间内最大缺货数量，即

$$Q_0 - S_0 = \sqrt{\frac{2C_1C_3R}{C_2(C_1 + C_2)}} \qquad (12.11)$$

特别提示

在允许缺货的状态下，最佳存储策略是每隔 t_0 时间就订货一次，订货量为 Q_0，同时将 Q_0 中一部分用以弥补所缺的货物数量，剩余部分 S_0 进入储存。显然，在同一个时间段内，允许缺货时的订货次数比不允许缺货时的次数少，其总平均费用也相应低一些。

例 12.3 已知需求速度 $R=100$ 件/月，单位存储费用 $C_1=0.5$ 元/件月，单位产品缺货损失费 $C_2=0.2$ 元/件，每次订货费 $C_3=5$ 元/批，求最佳订货周期 t_0、最佳存储量 S_0、平均最小费用 C_0、最佳订货量 Q_0。

解 根据公式（12.7）、公式（12.8）、公式（12.9）和公式（12.10）依次进行计算：

最佳订货周期 t_0 为

$$t_0 = \sqrt{\frac{2C_3}{C_1R}}\sqrt{\frac{C_1 + C_2}{C_2}} = \sqrt{\frac{2 \times 5}{0.5 \times 100}}\sqrt{\frac{0.5 + 0.2}{0.2}} \approx 0.84 （月）$$

最佳存储量 S_0 为

$$S_0 = \sqrt{\frac{2C_3R}{C_1}}\sqrt{\frac{C_2}{C_1 + C_2}} = \sqrt{\frac{2 \times 5 \times 100}{0.5}}\sqrt{\frac{0.2}{0.5 + 0.2}} \approx 24 （件）$$

平均最小费用 C_0 为

$$C_0 = \sqrt{2C_1C_3R}\sqrt{\frac{C_2}{C_1 + C_2}} = \sqrt{2 \times 0.5 \times 5 \times 100}\sqrt{\frac{0.2}{0.5 + 0.2}} \approx 12 （元）$$

最佳订货量 Q_0 为

$$Q_0 = Rt_0 = 100 \times 0.84 = 84 \quad （件）$$

由此可知，在 0.84 个月即 25 天左右的时间内，最大的缺货数量为 $84 - 24 = 60$ 件。

12.2.2 经济生产批量存储模型

在生产活动的大部分情况下，产品的生产时间是不可忽视的，即生产的批量要有一定的时间才能完成。这类模型和前面所讲的简单经济订货存储模型略有差异，但两者的目的一样，建立模型时，都对模型建立相应的假设条件。

1. 不允许缺货，补充需要一定时间的存储模型（模型三）

（1）假设条件。

① 设生产批量为 Q，所用时间为 t_1，则生产速度为 $P=Q/t_1$。

② 需求速度为 R，应满足 $P>R$。

③ 其他假设与模型一相同。

（2）存储状态图。

存储状态的变化如图 12.5 所示。

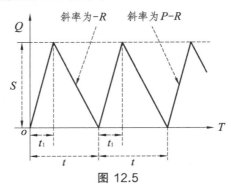

图 12.5

（3）模型建立。

在这种情况下，在 t_1 时间内，每一个单位时间内生产了 P 件产品，其中提取了 R 件。也就是说，在区间 $[0, t_1]$ 内，存储以 $P-R$ 的速度增加；在区间 $[t_1, t]$ 内，存储以 R 的速度减少，其中 t_1 和 t 都为待定系数。从图 12.5 中可以知道，t_1 时间内产品的生产量等于 t 时间内产品的需求量，因此有

$$(P - R)t_1 = R(t - t_1)$$

即有

$$Pt_1 = Rt$$

可以求出 $t_1 = Rt/P$，从而有以下的关系式：

t 时间内平均存储量为

$$\frac{1}{2}(P-R)t_1 = \frac{1}{2}\frac{P-R}{P}Rt$$

t 时间内存储费为

$$\frac{1}{2}C_1(P-R)t_1 t = \frac{1}{2}C_1\frac{P-R}{P}Rt^2$$

t 时间内所需装配费为 C_3，则单位时间 t 内总平均费用 $C(t)$ 的计算公式为

$$C(t) = \frac{1}{t}\left[\frac{1}{2}C_1\frac{P-R}{P}Rt^2 + C_3\right] \tag{12.12}$$

现在需要求出 $\min C(t)$，可以采用模型一的求导思路求出最小值，即有最佳的生产周期 t_0：

$$t_0 = \sqrt{\frac{2C_3 P}{C_1 R(P-R)}} \qquad (12.13)$$

最佳生产批量 Q_0：

$$Q_0 = Rt_0 = R\sqrt{\frac{2C_3 P}{C_1 R(P-R)}} = \sqrt{\frac{2C_3 PR}{C_1(P-R)}} \qquad (12.14)$$

最小总平均总费用 $C(t_0)$：

$$C(t_0) = \min C(t) = \sqrt{2C_1 C_3 R \frac{P-R}{P}} \qquad (12.15)$$

最佳生产时间 t_1：

$$t_1 = \frac{Rt_0}{P} = \sqrt{\frac{2C_3 R}{C_1 P(P-R)}} \qquad (12.16)$$

最大存储量 S_0：

$$S_0 = (P-R)t_1 = \sqrt{\frac{2C_3 R(P-R)}{C_1 P}} \qquad (12.17)$$

很显然，当 P 趋于无穷大时，$P/(P-R)$ 趋于 1，同样 $(P-R)/P$ 也趋于 1，因此公式（12.13）、公式（12.14）和公式（12.15）与模型一的三个公式对应相同。

例 12.4 已知某厂每月需要甲产品 200 件，每月的生产速度是 600 件，每批的生产费是 5 元，每月每件产品的存储费是 0.4 元，求最佳的生产周期 t_0、最佳生产批量 Q_0、最佳生产时间 t_1、最小总均总费用 $C(t_0)$、最大存储量 S_0。

解 由题意可得到 $R=200$ 件/月，$P=600$ 件/月，$C_1=0.4$ 元/月件，$C_3=5$ 元/批，将值代入对应的公式，计算如下：

最佳的生产周期 t_0：

$$t_0 = \sqrt{\frac{2C_3 P}{C_1 R(P-R)}} = \sqrt{\frac{2\times 5\times 600}{0.4\times 200\times(600-200)}} \approx 0.43 \text{（月）}$$

最佳生产批量：

$$Q_0 = Rt_0 = 200\times 0.43 = 86 \text{（件）}$$

最佳生产时间：

$$t_1 = \frac{Rt_0}{P} = \frac{86}{600} \approx 0.14 \text{（月）}$$

最小总均总费用 $C(t_0)$：

$$C(t_0) = \sqrt{2C_1C_3R\frac{P-R}{P}} = \sqrt{2 \times 0.4 \times 5 \times 200 \times \frac{600-200}{600}} \approx 23.1 \text{（元）}$$

最大存储量：

$$S_0 = (P-R)t_1 = (600-200) \times 0.14 = 56 \text{（件）}$$

2. 允许缺货，补充需要一定时间的存储模型（模型四）

该模型是以上三种存储模型的综合形式，是既考虑生产速度又考虑允许缺货的情况。

（1）**假设条件**。

① 生产需要一定时间，生产速度设为 P。

② 允许缺货，每单位缺货损失为 C_2。

③ 其他假设与模型一相同。

（2）**存储状态图**。

存储状态的变化如图 12.6 所示。

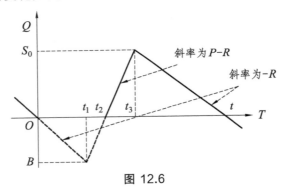

图 12.6

（3）**模型建立**。

针对图 12.6 中作如下说明：

取 $[0, t]$ 为一个周期，设 t_1 时刻开始生产或补充，$[0, t_2]$ 时间内存储量为 0，B 为最大缺货量。

$[t_1, t_2]$ 时间内除了满足需求外，还要补足 $[0, t_1]$ 时间内的缺货量。

$[t_2, t_3]$ 时间内除满足必要的需求外，剩余产品入库存储，存储量以 $(P-R)$ 的速度增加。

S 表示存储量，t_3 时刻达到最大存储量，停止生产。

$[t_3, t]$ 时间存储量以需求速度 R 减少，由图 12.6 可以看出，最大缺货量

$B=Rt_1$，或 $B=(P-R)\times(t_2-t_1)$，即有

$$Rt_1=(P-R)\times(t_2-t_1)$$

从而得到

$$t_1=\frac{(P-R)}{P}t_2 \qquad （12.18）$$

最大存储量为 $S=(P-R)\times(t_3-t_2)$ 或 $S=R\times(t-t_3)$，即

$$(P-R)\times(t_3-t_2)=R\times(t-t_3)$$

得到

$$t_3-t_2=\frac{R}{P}(t-t_2) \qquad （12.19）$$

在内 $[0,t]$ 时间内所需的存储费为

$$\frac{1}{2}C_1(P-R)(t_3-t_2)(t-t_2)$$

将公式（12.19）代入上式，消去 t_3，得到：

$$\frac{1}{2}C_1(P-R)\frac{R}{P}(t-t_2)^2$$

缺货费即为

$$\frac{1}{2}C_2Rt_1t_2$$

将公式（12.18）代入上式，消去 t_1，化简为

$$\frac{1}{2}C_2R\frac{P-R}{P}t_2^2$$

生产装配费为 C_3，那么 $[0,t]$ 时间内的平均总费用为

$$C(t,t_2)=\frac{1}{t}\left[\frac{1}{2}C_1(P-R)\frac{R}{P}(t-t_2)^2+\frac{1}{2}C_2R\frac{P-R}{P}t_2^2+C_3\right]$$

$$=\frac{1}{2}\frac{(P-R)R}{P}\left[C_1t-2C_1t_2+(C_1+C_2)\frac{t_2^2}{t}\right]+\frac{C_3}{t}$$

同样采用多元函数求极值办法求 $C(t,t_2)$ 的最小值，令 $\dfrac{\partial C(t,t_2)}{\partial t_2}=0$，求 t 的最优值 t_0 及 t_2，求解过程省略，结果如下：

$$t_0=\sqrt{\frac{2C_3}{C_1R}}\sqrt{\frac{C_1+C_2}{C_2}}\sqrt{\frac{P}{P-R}} \qquad （12.20）$$

$$t_2=\frac{C_1}{C_1+C_2}t_0 \qquad （12.21）$$

最佳生产批量 Q_0 为

$$Q_0 = Rt_0 = \sqrt{\frac{2C_3R}{C_1}}\sqrt{\frac{C_1+C_2}{C_2}}\sqrt{\frac{P}{P-R}} \qquad (12.22)$$

最大存储量 S_0 为

$$S_0 = R(t_0 - t_3) = \sqrt{\frac{2C_3R}{C_1}}\sqrt{\frac{C_2}{C_1+C_2}}\sqrt{\frac{P-R}{P}} \qquad (12.23)$$

最大缺货量 B_0 为

$$B_0 = Rt_1 = \frac{R(P-R)}{P}t_2 = \sqrt{\frac{2C_1C_3R}{(C_1+C_2)C_2}}\sqrt{\frac{P-R}{P}} \qquad (12.24)$$

最小总平均总费用 $C(t_0)$ 为

$$C(t_0) = C_0(t_0,t_2) = \min C(t,t_2) = \sqrt{2C_1C_3R}\sqrt{\frac{C_2}{C_1+C_2}}\sqrt{\frac{P-R}{P}} \qquad (12.25)$$

一个存储问题是否允许缺货或补充是否需要时间，取决于实际问题的处理角度，不存在绝对意义的不允许缺货或补充不需要时间。如果缺货引起的后果十分严重，则决策者应采用不允许缺货的建模方式，否则可以视为允许缺货。若补充时间相对于存储周期来说微不足道，则可以考虑建立不需要补充时间的存储模型，否则，视为需要考虑。在考虑补充时间时，需要分清生产时间和提前时间的概念，二者在建模上的处理是不同的。

特别提示

针对确定型存储问题来说，上述四种模型是最基本的模型。其中模型一、二、三可以看做是模型四的特殊情况，因为对于每个模型共有的参数即最优存储周期 t 来说，式 $C_2/(C_1+C_2)$ 的有无对应着是否允许缺货，式 $P/(P-R)$ 的有无对应着补充是否需要时间。

12.2.3　具有附加条件的存储模型

这里介绍的模型仍然是确定型存储模型，但是出现了一定的附加条件。附加条件有不同的类型，如货物价格有一定折扣、存储场地面积有一定限制、流动资金占有量有一定要求等。在实际的生产经营活动中，这类具有附加条件的存储问题经常遇到。下面介绍一种典型的具有附加条件的存储模型。

价格与订货量有关，且价格有折扣的存储模型（模型五）

前面讨论的四种模型都是货物单价是常量的情况，货物本身的单位价格与订货量无关，即得出的存储策略也与价格无关。但在现实生活中往往会看到这样的情况，一种商品有零售价与批发价之分，也就是说买的数量越多，价格越便宜；也有这样的情况，某种限量供应的商品，若超出供应部分则按照高额价格计算。

若考虑货物单价随订货量的变化而变化外，其余假设与模型一相同，因此需要制定一个最优的存储策略。一般地，设货物订货批量为 Q，相应的单价为 $K(Q)$，现在以 3 个等级为例说明，如图 12.7 所示。

$$K(Q) = \begin{cases} K_1, & \text{当 } 0 \leqslant Q < Q_1 \text{时} \\ K_2, & \text{当 } Q_1 \leqslant Q < Q_2 \text{时} \\ K_3, & \text{当 } Q_2 \leqslant Q \text{ 时} \end{cases}$$

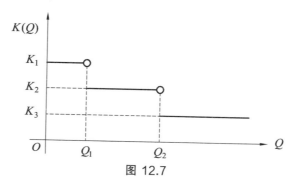

图 12.7

当订货量为 Q 时，一个周期内所需费用为 $\dfrac{1}{2}C_1 Q \dfrac{Q}{R} + C_3 + K(Q)Q$。

当 $Q \in [0, Q_1)$ 时有：$\dfrac{1}{2}C_1 Q \dfrac{Q}{R} + C_3 + K_1 Q$；

当 $Q \in [Q_1, Q_2)$ 时有：$\dfrac{1}{2}C_1 Q \dfrac{Q}{R} + C_3 + K_2 Q$；

当 $Q \in [Q_2, \infty)$ 时有：$\dfrac{1}{2}C_1 Q \dfrac{Q}{R} + C_3 + K_3 Q$。

从图 12.8 可知，平均每单位货物所需费用为：

当 $Q \in [0, Q_1)$ 时：$C_1(Q) = \dfrac{1}{2}C_1 \dfrac{Q}{R} + \dfrac{C_3}{Q} + K_1$；

当 $Q \in [Q_1, Q_2)$ 时：$C_{\text{II}}(Q) = \dfrac{1}{2}C_1 \dfrac{Q}{R} + \dfrac{C_3}{Q} + K_2$；

当 $Q \in [Q_2, \infty)$ 时：$C_{\text{III}}(Q) = \dfrac{1}{2}C_1 \dfrac{Q}{R} + \dfrac{C_3}{Q} + K_3$。

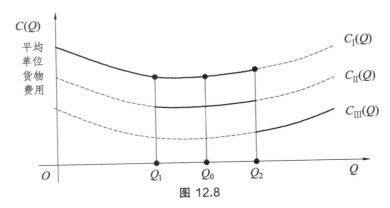

图 12.8

通过对比发现，如果不考虑上面三个函数的定义域，这三个函数只相差一个常数，因此它们的导函数相同。为了求最小值，可以用导数的方法找出极值点，再讨论极值点所在区域即可判定最优解。具体方法如下：

（1）对 $C_I(Q)$ 求导，不考虑定义域，得到极值点 Q_0；

（2）若 $Q_0 < Q_1$，计算：

$$C_I(Q_0) = \frac{1}{2} C_1 \frac{Q_0}{R} + \frac{C_3}{Q_0} + K_1$$

$$C_{II}(Q_1) = \frac{1}{2} C_1 \frac{Q_1}{R} + \frac{C_3}{Q_1} + K_2$$

$$C_{III}(Q_2) = \frac{1}{2} C_1 \frac{Q_2}{R} + \frac{C_3}{Q_2} + K_3$$

由 $\min\{C_I(Q_0), C_{II}(Q_1), C_{III}(Q_2)\}$ 得到的值，其所对应的订货批量就是费用最少的订购批量 Q^*。

（3）若 $Q_1 \leqslant Q_0 < Q_2$，计算 $C_{II}(Q_0)$ 和 $C_{III}(Q_2)$，由 $\min\{C_{II}(Q_0), C_{III}(Q_2)\}$ 确定 Q^*。

（4）若 $Q_0 \geqslant Q_2$，则 $Q^* = Q_0$。

同理，可将此例的算法步骤推广至 m 个价格等级的情况，在此不再赘述。

例 12.5　某工厂每周需要零件 32 箱，每次的订货费 15 元，存储费每箱每周 1 元，不允许缺货，零件单价如下所示，试求最优的存储策略。

$$K(Q) = \begin{cases} 12元，& 当 0 \leqslant Q < 20 时 \\ 10元，& 当 20 \leqslant Q < 40 时 \\ 8元，& 当 40 \leqslant Q 时 \end{cases}$$

解　利用模型一的经济批量公式可得

$$Q_0 = \sqrt{\frac{2C_3 R}{C_1}} = \sqrt{\frac{2 \times 15 \times 32}{1}} \approx 31 \text{（箱）}$$

31 属于 $20 \leqslant Q < 40$ 的范围，因此需要计算 $C(31)$ 和 $C(40)$ 的值，分别如下：

$$C(31) = \frac{1}{2} \times 1 \times \frac{31}{32} + \frac{15}{31} + 10 \approx 11 \text{（元 / 箱）}$$

$$C(40) = \frac{1}{2} \times 1 \times \frac{40}{32} + \frac{15}{40} + 8 = 9 \text{（元 / 箱）}$$

由 $C(40) < C(31)$ 可知，最佳订货量 $Q^* = 40$ 箱。其中最佳订货周期 $t_0 = Q^*/R =$ 40/32=1.25(周)。即该厂每次订货 40 箱，订货周期为 1.25 周。

12.3　随机型存储模型

在实际问题中，由于种种因素，会造成存储问题中某些变量不可能确知，这样的存储问题就不能像前面所讲的那样构造出确定型存储模型，因为变量是随机的，那么相应的存储模型也就是**随机型存储模型**。另外，随机型存储模型的一个重要特点就是需求是随机的，但其分布或概率应该是已知的。

针对随机型存储模型，前面所介绍的模型已经不再适用，这时必须采取新的存储策略。可供选择的策略一般有三种：

（1）定期订货，即订货数量根据上一周期末剩下的货物数量决定订货量，若剩余数量少，则可以多订货；若剩余数量多，则可以少订或者不订货。

（2）定点订货，即存储量降低到某一确定数量时订货，不再考虑间隔时间，这一数量值称为订货点，每次订货数量不变。

（3）定点订货与定期订货的结合，即隔一定时间检查一次存储，如果存储数量高于一个数值 s，则不订货；如果小于 s 则订货以补充存储，订货量必须使得存储量达到 S，这种策略简称为 (s, S) 存储策略。

因为变量是随机变量，而这些随机变量可能是离散的，也可能是连续的，那么随机型存储问题要比确定型存储问题复杂，因此这里仅仅介绍几种主要的常见随机型存储模型。

12.3.1　无初始库存的单周期随机存储模型（模型六）

1. 需求为离散的随机变量

设货物的单位成本为 K，订购费为 C_3，单位存储费为 C_1，货物售价为 P，滞销的处理价为 V，单位缺货费用为 C_2，订购量为 Q，需求量为 r，需求量 r

的概率为 $P(r)$，整个周期只考虑一次进货，试求怎样确定 Q 使损失期望值最小，即盈利期望值最大。

解 订购量 Q 与需求量 r 存在以下三种关系：

（1）供求平衡。即 $r=Q$，滞销损失和缺货损失为 0，存储费为 $\frac{1}{2}C_1Q$。

（2）供过于求。即 $r<Q$，滞销量为 $Q-r$，滞销损失为 $(Q-r)\times(K-V)$，缺货损失为 0。虽然是一次性进货，但不是一次售完，还应该考虑存储费。假设在一段时间内以不变速率销售完 r，那么售出货物的存储费为 $\frac{1}{2}C_1r$；滞销的货物在期末一次性处理售完，其存储费为 $(Q-r)\times C_1$。

（3）供不应求。即 $r>Q$，此时缺货量为 $r-Q$，滞销损失为 0，缺货费为 $(r-Q)\times C_2$。假定在一段时间内以不变速率售完 Q，其存储费即为 $\frac{1}{2}C_1Q$。

损失期望为

$$C(Q) = \sum_{r<Q}\left[(K-V)(Q-R)+\frac{1}{2}C_1r+C_1(Q-r)\right]P(r)+$$
$$\sum_{r>Q}\left[C_2(r-Q)+\frac{1}{2}C_1Q\right]P(r)+C_3$$

化简为

$$C(Q) = \sum_{r<Q}\left[\left(-K+V-\frac{1}{2}C_1\right)r+(K-V+C_1)Q\right]P(r)+$$
$$\sum_{r>Q}\left[C_2r-C_2Q+\frac{1}{2}C_1Q\right]P(r)+C_3$$

由于 r 是离散的，不能求导计算最小值，因此采用差分法，最佳订购量应该满足：

（1）$C(Q)\leqslant C(Q+1)$；

（2）$C(Q)\leqslant C(Q-1)$。

从（1）式可以得到：

$$\sum_{r=0}^{Q}\left[\left(-K+V-\frac{1}{2}C_1\right)r+(K-V+C_1)Q\right]P(r)+\sum_{r=Q+1}^{\infty}\left[C_2r-C_2Q+\frac{1}{2}C_1Q\right]P(r)+C_3$$
$$\leqslant\sum_{r=0}^{Q+1}\left[\left(-K+V-\frac{1}{2}C_1\right)r+(K-V+C_1)Q\right]P(r)+$$
$$\sum_{r=Q+2}^{\infty}\left[C_2r-C_2(Q+1)+\frac{1}{2}C_1(Q+1)\right]P(r)+C_3$$

整理得
$$(K-V+C_1)\sum_{r=0}^{Q}P(r)+(-C_2+\frac{1}{2}C_1)\sum_{r=Q+1}^{\infty}P(r)\geqslant 0$$

由于 $\sum_{r=0}^{Q}P(r)+\sum_{r=Q+1}^{\infty}P(r)=1$，又因为 $C_2=P-K$，进一步化简得到：

$$\sum_{r=0}^{Q}P(r)\geqslant\frac{P-K-\frac{1}{2}C_1}{P-V+\frac{1}{2}C_1}$$

同理，由（2）式可得：

$$\sum_{r=0}^{Q-1}P(r)\leqslant\frac{P-K-\frac{1}{2}C_1}{P-V+\frac{1}{2}C_1}$$

因此最佳订购量 Q^* 应该满足：

$$\sum_{r=0}^{Q^*-1}P(r)\leqslant\frac{P-K-\frac{1}{2}C_1}{P-V+\frac{1}{2}C_1}\leqslant\sum_{r=0}^{Q^*}P(r)\qquad（12.26）$$

从式（12.26）可以看出，最佳订购量与订购费 C_3 无关。但并不是说按 Q^* 订购就一定会获利，当订购费 C_3 很大时，利润可能为负，按照 Q^* 订购只能使损失最小而已，因此决策时，C_3 也是个参考的依据。

特别需要说明的是，若存储费用 $C_1=0$，那么此时的最佳订购量 Q^* 满足：

$$\sum_{r=0}^{Q-1}P(r)\leqslant\frac{P-K}{P-V}\leqslant\sum_{r=0}^{Q}P(r)\qquad（12.27）$$

这个问题又叫"报童问题"，即假设报童每天售出的报纸数量是一个随机变量，且每售出一份报纸能赚 k 元，若报纸未能售出，每份赔 h 元，售出报纸份数 r 的概率 $P(r)$ 已知，那么报童每天最好应该准备多少份报纸，此问题根据式（12.27）可以表示为

$$\sum_{r=0}^{Q-1}P(r)\leqslant\frac{k}{k+h}\leqslant\sum_{r=0}^{Q}P(r)$$

例 12.6 某种商品销售旺季为 6 个月，其需求量的概率分布如表 12.1 所示，该商品进货价格为每件 10 元，售价为每件 15 元，存储费为每月每件 0.2 元，若滞销，则以每件 6 元的价格处理完，求最佳的订货量。

表 12.1　需求量概率分布表

需求量（件）	100	110	120	130	140	150	160
概率 $P(r)$	0.05	0.15	0.2	0.2	0.1	0.15	0.15

解　由题意可知，$C_1=0.2\times6=1.2$，$P=15$，$K=8$，$V=6$，由公式（11.26）得

$$\frac{P-K-\frac{1}{2}C_1}{P-V+\frac{1}{2}C_1}=\frac{15-8-0.6}{15-6+0.6}=0.667$$

计算结果如表 12.2 所示：

表 12.2　计算结果表

需求量（件）	100	110	120	130	140	150	160
$\sum\limits_{r=0}^{Q}P(r)$	0.05	0.2	0.4	0.6	0.7	0.85	1

因为 0.6<0.667<0.7，所以最佳订购批量应该为 140 件。

模型六有一个严格约定，即两次订货之间没有联系，是相互独立的，这种存储策略也称为定期定量订货。

2. 需求为连续的随机变量

假设条件：需求 r 是连续的随机变量，密度函数为 $f(r)$，则有 $\int_0^\infty f(r)\mathrm{d}r=1$，分布函数即为 $F(a)=\int_0^a f(r)\mathrm{d}r$，其余假设条件与离散模型相同。

当订购量为 Q 时，损失期望为

$$C(Q)=\int_0^Q\left[\left(-K+V+\frac{1}{2}C_1\right)r+(K-V+C_1)Q\right]f(r)\mathrm{d}r+\int_Q^\infty\left[C_2r-C_2Q+\frac{1}{2}C_1Q\right]f(r)\mathrm{d}r$$

对 Q 求导，令其等于 0，有

$$\frac{\mathrm{d}C(Q)}{\mathrm{d}Q}=(K-V+C_1)\int_0^Q f(r)\mathrm{d}r+\left(-C_2+\frac{1}{2}C_1\right)\int_Q^\infty f(r)\mathrm{d}r=0$$

因为 $\int_0^Q f(r)\mathrm{d}r+\int_Q^\infty f(r)\mathrm{d}r=1$ 及 $C_2=P-K$，所以

$$F(Q)=\int_0^Q f(r)\mathrm{d}r=\frac{P-K-\frac{1}{2}C_1}{P-V+\frac{1}{2}C_1} \tag{12.28}$$

若不考虑存储费，可得

$$F(Q) = \int_0^Q f(r)\mathrm{d}r = \frac{P-K}{P-V} \qquad (12.29)$$

例 12.7　某种商品需求呈正态分布，均值 $\mu=150$，标准差 $\sigma=25$。已知商品进价为 6 元，卖价 13 元，若销售不完可退回原生产单位，每单位按 3 元处理，求最佳订购批量。

解　由题意可知，$P=13$，$K=6$，$V=3$，$r \sim N(150, 25^2)$，则有

$$F(Q) = \int_0^{\frac{Q-150}{25}} \frac{1}{\sqrt{2\pi}} \mathrm{e}^{-\frac{r^2}{2}} \mathrm{d}r = \frac{13-6}{13-3} = 0.7$$

查标准正态分布表可知，使 $N(0, 1)$ 成立的 $(Q-150)/25$ 值为 0.525，因此 $Q=25\times0.525+150=163$，即最佳订购批量为 163 件。

12.3.2　定期不定量的随机存储模型（模型七）

模型六只解决了一个阶段问题，其认为相邻两阶段是独立无联系的，即上一阶段的货物不能在下一阶段销售，如果上一阶段末剩下的货物可以继续在下一阶段出售的话，上述模型就不再适用。

1. 需求为离散的随机变量

设货物单位成本为 K，单位存储费用为 C_1，本阶段单位缺货费为 C_2，需求为 r，概率为 $P(r)$，有 $\sum_{i=0}^{m} P(r_i) = 1$。初期剩余存储量 I，订货量 Q，那么怎样的订货量 Q 才能使损失期望最小，即盈利期望最大？

由假设可知初期存储量达到 $S=I+Q$，订货费为 KQ。

针对存储费有：

当需求 $r<I+Q$ 时，剩余货物需支付存储费；当 $r \geq I+Q$ 时，不支付存储费。为了简化，不考虑已售出货物的存储费用，因此存储费的期望为

$$\sum_{r<I+Q} C_1(I+Q-r)P(r)$$

针对缺货费有：

当需求 $r>I+Q$ 时，$(r-I-Q)$ 部分需支付缺货费，所以缺货费的期望为

$$\sum_{r>I+Q} C_2(r-I-Q)P(r)$$

因此本阶段所有费用的期望之和为

因此
$$C(I+Q) = KQ + \sum_{r<I+Q} C_1(I+Q-r)P(r) + \sum_{r>I+Q} C_2(r-I-Q)P(r)$$

由 $S=I+Q$，上式可以写成

$$C(S) = K(S-I) + \sum_{r \leqslant S} C_1(S-r)P(r) + \sum_{r>S} C_2(r-S)P(r)$$

求出 S 使得 $C(S)$ 最小。

求解如下：

（1）将需求 r 的随机值按照从小到大的顺序排列：

$$r_0, r_1, \cdots, r_i, r_{i+1}, \cdots, r_m$$

可知 $r_i < r_{i+1}$，其中 $i=0, 1, \cdots, m-1$。

（2）当 S 取值为 r_i 时，记为 S_i，则有

$$\Delta S_i = S_{i+1} - S_i = r_{i+1} - r_i \quad (i=0, 1, \cdots, m-1)$$

（3）求 S 使得 $C(S)$ 最小，有

$$C(S_{i+1}) = K(S_{i+1}-I) + \sum_{r \leqslant S_{i+1}} C_1(S_{i+1}-r)P(r) + \sum_{r>S_{i+1}} C_2(r-S_{i+1})P(r)$$

$$C(S_i) = K(S_i-I) + \sum_{r \leqslant S_i} C_1(S_i-r)P(r) + \sum_{r>S_i} C_2(r-S_i)P(r)$$

$$C(S_{i-1}) = K(S_{i-1}-I) + \sum_{r \leqslant S_{i-1}} C_1(S_{i-1}-r)P(r) + \sum_{r>S_{i-1}} C_2(r-S_{i-1})P(r)$$

S_i 最小时应该满足不等式 $C(S_i) \leqslant C(S_{i+1})$，而且 $C(S_i) \leqslant C(S_{i-1})$，那么给如下的定义：

$$\Delta C(S_i) = C(S_{i+1}) - C(S_i), \quad \Delta C(S_{i-1}) = C(S_i) - C(S_{i-1})$$

则有
$$\Delta C(S_i) = C(S_{i+1}) - C(S_i) = K\Delta S_i + C_1 \Delta S_i \sum_{r \leqslant S_i} P(r) - C_2 \Delta S_i \sum_{r>S_i} P(r)$$

$$= K\Delta S_i + C_1 \Delta S_i \sum_{r \leqslant S_i} P(r) - C_2 \Delta S_i \left[1 - \sum_{r>S_i} P(r)\right]$$

$$= K\Delta S_i + (C_1+C_2)\Delta S_i \sum_{r \leqslant S_i} P(r) - C_2 \Delta S_i \geqslant 0$$

由于 $\Delta S_i > 0$，则有
$$K + (C_1+C_2)\sum_{r \leqslant S_i} P(r) - C_2 \geqslant 0$$

因此有
$$\sum_{r \leqslant S_i} P(r) \geqslant \frac{C_2-K}{C_1+C_2}$$

同理可得
$$\sum_{r \leqslant S_{i-1}} P(r) \leqslant \frac{C_2-K}{C_1+C_2}$$

因为$(C_2-K)/(C_1+C_2)$严格小于 1，所以上式又称为临界值，用 N 表示，即有

$$N=(C_2-K)/(C_1+C_2)$$

综合得到 S_i 的不等式：

$$\sum_{r \leqslant S_{i-1}} P(r) < N = \frac{C_2-K}{C_1+C_2} \leqslant \sum_{r \leqslant S_i} P(r) \qquad （12.30）$$

取满足（12.30）的 S_i 为 S，即得到最佳存储量，那么本阶段的订货量 $Q=S-I$。

综上所述，此模型的存储策略为，当 $I \geqslant S$ 时，本阶段不订货；当 $I<S$ 时，本阶段订货，订货量为 $Q=S-I$，使本阶段存储量达到 S 时的盈利期望最大。

例 12.8　某公司对原料需求如表 12.3 所示，每箱原料购价 $K=400$ 元，本阶段存储费为每箱 $C_1=20$ 元，本阶段缺货费为每箱 $C_2=600$ 元，原有存储量 $I=10$ 箱。

表 12.3　原料需求表

需求量 r	20	30	40	50
概率 $P(r)$	0.2	0.3	0.3	0.2

求该公司最佳存储量、最佳订购量以及存储策略。

解　（1）利用公式(12.30)计算临界值：

$$N = \frac{C_2-K}{C_1+C_2} = \frac{600-400}{600+20} = 0.323$$

（2）取满足不等式 $N \leqslant \sum_{r \leqslant S_i} P(r)$ 最小的 S_i 作为 S，有

$$P(20)=0.2<0.323, \quad P(20)+P(30)=0.5>0.323$$

所以最佳存储量 $S=30$ 箱。

（3）最佳订货量 $Q=S-I=30-10=20$（箱）。

所以初期存储量为 30 箱，由于原存储量 $I=10<30$，所以需要订购，订购量为 20 箱。

2. 需求为连续的随机变量

设需求 r 是连续型随机变量，密度函数为 $f(r)$，有 $\int_0^\infty f(r)\mathrm{d}r = 1$，分布函数为 $F(a)=\int_0^a f(r)\mathrm{d}r\,(a>0)$，初期存储量为 I，其余条件和离散情况一样。

推导从略，不难得出：

$$F(S) = \int_0^S f(r)dr = \frac{C_2 - K}{C_1 + C_2} \qquad （12.31）$$

最佳存储量即为 S，订货量 $Q = S - I$。

例 12.9 某商店销售一种商品，每件进价 4 元，本阶段每件产品存储费 1 元，若缺货，每件的缺货费为 15 元，已知需求量服从[15, 20]区间均匀分布，商店目前有 8 件存货，试求最佳期初存储量和最佳订购量。

解 由题意 $C_1 = 1$，$C_2 = 15$，$K = 4$，需求概率密度函数为

$$f(r) = \frac{1}{20 - 15} = \frac{1}{5} (15 \leqslant r \leqslant 20)$$

利用公式(12.31)可得

$$\int_{15}^S \frac{1}{5} dr = \frac{15 - 4}{1 + 15} = 0.688$$

解得 $S = 18.44$，取整得到 $S = 19$（件），$Q = 19 - 8 = 11$（件），即最佳库存量为 19 件，最佳订购量为 11 件。

12.3.3 (s, S) 随机存储模型（模型八）

模型七讨论了具有初始库存情况下，每阶段最佳存储量和最佳订购量问题，并给出了不考虑订购费时的存储策略。如果要考虑订购费，就需要考虑如何确定最佳库存水平以及决定是否补充库存，这就是 (s, S) 存储模型需要解决的问题。

因为需求为连续的情况较为复杂，本教材只考虑需求为离散的情况，针对需求为连续的情况不予讨论。

若本阶段不订货，可以节省订购费 C_3，因此假设存在一个数值 $s(s \leqslant S)$ 使下式成立：

$$\sum_{r \leqslant S} C_1(s - r)P(r) + \sum_{r > S} C_2(r - s)P(r)$$
$$\leqslant C_3 + K(S - s) + \sum_{r \leqslant S} C_1(S - r)P(r) + \sum_{r > S} C_2(r - S)P(r)$$

上式中，不等式左边是不订货费用期望，右边是订货后的期望。如果不等式成立，则不订货是有利的；否则应该订货，其订货量 $Q = S - I$。整理上式得到：

$$Ks + \sum_{r \leqslant S} C_1(s - r)P(r) + \sum_{r > S} C_2(r - s)P(r)$$
$$\leqslant C_3 + KS + \sum_{r \leqslant S} C_1(S - r)P(r) + \sum_{r > S} C_2(r - S)P(r) \qquad （12.32）$$

当 $s = S$ 时，因为 $C_3 > 0$，不等式恒成立；当 $s < S$ 时，不等式左边的存储费期望值小于右边，但其缺货费期望值大于右边，不等式不一定成立。由于 S 只

能从 $r_0, r_1, \cdots, r_m$ 中取值，那么能使式（12.32）成立的一定是最小的 $r_i(r_i \leq S)$。

因此存储策略为，在阶段初期检查存储，当库存 $I < S$ 时，本阶段就需要订货，订货量 $Q = S - I$；当库存 $I \geq S$ 时，不订货。此方法是把定期订货和定点订货综合起来，对不容易清点数量的货物，通常分为两堆存放，一堆为 s，其余放另一堆，不过平时从另外一堆取用。当动用了 s 这堆，期末需要订货，否则不订货。这种方法俗称"两堆法"。

例 12.10 某厂对原料的需求概率见表 12.4，每次订购费 $C_3 = 300$ 元，原料单价 $K = 300$ 元，每吨原料存储费 $C_1 = 50$ 元，缺货费每吨 $C_2 = 500$ 元，试求该厂 (s, S) 策略下的存储策略以及 s 与 S 的值。

表 12.4 原料需求表

需求量 r	20	30	40	50	60
概率 $P(r)$	0.1	0.1	0.3	0.3	0.2

解 计算临界值：

$$N = \frac{C_2 - K}{C_1 + C_2} = \frac{500 - 300}{500 + 50} = 0.364$$

$$P(20) + P(30) = 0.2 < 0.364, \quad P(20) + P(30) + P(40) = 0.5 > 0.364$$

则 $S = 40$。因为 $s \leq S$，所以 s 只能是 20，30，40 中的一个。将 $S = 40$ 代入式（12.32）右端，有

$$300 + 300 \times 40 + 50 \times [(40 - 20) \times 0.1 + (40 - 30) \times 0.1 + (40 - 40) \times 0.3] +$$
$$500 \times [(50 - 40) \times 0.3 + (60 - 40) \times 0.2] = 15\,950$$

将 $s = 20$ 代入式（12.32）左端，有

$$300 \times 20 + 50 \times [(20 - 20) \times 0.1] + 500 \times$$
$$[(30 - 20) \times 0.1 + (40 - 20) \times 0.3 + (50 - 20) \times 0.3 + (60 - 20) \times 0.2] = 18\,000 > 15\,950$$

将 $s = 30$ 代入式（12.32）左端，有

$$300 \times 30 + 50 \times [(30 - 20) \times 0.1 + (30 - 30) \times 0.1] +$$
$$500 \times [(40 - 30) \times 0.3 + (50 - 30) \times 0.3 + (60 - 30) \times 0.2] = 16\,550 > 15\,950$$

只有 $s = 40$ 才满足不等式，所以 $s = 40$（吨），即该存储策略是，初期 $I \leq 40$ 时，需要将库存量补充至 S 即 40 吨，否则不补充。

本章小结

本章首先给出了存储论的相关概念以及其他知识，同时论述了确定型存储问题，在此基础上，按照简单经济订货存储模型、经济生产批量存储模型、

具有附加条件的存储模型三类划分，较为详细地介绍了确定型存储问题中几个比较常见的确定型存储模型。另外，针对变量的随机性，引出了随机型存储问题，同时基于随机变量的离散性和连续性现象，介绍了无初始库存的单周期随机存储模型、定期不定量的随机存储模型、(s, S)随机存储模型三个比较常见的随机型存储模型。

本章要点

存储论的基本概念。

本章重点

确定型存储问题中相关的模型理解及应用。

本章难点

随机型存储问题中相关的模型理解及应用。

本章术语

存储论；库存理论；需求量；定购量；提前时间；最优存储策略；目标函数；经济订货批量公式；确定型存储模型；随机型存储模型。

习　题

1. 铁路建设需要大量的钢材，已知某在建铁路项目每月需要钢材 600 吨，需求速度为连续均匀的，每批钢材的订货费为 50 元，每吨钢材每月的保管费用为 1 元，试求：

（1）假设不允许缺货，求经济订货批量(EOQ)与订货周期。

（2）假设缺货成本为每月每吨 5 元，求最佳订货周期和订货数量。

（3）假设允许缺货，且送货延迟为 5 天，求此时的最佳订货周期和订货量。

2. 某市公交集团需要定期为公交车辆更换一种零部件，已知每月对该零部件的需求量为 200 件，订货费为每批 50 元，存储费为每月每件 0.8 元。为了不影响下属的公交公司正常运营，不允许缺货，试求经济订货批量(EOQ)与订货周期。

另外，公交集团为了少占用流动资金，希望进一步降低存储量，决定使平均总费用之和在原有最低平均费用的基础上增加 10%，求此时的最优存储策略。

3. 某大型超市销售某商品，该商品购入单价为 200 元，年存储费用为单价的 10%，年需求量为 365 件，需求速度为常数，产品的订货费用为 10 元，该商品需要提前 5 天预订，试求经济订货批量及最低平均费用。

4. 某电器零售商场，预期年电器销售量为 350 件，且在全年（按 300 天计）内基本均衡。若该商店每组织一次进货需订购费 50 元，存储费为每年每件 13.75 元，当供应商短缺时，每短缺一件的机会损失为 25 元，已知订货提前期为零，求经济订货批量和最大允许的短缺数量。

5. 为缓解日益增长的交通压力，交通管理部门计划在全城范围内逐步更新交通信号灯，计划每月更新信号灯 60 个，于是决定向某电子公司订购一批交通信号灯。已知该电子公司每月的生产速度是 140 个，每批的生产费是 100 元，每月每个产品的存储费是 10 元，求该电子公司提供信号灯的最佳生产周期 t_0 和最佳生产批量 Q_0。

6. 某报刊亭每天向邮局订购报纸若干份，订购报纸每份 0.35 元，报纸零售价每份 0.50 元。如果当天没有售完，第二天可以退回邮局，邮局按每份 0.10 元退款，这种报纸的需求概率分布如表 12.5 所示，问报刊亭应订多少份报纸才能保证损失最少而赚钱最多？

表 12.5

需求量（份）	9	10	11	12	13	14
概率 $P(r)$	0.05	0.15	0.20	0.40	0.15	0.05

7. 某条高速公路的修建需要大量高品质水泥，在某段时间内修建该高速公路所消耗的水泥与天气有关，所需水泥如表 12.6 所示。每吨水泥的购价 $K=500$ 元，本阶段在工地仓库存储费为每吨 $C_1=10$ 元，如果缺货，对工期产生影响所造成的损失为每吨水泥 $C_2=850$ 元，而工地仓库中原有的存储量 $I=20$ 吨。求最佳存储量、最佳订货量。

表 12.6

需求量 r	120	140	160	180	200	220
概率 $P(r)$	0.1	0.2	0.4	0.2	0.05	0.05

8. 某食品公司用水果加工成果汁出售，已知每箱水果的购价为 80 元，订购费为 $C_3=6$ 元，存储费每箱 $C_1=4$ 元，缺货费每箱 $C_2=101.5$ 元，原有存储量 $I=10$ 箱。已知该食品公司对水果需求的概率如表 12.7 所示，求该公司订购水果的最佳订购量。

表 12.7

需求量 r	30	40	50	60
概率 $P(r)$	0.2	0.2	0.4	0.2

下篇知识点练习题

一、填空题

1. 在无向图中，有一样端点的边称为_____边。

2. 去掉有向图方向就能得到一个无向图，该无向图称为_____。

3. 任意两个端点之间有且仅有一条边的无向图称为_____图。

4. f 为网络 G 上一个流，若存在 $e \in E$ 且 $f(e)=c(e)$，称边 e 为流 f 的_____边。

4. 设 f 为网络图 G 上一个流，若存在 $e \in E$ 且 $f(e)<c(e)$，称边 e 为流 f 的_____边。

5. 如果网络图中边的流量等于容量，这条边就是饱和边或_____边。

6. 若 Q 为流 f 的一条饱和链，则链中至少有一条前向边为流 f 的_____边，或至少有一条后向边为流 f 的_____边。

7. 若 Q 为流 f 的一条不饱和链，则链中所有前向边都为流 f 的_____边，所有后向边都为流 f 的_____。

8. 在运输网络中，最小割的值一定_____最大流的流值。

9. 在运输网络中，容量约束条件是_____。

10. 流 f 为网络图 G 的最大流的充要条件就是 G 中不存在流 f 的_____。

11. 最大流算法是通过寻找_____对流量进行分配。

12. 最小费用流算法是通过构造_____网络来确定关于_____的最短路径，从而对网络的流量进行分配。

13. 最小费用流算法中，构造增流网络的目的是寻找关于_____最低的____链。

14. 设 A 为运输网络 G 的最大流的流值，f_A^* 为 G 中流值为 A 的最小费用流，则 f_A^* 称为 G 的_____流。

15. 系统期望排队的顾客数通常称为_____。

16. 统筹图中最长的路线称为_____路线。

17. 在统筹网络图中，非关键工序时间的缩短_____整个工期。

18. 在统筹图中，当关键路线不止一条时，只有_____工序缩短才会缩短整个工期。

19. 绘制统筹图时，用到的_____工序是不需要花费时间和资源的。

20. 存储策略的优劣取决于该策略所耗费的_____。

二、选择题

1. 图的邻接矩阵表示图中_____的关联关系。

    A. 顶点之间   B. 边之间   C. 顶点和边之间   D. 图和顶点

2. 下列符合图的平行边定义的有_____。

| A | B | C | D |

3. 寻找图的最小生成树的方法有_____。

　　A. 避圈法　　　　　B. 增流链法　　　　C. 闭回路法　　　D. 破圈法

4. 在运输网络中，流量一定_____容量。

　　A. 小于　　　　　　B. 等于　　　　　　C. 小于等于　　　D. 大于等于

5. 对于网络图 G 上的流 f，必须满足_____条件。

　　A. 容量约束　　　　B. 线性约束　　　　C. 最优性　　　　D. 流量守恒

6. 增流链_____不饱和链。

　　A. 不是　　　　　　B. 可能是　　　　　C. 一定是　　　　D. 无法确定

7. 网络图中，既满足流值最大又满足费用最小的流是_____。

　　A. 一定存在　　　　B. 不存在　　　　　C. 不一定存在　　D. 可能存在

8. 在统筹网络中，不消耗资源和费用的是_____。

　　A. 工序　　　　　　B. 事项　　　　　　C. 虚工序　　　　D. 关键工序

9. 关键路线不止一条的统筹图中，只有_____工序缩短才会影响整个工期。

　　A. 共有的　　　　　B. 一个　　　　　　C. 两个　　　　　D. 所有的

10. 关键路线不止一条的统筹图中，如果非共有关键工序的时间延长_____影响整个工期。

　　A. 不会　　　　　　B. 一定会　　　　　C. 可能　　　　　D. 无法确定

11. 在统筹图中，关键工序的工序时间减少_____缩短整个工期。

　　A. 不会　　　　　　B. 有可能　　　　　C. 不一定　　　　D. 一定

12. 排队现象是由于_____的随机性和（或）_____的随机性而产生的。

　　A. 服务时间　　　　B. 服务员数　　　　C. 顾客到达时间　D. 排队规则

13. 在$(M/M/C):(N/\infty/FCFS)$的排队模型中，当第 $N+1$ 个顾客到达时_____进入排队系统。

　　A. 可以　　　　　　B. 不能　　　　　　C. 等待　　　　　D. 无法确定

14. 确定型存储模型中的"量"和"期"的参数都是_____的。

　　A. 不确定　　　　　B. 随机　　　　　　C. 确定　　　　　D. 模糊

三、判断对错并解释错误的原因

1. 无向图的邻接矩阵是对称矩阵。(　　　　)

2. 如果边 e 为不饱和边，那么边 e 一定为正边。（　　）

3. 不饱和链一定是增流链。（　　）

4. 任意一个运输网络至少存在一个流。（　　）

5. 一般地，运输网络 G 中流值为 A 的网络流可能不止一个。（　　）

6. 运输网络最大流分配过程也是流量分布的优化过程。（　　）

7. 针对同一个网络，流值一样的最大流没有优劣之分。（　　）

8. 运输网络只要有增流链存在，就一定说明该网络的流量没有达到最大。（　　）

9. 既要满足流值最大又要满足费用最小的流是不存在的。（　　）

10. 最小费用流算法对流量的分配也遵从容量约束条件和流量守恒条件。（　　）

11. 如果图 G 中不存在流 f 的增流链，那么流 f 即为图 G 的最小费用最大流。（　　）

12. 对网络图中的不饱和边，构造增流网络时，需要构造两条边。（　　）

13. 最小费用流算法和最大流算法一样在寻找增流链。（　　）

14. 若顾客随机到达，到达时间间隔最短为 4 min，服务员为每个顾客服务的时间均为 3 min，此现象可能会使顾客产生排队。（　　）

15. 统筹图中任意一个事项都表示前一道工序的结束和后一道工序的开始。（　　）

16. 统筹图的中间事项结点遵从流量守恒条件。（　　）

17. 非关键路线上非关键工序时间变化不会影响整个工期。（　　）

18. 在统筹图中，当关键路线不止一条时，只要任意一个关键工序的工序时间延长就会使整个工期延长。（　　）

19. 确定型存储模型中一种存储货物的"量"和"期"不会与另一种存储货物的"量"和"期"发生关系或相互影响。（　　）

四、简答题

1. Dijkstra 算法的标号中有公式 $L(v_j)=\min\{L(v_i)+w_{ij}; L(v_j)\}$，请利用下图回答下面三个问题：

（1）$L(v_i)+w_{ij}$ 的含义是什么？

（2）$L(v_j)$ 的含义是什么？

（3）为何对 $L(v_i)+w_{ij}$ 和 $L(v_j)$ 两项取最小？

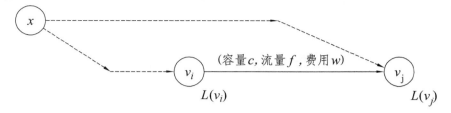

2. 针对运输网络 $G=(V, E, C, F, W, X, Y)$，说明 V、E、C、F、W、X、Y 的含义。

3. 请利用下图中边的容量、流量以及费用的关系，说明最小费用流算法在构造增流网络时，如何构造增流网络的边？

$$\xrightarrow{\hspace{4cm}}$$

（容量c，流量f，费用w）

4. 在统筹网络中，虚工序会花费时间和资源吗？为什么？

5. 在统筹网络图中，非关键工序时间的变化是否影响工程的整个工期？为什么？

6. 在统筹网络图中，当关键路线不止一条时，如何缩短整个工程的工期？

7. 在排队系统中，如果顾客到达时间的间隔是均衡和固定的，就不会产生排队现象吗？为什么？

8. 简单说明存储问题中涉及哪些费用。

上篇知识点练习题答案

一、填空题

1. 决策　2. 最优解　3. 无穷　4. 极点　5. 大于等于　6. 松弛变量　7. 多余变量　8. 构造单位矩阵　9. 单位矩阵　10. 约束条件方程　11. 检验数　12. ≤　13. ≥　14. 多重　15. 目标函数系数　16. 等于　17. 不可行　18. 非负约束　19. 边际值　20. 影子价格　21. 最优解基变量、取值　22. 最优解基变量、基变量取值　23. c_j、b_i　24. a_{ij}　25. 闭回路法、位势法　26. 非基变量、基变量　27. $m+n-1$　28. $m \times n - (m+n-1)$　29. 虚增 $n-m$ 项工作　30. 混合整数　31. 纯整数规划　32. z_r、z_d、z_c　33. 顺推法、逆推法　34. 递推关系　35. 最优性原理、无后效性原理

二、选择题

1. DCA　2. ACE　3. ABCDE　4. E　5. ACD　6. BD　7. ABCE　8. ABD　9. ACDE　10. D　11. A、C　12. A　13. CD　14. A　15. C　16. ABE　17. AC　18. A　19. CE　20. CE　21. C、A　22. B　23. C　24. B

三、判断对错并解释错误的原因

1. (×)。线性规划模型的约束条件方程中可以出现的约束形式有 "="、"≥"、"≤"。

2. (×)。线性规划模型中没有非负约束的决策变量称为自由变量。

3. (×)。对同一问题模型可能不同，但只要模型能正确客观反映实际问题即可。

4. (×)。最优解是使目标函数值达到最优的可行解。

5. (×)。无界解就是约束条件方程组有可行解，但没有可行解会使目标函数达到最优。

6. (×)。可行域内部的点也可能使目标函数达到最优，即出现多重解现象。

7. (√)。

8. (×)。也可以把检验数大于零的其他变量作为换入变量，只不过造成迭代过程多一些。

9. (×)。不但检验数要大于零，而且对应列中必须有值大于零的 a_{ij} 存在。

10. (×)。单纯形法把单位矩阵作为基矩阵来确定基变量，所以单纯形

法在迭代时，就是构造单位矩阵，从而确定新的基变量。

11.（×）。如果存在多重最优解，也会出现非基变量的检验数为零。

12.（×）。由对偶问题的对称性可知，对偶问题的对偶一定是原问题。

13.（×）。由最优解的互读性可知，从原问题每一个最优解对应的最优单纯形表中，都能得到相应的对偶问题的最优解。

14.（×）。由对偶定理可知，原问题与对偶问题的最优目标函数值一定相等。

15.（×）。由对偶定理可知，若原问题有最优解，那么对偶问题也一定有最优解，又由对偶的对称性可知，对偶问题的对偶是原问题，座椅原问题一定有最优解。

16.（×）。基本解也必须同时满足非负约束时才是最优解。

17.（√）。

18.（×）。由运输问题相关定理可知，任何运输问题一定有最优解。

19.（×）。任何运输问题都有最优解，最优解来自基本可行解，而基本可行解是可行解一部分，所以任何运输问题一定有可行解。

20.（√）

21.（×）。凑整得到的解有时是模型的最优解，但在大多情况下，有时凑整得到的解甚至都不是可行解，有时即使是可行解但不一定是最优解。

22.（√）。

23.（×）。一次把所有的决策变量都同时进行处理的方法是针对静态模型而言，而动态规划求解是把问题按照阶段逐次进行处理。

四、简答题

1. 答：目标函数是线性的函数，约束条件方程是线性的等式或不等式。

2. 答：目标函数 min 型是在目标利润下使资源消耗最少；目标函数 max 型是利用有限资源获得最高价值。

3. 答：决策变量是在建模时，将问题中的未知数用变量表示，即用来表示未知量的变量就是决策变量。

松弛变量是在线性规划模型的非标准型转化为标准型时使用，如果约束条件方程是≤型的不等式，可在不等式左边加上一个非负的变量，使不等式变为等式，该变量称为松弛变量。

多余变量是在线性规划模型的非标准型转化为标准型时使用，如果约束条件方程是≥型的不等式，可在不等式左边减去一个非负的变量，使不等式变为等式，该变量称为多余变量。

自由变量是线性规划模型中没有非负约束的决策变量，在非标准型转化为标准型或线性规划模型求解时，需要将自由变量转换为非负约束的变量。

人工变量是在用单纯形法求解时，如果不能构成单位矩阵，就需要虚拟一个实际并不存在的变量，目的是构造出单位矩阵，从而能确定出基变量。

基变量是用单纯形法求解线性规划模型时，与基矩阵对应的变量称为基变量。

4. 答：自由变量指的是没有非负约束的变量，设 x_k 为自由变量，可以令 $x_k = x_l - x_m$，其中 x_l、x_m 均为大于等于 0 的变量。

5. 答：（1）当约束条件方程组无可行解时，则线性规划模型无可行解；（2）当约束条件方程组有可行解时，则线性规划模型的解有可能出现无界解、唯一解、多重解或退化。

6. 答：可行解是满足约束条件方程组的解，而无界解是在可行解中没有使目标函数达到最优的解，所以出现无界解的线性规划模型一定有可行解。

7. 答：最优单纯形表中检验数为 0 的变量个数大于基变量的个数，或有非基变量的检验数出现了 0。

8. 答：不一定，当线性规划问题有可行解，但没有使目标函数达到最优的可行解，线性规划问题就没有最优解，此时称为无界解。

9. 答：一般线性规划问题模型有许多不同的形式，形式的多样性给讨论线性规划的解带来不便，为了方便介绍线性规划问题的解法，特规定线性规划问题的标准形式。

10. 答：特点有：目标函数是 max 型；所有的约束条件方程都用等式表示；所有的（决策）变量要求是非负的；约束条件方程右边是非负的常数。

11. 答：当约束条件方程含有"≥"时，需要在方程的左端减去多余变量，使不等式变为等式，如果在模型中无法形成单位矩阵，需要在约束条件方程中引入人工变量，使约束条件方程中出现单位矩阵，解这类含有人工变量的线性规划模型用大 M 法或两阶段法，当然，能用对偶单纯形法求解的话，会更为简单。

12. 答：（1）通过构造单位矩阵求出线性规划问题的初始基本可行解 $X^{(0)}$，编制初始单纯形表。（2）判别 $X^{(0)}$ 是否最优。（3）如果 $X^{(0)}$ 不是最优，就将一个基变量换出，将一个非基变量换入，组成另一组基本可行解，形成另一张单纯形表，使新的目标函数值比原有的优，如此逐步迭代，若问题有最优解，那么经有限次迭代就可求出最优解。

13. 答：（1）将求目标函数值最小的问题转化为求目标函数值最大的问题。（2）通过检验数处理，即检验数全部大于等于 0，就达到最优，否则迭代，但换入变量是检验数最小的那个变量。（3）将单纯形表中的检验数改变形式，即检验数不是 $c_j - z_j$，而是 $z_j - c_j$。

14. 答：当约束条件方程中找不到由系数列向量构成的单位矩阵时，为了形成初始基本可行解，需要引入人工变量；当目标函数为 max 时，人工变量的目标函数系数为 $-M$，当目标函数为 min 时，人工变量的目标函数系数为 M，其中 M 是个无穷大的常数，这样处理的目的是不让人工变量成为基变量。

15. 答：因为对偶单纯形法是先求只使目标函数达到最优的解，然后判定所求出的解是否可行。

16. 答：不是，对偶单纯形法是基于对偶性质和理论而得出的另外一种单纯形法。

17. 答：（1）单纯形法首先求基本可行解，再求满足目标函数最优的解，而对偶单纯形法相反，首先求满足目标函数最优的解，再判定这个解是否满足约束条件方程。（2）单纯形法在每次迭代时基变量都满足可行，但不一定满足最优，而对偶单纯形法在每次迭代时必须满足最优检验但不一定满足非负约束。（3）调整过程中有区别，即确定换入变量换出变量的方法不同。

18. 答：（1）当 c_j 对应的变量 x_j 为非基变量时，若 c_j 在允许范围内变动，最优解不会改变；另外，尽管 c_j 发生了变动，因为非基变量的 x_j 取值为 0，所以 $c_j x_j$ 项的取值仍然为 0，所以目标函数值不会改变。（2）当 c_j 对应的变量 x_j 为基变量时，若 c_j 在允许范围内变动，最优解不会改变；另外，尽管基变量 x_j 没有改变，但 c_j 发生了变动，导致 $c_j x_j$ 项的取值就发生了变动，从而造成目标函数值变动。

19. 答：运输问题的模型结构比较固定，所有约束条件(不包括非负约束)都是等式。

20. 答：（1）将运输问题的运价表和平衡表合并为综合表。（2）用西北角法、最小元素法或差值法求出初始基本可行解。（3）用闭回路法或位势法求出运输问题的检验数，通过检验数非负来判定基本可行解是否为最优解，若有负的检验数，此时的解就不是最优解，应进行调整。（4）调整过程为：在负的检验数中，一般要取检验数最小的非基变量作为换入变量；找出由换入变量和一组基变量组成的闭回路，取此回路偶数顶点中基变量取值最小的作为换出变量，调整量即为此基变量的值；调整方法为：上述闭回路以外变量的值均不变，闭回路奇顶点上的变量均加上调整量，偶顶点上的变量均减去调整量。

21. 答：总产量大于总销量时，虚增一个销售点，令其销量为产量之和减去销量之和；总产量小于总销量时，虚增一个产地，令其产量为销量之和减去产量之和。

22. 答：（1）单纯形法通过构造单位矩阵确定基本可行解，表上作业法通过西北角法、最小元素法和差值法确定基本可行解。（2）单纯形法通过直接求 $c_j - z_j$ 的值确定检验数，表上作业法通过闭回路法和位势法确定检验数。（3）单纯形法通过选择检验数最大的变量为换入变量、利用最小比值原则确定换出变量，表上作业法通过闭回路的方式确定换出变量。

23. 答：非整数解"凑整"的方法容易想到，但得出的解可能不是可行解，有时即使是可行解但不一定是最优解；也可能恰好是最优解。

24. 答：（1）在整数规划的分枝定界算法中，首先使用单纯形法或对偶单纯形法求出不考虑整数约束的最优解。（2）将分枝出的不等式化为等式，再按照对偶单纯形法的一个应用（增加约束条件）的思路求解，即将分枝出的不等式化为等式，补到最优单纯形表最后一行，再按照对偶单纯形法的思路求解。

25. 答：若 $m<n$，可虚增 $n-m$ 项工作，系数矩阵新增加一列，费用按实际要求设定，即如果不考虑人空闲时的损失，系数为零，否则为损失费用；若 $m>n$，可虚增 $m-n$ 个人，系数矩阵新增加一行，费用按实际要求设定，即如果不考虑缺人所造成的损失，系数为零，否则为损失费用。

26. 答：适用于寻求某些多阶段决策问题最优策略的一种方法。所谓"动态"指的是问题需要逐个阶段处理（即时间或空间的转移）。

27. 答：（1）将问题合理地划分为若干个阶段；（2）正确地规定状态变量；（3）确定决策变量，确定每个阶段的允许决策集合；（4）写出状态转移方程；（5）确定各个阶段各种决策的指标，列出各个阶段的递推方程。

下篇知识点练习题答案

一、填空题

1. 平行边　2. 基本图　3. 完备　4. 饱和　4. 不饱和　5. 正　6. 零
7. 不饱和、正边　8. 等于　9. $0 \leqslant f(e) \leqslant c(e)$　10. 增流链　11. 增流链
12. 增流、费用　13. 费用、增流　14. 最小费用最大　15. 排队长　6. 关键
17. 不影响　18. 共有的关键　19. 虚　20. 费用

二、选择题

1. ACD　2. A　3. AD　4. C　5. AD　6. C　7. A　8. BC　9. A　10. B
11. BC　12. A、C　13. B　14. B

三、判断对错并解释错误的原因

1. （√）。

2. （×）。零边也为不饱和边，但不是正边。

3. （×）。只有同时包含源和汇的不饱和链才是增流链。

4. （√）。

5. （√）。

6. （×）。最大流分配只是将网络的流量调整到最大，并没有考虑流的分布状态。

7. （×）。尽管流值一样，但流的分布状态不一样，会造成网络的效果不同。

8. （√）。

9. （×）。所谓的最小费用最大流就是解决既满足流值最大又满足费用最小的问题。

10. （√）。

11. （×）。不存在增流链只能说明流量达到了最大，但关于流 f 的费用并不一定为最小。

12. （×）。不一定，零边是不饱和边，但只需要构造一条边即可。

13. （√）

14. （×）。不会产生排队，服务员为一个顾客服务后至少等待 1 min，下一个顾客才到达。

15. （×）。整个工程的始点（开工）事项和终点（完工）事项就不是。

16. （×）。流量守恒条件是针对网络流问题而言的，并不是针对统筹图。

17. （×）。如果非关键工序时间延长到一定程度，就会使原来的非关键路线成为关键路线，从而造成整个工期延长。

18. （√）。

19. （√）。

四、简答题

1. 答：（1） $L(v_i)+w_{ij}$ 表示从 x 经过 v_i 到 v_j 的路径长度。（2） $L(v_j)$ 表示从 x 经过其他路径到 v_j 的路径长度。（3）对 $L(v_i)+w_{ij}$ 和 $L(v_j)$ 两项取最小的原因是，在目前求得的路径长度 $L(v_i)+w_{ij}$ 和已经求出的路径长度 $L(v_j)$ 中，选取最短的一条作为当前的最短路径。

2. 答： V 为运输网络 G 的顶点集合； E 为运输网络 G 的边集合； C 为边的容量； F 为边的流量； W 为边的权； X 为运输网络 G 的源； Y 为运输网络 G 的汇。

3. 答：（1）如果 $f=c$ ，构造一条反向边：

$$\overset{f,-w}{\longleftarrow\!-}$$

（2）如果 $f=0$ ，构造一条正向边：

$$\overset{c,w}{\longrightarrow}$$

（3）如果 $f<c$ 且 $f>0$ ，需要构造两条边：

$$\overset{c-f,w}{\longrightarrow}$$
$$\overset{f,-w}{\longleftarrow}$$

4. 答：虚工序是在绘制统筹网络时，表示实际工序的关系而虚设的，即只用来表示相邻工序之间的衔接关系及其他需要，所以虚工序是不花费时间和资源的。

5. 答：不一定。当非关键工序的工序时间缩短时，不会影响整个工程工期；当非关键工序的工序时间延长但没有造成关键路线变化时，不会影响整个工程的工期；当非关键工序的工序时间延长但造成关键路线变化时，会影响整个工程的工期。

6. 答：关键路线不止一条时，只有共有的关键工序缩短才会影响整个工期。

7. 答：可能产生排队现象。尽管顾客到达时间的间隔是均衡和固定的，如果服务时间是随机的，就可能产生排队现象，因为排队现象是由于顾客到达时间随机性和（或）服务时间随机性而产生的。

8. 答：（1）订货费，包括订购费及货物成本费用。（2）生产费，包括生产的固定费用与可变费用。（3）存储费，货物占用资金应付利息及使用仓库保管货物的费用、货物损坏变质造成的损失等。（4）缺货费，供不应求时所引起的损失。

参考文献

[1] 甘应爱等. 运筹学[M]. 北京：清华大学出版社，2005.

[2] 焦永兰. 管理运筹学[M]. 北京：中国铁道出版社，2007.

[3] 滕传琳. 管理运筹学[M]. 北京：中国铁道出版社，1986.

[4] 韩伯棠. 管理运筹学[M]. 北京：高等教育出版社，2005.

[5] 韩伯棠，艾凤义. 管理运筹学习题集[M]. 北京：高等教育出版社，2010.

[6] 钱颂迪. 运筹学(修订版)[M]. 北京：清华大学出版社，1990.

[7] 周维，杨鹏飞. 运筹学[M]. 北京：科学出版社，2008.

[8] 陈戈止. 管理运筹学[M]. 成都：西南财经大学出版社，2006.

[9] 党耀国，李帮义，朱建军. 运筹学[M]. 北京：科学出版社，2009.

[10] 胡运权，郭耀煌. 运筹学教程[M]. 2 版. 北京：清华大学出版社，2003.

[11] 刘舒燕. 运筹学[M]. 北京：人民交通出版社，2006.

[12] 熊义杰. 运筹学教程[M]. 北京：国防工业出版社，2004.

[13] 林齐宁. 运筹学[M]. 北京：北京邮电大学出版社，2002.

[14] Kou Weihua (寇玮华), LI Zongping (李宗平). The shortpath algorithm basing on restricted condition in traffic network [J]. International Conference on Transportation Engineering, 2009, 5: 4336-4341.

[15] 寇玮华，崔皓莹. 满足交通网络流量增长态势的扩能优化研究[J]. 交通运输工程与信息学报. 2012, 4(10): 19-25.

[16] 寇玮华等. 交通网络两个相邻结点之间有流量约束的最大流分配算法[J]. 交通运输工程与信息学报. 2010, 8(1): 1-7.

[17] 寇玮华,李宗平. 运输网络中有流量需求的转运结点最大流分配算法[J]. 西南交通大学学报. 2009, 44(1): 118-121.

[18] 寇玮华等. 交通运输网络中两个结点间有流量约束的最小费用最大流算法[J]. 兰州交通大学学报. 2009, 28(6): 104-109.

[19] 寇玮华，李宗平. 运输网络转运结点有容量限制的最大流分配算法[J]. 交通运输工程与信息学报. 2008, 6(4): 5-9.